NH농협 직무상식

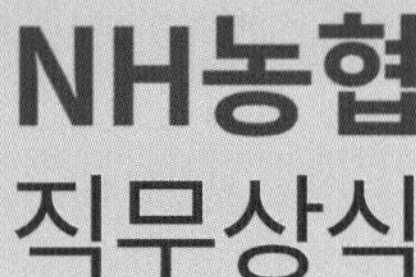

NH농협
직무상식

개정 4판 1쇄 발행		2025년 06월 02일
개정 5판 1쇄 발행		2026년 05월 01일

편 저 자	|	취업상식연구소
발 행 처	|	(주)서원각
등록번호	|	1999-1A-107호
주　　소	|	경기도 고양시 일산서구 덕산로 88-45(가좌동)
대표번호	|	031-923-2051
팩　　스	|	031-923-3815
교재문의	|	카카오톡 플러스 친구 [서원각]
홈페이지	|	goseowon.com

이 책은 저작권법에 따라 보호받는 저작물로 무단 전재, 복제, 전송 행위를 금지합니다.
내용의 전부 또는 일부를 사용하려면 저작권자와 (주)서원각의 서면 동의를 반드시 받아야 합니다.
▷ ISBN과 가격은 표지 뒷면에 있습니다.
▷ 파본은 구입하신 곳에서 교환해드립니다.

PREFACE

농협은 은행업, 보험업, 무역업, 농산물 유통업, 가공업, 교육지도사업, 영농자재업 등 다양한 사업을 전개하고 있습니다. 본인의 적성에 맞는 분야를 선택하여 능력을 발휘할 수 있다는 점이 매력적이며 연고지 및 희망지에서 지역사회발전을 위해 일할 수 있고, 공익 지향적 사업을 추구하므로 일에 대한 가치와 보람을 느낄 수 있다는 장점이 있습니다. 또한 비교적 안정적이라는 인식에 취업준비생들이 선호하는 직장입니다.

본서는 농협은행/농협중앙회/농협계열사 필기시험과 면접을 준비하는 수험생 여러분의 부담을 덜기 위해 제작되었습니다.

각개전투를 벌이는 수험생 여러분의 노고를 조금이나마 줄이고자 농협상식을 비롯한 빈출 농업·농촌, 디지털·IT, 금융·경제·보험 용어를 기출키워드 기반으로 취합하여 한 권에 꼼꼼하게 담았습니다.

- 농협 상식과 2026 농업·농촌 10대 이슈를 한눈에 확인할 수 있도록 정리하여 수록하였습니다.
- 각 과목별 반드시 알아야 할 주요 상식과 빈출 상식을 수록하였습니다.
- 필기·면접·논술에 대비할 수 있도록 상식Plus·관련 기사를 수록하였습니다.
- 최근 농협 기출시험 키워드를 토대로 일부 복원하여 모의고사를 수록하였습니다.

자신이 노력했던 땀과 열정을 결과로 보상받기 위해서는 포기하지 않는 것이 중요합니다. 마지막까지 자신을 믿고, 노력하는 수험생 여러분께 도움이 되는 교재가 되길 바랍니다.

STRUCTURE

농협 상식

농협이 하는 일 및 비전, 핵심가치, 등을 비롯한 전반적인 정보를 담았습니다. 필기시험뿐만 아니라 면접에도 활용할 수 있도록 꼼꼼히 살펴보세요.

농협의 10대 이슈

해마다 농협이 주목하는 10대 이슈를 정리하였습니다. 논술과 면접에서 중요하게 다뤄지는 주제이므로 꼭 짚고 넘어가세요.

직무 상식

농업·농촌 상식은 물론, 디지털·IT와 금융·경제·보험 주요 상식까지 수록하여 직무상식을 보다 확실하게 대비할 수 있도록 구성하였습니다. 상식 PLUS의 자료를 통해 심화 학습해보세요. 키워드별 중요 표시도 확인할 수 있습니다. ■■■■은 꼭 알아야 할, ■■■ 알아두면 좋은, ■■■ 기억하면 좋은 용어입니다.

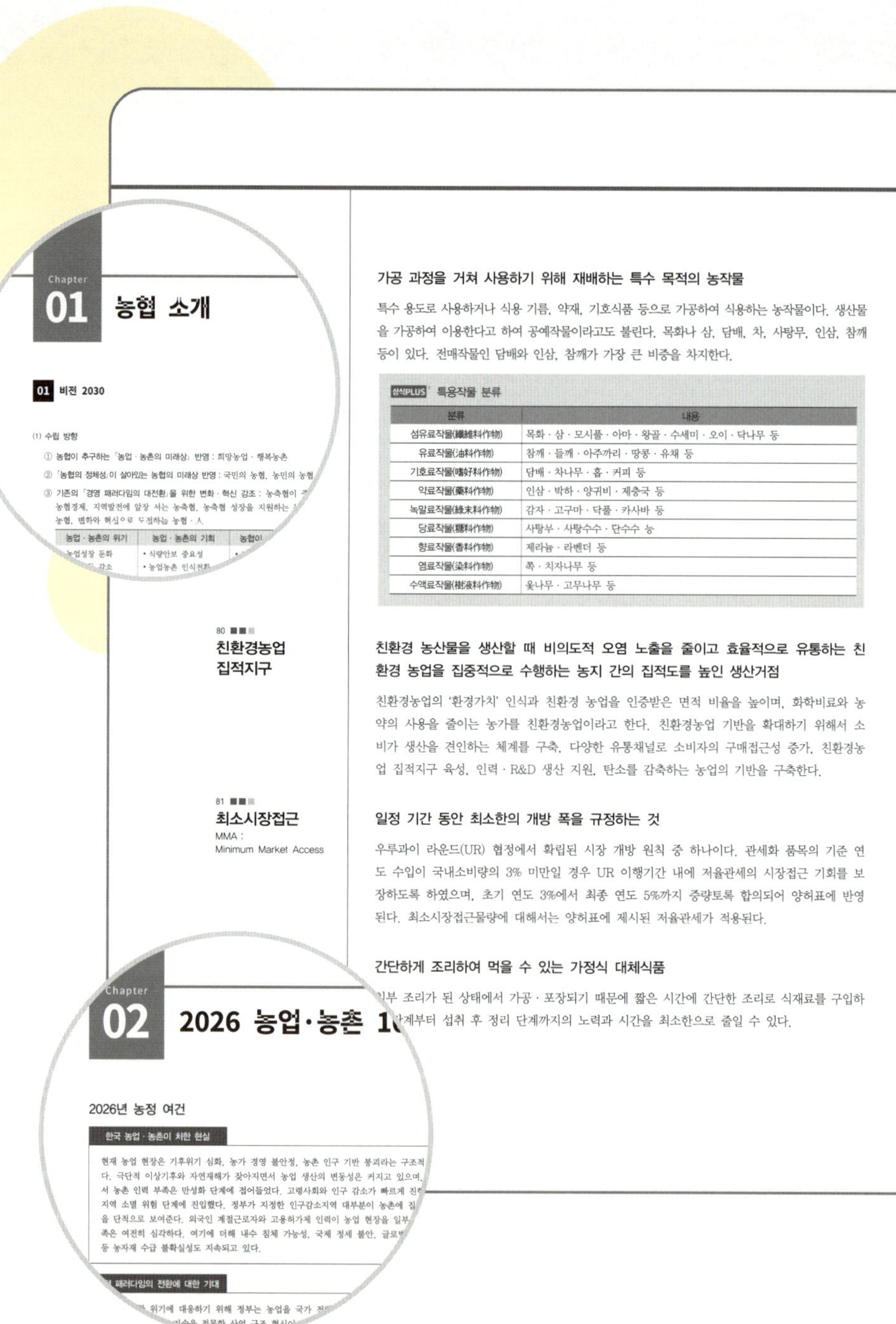

기출복원 모의고사

필기시험 기출 키워드로 기출문제를 복원·재구성하였습니다. 실제 시험 난이도와 빈출 키워드를 확인하여 실전처럼 준비해보세요.

빈출유형 수록

실제 시험에서 충분히 나올 수 있는 질문들을 제작하여 수록하였습니다. 질문에 대한 답을 고르면서 내 것으로 만들어 보세요.

상식 예상문제

각 과목마다 기출 유형과 비슷한 난도의 예상문제를 수록하였습니다. 학습한 이론을 토대로 실전에 대비해보세요.

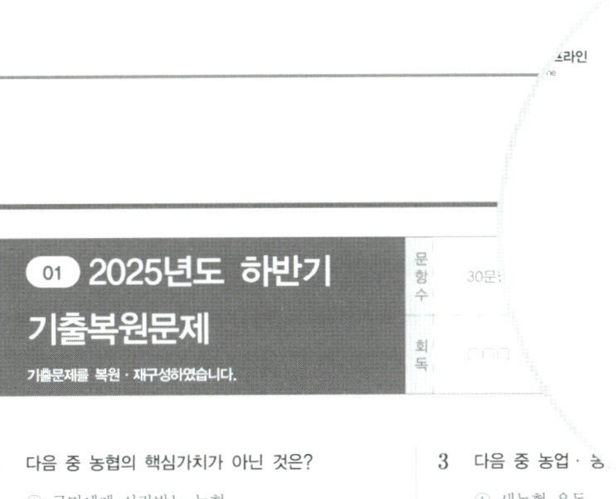

01 2025년도 하반기 기출복원문제

기출문제를 복원·재구성하였습니다.

문항 수 30문항

회독

1 다음 중 농협의 핵심가치가 아닌 것은?

① 국민에게 사랑받는 농협
② 농업인을 위한 농협
③ 미래 혁신을 선도하는 농협
④ 지역 농축협과 함께하는 농협
⑤ 경쟁력 있는 글로벌 농협

2 협동조합 기본법에 따라 협동조합의 기본 원칙 및 책무가 아닌 것은?

① 협동조합은 업무 수행 시 조합원 등을 위해 최대한 봉사해야 한다.
② 협동조합은 조합원의 권익 증진을 위해 교육·훈련 및 정보 제공 등의 활동을 적극적으로 수행해야 한다.
③ 협동조합은 일부 조합원의 이익만을 목적으로 하는 업무를 하면 안 된다.
④ 협동조합은 투기를 목적으로 하는 행위를 목적으로 하는 사업을 하면 안 된다.
⑤ 협동조합은 비자발적으로 결성되어 공동으로 소유하고 민주적으로 운영되어야 한다.

3 다음 중 농업 · 농

① 새농협 운동
② 쌀수출 운동
③ 새농민 운동
④ 신토불이(身土不二) 운동
⑤ 깨끗하고 아름다운 농촌마을 가꾸기

4 유럽의 협동조합에 대한 설명으로 옳지 않은 것은?

① 스페인 최초의 협동조합은 몬드라곤에 설립된 울고(Ulgor)이다.
② 독일에서는 신용조합이 가장 먼저 발생하였다.
③ 1895년 영국 런던에서 ICA 제1회 국제대회가 개최되었다.
④ 세계 최초의 협동조합법인 산업공제조합법은 협동주합 사업에 규제가 많았다.
⑤ 핀란드의 첫 번째 협동조합은 1889년에 설립되었다.

빠른답CHECK 1.③ 2.⑤ 3.② 4.⑤

01. 2025

금융 · 경제 · 보험 예상문제

1 채무자가 공사채나 은행 융자, 외채 등의 원리금 상환 만기일에 지불 채무를 이행할 수 없는 상태는?

① 디폴트
② 환행유지
③ 엠바고
④ 워크아웃
⑤ 법정관리

3 호경기 때 소비재 수요 증가와
가격상승이 노동자의 화폐임금보다
하게 되어, 노동자의 임금이 상대
지는 것과 관련성이 높은 효과는?

① 전시 효과
② 리카도 효과
③ 톱니 효과
④ 베블런 효과
⑤ 귀주 효과

4 다음 (보기) 빈칸

CONTENTS

<NH농협 직무상식> 보름 만에 완성하기 학습플랜입니다.
15일 안에 한 권을 풀어보고 회독을 반복해보세요.

기출 복원문제

출제 경향 분석

일반적으로 협동조합 문제는 자주 출제된다. 협동조합 기본법, 목적 등 물어보는 문항은 정해져 있으므로 협동조합에 대한 명확한 개념이해가 매우 중요하다. 농업·농촌과 관련된 문제는 쉽게 접하기 어려운 비료, 농사법, 과수병 등이 출제되어 당혹감을 주기 때문에 농업·농촌과 관련된 최근 이슈에 대해서 확인하고 상세한 학습이 필요하다. 또한 농협의 인재상, 비전, 역사 등 기업 정보도 매년 출제되고 있으니 지나치지 말고 꼭 알아두어야 한다. 농협 직무상식평가는 생소한 어휘가 빈번하게 출제되기 때문에 이에 맞게 다방면으로 상식용어를 습득하여 학습하는 것이 핵심이다.

● 금융·경제·보험　　　● 디지털 / IT　　　● 농업·농촌

경제와 금융은 용어에 대한 심도 있는 문제로 출제된다. 전공 수준에 가깝게 출제되기 때문에 간단하게만 알고 있다면 문제를 푸는 것이 어려울 수 있다. 따라서 경제·금융 상식 공부에 시간을 조금 더 투자하는 것이 유리하다.

디지털 상식이나 IT 상식은 최신 기사를 자주 접하다 보면 볼 수 있는 용어가 나오는 편이다. 최근 이슈와 관련된 용어, 금융권에서 자주 사용하게 되는 기술 등을 파악하여 두는 것이 필요하다.

농업·농촌과 관련된 문제는 자세히 공부하지 않으면 풀 수 없는 문제가 다수 출제된다. 많은 키워드를 알아두는 것이 좋고 농협에서 제공하는 자료를 분석하면서 학습하는 것이 도움이 된다.

기출문제를 복원 · 재구성하였습니다.

문항수	30문항	시험시간	25분	점수	점
회독	□□□	소요시간	( )분		

---

1 다음 중 농협의 핵심가치가 아닌 것은?

① 국민에게 사랑받는 농협

② 농업인을 위한 농협

③ 미래 혁신을 선도하는 농협

④ 지역 농축협과 함께하는 농협

⑤ 경쟁력 있는 글로벌 농협

2 협동조합 기본법에 따라 협동조합의 기본 원칙 및 책무가 아닌 것은?

① 협동조합은 업무 수행 시 조합원 등을 위해 최대한 봉사해야 한다.

② 협동조합은 조합원의 권익 증진을 위해 교육 · 훈련 및 정보 제공 등의 활동을 적극적으로 수행해야 한다.

③ 협동조합은 일부 조합원의 이익만을 목적으로 하는 업무를 하면 안 된다.

④ 협동조합은 투기를 목적으로 하는 행위를 목적으로 하는 사업을 하면 안 된다.

⑤ 협동조합은 비자발적으로 결성되어 공동으로 소유하고 민주적으로 운영되어야 한다.

3 다음 중 농업 · 농촌 · 농협 운동이 아닌 것은?

① 새농협 운동

② 쌀수출 운동

③ 새농민 운동

④ 신토불이(身土不二) 운동

⑤ 깨끗하고 아름다운 농촌마을 가꾸기

4 유럽의 협동조합에 대한 설명으로 옳지 않은 것은?

① 스페인 최초의 협동조합은 몬드라곤에 설립된 울고(Ulgor)이다.

② 독일에서는 신용조합이 가장 먼저 발생하였다.

③ 1895년 영국 런던에서 ICA 제1회 국제대회기 개최되었다.

④ 세계 최초의 협동조합법인 산업공제조합법은 협동조합 사업에 규제가 많았다.

⑤ 핀란드의 첫 번째 협동조합은 1889년에 설립되었다.

빠른답CHECK 1.③ 2.⑤ 3.② 4.⑤

5 농협이 국제협동조합연맹기구(ICA) 정회원으로 승격된 연도는?

① 1963년   ② 1972년

③ 1988년   ④ 1990년

⑤ 1997년

6 다음 중 농협이 하는 일이 아닌 것은?

① 교육지원사업   ② 축산경제사업

③ 농업미래사업   ④ 농협금융지주

⑤ 상호금융사업

7 HTTPS의 특징으로 옳은 것은?

① 기본 포트 443번을 사용한다.

② 기본 포트 80번을 사용한다.

③ 권한이 없는 인물이 손쉽게 액세스할 수 있다.

④ 사이트에 입력한 데이터가 일반 텍스트로 전송된다.

⑤ 암호화되지 않은 데이터를 전송한다.

8 아날로그 신호를 디지털화하는 과정에서 표본화와 양자화에 대한 설명으로 옳지 않은 것은?

① 표본화가 양자화보다 먼저 일어나야 한다.

② 양자화 잡음은 양자화 과정에서 발생한다.

③ 양자화는 신호의 진폭 값을 이산적인 값으로 변환하는 과정이다.

④ 표본화가 완벽하게 끝났다면 양자화 과정은 필요하지 않다.

⑤ 표본화는 시간의 연속적인 함수로 표현된 신호의 값을 인식할 수 있는 값으로 선택하여 데이터를 처리하는 과정이다.

9 전체 과목 점수 평균이 75점을 초과하는 경우 합격한다고 했을 때, 다음 시트와 같이 [F3 : F6]의 값이 나오기 위해서 [F3]셀에 들어가야 하는 수식은?

	A	B	C	D	E	F
1						
2	이름	국어	영어	수학	평균	합/불
3	정세훈	95	75	45	71.7	불합격
4	김유진	99	65	95	86.3	합격
5	민승우	80	50	80	70.0	불합격
6	박선애	88	97	54	79.7	합격
7						
8						

① =AVERAGE(B3 : D3)

② =COUNTIF(E3 : E6, E3 > 75)

③ =ROUNDDOWN(E3, 1)

④ =SUMIF(B3 : D3, E3, B3, B3 : D6)

⑤ =IF(E3 > 75, "합격", "불합격")

10 클라우드 컴퓨팅에 대한 설명으로 옳지 않은 것은?

① 클라우드 컴퓨팅을 구현하기 위해서는 가상화 기술과 분산처리 기술이 필요하다.

② 필요할 때 필요한 만큼 확장할 수 없기 때문에 유연성이 떨어진다.

③ IT 자산의 가치가 소유에서 서비스에 대한 사용으로 패러다임이 전환되고 있다는 것을 의미한다고 볼 수 있다.

④ 하드웨어나 소프트웨어 등의 자원을 사용한 만큼만 지불하므로 비용 측면에서 경제적이다.

⑤ 일부 서비스에 장애가 발생하더라도 나머지 서버를 통해 서비스의 연속성을 유지할 수 있다.

11 암호화된 데이터를 원래의 평문으로 되돌리는 과정은?

① 표본화   ② 복호화

③ 양자화   ④ 부호화

⑤ 코덱

12 인공신경망을 기반으로 사람이 특정한 것을 지정하지 않아도 대량의 데이터를 분류하고 관계를 파악하여 스스로 학습하는 기술은?

① VR   ② 딥러닝

③ 메타버스   ④ 딥페이크

⑤ 빅데이터

13 스마트팜에 대한 설명으로 옳은 것을 모두 고르면?

> ㉠ 농장의 환경을 관리하는 기능은 포함하지 않는다.
> ㉡ 동물의 세포를 채취하여 배양한 뒤 배양육을 만들어 내는 기술이 있다.
> ㉢ 시간과 공간의 제약 없이 원격으로 작물의 생육환경을 관측하고 관리할 수 있다.
> ㉣ PC나 모바일로 온·습도나 기상상황을 모니터링하고 원격으로 과수나 병해충 관리를 할 수 있다.
> ㉤ 생육환경 유지관리 소프트웨어를 통해 O_2 수준을 유지·관리할 수 있다.

① ㉠, ㉡

② ㉡, ㉢

③ ㉢, ㉣

④ ㉡, ㉣, ㉤

⑤ ㉠, ㉡, ㉤

14 레지스터에 대한 설명으로 옳지 않은 것은?

① 기억장치 중 가장 빠른 속도로 동작한다.

② 중앙처리장치 안에 사용되는 장기기억장치이다.

③ 범용 레지스터는 다양한 명령에 의한 여러 기능을 수행할 수 있는 레지스터이다.

④ 레지스터의 한 종류인 누산기는 연산의 결과를 임시적으로 저장한다.

⑤ 레지스터는 용도에 따라 여러 종류로 분류된다.

15 마이데이터에 대한 설명으로 옳은 것은?

① 개인의 동의 없이 제3자가 개인정보를 열람할 수 있는 것이다.

② 국가가 개인의 정보를 모아 열람하고 관리하는 과정이다.

③ 개인정보의 보호를 위해 기업의 개인정보 활용을 막는 것이다.

④ 마이데이터의 제도적 기반은 개인정보보호법의 개인신용정보 전송요구권이다.

⑤ 개인이 자신의 모든 금융정보 등을 조회하여 한눈에 확인할 수 있는 등의 기능이 그 예시이다.

16 시스템을 잠그거나 데이터를 암호화하여 사용할 수 없도록 한 뒤 금전을 요구하는 악성 프로그램은?

① 웜

② 파밍

③ 드로퍼

④ 랜섬웨어

⑤ 트로이 목마

빠른답CHECK 11.② 12.② 13.② 14.② 15.⑤ 16.④

17 다음 중 성격이 다른 것은?

① 어셈블러

② 컴파일러

③ 라이브러리

④ 텍스트 에디터

⑤ 마이크로프로세서

18 다음 중 코즈의 조건이 성립되지 않는 조건은?

① 거래 비용이 높은 경우

② 외부 효과가 없는 경우

③ 재산권이 명확히 정의된 경우

④ 교섭이 자유롭게 이루어지는 경우

⑤ 거래 비용이 없거나 매우 낮은 경우

19 중앙은행의 통화정책에 대한 설명으로 옳지 않은 것은?

① 물가안정 및 지속가능한 경제성장을 위해 실시하는 정책이다.

② 공개시장운영은 신속하게 시행할 수 있다.

③ 중앙은행 여수신제도는 금융기관에 유동성을 공급한다.

④ 공개시장운영을 통해 본원통화량 또는 초단기 시장금리를 조정한다.

⑤ 중앙은행 여수신제도는 제도 변경 시 비교적 간단한 행정적 절차가 뒤따른다.

20 소비자물가가 전년 동기 대비 3.8%가 올라 3년 2개월 만에 가장 높은 상승률을 기록하는 등 가파른 상승세를 지속하는 상황이다. 이와 더불어 원자재 가격의 상승으로 수입물가 상승률도 16.4%에 다다랐다. 다음 중 이런 상황에 대한 추론으로 적절한 것은?

① 부동산을 가지고 있는 사람들이 불리하다.

② 금융자산을 보유하고 있는 사람이 유리하다.

③ 지난해 초 정기예금을 든 사람들이 유리하다.

④ 수입 물가 상승은 경상수지 흑자 요인으로 작용한다.

⑤ 고정금리보다 변동금리로 대출받은 사람들이 불리하다.

21 실업의 유형에 대한 설명으로 옳지 않은 것은?

① 구조적 실업은 경기적 실업과 같이 단기적으로 발생한다.

② 마찰적 실업은 일시적으로 생기는 실업으로 탐색적 실업이라고도 한다.

③ 경기적 실업은 경기가 비자발적인 실업으로 경기가 침체되었을 때 발생한다.

④ 구조적 실업은 노동시장 자체의 경제 구조적인 불균형으로 발생하며, 비자발적 실업에 해당한다.

⑤ 자발적 실업은 일할 능력이 있지만 임금 수준이 낮아 일할 의사 없이 실업상태에 있는 것으로 완전고용상태에서도 존재한다.

22 다음 중 예금자보호법에 따른 예금자보호 대상 금융기관이 아닌 것은?

① 보험회사　　　　② 인터넷은행

③ 우체국 예금　　　④ 상호저축은행

⑤ 종합금융회사

23 甲사는 단추 300개를 생산하여 300만 원에 판매하였고, 乙사는 비즈 450개를 생산하여 400만 원에 판매하였다. 丙사는 甲사의 단추 100개와 乙사의 비즈 70개를 구매하여 인형 50개를 생산했다. 이때 인형 25개를 600만 원에 판매하고, 나머지 25개는 600만 원어치 재고로 소유하고 있을 때, GDP에 포함되는 금액을 구하면?

① 600만 원
② 750만 원
③ 1,000만 원
④ 1,200만 원
⑤ 1,900만 원

24 연금저축계좌에 대한 설명으로 옳지 않은 것은?

① 가입자는 계좌에서 일부 금액 또는 전액을 인출할 수 있다.
② 계좌의 가입기간은 계좌에 연금납입액이 최초로 입금된 날로부터 기산한다.
③ 회사는 예탁금이용료의 지급기준이 변경되는 경우 매매거래를 통지할 때 변경내용을 함께 가입자에게 알려준다.
④ 가입자가 새로운 계좌 설정 시 다른 연금계좌의 전액을 이체 받은 경우에는 다른 연금계좌의 가입기간을 적용할 수 없다.
⑤ 가입자는 위법계약의 해지가 가능한 경우에 한해 계약체결일로부터 5년을 초과하지 않는 범위에서 계약체결에 대한 위반사항을 안 날부터 1년 이내에 계약의 해지를 요구할 수 있다.

25 MMF의 특징으로 옳지 않은 것은?

① 단기금융상품에 집중적으로 투자한다.
② 가입금액에 제한이 없어 소액 투자자도 쉽게 투자할 수 있다.
③ 고객의 자금을 비교적 신용 위험이 적고 금리가 높은 상품에 운용한다.
④ 가입한 날의 펀드 기준가와 출금한 날의 기준가 차액에 따라 이익을 얻는다.
⑤ 은행의 보통예금처럼 입출금에 제약이 없고 증권사가 운영하여 안전성이 높다.

26 쏟아진 폭우로 도로가 잠겨 교통이 막히고, 비닐하우스가 물에 잠겨 농작물 피해가 발생하였다. 우하향하는 총수요곡선과 우상향하는 총공급곡선일 때 이러한 자연재해가 경제에 미치는 단기적인 영향은?

① 물가수준과 실질 GDP 모두 변하지 않는다.
② 물가수준은 상승하고 실질 GDP는 감소한다.
③ 물가수준은 하락하고 실질 GDP는 감소한다.
④ 물가수준은 상승하고 실질 GDP는 증가한다.
⑤ 물가수준은 하락하고 실질 GDP는 증가한다.

27 다음 중 핀테크에 해당하지 않는 것은?

① 인터넷 전문은행
② 가상자산 거래소
③ 모바일 결제 서비스
④ 크라우드펀딩 플랫폼
⑤ 일반 클라우드 서비스

28 선물과 옵션에 대한 설명으로 옳은 것은?

① 옵션은 기초 자산을 약정한 가격에 매매할 의
무를 부여한다.

② 옵션은 증거금을 예치하고 가격 변동에 따라서
마진을 조정한다.

③ 옵션은 기초 자산 가격이 하락하더라도 프리미
엄 이상 손실을 보지 않는다.

④ 선물을 매도할 때 매도자에게 지급하는 금액은
프리미엄이다.

⑤ 선물은 특정 시점에 기초 자산을 매수하고 매
도할 권리를 부여한다.

29 기대인플레이션율이 6%이고 명목금리가 8%인 상
황에서 甲은 임금이 8% 올라 만족하고 있다. 이
에 관한 설명으로 옳은 것은?

① 실질금리는 6%이다.

② 甲의 상태에서 피셔 효과를 적용할 수 있다.

③ 甲의 실질임금상승률은 8%이다.

④ 명목금리가 상승하면 실질금리도 상승한다.

⑤ 甲은 화폐의 실질적인 가치 변동을 인식하지
못하고 있다.

30 기업이 필요한 기술을 얻기 위해 다른 기업을 인
수하는 방식은?

① A&D

② M&A

③ P2P

④ R&D

⑤ MOR

문항수	30문항	시험시간	25분	점수	점
회독	□□□	소요시간	( )분		

1 다음 중 농협의 인재상이 아닌 것은?

① 행복의 파트너

② 정직과 도덕성을 갖춘 인재

③ 진취적 도전가

④ 최고의 전문가

⑤ 신뢰를 통한 협업

2 농협의 혁신전략으로 적절하지 않은 것은?

① 농업인·국민과 함께 「농사같이 운동」 전개

② 중앙회 지배구조 혁신과 지원체계 고도화로 「농축협 중심」의 농협 구현

③ 디지털 기반 「생산·유통 혁신」으로 미래 농산업 선도, 농업소득 향상

④ 「금융부문 혁신」과 「디지털 경쟁력」을 통해 농축협 성장 지원

⑤ 「AI기술 습득」과 「조직구조 혁신」을 통해 새로운 농협으로 도약

3 다음 농협에 대한 설명으로 옳지 않은 것은?

① 2023년 2월 6일 「범농협 3행 3무 실천운동」을 결의하였다.

② 2019년 2월 1일 산지유통혁신 112운동을 전개하였다.

③ 1999년 9월 1일 사이버 쌀도매시장을 국내최초로 개장하였다.

④ 1989년 8월 11일 신토불이 운동을 전개하였다.

⑤ 1963년 1월 20일 ICA집행위원회, 한국농협 준회원으로 가입을 결정하였다.

4 「협동조합 기본법」에 따라 조합원의 출자 및 책임에 대한 것으로 옳은 것은?

① 조합원은 정관으로 정하는 바에 따라 5좌 이상을 출자하여야 한다.

② 조합원 1인의 출자좌수는 총 출자좌수의 100분의 20을 넘어서는 아니 된다.

③ 조합원이 납입한 출자금은 질권의 목적이다.

④ 협동조합에 납입할 출자금은 협동조합에 대한 채권과 상계하지 못한다.

⑤ 조합원의 책임은 납입한 출자액을 이하로 한다.

빠른답CHECK 1.⑤ 2.⑤ 3.② 4.④

5 「협동조합 기본법」의 기본원칙에 해당하는 것이 아닌 것은?

① 협동조합은 그 업무 수행 시 조합원을 위하여 최대한 봉사하여야 한다.
② 협동조합연합회는 그 업무 수행 시 회원을 위하여 최대한 봉사하여야 한다.
③ 협동조합은 자발적으로 결성하여 공동으로 소유하고 민주적으로 운영되어야 한다.
④ 협동조합은 투기를 목적으로 하는 행위를 하여서는 아니 된다.
⑤ 협동조합은 일부 조합원등의 이익만을 목적으로 하는 업무와 사업을 할 수 있다.

6 우루과이 라운드에 대한 설명으로 옳지 않은 것은?

① 우루과이 라운드는 GATT 체제하에서 시작된 무역 협상이다.
② 농산물과 서비스 분야에 대한 무역 자유화를 논의하였다.
③ 우루과이 라운드는 1994년에 종료되었다.
④ 협상의 결과로 세계무역기구(WTO)가 설립되었다.
⑤ 우루과이 라운드는 환경 보호와 관련된 규제를 강화하였다.

7 도덕적 해이를 예방하는 방법으로 적절하지 않은 것은?

① 책임과 권한을 명확히 구분한다.
② 성과에 따른 보상 제도를 마련한다.
③ 감독과 감시 체계를 강화한다.
④ 보상 체계를 단순화하여 모든 직원에게 동일한 보상을 제공한다.
⑤ 직원들에게 윤리 교육을 시행한다.

8 경제활동인구에 해당하지 않는 사람은?

① 정년퇴직 후 연금을 받으며 생활하는 사람
② 직장을 구하고 있는 실업자
③ 회사에서 일하는 직장인
④ 자영업을 하는 소상공인
⑤ 아르바이트를 하는 대학생

9 체계적 위험과 비체계적 위험에 대한 설명으로 적절하지 않은 것은?

① 체계적 위험은 시장 전반에 영향을 미치기 때문에 분산투자를 통해 줄일 수 없다.

② 비체계적 위험은 특정 기업이나 산업에만 영향을 미치기 때문에 분산투자를 통해 줄일 수 있다.

③ 체계적 위험은 금리 변화, 환율 변동과 같은 요인에서 발생한다.

④ 비체계적 위험은 정치적 불안정이나 경제 전반의 변화와 같은 요인에서 발생한다.

⑤ 비체계적 위험은 주식 포트폴리오를 다양화함으로써 감소시킬 수 있다.

10 보통주의 특징이 아닌 것은?

① 주주에게 의결권이 부여된다.

② 배당이 우선주보다 우선적으로 지급된다.

③ 회사의 이익에 따라 배당금이 변동될 수 있다.

④ 회사 청산 시 잔여 자산 배분에서 우선주보다 후순위이다.

⑤ 보통주는 회사 경영에 참여할 수 있는 권리를 제공한다.

11 다음 중 채권에 대한 설명으로 틀린 것은?

① 국채는 정부가 발행하는 채권이다.

② 단기채는 만기가 1년 이하인 채권이다.

③ 사모채는 특정 투자자들을 대상으로 발행되는 채권이다.

④ 이표채는 이자를 한 번만 지급하고, 만기 시 원금과 함께 상환한다.

⑤ 액면발행채는 발행 시 액면가로 발행되는 채권이다.

12 J커브의 특징으로 옳지 않은 것은?

① 초기에는 무역수지가 악화되지만 시간이 지나면 개선된다.

② J커브는 환율 상승 후 무역수지 변화 패턴을 설명한다.

③ 무역수지는 환율 변동에 즉각적으로 반응하여 개선된다.

④ 환율 상승 초기에는 수입 가격이 상승해 무역수지가 악화될 수 있다.

⑤ 시간이 지나면서 수출이 증가하고 수입이 감소하여 무역수지가 개선된다.

13 립진스키 정리에 대한 설명으로 옳은 것은?

① 한 국가의 기술 수준이 높아질수록 모든 상품의 생산량이 증가한다.

② 특정 생산 요소가 증가하면, 그 요소를 많이 사용하는 상품의 생산량이 감소한다.

③ 특정 생산 요소가 증가하면, 그 요소를 적게 사용하는 상품의 생산량이 증가한다.

④ 특정 생산 요소가 증가하면, 그 요소를 많이 사용하는 상품의 생산량이 증가한다.

⑤ 두 상품의 생산량은 생산 요소의 변동에 상관없이 일정하게 유지된다.

14 CDS의 특징으로 옳지 않은 것은?

① 채무 불이행에 대비한 보험 역할을 한다.

② 채권 발행자의 신용위험을 피하기 위한 파생상품이다.

③ 채권자가 채무 불이행 위험을 회피하는 유일한 방법이다.

④ 매입자는 채권 발행자가 파산할 경우 손실 보상을 받을 수 있다.

⑤ 시장에서 채권의 신용위험을 측정하는 지표로 사용된다.

15 먼델 – 플레밍 모델(Mundell–Fleming Model)의 특징으로 옳은 것은?

① 개방 경제에서 자본 이동이 불가능한 상황을 가정한다.

② 고정 환율 제도에서는 통화정책이 매우 효과적이다.

③ 유동 환율 제도에서는 재정정책이 매우 효과적이다.

④ 고정 환율 제도에서는 재정정책이 유효하게 작용한다.

⑤ 유동 환율 제도에서는 자본 이동에 제한이 있다.

16 콜옵션의 특징으로 옳지 않은 것은?

① 콜옵션은 특정 자산을 미래의 일정 시점에 미리 정해진 가격으로 매수할 수 있는 권리이다.

② 콜옵션은 옵션 보유자가 자산을 매도할 수 있는 권리를 제공한다.

③ 콜옵션의 구매자는 자산 가격이 상승할 경우 이익을 얻는다.

④ 콜옵션은 기초 자산의 시장 가격이 옵션 행사 가격보다 높을 때 가치가 있다.

⑤ 콜옵션 보유자는 기초 자산을 사야 할 의무는 없다.

빠른답CHECK 13.④ 14.③ 15.④ 16.②

17 독점시장의 특징으로 옳지 않은 것은?

① 시장에서 유일한 공급자가 모든 수요를 충족한다.

② 상품이나 서비스의 가격을 자유롭게 결정할 수 없다.

③ 다른 기업이 시장에 진입하는 것을 어렵게 하는 장벽이 있다.

④ 제공되는 상품이나 서비스는 대체재가 없다.

⑤ 독점자는 생산량을 늘려도 다른 기업이 제공하는 것과 경쟁하지 않는다.

18 다음 중 공공재에 해당하는 것은?

① 공원　　　　　② 영화관
③ 공영 주차장　　④ 유료 도로
⑤ 콘서트 티켓

19 웹 프로그래밍 언어에 대한 설명으로 옳지 않은 것은?

① HTML은 웹 페이지의 구조를 정의하는 언어로, 스타일링과 레이아웃을 제어할 수 있다.

② CSS는 웹 페이지의 시각적 스타일을 지정하는 언어로, 레이아웃과 색상 등을 제어할 수 있다.

③ JavaScript는 웹 페이지에 동적 기능을 추가하는 언어로, 사용자와의 상호작용을 가능하게 한다.

④ PHP는 서버 측에서 실행되는 스크립트 언어로, 데이터베이스와의 상호작용을 지원한다.

⑤ Python은 웹 서버와 함께 사용될 수 있는 언어로, 데이터 처리와 분석을 위한 다양한 라이브러리를 제공한다.

20 그래픽 파일 형식에 대한 설명으로 옳지 않은 것은?

① JPEG는 손실 압축 방식을 사용하여 사진과 같은 고해상도 이미지를 저장하는 데 적합하다.

② PNG는 투명한 배경을 지원하며, 손실 압축 방식을 사용한다.

③ GIF는 애니메이션을 지원하며, 256색 이하의 이미지를 저장하는 데 적합하다.

④ SVG는 벡터 그래픽 형식으로, 확대해도 화질이 유지된다.

⑤ BMP는 압축되지 않은 이미지 파일 형식으로, 일반적으로 파일 크기가 크다.

21 다음 중 지니계수에 대한 설명으로 옳지 않은 것은?

① 이탈리아의 통계학자 코라도 지니가 1912년 발표한 논문에서 처음 소개되었다.

② 빈부격차와 계층 간 소득의 불균형 정도를 나타내는 수치로, 소득이 어느 정도 균등하게 분배되는지를 알려준다.

③ 지니계수는 0부터 1까지의 수치로 표현되는데, 0에 가까울수록 평등하고 1에 근접할수록 불평등하다.

④ 지니계수가 0.3인 나라 A와 B가 있다고 할 경우, 두 나라는 같은 수준의 소득을 가지고 있다고 할 수 있다.

⑤ 국가 내 시간에 따른 소득 분배의 변화상을 파악할 수 있다.

22 다음 중 지도학습에 대한 설명으로 옳은 것은?

① 예측 성능이 낮다.

② 문제 해결 방식이 명확하지 않다.

③ 데이터 레이블링에 적은 시간과 비용이 소요된다.

④ 레이블된 데이터가 많으면 성능이 저하된다.

⑤ 활용 사례로 이메일의 스팸 필터링 기능이 있다.

23 다음 중 레온티에프 역설에 대한 설명으로 옳지 않은 것은?

① 경제학자인 바실리 레온티에프의 이름을 합성한 용어이다.

② 헥셔–올린 정리에 의한 전통적 무역이론으로 예상할 수 있는 결과이다.

③ 자본이 가장 풍부한 국가는 노동집약적인 재화를 수출하고, 자본집약적인 재화를 수입한다.

④ 레온티에프표는 일반적으로 1년간을 산정하여 표의 세로에는 투입량을 표시하고, 가로에는 산출량을 표시한다.

⑤ 레온티에프는 자본을 물적 자본에 국한해, 인적 자본을 자본투입량에 포함하지 않았다는 점이 지적되기도 한다.

24 다음 중 적대적 인수합병의 방어행위로 그 성격이 다른 것은?

① 투자자 관리(IR)　　② 교차 임기제

③ 황금낙하산　　　　④ 록업

⑤ 포이즌필

25 다음 중 에지(Edge) 컴퓨팅에 대한 설명으로 옳지 않은 것은?

① 중앙의 클라우드 서버가 아닌, 정보가 생성되는 단말기 혹은 근처 서버에서 데이터를 처리하는 기술이다.

② 에지(Edge)가 가장자리를 의미하는 만큼 데이터가 생성되는 가까운 곳, 사용자와 가까운 곳에서 데이터가 처리되는 것이 특징이다.

③ 중앙의 클라우드까지 데이터를 보내고, 처리한 데이터를 다시 받는 과정이 없어 데이터 처리 속도가 빨라진다.

④ 데이터 처리 속도가 빨라져 신속한 판단을 내려야 하는 상황에서 유리하며, 중앙으로 데이터를 전송하는 과정이 생략되기 때문에 데이터를 전송하고 저장하는 비용이 증가한다.

⑤ 데이터를 클라우드에 전달하지 않고 에지에서 처리하면 데이터 유출의 위험 또한 적어진다.

26 다음이 설명하는 성질은?

> 수행 중에 다른 트랜잭션이 끼어들어 변경 중인 데이터 값을 훼손하는 일이 없어야 한다.

① 원자성　　　　　② 일관성

③ 고립성　　　　　④ 지속성

⑤ 통일성

빠른답CHECK　22.⑤　23.②　24.④　25.④　26.③

27 다음 중 빅테이터의 특징인 5V에 해당하지 않는 것은?

① 용량(Volume)

② 속도(Velocity)

③ 다양성(Variety)

④ 정확성(Veracity)

⑤ 가시성(Visibility)

28 협동조합의 유형이 바르게 짝지어진 것을 모두 고르시오.

> ㉠ 소비자협동조합 : 주로 조합원이 직접 사용하거나 혹은 그들에게 재판매하기 위한 재화나 서비스를 구매하기 위하여 조직된 최종소비자 조합으로 영국의 로치데일 협동조합이 대표적이다.
>
> ㉡ 사회적협동조합 : 생산자와 소비자의 직거래를 통해 중간마진을 없앤 것이 특징으로, 직접 생산자를 찾아 공급량과 가격을 사전에 결정하여 판매가격이 비교적 안정적이다.
>
> ㉢ 신세대협동조합 : 1970년 이후 미국에서 일어난 새로운 형태의 협동조합으로 1인 1표의 의결권 대신, 사업 이용 규모에 비례한 의결권을 부여하거나 출자증권의 부분적인 거래를 허용한다.

① ㉠

② ㉡

③ ㉢

④ ㉠, ㉡

⑤ ㉠, ㉢

29 다음 중 엑셀에서 사용하는 Ctrl 관련 단축키의 기능으로 옳은 것은?

	단축키	기능
①	Ctrl + F2	인쇄 미리보기
②	Ctrl + F3	창 닫기
③	Ctrl + F4	이름 정의
④	Ctrl + F5	창 이동
⑤	Ctrl + F6	창 복원

30 다음 중 차등의결권에 대한 설명으로 옳지 않은 것은?

① 경영진이나 최대 주주가 보유한 지분율보다 더 많은 의결권을 가진다.

② '1주당 1의결권' 원칙의 예외를 인정하고 있어 '복수의결권'이라고도 한다.

③ 우호적 M&A로부터 경영권을 방어하려는 목적으로 주로 활용된다.

④ 경영권 승계에서 대주주의 지배권 강화 수단으로 악용될 수 있다.

⑤ 무능한 경영자를 교체하기 어렵다는 단점이 있다.

농협 소개

01 비전 2030

(1) 수립 방향

① 농협이 추구하는 「농업·농촌의 미래상」 반영 : 희망농업·행복농촌

② 「농협의 정체성」이 살아있는 농협의 미래상 반영 : 국민의 농협, 농민의 농협, 농축협 중심의 농협, 글로벌 농협

③ 기존의 「경영 패러다임의 대전환」을 위한 변화·혁신 강조 : 농축협이 중심에 서는 중앙회, 농산업을 선도하는 농협경제, 지역발전에 앞장 서는 농축협, 농축협 성장을 지원하는 농협 금융, 국민의 자랑이 되는 세계 속의 농협, 변화와 혁신으로 도전하는 농협·人

농업·농촌의 위기	농업·농촌의 기회	농협이 안고 있는 문제	농협에 대한 새로운 기대
• 농업성장 둔화	• 식량안보 중요성	• 조합원 고령화·이질화	• 사업/서비스 확대 요구
• 농업소득 감소	• 농업농촌 인식전환	• 농축협 양극화	• K-food 확산
• 미래영농세대 부족	• 애그테크 확산	• 정체성 약화	• 글로벌 협동조합 위상 제고
• 농촌활력 저하	• 정책 지원 증가	• 중앙회 중심 사업리드	• 협동조합 간 협동
• 지역소멸위기	• 귀농·귀촌 증가	• 관료적 조직문화	• 국제 경쟁력 확보

(2) 4대 핵심가치

① **국민에게 사랑받는 농협** : 지역사회와 국가경제 발전에 공헌하여 온 국민에게 신뢰받고 사랑받는 농협 구현

② **농업인을 위한 농협** : 농업인의 행복과 발전을 위해 노력하고, 농업인의 경제적·사회적·문화적 지위 향상 추구

③ **지역 농축협과 함께 하는 농협** : 협동조합의 원칙과 정신에 의거, 협동과 상생으로 지역 농축협이 중심에 서는 농협 구현

④ **경쟁력 있는 글로벌 농협** : 미래 지속가능한 성장을 위하여 국내를 벗어나 세계 속에서도 경쟁력을 갖춘 농협으로 도약

(3) 비전 : 변화와 혁신을 통한 새로운 대한민국 농협

(4) 슬로건 : 희망농업, 행복농촌 농협이 만들어 갑니다.

(5) 혁신 전략

① 농업인 · 국민과 함께 「농사같이(農四價値) 운동」 전개
  ㉠ 농사같이(農四價値) : 농민존중(국민들로부터 인정받고 존경받는 농업인), 농업성장(농업에 대한 본질을 농업;
    Agriculture에서 농산업; agribusiness으로 전환), 농촌재생(살기 좋은 농촌, 찾고 싶은 농촌, 활력 넘치는 농촌
    으로 전환), 농협혁신(농업인과 농축협이 중심이 되는 농협, 농업인의 눈높이에 맞는 농협)
  ㉡ 60년 농협 · 농촌 운동의 전통과 정신 계승
  ㉢ 농업변화 · 혁신의 대전환을 위한 성장동력 내재화

② 중앙회 지배구조 혁신과 지원체계 고도화로 「농축협 중심」의 농협 구현
  ㉠ 농축협의 눈높이에 맞춘 중앙회 지배구조 혁신
  ㉡ 농축협 지원확대와 지원체계 고도화로 지속성장 기반 확보
  ㉢ 산지유통 중점 지원으로 농축협 경제사업 활성화

③ 디지털 기반 「생산 · 유통 혁신」으로 미래 농산업 선도, 농업소득 향상
  ㉠ 금융−경제 시너지로 애그테크 기반 미래 농산업 선도
  ㉡ 스마트 영농 정착과 농자재 가격안정으로 농업소득 향상
  ㉢ 유통혁신을 통한 농축산물 수급안정과 디지털 인프라 확충

④ 「금융부문 혁신」과 「디지털 경쟁력」을 통해 농축협 성장 지원
  ㉠ 상호금융특별회계의 안정적인 수익창출로 농축협 경영지원 강화
  ㉡ 상호금융 정체성 강화 및 제1금융권 수준의 사업경쟁력 확보
  ㉢ 디지털 기반 초일류 금융그룹으로 도약하여 농축협 수익센터 역할 강화

⑤ 「미래 경영」과 「조직문화 혁신」을 통해 새로운 농협으로 도약
  ㉠ 미래전략실 설치로 농축협−중앙회 성장과 혁신을 주도
  ㉡ 범농협 위기대응체제 구축 및 디지털 전환
  ㉢ 미래 인재 육성 및 조직문화 혁신으로 경쟁력과 전문성 확보

시험에 이렇게 나온다! 60년 농협 · 농촌운동의 전통과 정신을 계승한 「농사같이(農四價値) 운동」의 네 가지
농업가치 기반으로 옳지 않은 것은?

① 농민존중   ② 농촌재생
③ 농민계몽   ④ 농협혁신
⑤ 농업성장

A. ③

(6) 엠블럼 의미

① 'ㄴ'과 'ㅎ'이 결합하여 '농'의 완성 : 농업·농촌의 새롭고 당당한 미래상의 중심에 「새로운 대한민국 농협」이 있음을 부각

② 변화와 혁신을 담은 수레 : 새수레에 변화와 혁신의 황금빛 불꽃을 담아 희망농업, 행복농촌을 만들겠다는 의미

02 계열사 현황

분야	내용
중앙회 교육지원 계열사(4개사)	농협정보시스템, 농협자산관리, 농협네트웍스 – 농협파트너스
농협경제 계열사 (16개사)	• 유통 : 농협하나로 유통, 농협유통 • 제조 : 남해화학–엔이에스머티리얼즈, 농협케미컬, 농우바이오, 농협에코아그로 • 식품/서비스 : 농협양곡, 농협홍삼, 농협식품, 농협물류, NH농협무역 • 축산 : 농협목우촌, 농협사료 – 농협 TMR, 농협우리사료
농협금융 계열사 (12개사)	• 은행 : NH농협은행 • 보험 : NH농협생명, NH농협손해보험 • 증권 : NH투자증권 – NH선물, NH헤지자산운용 • 기타 : NH–Amundi 자산운용, NH농협캐피탈, NH저축은행, NH농협리츠운용, NH벤처투자

03 농협이 하는 일

(1) 교육지원부문

① 농업인의 권익을 대변하고 농업 발전과 농가 소득 증대를 통해 농업인의 삶의 질 향상에 기여

② '또 하나의 마을 만들기 운동' 등 농업농촌에 활력을 불어넣고 농업인과 도시민이 동반자 관계로 함께 성장하고 발전에 기여

③ 추진사업 : 교육지원사업(농·축협 육성·발전 지도·영농 및 회원 육성·지도, 농업인 복지증진, 농촌사랑·또 하나의 마을 만들기 운동, 농정활동 및 교육사업·사업공헌 및 국제협력 활동 등)

(2) 경제부문

① 농업인이 영농활동에 안정적으로 전념할 수 있도록 생산·유통·가공·소비에 이르기까지 다양한 경제사업 지원

② 농축산물 판로확대, 농축산물 유통구조 개선을 통한 농가소득 증대 및 영농비용 절감을 위한 사업에 주력

③ 추진 사업

분야	내용
농업경제사업	영농자재(비료, 농약, 농기계, 면세유 등) 공급, 산지유통혁신, 도매사업, 소비지 유통 활성화, 안전한 농식품 공급 및 판매
축산경제사업	축산물 생산, 도축, 가공, 유통, 판매 사업, 축산 지도(컨설팅 등), 지원 및 개량 사업, 축산 기자재(사료 등) 공급 및 판매

(3) 금융부문

① 농협 본연의 활동에 필요한 자금과 수익 확보, 차별화된 농업금융 서비스 제공 목적

② 시중 은행 업무 외에도 NH카드, NH보험, 외국환 등의 다양한 금융 서비스 제공

③ 추진 사업

분야	내용
상호금융사업	농촌지역 농업금융 서비스 및 조합원 편익 제공, 서민금융 활성화
농협금융지주	종합금융그룹(은행, 보험, 증권, 선물 등)

04 농협의 역사

(1) 「농업 · 농촌 · 농협운동」 추진 경과

① 1964 ~ 1965년 : 농협 체질개선 운동

② 1965 ~ 1978년 : 새농민 운동

③ 1978 ~ 1978년 : 신풍 운동

④ 1980 ~ 1987년 : 농협 경영 개선 운동

⑤ 1988 ~ 1992년 : 새농협운동

⑥ 1989 ~ 1994년 : 身土不二 운동

⑦ 1995 ~ 2002년 : 農都不二 운동

⑧ 2003 ~ 2004년 : 농촌사랑 운동

⑨ 2004 ~ 2012년 : 새농촌 새농협 生운동

⑩ 2012 ~ 2015년 : 食사랑 農사랑 운동

⑪ 2016 ~ 2018년 : 함께하는 마을 만들기

⑫ 2018 ~ 2023년 : 깨끗하고 아름다운 농촌마을 가꾸기

⑬ 2020 ~ 현재 : 국민과 함께하는 도농상 활성화

(2) 종합농협 이전(1907 ~ 1958년)

① 1907년 : 광주지방 금융조합설립

② 1919년 : 조선경제협회 설립(지방금융연합회 승계)

③ 1927년 : 조선 농회령 공포 및 선 농회 설립

④ 1928년 : 조선금융조합협회 설립(조선경제협회 승계)

⑤ 1933년 : 조선금융조합연합회 설립(조선금융조합협회 승계)

⑥ 1935년 : 조선금융조합연합회 하부조직 식산계 설치

⑦ 1956년 : 금융조직 · 연합회 · 식산계 업무 인수, ㈜농업은행 설립

⑧ 1957년 : 농업협동조합법, 농업은행법 제정(조선농회 업무 · 재산 인수), 농업은행법 제정

⑨ 1958년 : 농협중앙회 창립총회 개최, 농업은행 업무 개시

(3) 종합농협 출범(1961 ~ 1986년)

① 1961년 : 농협중앙회와 농업은행 통합, 종합농협 형태 농업협동조합 창립(전국단위 중앙회−시군조합−이동
조합의 3단계)

② 1962년 : 농협대학교 개교

③ 1964년 : 농협신문 창간(농민신문 전신)

④ 1965년 : 자립 · 과학 · 협동을 다짐하는 새농민운동 전개

⑤ 1969년 : 조합에 상호금융제도를 도입해 농촌지역 고리채(高利債)해소

⑥ 1972년 : 농신보 업무 실시

⑦ 1981년 : 농협중앙회에서 축산부문 분리, 농협 계통조직 2단계 개편(시군조합 폐지, 조합−중앙회 2단계)

⑧ 1984년 : 연금공제 · 화재공제 실시, 신용카드 업무 개시

⑨ 1986년 : 면세유 공급 개시

시험에 이렇게 나온다! 다음 중 농업 · 농촌 · 농협운동 추진 경과가 바르게 나열된 것은?

㉠ 새농민 운동	㉡ 食사랑 農사랑 운동
㉢ 농촌사랑운동	㉣ 身土不二 운동
㉤ 깨끗하고 아름다운 농촌마을 가꾸기	

① ㉠, ㉡, ㉢, ㉣, ㉤ 　　　② ㉠, ㉣, ㉢, ㉡, ㉤

③ ㉡, ㉢, ㉠, ㉣, ㉤ 　　　④ ㉡, ㉣, ㉢, ㉠, ㉤

⑤ ㉣, ㉠, ㉡, ㉢, ㉤

A. ②

(4) 농협의 민주화와 통합농협시대(1988 ~ 2010년)

① 1988년 : 민주 농협법 개정, 조합장 및 중앙회장 직선제 도입

② 1989년 : 우리농산물애용운동 전개

③ 1990년 : 농식품 수출전담 자회사 ㈜협동무역(現NH무역) 설립

④ 1994년 : 사업부제 실시

⑤ 1995년 : ㈜농협유통 · 농협사료 설립

⑥ 1998년 : 양재동 하나로클럽 개장, ㈜남해화학 인수 완료

⑦ 2000년 : 통합 농협중앙회 출범(농 · 축 · 인삼협중앙회 통합)

⑧ 2004년 : 새농촌새농협운동 추진 선포, 농협재단 · 농촌사랑운동 전개 및 범국민운동본부 출범

⑨ 2006년 : 농촌사랑지도자연수원 · NH투자증권 · 농협목우촌 · 농협경제연구소 출범

⑩ 2007년 : 한국 농협, 국제협동조합연맹(ICA)의 세계 4대 협동조합기관 선정

⑪ 2010년 : 국제협동조합기구(ICAO) 개최, 도농 상생자금 5,000억 지원

(5) 사업전문화 새농협 출범(2011~ 현재)

① 2011년 : 사업구조개편을 위한 농협법 개정창립 50주년 기념, 농협장학관 개관, 식사랑농사랑운동 전개

② 2012년 : 경제사업 활성화를 위한 사업 분할(중앙회 · 경제지주 · 금융지주)전개

③ 2013년 : 국제협동조합연맹(ICA) 이사국 재선임국제협동조합농업기구(ICAO) 회장 기관

④ 2015년 : 농협하나로유통 · 농협양곡 설립

⑤ 2016년 : 농협이념중앙교육원 개원농협미래농업지원센터 개원

⑥ 2018년 : 깨끗하고 아름다운농촌마을 가꾸기 운동 전개

⑦ 2020년 : 비전2025 "함께하는 100년 농협" 선포

⑧ 2021년 : 창립 60주년 농협, 혁신으로 새로운 100년을 향해

⑨ 2022년 : 탄소Zero 챌린지 적금」 출시로 ESG 동참, 농산업혁신기업 육성

⑩ 현재 : 외부 전문가 주도 「농협개혁위원회」 출범, 「농심천심(農心天心) 범국민운동 추진위원회」 출범, 「정부 농
정 대전환 정책」 연계 추진

05 농협의 파란 농부

(1) 의미

① 청년(젊은) 농부

② 알을 깨고 나온(破卵, 고정관념과 틀을 깬) 농부

③ 농업의 블루오션을 창출하는 농부

④ 농업에 파란을 일으키는 농부

(2) 내용

① 우리 농업의 미래를 선도한 청년 농업인 육성

② 국내 및 해외 주요 농업선진지에 대한 연수비 지원

③ 기수별 연수책자 제작 및 연수결과 보고회 실시

④ 농업관련 종합컨설팅 및 선도 창업농과의 멘토링

⑤ 농업관련 실습 및 교육과정 참여 추천 등

⑥ 자치회 결성 및 활동 지원

06 NH 커뮤니케이션 브랜드 및 캐릭터

(1) NH 커뮤니케이션 브랜드

① Nature&Human(Nature Green) : 순수한 자연을 세상에 널리 전하는 농협의 건강한 이미지를 표현, 농협 전통의 친근하고 깨끗한 이미지 계승

② New Happiness(Human Blue) : 농협의 앞서나가는 젊은 에너지와 전문적인 이미지를 표현, 젊은 농협의 현대적이고 세련된 새로운 이미지 창조

③ New Hope(Heart Yellow) : 풍요로운 생활의 중심, 근원이 되는 농협의 이미지를 계승

※ 2030 엠블럼 그래픽 모티브는 인간과 자연을 위한 새로운 물결 상생, 화합, 조화 및 변화, 혁신, 새로운 바람 상징

(2) 캐릭터 아리(ARI)

① 농업의 근원인 씨앗을 모티브로 쌀알, 밀알, 콩알에서 '알'을 따와서 명칭

② 통합 농협으로 새출발하는 농협의 미래지향적인 기업 이미지는 캐릭터를 통해 발현

③ 우리의 전통 음율 '아리랑'을 연상케 하여 '흥, 어깨춤' 등 동적인 이미지

④ 곡식을 담는 '항아리', '풍요 및 결실'의 의미

07 농협의 인재상

(1) 시너지 창출가

항상 열린 마음으로 계통 간, 구성원 간에 존경과 협력을 다하여 조직 전체의 성과가 극대화될 수 있도록 시너지 제고를 위해 노력하는 인재

(2) 행복의 파트너

프로다운 서비스 정신을 바탕으로 농업인과 고객을 가족처럼 여기고 최상의 행복 가치를 위해 최선을 다하는 인재

(3) 최고의 전문가

꾸준히 자기계발을 통해 자아를 성장시키고, 유통·금융 등 맡은 분야에서 최고의 전문가가 되기 위해 지속적으로 노력하는 인재

(4) 정직과 도덕성을 갖춘 인재

매사에 혁신적인 자세로 모든 업무를 투명하고 정직하게 처리하여 농업인과 고객, 임직원 등 모든 이해관계자로부터 믿음과 신뢰를 받는 인재

(5) 진취적 도전가

미래지향적 도전의식과 창의성을 바탕으로 새로운 사업과 성장동력을 찾기 위해 끊임없이 변화와 혁신을 추구하는 역동적이고 열정적인 인재

시험에 이렇게 나온다! NH 커뮤니케이션 브랜드 색상으로 옳은 것은?

① Orange
③ Purple
⑤ White
② Yellow
④ Red

A. ②

시험에 이렇게 나온다! 농협비전 2030 엠블럼에 대한 설명으로 옳은 것은?

① 농업에 파란을 일으키는 농부 의미
② 곡식을 담는 항아리, 풍요의 결실 의미
③ 농업의 근원인 씨앗이 모티브
④ 변화와 혁신을 담은 수레 의미
⑤ 진취적인 도전가 의미

A. ④

2026 농업·농촌 10대 이슈

2026년 농정 여건

한국 농업·농촌이 처한 현실

현재 농업 현장은 기후위기 심화, 농가 경영 불안정, 농촌 인구 기반 붕괴라는 구조적 위기에 동시에 노출되어 있다. 극단적 이상기후와 자연재해가 잦아지면서 농업 생산의 변동성은 커지고 있으며, 노동집약적 산업 구조 속에서 농촌 인력 부족은 만성화 단계에 접어들었다. 고령사회와 인구 감소가 빠르게 진행되며 다수 농촌 지역은 이미 지역 소멸 위험 단계에 진입했다. 정부가 지정한 인구감소지역 대부분이 농촌에 집중돼 있다는 점은 이러한 현실을 단적으로 보여준다. 외국인 계절근로자와 고용허가제 인력이 농업 현장을 일부 보완하고 있으나, 체감 인력 부족은 여전히 심각하다. 여기에 더해 내수 침체 가능성, 국제 정세 불안, 글로벌 공급망 재편 등으로 비료·사료 등 농자재 수급 불확실성도 지속되고 있다.

농정 패러다임의 전환에 대한 기대

이러한 복합 위기에 대응하기 위해 정부는 농업을 국가 전략 산업으로 재정립하고 농가 경영 안전망을 강화하는 한편, AI와 디지털 기술을 접목한 산업 구조 혁신이 병행되고 있다. 정부는 농촌을 지역 균형 발전과 에너지 전환의 거점으로 육성하고, 농업재해 보상과 소득 안정에 대한 국가 책임을 확대하는 정책 기조를 제시했다. 이에 따라 농산물 가격 안정, 쌀 수급 관리, 재해 대응 체계 강화 등을 포함한 관련 법 개정이 본격 시행되며 제도적 기반도 한층 정비되고 있다. 특히 농업재해 대응 체계 강화, 필수 농자재 지원, 가격 변동 완화 정책 등이 단계적으로 도입되면서 농가 경영 부담을 완화하는 환경이 조성되고 있다. 더불어 신재생에너지 기반 농촌 소득 모델과 기본소득 시범사업 등 새로운 농촌 경제 구조 실험도 확대될 전망이다.

2026년 주요 농정 방향

2026년 정부 농정의 핵심은 지속가능성 확보와 성장 산업 전환이다. 이를 위해 농업인 소득 안정, 농촌 소멸 대응, 식량안보 강화, 유통 혁신, 스마트농업 확산 등 다각적인 정책이 추진될 예정이다. 쌀 수급 관리와 전략작물직불 확대를 통해 식량 자급 기반을 보강하고, 온라인 도매시장 활성화와 스마트 APC 확충을 통해 유통 구조 개선도 가속화된다. 또한 농지 제도 전반을 재정비하는 법 개정 논의가 본격화되며 농지 이용의 효율성 제고가 중요한 과제로 떠오르고 있다. 농가 경영 안정을 위한 선택형 직불제 확대와 공동영농 모델 확산도 예상된다. 고령화와 인력 부족 문제를 구조적으로 완화하기 위한 접근이다. 아울러 농업 분야 AI 생태계 구축을 위한 국가 차원의 플랫폼 조성이 추진되며, 스마트농업과 전후방 산업 육성이 본격화될 전망이다. 이는 농업이 기술 기반 융합 산업으로 전환되는 중요한 분기점이 될 수 있다.

(1) 구조적 쌀 공급과잉과 농가 소득 감소의 장기화

　① 매년 약 2,500 ~ 5,000억 원 규모의 시장격리 예산을 투입하고 있음에도 약세 지속

　② 2022년 러·우 전쟁 이후 수입 비료 가격 상승으로 논벼 경영비는 증가한 반면, 2021년 정부 관리양곡 대규모 매도와 연이은 풍작으로 쌀값이 하락하며 논벼 재배농가의 10a당 소득 크게 감소

(2) 개정 양곡법·농안법을 통한 쌀 수급안정의 법적 기반 마련

　① 2025년 8월 개정, 2026년 8월 시행 예정 양곡법·농안법, 선제적 수급관리가 핵심

　② 쌀값 안정을 위한 '벼 재배면적 조정(선제적 수급관리) → 과잉생산 시 정부 의무 매입 → 가격 하락 시 기준가격 대비 차액 보전' 3단계 수급안정 장치 제도화

　③ 재배면적 조정 단계에서 충분한 보조금 지급이 가능하도록 법적 근거 마련

(3) 전략작물직불사업 예산 확대와 지원 구조 개편

　① 2026년 전략작물직불사업 예산, 전년 대비 72% 증액한 4,196억 원으로 편성

　② 수요 확대가 부진했던 논콩·가루쌀 예산 감액, 실제 수요와 판로 확보가 용이한 하계조사료 중심으로 지원 구조 재편

(4) 생산자 참여 확대를 위한 거버넌스 강화

　① 기존 농식품부 고시로 운영되던 양곡수급관리위원회가 법정기구로 격상

　② 위원의 3분의 1 이상을 생산자 단체 대표로 위촉하도록 명문화

　③ 양곡수급계획, 정부양곡수급계획, 쌀 의무 매입을 포함한 수급안정대책을 심의·의결하도록 하여 현장 의견이 정책에 반영될 수 있는 구조 재건

(5) 핵심전망

　① 시행령 개정 과정에서 매입 발동조건과 기준가격 설정이 핵심 쟁점

　② 기준가격 산정 방식이 농가 소득 보장의 실효성을 좌우

　③ 벼 재배면적 감축의 실제 성과가 제도 성패를 결정

　④ 농협 등 생산자 단체의 역할 확대 필요

(1) 농산물 수급 · 가격 변동성 심화로 농가경영 불안 지속

① 이상기후로 인한 농업재해 빈발, 영농자재비 · 인건비 상승 등으로 농산물 수급 및 가격 변동성 확대

② 농가교역조건지수, 2005년 98.3에서 2024년 96.8로 악화 → 농가 채산성 전반적인 하락

③ 2024년 농가소득은 5,060만 원으로 증가 추세이나, 농업생산활동을 통해 발생한 농업소득은 958만 원 수준에 정체

④ 농업소득 변동 폭은 −26.8 ~ 28.6%로, 수입의 불안정성 심화

(2) 농정 대전환 기조 아래 국가 책임 강화 방향 명확화

① 정부가 2025년 9월, 농업 · 농촌 부문 4대 국정 과제를 발표하면서 국가 책임 강화형 농정 전환 공식화

② 자연재해, 농업투입비 상승, 수급 불안 등 농가가 감당하기 어려운 리스크에 대해 국가가 적극 개입하는 선진국형 농정 추진 예정

(3) 농가소득 · 경영 안전망 강화를 위한 정책 패키지 추진

① 공익직불제 확대와 농산물 가격안정제 도입을 통해 농가소득 안전망을 강화할 계획

② 재해복구 지원 확대 및 재해 대응체계 강화를 통해 농업재해 국가책임제 도입 추진

③ 필수농자재 지원체계 구축과 공공형 계절근로제 확대를 통해 농가 경영비 부담 완화 도모

④ 청년농업인 양성과 농지이양은퇴직불제 확대를 통해 농업 부문 세대전환 촉진 병행

(4) 농업수입안정보험 · 농산물 가격안정제 본격화

① 2025년 본사업으로 전환된 농업수입안정보험을 농가경영 안정의 핵심 수단으로 활용

② 농안법 개정(2025년 8월)을 통해 농산물 가격안정제 도입, 2026년 8월 본격 시행 목표

(5) 향후 전망

① 농가소득 · 경영 안정 체계의 국가 책임 강화 지속

② 기초 · 선택 안전망 이중 구조 강화

③ 농업재해 국가책임제 실질화 추진

④ 농가경영비 절감 및 가격지지 정책 논의 본격화

⑤ 농업소득 정보체계 구축 논의 확대

 농지제도 개편 논의 본격화 : 농지 활용 확대와 공익 가치 사이의 정책 조율

(1) LH 사태 이후 농지 규제 강화로 거래 위축 및 가격 하락

① 2021년 LH 투기 사태 이후 농지가 투기 수단이 아닌 식량 생산 기반이라는 취지 아래 농지법 강화

② 농업 투자 유인 위축 및 농업인의 재산권 침해 등 부작용 발생

③ 전국 농지거래량은 2021년 50,948ha에서 2023년 25,346ha로 하락, 특히 비수도권 및 농촌 군지역의 농지 거래 회전율 크게 하락

④ 투기 차단 목적의 규제가 비투기 지역까지 확산되면서 농업계 우려 확대

(2) 농식품부, 30년 만의 농지제도 전면 개편 추진

① 기존 농지법이 첨단 농업기술 발전, 농촌 인구 감소, 도시민 농촌 유입 등 환경 변화를 반영하지 못한다는 문제의식 제기

② 2025년 주요 업무계획을 통해 농지 소유 규제 완화와 이용·전용 범위 확대를 골자로 한 개편안을 발표하며 사회적 논의 공식화

③ 현재 국회에는 농지 소유·이용·관리 전반을 다루는 개정안 다수 발의, 2025년 3분기 기준 32건의 농지법 개정안 상정

〈표1〉 농지제도 개편 핵심 내용

농지이용 범위 대폭 확대	소유·임대차 규제 완화	농지취득 절차 간소화	지자체 권한 확대
• 스마트팜(수직농장) 설치 자유화 • 농촌체류형 쉼터 설치 허용 • 농지 활용 다양화	주말체험 영농목적 농지 소유 허용 ※ 지자체 지구 내 농업진흥지역, 3년 이상 경작농지, 영농조합법인 소유농지 등	복잡한 서류절차 대폭 간소화 ※ 간단한 신청서와 기본 인적정보 만으로 취득 가능	농지 전용 권한 지자체 이양 ※ 농업진흥지역 외 농지 전용 권한 대부분 지자체 이양

(3) 향후 전망

① 농지정책 전반에 대한 심층 논의 확대

② 농지법 개정안 조율 과정 난항 예상

③ 농지 이용 효율화를 위한 농협 역할 확대 전망

〈표2〉 여·야별 농지법 개정안 방향

여당	야당
농지이용에 대한 규제 완화(농지 복합이용 개념 도입, 농지에 태양광 발전설비 설치 허용 등)	농지 소유 및 임대차 규제 완화 ※ 인구감소 지역 등에 농지소유 및 임대차 규제 완화, 농업진흥구역 내 농업제반시설 설치조건 완화 등

04 영농형 태양광 정책 가속화 : 농가소득 대안과 과제

(1) 영농형 태양광, 농가소득 증대와 탄소중립을 동시에 겨냥한 모델로 부상

① 농지 상부에서 전력을 생산하고 하부에서 농산물을 재배하는 이중 생산 구조

② 1981년 독일에서 개념이 제시되고, 2004년 일본에서 시험 적용, 2009년 실증단지 조성으로 확산

③ 국내 2010년대 중후반 도입, 실증사업 중심 운영… 토지 효율성 제고·탄소중립·발전 수익 기반 농가소득 증대 가능성 주목

(2) 전국 90여 개 실증 사례 축적… 소득 증가 효과 확인, 구조적 과제도 병존

① 2016년 충북 청주 오창 실증단지 최초 도입, 2024년 기준 전국 약 90개소 운영

② 농가소득 증가, 벼 생산성 소폭 하락

③ 전력 계통망 연결·인허가 절차, 최대 애로 요인

④ 100kW 미만 소형 실증사업, 벼 중심 추진으로 벼 재배 수확률 80 ~ 90% 수준

⑤ 작물별로는 녹차(111%), 포도(102%) 등 증수 사례도 있었으나 감자(95%), 들깨(91%), 마늘·양파(70%대) 등 감소 사례도 병존

(3) 자체 분석 결과, 보수적 가정하에서도 제한적이나마 수익성 존재

① 1ha, 1MW, 약 18억 원 투자 기준 분석 결과, 참여 농가 미참여 대비 수익성 우위

② 25년간 순수익 약 2.5억 원, 연평균 약 1천만 원 수준 추산

③ 금리, 운영비, 인건비, 폐기비 등 반영 기준, 자체 운영 시 일정 수준 사업성 확보 가능 평가

(4) 향후 전망

① 정부·국회 중심으로 정책화 및 법제화 논의 본격화

② 입법 과정에서 사업 주체·수익구조·개발 방식이 핵심 쟁점

③ 농협의 단계적·전략적 대응 필요성 확대

05 농어촌기본소득 도입 본격화 : 농촌 활력 회복 기대와 재정 지속성 과제

(1) 인구감소 · 고령화 심화로 농촌 소멸 위기 가속

① 농촌 인구 감소, 정주 여건 악화와 지역경제 침체로 연결… 인구 유출을 반복시키는 구조적 악순환 초래

② 최근 5년간 전국 지자체 평균 인구감소율은 −1.3%인 반면, 인구감소지역 69개 군은 −6.0%

③ 2025년 기준 고령화율도 전국 평균 20.82% 대비 인구감소지역 군은 38.8%로 농촌 활력 저하와 소멸 위험 심화

(2) 정부, 농어촌기본소득 시범사업 추진으로 농촌 활력 제고 시도

① 농촌 소멸 대응을 국정과제로 설정, 농어촌기본소득 시범사업 추진

② 2026 ~ 2027년 2년간 농어촌 인구감소지역 10개 군 선정, 월 15 ~ 20만 원 상당의 지역사랑상품권 지급 예정

③ 대상 지역 범위, 지급 금액 수준, 지급 방식, 주무부처 등과 관련해 다양한 의견이 제기… 정부는 시범사업 결과를 토대로 본 사업 방향 검토 예정

〈표3〉 농어촌기본소득 시범사업 개요

구분	주요 내용
기간	2026 ~ 2027년 진행 후 본 사업 전환 검토
지역	• 일반형 : 경기 연천, 충남 청양, 전북 순창, 경남 남해, 충북 옥천, 전북 장수, 전남 곡성 • 지역재원 창출형 : 강원 정선(강원랜드 주식 배당금 활용), 전남 신안(햇빛 · 바람재생에너지 발전 이익 공유), 경북 영양(풍력발전기금 활용, 양수발전 추진)
지급액	월 15만 원(지역재원 창출형 : 20만 원) 상당의 지역사랑상품권
지급인위	32만 4,000명(주민등록상 30일 이상 거주 주민)

(3) 향후 전망

① 농촌 활력 회복과 지역경제 순환 효과 기대

② 지방재정 부담이 본 사업 확대의 최대 제약 요인

③ 지역사랑상품권 사용처 확대 필요성 부각

(1) 농업 고령화 심화와 청년농 감소로 세대교체 구조적 위기 가속

① 2024년 기준 65세 이상 농가경영주 비중은 69.8%, 40세 미만 청년경영주는 0.5% 수준

② 청년농 경영주는 2015년 1.3% → 2024년 0.5%로 급감, 세대 불균형 심화

③ 농가 수는 100만 호 미만으로 감소, 농가인구 200만 명 붕괴 임박

④ 청년농 부족은 기술 전수 단절과 혁신 수용성 저하로 연결… 농업 생산기반 약화 초래

⑤ 고령농의 은퇴 지연·농지 유동화 정체, 높은 농지가격과 맞물려 청년농의 농지 접근성 악화… 악순환 구조 고착화

(2) 정부, 세대교체 촉진 위한 제도적 기반 전면 구축

① 정부는 농업 지속가능성 확보 위해 세대교체 정책을 핵심 국정과제로 추진

② 농지이양은퇴직불제 전면 개편, 지원 단가를 ha당 330만 원에서 600만 원으로 상향

③ 지급 연령은 75세 → 84세 확대, 영농경력 요건 연속 10년 → 총 10년으로 완화… 접근성 제고

〈표4〉 농지이양은퇴직불제 개편 전후 비교

구분	가입대상	지급기한	지원단가	농업인 조건
개편 전	65 ~ 74세	75세까지	ha당 330만 원	영농경력 연속 10년 이상
개편 후	65 ~ 79세	84세까지	ha당 600만 원	영농경력 총 10년 이상

④ 농업인퇴직연금제 도입 추진, 농지이양은퇴직불·농지연금·퇴직연금을 결합한 3중 노후보장체계 구축 목표

⑤ 청년농 정책은 양적 확대 중심에서 정착 중심으로 전환, 진입 → 정착 → 성장 단계별 지원 체계 구축 및 디지털농업 교육, 전용자금, 임대주택 제공 등 병행

(3) 향후 전망

① 2026년 세대교체 정책의 실질적 분수령

② 고령농 은퇴 지연과 청년농 진입장벽이 정책 실효성의 최대 장애 요인

③ 인력·제도·조직을 아우르는 입체적 전환 전략 필요

07 트럼프 라운드 본격화 : 통상환경 변화에 따른 농업부문 리스크 확대

(1) '트럼프 라운드' 재개로 한국농업의 대외 리스크 급증

① 미국 트럼프 2기 행정부 출범 이후 보호무역 강화, 미국 중심의 권력 외교형 통상 환경 본격화

② '트럼프 라운드' 국면, '농산물 시장개방 확대, 농업 원자재 공급 불확실성, 농식품 수출환경 악화'라는 3중 위기 직면

〈표5〉 트럼프 라운드 시대, 한국농업의 주요 위기 요인 및 전망

구분	내용
농산물 시장개방 확대	• 한·미 무역합의, CPTPP 가입추진 등 실질적 시장개방 확대 국면 • 미국산 과일·채소, LMO 농산물 수입 앞당겨질 가능성 有 • 쇠고기, 돼지고기 등 주요 품목에 대한 추가 개방 요구 가능성 有
원자재 가격 상승	높은 원자재 가격, 고환율로 고투입재 비용 구조 장기화 전망
수출시장 불안정성	가격경쟁력 약화 등으로 농식품 수출 성장세 둔화 가능성 有

(2) CPTPP · 한미 통상 합의 등으로 시장개방 압력 확대

① 2025년 CPTPP 가입 검토를 공식화, 대미 통상 압박 완화·시장 다변화 추진

② 한·미 무역 합의 통해 미국산 과일·채소 검역 전담 조직(U.S. Desk) 설치, LMO 농산물 인허가 간소화 등 비관세장벽 완화 합의

③ 미국산 원예작물과 LMO 농산물 수입이 앞당겨질 가능성 확대… 쇠고기·돼지고기·과일류 등 주요 품목 추가 개방 요구 증가 전망

(3) 원자재 공급 불안과 고환율로 농가 경영 부담 가중

① 미·중 갈등, 중동 긴장 등 지정학적 리스크… 비료·사료·원유 등 글로벌 농업 원자재 공급망 불확실성 증가

② 주요 사료곡물 수출국의 자국 우선주의 강화 가능성 확대

③ 연이은 원/달러 환율 1,400원대 고공행진, 수입 물가 상승 → 비료·사료 가격 인상 → 농가 생산비 부담 확대

(4) 대미 수출 환경 악화로 농식품 수출 성장세 둔화 조짐

① 미국의 상호관세 부과로 한국 농식품의 가격경쟁력 약화

② 글로벌 소비 위축·통관 불확실성 확대로 수출 환경이 전반적으로 악화

③ 한국산 농식품의 통관 거부·반송 사례 증가… 비관세장벽 리스크 확대

(5) 향후 전망

① 미국산 농산물 수입 확대 및 추가 개방 요구. 高원자재·高환율 구조 장기화 가능성

② 농식품 수출 성장 둔화 우려

③ 필수 농자재 안정 공급과 사료 공급원 다층화 필요

08 스마트농업 일반농가 확산 국면 진입 : 기술 혁신과 현장 활용의 균형 과제

(1) 정부, 스마트농업 체계적 육성을 위한 중장기 전략 본격 가동

① 2025년 '제1차 스마트농업 육성 기본계획(2025 ~ 2029년)'을 수립 및 정책 기반 정비

② 2029년까지 시설원예 스마트팜 전환율 35%, 밭작물 스마트농업 도입률 20%, 매출 100억 원 이상 선도기업 120개 육성 목표

③ 전국 15개소 스마트농업 육성지구 조성 계획, 2025년 홍성·남원·장성·고흥 4개 지역 우선 지정

④ 민관 협의체 'K－스마트팜 추진단' 출범, 현장 의견 정책 설계·기술 보급 반영 구조 마련

(2) 농협 주도로 보급형 스마트팜 확산… 일반농가 전환점 도래

① 농협, 중소·영세농 활용 가능 저비용 보급형 스마트팜 모델 개발… 2025년에 약 1,000 농가 보급

② 리모델링 방식·필수 기능 중심 설계 적용… 도입 부담 완화·접근성 제고, 스마트농업 일반농가 확산 전환점 평가

③ 청년농 대상 장기 임대형 스마트팜 본격 시행… 2026년 노지·중소농 확산을 위한 신규 예산 편성 등 정책 강화

(3) 향후 전망

① 지역 · 품목 맞춤형 스마트농업 모델 개발 본격화

② 정부–농협 협력 강화와 데이터 기반 모델 고도화

③ 농업 AX 본격 추진… 혁신 기회와 구조적 우려 병존

09 농산물 유통구조 전환 가속화 : 공공성 강화와 디지털 기반 혁신

(1) 기후플레이션 심화로 가격 변동성 확대… 유통구조 개선 요구 고조

① 기후변화로 농산물 가격 급등이 상시화, 기존 유통구조 가격 변동성 완충 기능 한계

② 생물 특성상 가격 변동은 불가피하나, 현행 유통체계의 비효율성으로 변동성 증폭 지적 확대

(2) 정부, 디지털 기반 유통구조 개선 방안 본격 추진

① 2024 ~ 2025년에 걸쳐 농산물 유통구조 개선 대책을 연속 발표, 생산→유통→소비 전 주기의 디지털 전환을 정책 방향으로 설정

② 2025년 9월 '농산물 유통구조 개선 방안' 발표… 주요 품목 가격 변동성 50% 완화, 전체 유통비용 10% 절감 목표 제시

③ 디지털 · 온라인 기술 도입, 도매시장 공공성 강화, 유통정보 활용 고도화 등을 중심으로 4대 전략과 12대 중점 과제 마련

〈표6〉「농산물 유통구조 개선 방안」 주요내용

4대 추진 전략	주요 내용
농산물 유통구조 디지털 혁신	• 농산물 유통 핵심 경로로 온라인 거래 활성화 • 산지 스마트화로 유통 · 물류 효율성 제고 • 디지털 기반 산지–소비지 온라인 직거래 확대
도매시장 경쟁 촉진 · 공공성 제고	• 평가 체계 개편 등 도매시장 경쟁 촉진 • 출하 가격 보전 등 도매시장 공공성 강화 • 전자송품장 의무화 등 가격 변동성 완화
소비자의 합리적 선택 지원	• 가격 · 유통 정보 제공 확대로 합리적 선택 지원 • 유통단계 축소한 대안 소비 경로 확대
안정적 농산물 생산 및 유통 기반 구축	• 안정 생산을 위한 적정 재배면적 확보 • 민관 협력 생육 관리 강화 • 공급 불안 대응력 제고 • 생산자 조직화 등 산지 유통 경쟁력 강화

(3) 향후 전망

① 농안법 개정을 통한 도매시장 공공성 강화 본격화

② 온라인 도매시장 확대와 스마트 APC 중심의 디지털 전환 추진

③ 디지털 유통 안착을 위한 산지 조직화·물류 인프라·데이터 표준화 강화

10 농심천심 운동 확산 국면 진입 : 농업·농촌 공익가치의 사회적 실천 전환

(1) 농업·농촌 공익적 기능, 국가 지속가능성의 핵심 요소로 재부상

① 기후위기, 글로벌 공급망 불안, 지역소멸 등 구조적 위기 심화… 농업·농촌, 식량 생산을 넘어 환경보전·
국토 균형 발전·문화 계승 등 전략 자원으로 재인식

② 국제적으로 농업은 기후·식량·생태 위기를 동시에 대응하는 핵심 분야로 평가, 주요 국가들은 환경·기후
중심 농정으로 전환 중

③ 국내 조사 결과 도시민의 약 75%, 농업·농촌의 공익적 가치에 공감… 사회적 인식 기반 확대

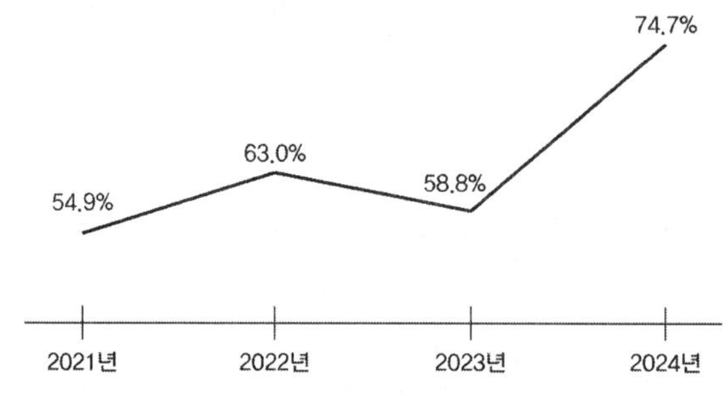

〈그림2〉 농업·농촌의 공익적 가치에 대한 국민 의식

(2) 공익 가치 제도화를 위한 국가 책임 논의 확대

① 농업·농촌의 공익 기능 강화를 위한 국가지원 필요성에 도시민 80% 공감… 헌법 반영에 과반수 찬성 등
제도적 정당성 요구 확대

② 헌법 반영은 사회적 합의가 필요한 사안으로, 단기 실현보다는 국민 체감형 활동을 통한 공감대 축적이 선행
되어야 한다는 의견 우세

⑶ 농심천심 운동, 인식 중심에서 참여형 사회운동으로 전환 요구

① 농심천심 운동, 농업·농촌의 공익적 가치를 국민 실천으로 연결하기 위한 시도… 도시민 다수가 취지에 공감

② 농업·농촌 관심도와 긍정 이미지 최근 하락… 공익 가치에 대한 추상적 인식과 실제 체감 사이의 간극 존재

③ 단순 홍보를 넘어 국민이 직접 참여하는 실천형 사회운동으로의 전환 필요성 대두

⑷ 향후 전망

① 공익 가치 확산의 무게 중심, '인식'에서 '일상 속 참여'로 이동

② 농심천심 운동, 범국민 참여 플랫폼으로 발전 가능성

③ 교육·체험·관광 연계를 통한 공익 가치 내재화

④ 지역 단위 실천 확대와 헌법 반영 논의 재점화

직무상식

✿ 농업·농촌 직무상식 필기시험 분석

연도별 출제키워드	
2025년	협동조합, 협동조합원, 유럽의 협동조합(핀란드 협동조합·덴마크 협동조합), 농협 핵심가치
2024년	협동조합 기본원칙, 협동조합원, 우루과이라운드, ICA, 스마트팜
2023년	협동조합, 정밀농업, 조류 인플루엔자, 구제역, 광견병, 비료, 농업보호구역, 농작물 재해보험, 자연재해, 럼피스킨병, 치유농업, HACCP
2022년	협동조합, 협동조합 이사회, 광합성, 스마트팜, 농업진흥지역, PLS, 농민운동, 광견병, 공익직불제

이것만은 알고가자	협동조합, 협동조합원, 국제협동조합연맹(ICA), 농심천심(農心天心), 농정 대전환, 청년농부, 스마트농업, 스마트팜, 스마트 축사, 식량안보, 푸드테크, 6차 산업, 탄소중립, 애그테크, 애그플레이션
최근 출제경향	직무상식 전체에서 많은 수의 문항이 나오지는 않으나 매년 1 ～ 3문항 정도가 출제된다. 최근에는 난도가 상승하고 있는 추세로 농업·농촌에 대한 이슈를 잘 알지 못하면 틀리는 경우가 많다. 농협의 핵심과제, 최근 시행 정책과 연관 지어서 나오는 편이며 익숙하지 않은 농업 관련 용어가 출제되어 당혹감을 줄 때도 있다. 논술시험과 면접에서는 농업과 디지털을 연관시켜 물어볼 수 있으므로 다양한 용어를 익히는 것이 필요하다.
2026년 예상리포트	협동조합은 거의 매년 출제되는 키워드이므로 확실하게 알고 있는 것이 중요하다. 농업·농촌 관련 사업, 최근 유행하고 있는 가축전염병 등이 출제되기도 한다. 스마트팜, 글로벌 통상규범 강화, 녹색성장, 청년농, 애그테크, 고향사랑기부제, 지방소멸대응 등과 관련한 문항이 출제될 수 있으므로 알아두고 있는 것이 중요하다.

소비자협동조합
消費者協同組合

최종 소비자들의 협동조합

소비자들이 공동으로 재화와 서비스를 구매 혹은 이용하기 위해 「소비자생활협동조합법」에 따라 설립된 조직이다. 이때 소비자는 최종 소비자를 의미한다.

> **상식PLUS** 설립인가 등〈소비자생활협동조합법 제21조〉
> ① 조합을 설립하려면 30인 이상의 조합원 자격을 가진 자가 발기인(發起人)이 되어 정관을 작성하고 창립총회의 의결을 거친 후 사업구역을 관할하는 특별시장·광역시장·도지사 또는 특별자치도지사의 인가를 받아야 한다. 이 경우 조합의 사업구역이 2 이상의 시·도에 걸쳐있는 경우에는 주된 사무소의 소재지를 관할하는 시·도지사의 인가를 받아야 한다.
> ② 창립총회의 의사는 창립총회 개의 전까지 발기인에게 설립동의서를 제출한 자 과반수의 출석과 출석자 3분의 2 이상의 찬성으로 의결한다.
> ③ 시·도지사는 제1항에 따라 조합의 설립을 인가한 때에는 즉시 공정거래위원회에 그 사실을 통보하여야 한다.
> ④ 조합의 설립에 필요한 설립동의자의 최소인원, 총출자금액 및 1인당 출자금액의 하한, 그 밖에 인가의 기준·절차 등에 관하여 필요한 사항은 대통령령으로 정한다.

국제
협동조합
연맹
ICA :
International Cooperative
Alliance

2024 · 2021 · 2019 | 농협은행 2024 | 농협계열사 2015 | 지역농협

협동조합 및 조합원의 이익증진을 위한 국제적인 협동조합 연합체

협동조합의 원리 및 방법을 연구, 세계 각국에 협동조합 사업을 보급하기 위해 설립되었다. 가맹조합 사이에 우호관계를 유지하고 조합운동 및 소비자 이익을 옹호하려는 데 의의를 두고 1895년에 협동조합의 국제 연합체로 발족되었다. 총회는 2년마다 개최되며 위원회에서는 ICA를 전반적으로 감독하고 예산을 설정하는 등의 결정권을 지니고 있다. 우리나라는 신용협동조합, 새마을금고, 농업협동조합, 산림조합, 수산업협동조합이 회원으로 가입되어 있다. 농업협동조합은 1963년 1월 20일 ICA 집행위원회에 준회원 자격으로 가입하고, 1972년 12월 15일 ICA 제25차 바르샤바 회의에서 정회원으로 승격되었다. 2025년에는 농협중앙회장이 국제협동조합연맹 아태지역 총회에서 이사로 임명되었다.

> **상식PLUS** 국제협동조합 농업기구(ICAO : International Cooperative Agricultural Organization)
> 국제협동조합연맹(ICA) 산하의 농업분과기구이다. 1951년에 창설되어 현재 전 세계 35개국 40개 회원기관으로 이루어져있다. 1998년부터 한국 농협중앙회에서 의장기관을 맡고 있다. 2019년 서울총회가 개최되었다.

☑ 시험에서는 이렇게 물어본다!
농협이 ICA에 준회원 자격으로 가입한 연도는?

2025 · 2024 · 2023 · 2022 · 2021 · 2020 | 농협계열사 2024 · 2023 · 2022 · 2021 | 농협은행 2024 · 2023 · 2022 · 2019 · 2018 | 지역농협

재화 또는 용역의 구매 · 생산 · 판매 · 제공 등을 협동으로 영위하여 조합원의 권익을 향상시키고 지역사회에 공헌하는 사업조직

협동조합은 재화 또는 용역의 구매 · 생산 · 판매 · 제공 등을 협동으로 영위함으로써 조합원의 권익을 향상하고 지역사회에 공헌하는 사업조직이다. 국제협동조합연맹(ICA)에서는 '공동으로 소유되고 민주적으로 운영되는 사업체를 통하여 경제적 · 사회적 · 문화적 필요와 욕구를 충족시키고자 하는 사람들이 자발적으로 결성한 자율적인 조직'으로 정의한다. 미국 농무성(USDA)에서는 '이용자가 소유하고 이용자가 통제하며 이용규모를 기준으로 이익을 배분하는 사업체'로 정의한다. 공동목적을 가진 5인 이상의 조합원이 사업의 종류나 제한 없이 조직을 만들 수 있다. 출자규모와 무관하게 조합원은 1인 1표제를 가지며, 조합원은 출자자산에 한정해서 유한책임을 가진다. 전체 배당액의 100분의 50 이상의 협동조합 이용 실적에 따라 조합원은 배당받을 수 있다. 규모의 경제를 실현하고 도매상, 수집상, 가공업자, 소매업자들과 거래 교섭력을 높이는 데 그 목적이 있다. 농업협동조합은 조합원에게 개별 농가에서 할 수 없는 가공사업을 수행하여 부가가치를 높여 주고 농자재 공동구매를 통해 농가 생산비 절감에 기여한다. 매년 7월 첫째 주 토요일은 협동조합의 날로, 협동조합에 대한 이해를 증진시키고 협동조합의 활동을 장려하기 위하여 ICA가 1923년에 제정하였다.

> **상식PLUS** 협동조합의 7원칙
>
> ㉠ 자발적이고 개방적인 조합원 제도 : 협동조합은 자발적이며, 모든 사람들에게 성(性)적 · 사회적 · 인종적 · 정치적 · 종교적 차별 없이 열려있는 조직이다.
>
> ㉡ 조합원에 의한 민주적 관리
> - 조합원들은 정책수립과 의사결정에 활발하게 참여하고 선출된 임원들은 조합원에게 책임을 갖고 봉사한다.
> - 조합원마다 동등한 투표권(1인 1표)을 가지며, 협동조합연합회도 민주적인 방식으로 조직 · 운영한다.
>
> ㉢ 조합원의 경제적 참여
> - 협동조합의 자본은 공정하게 조성되고 민주적으로 통제된다.
> - 자본금의 일부는 조합의 공동재산이며, 출자배당이 있는 경우에 조합원은 출자액에 따라 제한된 배당금을 받는다.
> - 잉여금은 협동조합의 발전을 위해 일부는 유보금으로 적립, 사업이용 실적에 비례한 편익 제공, 여타 협동조합 활동 지원 등에 배분한다.
>
> ㉣ 자율과 독립 : 협동조합이 다른 조직과 약정을 맺거나 외부에서 자본을 조달할 때 조합원에 의한 민주적 관리가 보장되고, 협동조합의 자율성이 유지되어야 한다.
>
> ㉤ 교육, 훈련 및 정보 제공
> - 조합원, 선출된 임원, 경영자, 직원들에게 교육과 훈련을 제공한다.
> - 젊은 세대와 여론 지도층에게 협동의 본질과 장점에 대한 정보를 제공한다.
>
> ㉥ 협동조합 간의 협동 : 국내외에서 공동으로 협력 사업을 전개함으로써 협동조합 운동의 힘을 강화시키고, 조합원에게 효과적으로 봉사한다.
>
> ㉦ 지역사회에 대한 기여 : 조합원의 동의를 토대로 조합이 속한 지역사회의 지속가능한 발전을 위해 노력한다.

상식PLUS 유럽의 협동조합

산업혁명 이후 자본주의가 발달하면서 1795년경에 영국에서 소비자협동조합이 시작되었다. 영국에 이어서 1789년경에 프랑스와 이탈리아에서는 노동자생산협동조합, 1850 ~ 1870년경에 독일의 농업지역에서 신용협동조합이 만들어졌다. 세계최초협동조합법률은 사업공제조합법이다. 영국 북서부 지역의 협동조합이 우애조합법(1834)에 등록하고 산업공제조합법으로 1852년에 개정되었다. 유럽에서 협동조합이 전국적인 조직을 결성하였다. 이후에는 국제적인 조직으로 국제협동조합연맹(ICA)을 구성하였고, 1895년에 제1회 창립총회를 영국 런던에서 개최하였다.

☑ 시험에서는 이렇게 물어본다!
1. 유럽 협동조합이 최초로 생겨난 국가는?
2. ICA 협동조합의 7대 원칙은?

4 ■■■■
농민농업 · 농촌운동

2022 · 2021 | 농협계열사   2021 · 2020 · 2019 · 2018 · 2017 | 농협은행

농민의 권익을 위하여 전개하는 사회경제운동

동학농민운동에서 많은 농민이 학살되면서 1897년 광무농민운동이 시작되어 1904년부터는 의병농민운동으로 전환되어 진행되었다. 1902년 산미증식계획으로 소작농민이 어려움이 심화되면서 1919년 흑교농장에서 소작쟁이가 일어났다. 1920년대 후반에는 자작농이나 자소작농의 중심으로 협동조합운동이 일어났다. 협동조합운동사, 협동조합운동, 농민공생조합이 있는데, 농민운동과 농민운동단체의 조직은 다양한 변천을 보이면서 활발하게 추진되었다. 광복 이후에는 전국농민총연맹으로 최대의 농민조직이 출범하였다. 6 · 25전쟁으로 농민운동의 활성화가 줄어들었다가 정부 주도로 1985년 농민조직인 농업협동조합이 다시 조직되었다.

상식PLUS⁺ 한국의 농업 · 농촌운동 흐름

㉠ **새농민운동(1965 ~ 1978)** : 농민 스스로 농촌사랑의 선구자 역할을 하는 것이다.
㉡ **신토불이운동(1989 ~ 1994)** : '우리 것이 좋은 것'이라는 의미로 우리나라 농산물의 소비 촉진을 위한 운동이다. 쌀시장개방반대 서명운동을 펼쳤다.
㉢ **농도불이운동(1995 ~ 2002)** : 농촌과 도시는 서로 하나라는 것으로 농산물 판매를 증진하기 위한 것이었다.
㉣ **농촌사랑운동(2003 ~ 2004)** : 농업 · 농촌의 문제해결방안을 모색하기 위한 것으로 1사1촌 자매결연을 시행했다.
㉤ **식사랑농사랑운동(2012 ~ 2015)** : 식생활 식문화운동이다.
㉥ **함께하는 마을 만들기(2016 ~ 2018)** : 도농교류 활성화를 위한 것이다.
㉦ **깨끗하고 아름다운 농촌마을 만들기(2018 ~ 2023)** : 농업의 공익적 가치 확산을 위해 진행되었다.
㉧ **국민과 함께 하는 도농상 활성화(2020)** : 농촌 봉사활동을 전개하면서 국민과 함께 도농상생 활성화를 목표로 한다.
㉨ **농심천심(農心天心) 운동(2026)** : '돈 버는 농업'을 실천해 농업 소득을 증대하고 '살기 좋은 농촌'을 만들어 농촌에 활력을 불어넣는 것을 목표로 하는 범국민운동이다.

☑ 시험에서는 이렇게 물어본다!
1. 우리나라 농업 · 농촌 운동의 발생 순서는?
2. 1사 1촌 자매결연을 시행한 농민운동은?

농심천심(農心天心)
범국민운동
추진위원회

농심천심 운동을 위해 설립된 단체

'돈 버는 농업'을 실천해 농업 소득을 증대하고 '살기 좋은 농촌'을 만들어 농촌에 활력을 불어 넣는 것을 목표로 하는 농심천심(農心天心) 운동을 위해 2026년에 출범하였다. 소비자 단체, 농업인 단체, 농축협 조합장 등 민·관 거버넌스를 구축하여 정책과 사업 자문, 실행 파트너로서 역할을 수행할 예정이다.

농촌사랑
범국민운동본부

농업인의 복지증진 및 삶의 질 향상을 위해 설립된 기구

도농교류 활성화 및 노동상생을 위해 2005년에 설립되었다. 1사1촌 자매결연, 도농상생 홍보사업, 농촌사회공헌인증제, 농촌사랑의료지원 등의 사업을 추진하고 있다.

식사랑 농사랑
운동

2022 | 농협은행

식(食)에 대한 중요성을 인지하고 국민의 건강을 증진시키려는 운동

우리 농산물을 기반으로 올바른 식생활을 유도하고 농업·농촌 가치에 대한 인식을 제고하기 위해 2011년부터 2015년까지 진행되었던 농협의 범국민운동이다. 농업의 중요성을 일깨우고 국민 식탁의 건강성을 회복하는 의미가 내포되어 있다.

> **상식PLUS** 바른 밥상, 밝은 100세 캠페인
> 농림축산식품부가 주도하는 식사랑 농사랑 운동의 일환으로, 잘못된 식생활로 건강을 잃어가는 국민들에게 우리 농산물 중심의 바른 식생활로 100세까지 건강을 유지하도록 하는 국민 캠페인이다.

> ☑ 시험에서는 이렇게 물어본다!
> 식사랑 농사랑 운동이 시행된 시기는?

8

1사1촌
一事一村

2022 · 2021 · 2020 | 농협은행

기업과 마을 간 상생 사업으로 농촌과 도시의 교류 활성화를 위한 사업

한 개의 기업 혹은 단체 등이 한 개의 농촌마을과 자매결연을 맺어 다양한 프로그램 개발·운영을 통해 기업과 마을 간 상생을 도모하는 사회공헌 사업이다.

> ☑ 시험에서는 이렇게 물어본다!
> 기업과 마을이 결연을 맺어 다양한 교류활동을 하는 것은?

9 ■■□□
랜선 농촌관광

비대면으로 이루어지는 농촌관광

컴퓨터나 스마트폰 등 랜선으로도 직접 농가를 방문한 것처럼 농촌체험을 제공하는 것을 말한다. 캐나다 온타리오주 더프린지역에서 다양한 농장을 소개하는 영상을 찍고 SNS를 통한 실시간 방송으로 농촌관광을 추진한 것이 한 예이다. 시청자들과 실시간 질의응답을 하며 소통을 통해 여러 체험을 선보일 수 있다는 것이 장점이다.

10 ■■■□
농어촌 빈집정비 사업

방치되어 있는 농촌 주택을 철거 및 정비하는 사업

인구 감소로 인해 방치되어 있는 빈집을 재사용할 수 있도록 정비하는 사업을 말한다. 방치된 농촌 주택이 증가하면서 농어촌이 황폐해지고 있음에 따라 지자체에서는 실거주 여부를 확인한 후 3년 이상 방치된 주택은 매입하여 철거 및 정비한다.

> **관련기사** '농어촌 빈집정비법' 잇단 발의, '빈집세' 부과로 방치 막아야…
> 농어촌 빈집 정비와 활용을 촉진하기 위한 특별법안이 잇달아 발의되고 있다. 현장에서는 특별법 제정이 필요하다고 보며, 소유자의 자발적 정비와 철거를 유도할 추가적인 대책도 마련해야 한다고 지적한다. 중장기적으로는 '빈집세' 도입이 대안으로 거론된다.

11 ■■□□
농촌 태양광 사업

農村 太陽光 事業

빈 공간에 태양광 패널을 설치하는 사업

태양광 등 신재생 에너지 보급 확대와 농가 소득 증대를 목적으로 2030년을 목표 연도로 하여 추진하고 있다. 소금을 생산하지 않는 염전부지나 곡식 저장 창고, 축사의 지붕 등 휴경농지, 유휴지를 활용한다.

> **상식PLUS** 영농형 태양광 사업
> 농경활동이 가능한 논과 밭 위에 태양광 발전소를 설치하여 농경재배와 에너지 생산을 동시에 가능하도록 하는 사업이다.

> **관련기사** 농협중앙회, 정부 농정 대전환 본격 가세
> 농협중앙회는 정부의 2026년 농정 대전환 정책과 연계하여 5대 중점 로드맵을 제시하였다. 그중 네 번째인 농촌 공간의 기능 회복을 위해 농협은 태양광 협동조합 모델을 개발하여 농촌 에너지 기반을 넓히는 방향을 구상하였다.

2021 | 농협은행

12 ■■▨▨ 농촌에서 살아보기

귀농 · 귀촌을 희망하는 도시민에게 농촌에서 최장 6개월간 거주하며 일자리와 생활을 체험하면서 지역주민과 교류하는 기회를 제공하는 사업

농림축산식품부가 주관하는 프로그램으로 운영마을에 입주한 도시민들이 제공된 숙소에서 지내며 휴식하고 영농기술을 배우는 등 일자리 체험을 하는 것이다. 유형은 귀농형, 귀촌형, 프로젝트 참여형으로 나뉜다. 귀농형은 지역 주요 작물 재배기술, 농기계 사용법 등 영농 전반에 대한 체험활동을 지원한다. 귀촌형은 농촌이해, 주민교류, 지역탐색 등 농촌생활 전반을 지원한다. 프로젝트 참여형은 청년들에게 다양한 농촌 일자리, 활동 등을 경험할 수 있도록 단기 프로젝트를 기획, 참여기회를 제공한다.

> ☑ 시험에서는 이렇게 물어본다!
> 〈농촌에서 살아보기〉 프로그램을 시행하는 기관은?

13 ■■▨▨ 겸업농가
兼業農家

농업에 종사하면서 농업 외의 다른 직업을 겸하는 것

농업을 주업으로 하는 경우에는 제1종 겸업농가라고 한다. 농업 외의 다른 직업이 주업이 되면 제2종 겸업농가로 구별한다.

14 ■■▨▨ 계약재배
契約栽培

계약에 의해 재배하는 방식

생산물을 일정한 조건으로 인수하는 계약을 맺고 행하는 재배방식이다. 주로 담배 재배, 식품 회사나 소비자 단체 등과 제휴하여 행해지고 있다.

15 ■■■▨ 청년농부사관학교

농협창업농지원센터에서 제공하는 청년귀농 학습교육과정

만45세 미만의 창농희망자를 대상으로 하며 교육과정은 4개월 동안 진행된다. 입문모듈(농협 사업 이해, 협동조합 이해, 원예 작물 재배 이론), 중급모듈(딸기, 토마토, 엽채류 작물 재배 이론 및 도제식 실습), 고급모듈(사업계획서 작성 및 창농 준비)의 3단계 커리큘럼으로 구성되어 있다. 농협은 2026년 정부의 농정 대전환 정책에 발맞춰 청년농부사관학교 인원 · 컨설팅 확대, 한국농수산대학교와의 연계 등을 통해 '국가 책임 강화와 청년 농업 인재 양성 중점 과제'를 해결할 예정이다.

럼피스킨병
LSD :
lumpy skin disease

2023 | 농협은행

소과 동물에게 주로 발생하는 질병

「가축전염병 예방법」에 의해 제1종 가축전염병에 해당하는 전염병으로 주로 소에게 나타나는 급·만성 바이러스성 질병이다. 소에게 전신성 피부병 증상이 나타나면서 유량이 감소하고 체중이 감소하며, 가죽 손상, 불임 등의 심각한 생산성 저하를 유발한다. 전신에 울퉁불퉁한 혹덩어리가 보인다면 의심해야 한다. 잠복기간은 주로 4 ~ 14일 정도이며 최대 28일까지다. 사람에게는 감염되지 않는 가축질병이다.

> ☑ 시험에서는 이렇게 물어본다!
> 럼피스킨병의 증상은?

17 ■■■

소해면상뇌증
BSE:
Bovine Spongiform
Encephalopathy

전염성해면상뇌증(TSE : Transmi ssible Spongiform Encephalopathy)의 일종으로 소에게 발생하는 만성 신경성 질병

광우병이라고도 한다. 변형 프리온 단백질 감염으로 신경세포의 공포변성과 중추신경조직의 해면상 변화가 특징이다. 긴 잠복기와 불안, 보행장애, 기립불능, 전신마비 등 임상증상을 보이다가 결국은 폐사되는 치명적인 만성 진행성 질병이다.

18 ■■■

구황작물
救荒作物

기후의 영향을 적게 받는 작물

비황작물(備荒作物)이라고도 하며 비교적 척박한 토지에서도 수확을 얻을 수 있다. 가뭄, 장마 등 천재지변이나 흉년이 들었을 때 기근을 극복할 수 있는 작물로 고구마, 감자, 옥수수, 메밀 등이 있다.

19 ■■■

농산물 가격 지지제도
農産物價格支持制度

농산물 가격이 대폭 하락되었을 때 생산자의 피해를 막기 위하여 정부가 농산물 실제 가격을 보장하는 제도

정부의 잉여농산물 매입이나 가격 하락분 지불 등으로 인한 농산물이 공급과잉 혹은 소비부진으로 대폭 하락하였을 경우에 생산자 손해를 방지하는 제도이다.

2023 · 2022 | 농협은행 2022 | 지역농협

20 ■■■

광견병
rabies

광견병 바이러스를 가진 동물에게 사람이 물리면서 생기는 질병

바이러스가 원인이 되어 급성 뇌척수염의 형태의 질병을 발생시킨다. 초기에는 일반적인 몸살 증상이 발생하다가 이후에 동물에게 물린 부위가 저리는 증상이 나타난다. 이후에 흥분, 불안, 우울 등이 나타나고 물을 두려워하는 증상을 보인다.

> ☑ 시험에서는 이렇게 물어본다!
> 광견병의 바이러스를 가진 동물에게 물렸을 때 초기 증상은?

21 ■■■

부저병

꿀벌 유충에 부저병 병원균이 침투하여 유충벌이 썩게 되는 질병

제3종 가축전염병에 해당하는 것으로 유충벌의 질병 중에 가장 치명적인 질병 중에 하나이다. 유럽부저병, 미국부저병, 파라부저병, 색브루드 44종이 있다. 오염된 꿀을 재사용하거나, 오염된 기구 등을 사용하는 경우 양봉장 전체에 옮겨지게 된다. 병증이 나타나면 병원균이 무엇인가에 따라 다르지만 죽은 유충이 황백색으로 되면서 액화하거나 악취를 풍긴다.

2023 | 농협은행 2023 · 2022 | 지역농협

22 ■■■

구제역
□蹄疫

우제류 가축의 급성전염병

우제류(발굽이 두 개인) 동물의 입과 발굽 주변에 물집이 생기고 치사율이 최대 55%에 달하는 제1종 가축 전염병이다. 바이러스 감염으로 발생하며 공기와 호흡기로 감염되어 전염성이 매우 강하다. 그렇기 때문에 무리에서 한 마리라도 감염이 되면 나머지 가축에게도 급속히 퍼지며, 특히 돼지가 뱉는 공기에 바이러스 입자가 많다. 소는 구제역 바이러스에 가장 취약하지만 염소는 강한 편이다.

> ☑ 시험에서는 이렇게 물어본다!
> 구제역에 가장 취약한 동물은?

2023 · 2022 | 농협은행 2022 | 지역농협

가축에게 발생하는 전염병

「가축전염병 예방법」 제2조(정의)에 따라 가축전염병은 제1종에서 제3종까지 구분할 수 있다.

① 제1종 가축전염병 : 우역(牛疫), 우폐역(牛肺疫), 구제역(口蹄疫), 가성우역(假性牛疫), 블루텅병, 리프트계곡열, 럼피스킨병, 양두(羊痘), 수포성구내염(水疱性口內炎), 아프리카마역(馬疫), 아프리카돼지열병, 돼지열병, 돼지수포병(水疱病), 뉴캣슬병, 고병원성 조류(鳥類) 인플루엔자 및 그 밖에 이에 준하는 질병으로서 농림축산식품부령으로 정하는 가축의 전염성 질병

② 제2종 가축전염병 : 탄저(炭疽), 기종저(氣腫疽), 브루셀라병, 결핵병(結核病), 요네병, 소해면상뇌증(海綿狀腦症), 큐열, 돼지오제스키병, 돼지일본뇌염, 돼지테센병, 스크래피(양해면상뇌증), 비저(鼻疽), 말전염성빈혈, 말바이러스성동맥염(動脈炎), 구역, 말전염성자궁염(傳染性子宮炎), 동부말뇌염(腦炎), 서부말뇌염, 베네수엘라말뇌염, 추백리(雛白痢 : 병아리흰설사병), 가금(家禽)티푸스, 가금콜레라, 광견병(狂犬病), 사슴만성소모성질병(慢性消耗性疾病) 및 그 밖에 이에 준하는 질병으로서 농림축산식품부령으로 정하는 가축의 전염성 질병

③ 제3종 가축전염병 : 소유행열, 소아카바네병, 닭마이코플라스마병, 저병원성 조류인플루엔자, 부저병 및 그 밖에 이에 준하는 질병으로서 농림축산식품부령으로 정하는 가축의 전염성 질병

☑ 시험에서는 이렇게 물어본다!
광견병의 바이러스를 가진 동물에게 물렸을 때 초기 증상은?

농산물 품질 향상과 공정거래를 위한 농림축산식품부 소속하의 기관

1998년에 농산물 검사 및 가공, 저장, 조제와 검사에 필요한 시험조사와 연구를 위한 목적으로 설립되었다. 농업인에게 안정적인 소득을 지원하고 국민에게는 안전한 농식품을 공급하는 임무를 가지고 있으며 안전성 관리, 농산물 인증, 품질검사, 원산지 관리 등의 업무를 담당하고 있다.

농업과 농촌의 공익기능 증진과 농업인 등의 소득 안정을 도모하기 위한 제도

농업 활동을 통하여 환경 보전, 농촌 유지, 식품 안전 등을 도모하기 위해 「농업 · 농촌 공익기능 증진 직접지불제도 운영에 관한 법률」, 「공익직접지불금 위반 신고포상금 지급요령」에 따라 공익직접지불금을 부정수급한 자를 주무관청에 신고하는 제도이다.

공익직불제
公益直拂制

2022 · 2021 | 농협은행 2023 · 2020 | 지역농협

농업활동을 통해 식품안전, 환경보전, 농촌유지 등 공익을 창출하도록 농업인에게 보조금을 지원하는 제도

쌀 중심의 농정 패러다임을 전환하고 작물간의 형평성 제고와 중·소규모 농가에 대한 소득 안정기능을 강화하여 농가 간의 형평성을 제고하고, 생태·환경 관련 의무를 강화하기 위해서 추진되었다. 「농업농촌공익직불법」에 따라 공익직불제는 기본형 공익직불제와 선택형 공익직불제로 구분된다. 기본형 공익직불제는 소농직불금과 면적직불금으로 구성되고, 선택형 공익직불제는 친환경농업직불제도, 친환경안전축산물직불제도, 경관보전직불제도, 전략작물직불제도로 구분된다. 공익직불제 도입 기대효과로는 환경·생태보호, 공동체의 활성화 활동 등이 있다.

> ☑ 시험에서는 이렇게 물어본다!
> 공익직불제의 주된 목적은?

농지연금
農地年金

고령 농업인의 안정적인 노후생활을 보장하기 위해 소유 농지를 담보로 생활자금을 매월 연금처럼 지급하는 제도

한미 FTA 등의 농산물시장 개방 확대에 따라 상대적으로 경쟁력이 낮은 고령 농업인에 대한 복지 대책 중 하나이다. 「한국농어촌공사 및 농지관리기금법 시행령」에 따라 만 60세 이상의 영농경력 5년 이상 되는 농업인에게 제공되는 연금으로 종신까지 매월 지급하는 종신형, 일정 기간 동안 지급하는 기간형으로 나뉜다.

상식PLUS⁺ 농지연금의 지급방법

㉠ 종신정액형 : 가입자가 사망할 때까지 매월 일정한 금액을 지급하는 유형이다.
㉡ 전후후박형 : 가입 초기 10년 동안은 정액형보다 더 많이 받고, 11년째부터 더 적게 받는 유형이다.
㉢ 수시인출형 : 총지급가능액의 30% 이내에서 필요한 금액을 수시로 인출할 수 있는 유형이다. 단, 농지관리기금 운용에 따라 지급 시기가 변동될 수 있다.
㉣ 기간정액형 : 가입자가 선택한 일정 기간 동안 매월 일정한 금액을 지급받는 유형이다.
㉤ 경영이양형 : 지급기간 종료 시, 농지의 소유권을 공사에 이전한다는 전제로 더 많은 연금을 받는 유형이다.
㉥ 은퇴직불형 : 농지를 일정 기간 동안 임대한 후 해당 농지의 소유권을 공사에 이전한다는 전제로 직불금, 임대료, 농지연금 월 지급금을 함께 지급받는 유형이다.

농업 · 농촌의 공익적 가치를 지원하기 위한 사업

각 지자체에서 농업과 농촌의 공익적 가치를 인정 · 지원하고 도시와의 소득격차를 줄여 농촌의 인구 감소 방지 및 농어민의 고충을 해결하기 위해 지급하는 수당이다. 농업인을 위한 정책이라는 점에서 공익직불금과 동일하지만 공익직불금은 정부에서 지급하는 지원금이다. 농민공익수당은 각 지자체에서 지급하는 지원금이기 때문에 지급 조건이나 금액, 방식은 지자체별로 상이하다.

2023 · 2022 | 농협은행 2022 | 지역농협

가입대상이 되는 품목이 재해로 손해를 입어서 발생하는 위험을 보장하기 위한 보험계약

가입 대상이 되는 농산품목에 자연재해, 조수해, 화재, 병충해 등의 보장하는 재해로 위험을 보장하기 위한 보험에 해당한다. 「농작물재해보험법」에 따라 2001년부터 시행하였다. 농림축산식품부에서 주관하며 NH농협손해보험에서 판매하고 있다. 농가는 0 ~ 20%(평균 15%)가량 부담하며 나머지는 정부와 지자체에서 지원한다.

> ☑ 시험에서는 이렇게 물어본다!
> 농작물 재해보험의 성격은?

농지 신탁, 임대 매매 등을 관리하는 기관

효율적인 농지 이용과 농업 구조 개선을 위한 농지관리 사업으로 한국농어촌공사가 운영하고 있다. 2005년부터 도입되었으며 이농 및 탈농하는 농가와 고령 농가, 경영 규모를 줄이고자 하는 농가의 농지 등을 매매, 임대, 교환 · 분합 등의 관리를 담당하고 있다.

산물상태의 미곡을 공동으로 처리하는 시설

1991년부터 농어촌 구조개선사업의 일환으로 추진되어 전국에 세워졌다. 반입부터 선별 · 계량 · 품질검사 등의 과정을 거쳐 제품 출하 및 판매에 이르기까지 전 과정을 처리하는 시설로, 노동력 부족을 해소하고 비용을 절감할 수 있다.

애그테크
AgTech

2023 | 농협계열사

농업에 첨단기술을 적용하는 것

농업(Agriculture)과 기술(Technology)의 합성어이다. 인공지능(AI)과 사물인터넷(IoT), 빅데이터, 머신러닝, 드론, 로봇 등의 첨단기술을 농업 전 과정에 적용하는 것으로, 현재는 방제나 비료 살포용 드론, 자율주행 농기계 등이 사용되고 있다.

> ☑ 시험에서는 이렇게 물어본다!
> 비료 살포용 드론, 자율주행 농기계 등 농업과 첨단기술을 접목한 기술은?

농약허용물질목록 관리제도
PLS :
Positive List System

2022 | 지역농협

농약 잔류 허용기준을 설정하여 기준 내에서 사용할 수 있도록 하는 제도

농산물을 재배하는 과정에서 사용하는 다양한 농약 중 농산물에 잔류하는 농약의 양에 대한 허용기준을 설정하고 농약이 농산물에 남아있지 않도록 하는 것이다. 잔류 기준 내에서의 사용이 허가된 농약 외에 목록에 포함되지 않는 농약은 잔류 허용기준을 0.01mg/kg로 설정하여 사실상 사용을 금지한다.

상식PLUS⁺ 농약의 종류

㉠ 사용 목적에 따른 분류
- 해로운 균 · 벌레 · 잡초 · 박멸하는 약품 : 살균제, 제초제, 살충제
- 농작물이 잘 자라게 하는 약품 : 생장조절제, 전착제

㉡ 농약 제제의 형태에 따른 분류
- 물에 희석하여 사용하는 제제 : 액제, 유제, 액상수화제, 수화제, 입상수화제, 수용제 등
- 물에 희석하지 않고 직접 사용하는 제제 : 분제, 저비산분제, 종자처리수화제, 미립제, 입제, 대립제, 직접살포정제

㉢ 독성에 따른 분류 : 맹독성, 고독성(적색), 보통독성(황색), 저독성(청색)

※ 포장지에 색띠로 표시해 농업인이 좀 더 쉽게 저독성 농약을 사용하도록 함

> ☑ 시험에서는 이렇게 물어본다!
> 농약허용물질 목록관리 제도의 농약 잔류 허용 기준은?

경영회생지원 농지매입 사업

경영위기에 처한 농지를 매입하여 경영의 정상화를 돕는 사업

한국농어촌공사가 주관한다. 자연재해나 부채 등으로 경영위기에 처한 농가의 농지를 농지은행이 매입하고, 매각대금으로 부채를 상환하도록 하여 경영 정상화에 이르도록 지원하는 사업을 말한다.

청년 농업인을 건실한 농업경영체로의 성장을 유도하기 위한 사업

젊고 유능한 인재의 농업 분야 진출을 촉진하는 선순환 체계를 구축하여 농가 경영주의 고령화 추세 완화 등 농업 인력 구조를 개선하는 사업이다. 영농 창업 자금, 기술·경영 교육과 컨설팅 또한 영농 초기 소득이 불안정한 청년후계농에게는 영농 정착 지원금을 지급하여 농업경영체로의 성장을 돕는 것이 목적이다.

2023 | 농협은행
피할 수 없는 자연현상으로 발생하는 피해

① 자연재해

자연재해	정의
태풍피해	기상청 태풍주의보 이상 발령할 때 발령지역의 바람과 비로 인하여 발생하는 피해
우박피해	적란운과 봉우리적운 속에서 성장하는 얼음알갱이나 얼음덩이가 내려 발생하는 피해
동상해	서리 또는 기온의 하강으로 인하여 농작물 등이 얼어서 발생하는 피해
호우피해	평균적인 강우량 이상의 많은 양의 비로 인하여 발생하는 피해
강풍피해	강한 바람 또는 돌풍으로 인하여 발생하는 피해
한해(가뭄피해)	장기간의 지속적인 강우 부족에 의한 토양수분 부족으로 인하여 발생하는 피해
냉해	농작물의 성장 기간 중 작물의 생육에 지장을 초래할 정도의 찬기온으로 인하여 발생하는 피해
조해(潮害)	태풍이나 비바람 등의 자연현상으로 인하여 연안지대의 경지에 바닷물이 들어와서 생하는 피해
설해	눈으로 인하여 발생하는 피해
폭염(暴炎)	매우 심한 더위로 인하여 발생하는 피해
기타 자연재해	상기 자연재해에 준하는 자연현상으로 인하여 발생하는 피해

② 조수해(鳥獸害) : 새나 짐승으로 인하여 발생하는 피해

③ 화재 : 화재로 인하여 발생하는 피해

④ 병충해 : 병 또는 해충으로 인하여 발생하는 피해

> ☑ 시험에서는 이렇게 물어본다!
> 통상해와 냉해의 차이는?

축산물 이력제
Animal Product
Traceability

소 · 돼지 · 닭 · 오리 · 계란의 거래단계별 정보를 기록 · 관리하는 제도

도축부터 판매에 이르기까지의 정보를 기록하고 관리하여 위생과 안전의 문제를 사전에 방지하고, 문제가 발생할 경우 그 이력을 추적하여 신속하게 대처하기 위한 제도이다. 축산 농가의 생산, 이동, 출하에 대한 거래내역을 기록 · 관리함으로써 방역의 효율성과 투명성을 높여 원산지 허위표시 등 둔갑 판매 방지 및 소비자 안심 구매를 도모할 수 있다.

귀농인의 집

귀농 · 귀촌 희망자에게 제공하는 임시거처

귀농 · 귀촌을 희망하는 도시민에게 안정적인 정착을 지원하기 위해 조성한 사업이다. 거주지나 영농기반 등을 마련할 때까지 거주하거나, 일정 기간 동안 영농기술을 배우고 농촌체험 후 귀농할 수 있게 머물 수 있도록 임시거처를 제공하며, 신청기간과 방법, 선정기준은 지자체별로 상이하다. 농기계 사용법이나 농촌문화 이해교육 등의 다양한 프로그램도 지자체에 따라 다르게 진행된다.

치유농업
治癒農業

2023 | 농협계열사

농업 활동을 통해 건강을 도모하는 행위

농업과 농촌자원 혹은 관련된 활동 및 산출물을 활용하여 심리 · 사회 · 인지 · 신체적 건강을 도모하는 사업 및 활동을 의미한다. 국외에서도 치유농업, 사회적 농업, 녹색치유농업, 건강을 위한 농업 등 다양한 용어를 사용하고 있으며 본질적으로는 치유를 제공하기 위한 농업의 활용을 의미한다. 치유농업의 범위는 식물뿐만 아니라 가축 기르기, 산림과 농촌문화자원을 이용하는 경우까지 모두 포함하며 목적은 보다 건강하고 행복한 삶을 추구하는 사람들과 의료 · 사회적으로 치료가 필요한 사람들을 치유하는 것이다. 일반 농사처럼 농사 자체가 목적이 아니라 건강회복을 위한 목적으로 체계화된 프로그램을 통하여 농사일을 치유의 수단으로 이용한다.

상식PLUS⁺ 치유농업의 핵심가치
㉠ 대국민 건강 도모
㉡ 농업 · 농촌의 지속가능한 성장

상식PLUS⁺ 치유 대상
㉠ 예방형 대상 : 유 · 아동, 청소년, 성인, 노인
㉡ 특수목적 대상 : 지체장애 · 신체적 문제를 가진 자, 심리 · 사회적 문제를 가진 자(우울, 불안), 중독자(알코올, 약물, 인터넷 등), 위기 청소년, 수용자, 실업자, 부양자 등

☑ 시험에서는 이렇게 물어본다!
치유농업의 핵심가치는?

국가식량계획

생존의 필수요소인 '먹거리'의 식량안보 차원에서 안정적으로 식량을 공급하고 환경 · 건강 · 안전 등을 위한 국가의 식량계획

지속가능한 식량 생산 – 소비 시스템을 구축하기 위한 비전으로 진행된다. 3대 전략으로 국민 먹거리의 안정적 공급체계를 구축, 환경과 조화를 이루는 먹거리 생산 · 소비, 먹거리 접근성 보장이다. 공급체계를 안정적으로 구축하여 주요 곡물 수입에 차질에 대응력을 강화하고 공급기반 확보와 지역 푸드플랜을 수립한다. 또한 기후변화에 대응하여 탄소중립을 실천하며 친환경 생산 · 소비를 한다. 마지막으로 먹거리 통합지원, 건강 · 영양개선, 농식품 안전관리를 강화한다.

식량안보
Food Security

2012 | 농협중앙회

국가가 기근을 대비하여 일정한 양의 식량을 항상 확보하고 유지하는 것

인구 증가, 재난, 재해, 전쟁 등 특수한 상황에서도 국민들이 일정한 수준의 식량을 소비할 수 있도록 적정 식량을 유지하는 것을 말한다. 팬데믹, 전쟁 등으로 인해 주요 식량수출국들이 식량 비축을 위해 수출을 중단하여 심각한 문제로 대두되었다. 전 세계 국가들은 식량안보를 위해 다양한 노력을 하고 있으나, 아프리카 대륙의 대부분 국가들은 식량안보 위험에 노출되어 있다. 우리나라의 경우, 쌀을 제외한 나머지 곡물 대부분을 수입에 의존하고 있어 식량안보가 취약한 국가 중 하나로 인식되고 있다.

관련기사 구황작물서 '기후 전략 작물'로 … 고구마, 식량안보 '대안'으로 부상

고구마는 고온 · 가뭄 조건에서도 상대적으로 안정적인 생산이 가능한 작물로 평가됐다. 연구진은 고구마가 벼나 감자에 비해 기후변화 시나리오에서 재배 적합지 확대 폭이 훨씬 크다고 분석했다. 고구마의 재배 적합지는 2030년, 2050년, 2070년에 최대 23 ~ 32%까지 증가하는 것으로 나타났다. 연구진은 고구마가 단순히 재배가 쉬운 작물을 넘어, 기후위기 시대 식량 안보를 지탱할 전략 작물로 기능할 수 있다고 분석했다.

> ☑ 시험에서는 이렇게 물어본다!
> 식량안보의 핵심요소는?

식량자급률
食糧自給率

국가 식량 총소비량 가운데 국내 생산 공급의 정도를 나타내는 지표

식량 총소비량 중 국내에서 생산 · 조달되는 정도를 나타내는 비율이다. 사료용 곡물을 제외한 주식용을 대상으로 한다.

상식PLUS 식량자급률 계산식

$$식량자급률 = \frac{국내 생산량}{국내 생산량 + 순수입량} \times 100(\%)$$

스마트팜
Smart Farm

2022 | 농협계열사 2024 · 2023 · 2021 · 2020 · 2019 | 농협은행 2024 · 2022 · 2019 · 2018 | 지역농협

ICT를 접목하여 생육환경을 관리할 수 있는 농장

작물 생육정보와 환경 정보에 대한 데이터를 기반으로 하여 최적의 생육환경을 조성하고, 노동력과 에너지, 양분 등을 보다 적은 양을 투입하면서도 농산물 생산성과 품질 제고를 위해 도입되었다. 비닐하우스 · 유리온실 · 축사 등에 ICT를 접목하여 원격 · 자동으로 작물과 가축의 생육환경을 적정하게 유지 · 관리할 수 있다. 생육환경 유지관리 SW를 통하여 온실과 축사 내 온 · 습도, CO_2 수준 등 생육조건을 설정할 수 있다. 환경 정보 모니터링을 통해 온 · 습도, CO_2, 일사량, 생육환경 등을 자동으로 수집하고 자동 · 원격 환경관리를 통해 냉 · 난방기 구동, 창문 개폐, CO_2, 영양분 · 사료 공급 등 이행할 수 있다. 스마트팜이 보편적으로 환산되면 투입 요소를 줄이면서 농업의 경쟁력을 한층 높이고, 단순 노동력 절감 차원을 넘어서 농작업의 시간 · 공간적 구속으로부터 자유로워지기 때문에 삶의 질 향상과 신규인력의 농촌 유입 가능성도 증가할 것으로 기대하고 있다. 원격제어 단계의 1세대, 데이터 기반 정밀 생육관리 단계의 2세대, 인공지능 · 무인자동화 단계의 3세대로 구분된다. 농협중앙회는 정부의 농정 대전환에 가세하여 2026년 말까지 보급형 스마트팜 2000호를 농가에 보급하여 노동력 부족 문제와 생산성을 극대화할 예정이다.

상식PLUS 스마트팜 분야별 적용

분야	적용
스마트 온실	PC 또는 모바일을 통하여 온실의 온 · 습도, CO_2 등을 모니터링하고 창문 개폐, 영양분 공급 등을 원격 자동으로 제어하여 작물의 최적 생장환경을 유지 및 관리한다.
스마트 과수원	PC 또는 모바일을 통하여 온 · 습도, 기상상황 등을 모니터링하고 원격 자동으로 관수, 병해충 등을 관리한다.
스마트 축사	PC 또는 모바일을 통하여 온 · 습도 등 축사 환경을 모니터링 하고 사료 및 물 공급 시기와 양 등을 원격자동으로 제어한다.

상식PLUS 스마트팜 구분 및 비교

구분	1세대	2세대	3세대
목표 효과	• 편의성 향상 • '좀 더 편하게'	• 생산성 향상 • '덜 투입, 더 많이'	• 지속가능성 향상 • "누구나 고생산 · 고품질'
주요 기능	원격 시설제어	정밀 생육관리	전주기 지능 · 자동관리
핵심 정보	환경정보	환경정보, 생육정보	환경정보, 생육정보, 생산정보
핵심 기술	통신기술	통신기술, 빅데이터 · AI	통신기술, 빅데이터 · AI, 생산정보
의사결정/제어	사람/사람	사람/컴퓨터	컴퓨터/로봇
대표 예시	스마트폰 온실제어 시스템	데이터 기반 생육관리 소프트웨어	지능형 로봇농장

☑ 시험에서는 이렇게 물어본다!
1. 스마트팜의 해외사례는 무엇이며 국내 적용시킬 수 있는 사례 및 방안을 제시하시오.
2. 스마트팜을 활성화 시킬 수 있는 농협의 방안에 대해 약술하시오.
3. 농협이 진행하는 스마트팡과 귀촌 관련 사업의 현재 상황과 추후 기대효과에 대해 말해보시오.

스마트팜
혁신밸리
Smart Farm 革新Valley

청년농 육성과 기술혁신 추구를 목적으로 하는 혁신밸리 조성사업

지능형농장 혁신 단지를 의미한다. 지능형농장 확산을 위해 전국 4개 지역(전북 김제, 전남 고흥, 경북 상주, 경남 밀양)에 설치 · 운영 중인 거점 단지에 해당한다. 지능형농장 청년농 육성, 임대형 농장, 지능형농업 기술기업 제품 실증 등을 위해 운영하고 있다. 교육 신청 자격은 만 18세 이상부터 39세 이하의 청년으로 전공과 관계없이 지능형농장 영농기술을 배우고자 희망하는 청년이면 누구나 지원이 가능하고, 농식품부가 교육비 전액을 지원한다. 교육은 지능형농장 농업기초, 정보통신기술(ICT), 데이터 분석 등의 기초이론교육 2개월과 보육센터 실습장 또는 지능형농장 선도 농가 등을 활용한 교육형실습 과정 6개월에 이어, 자기 주도하에 작물의 전 생육기간 동안 영농 경영을 경험해 볼 수 있는 경영형 실습 과정 12개월로 진행된다. 교육 수료생에게는 교육 수행실적 우수자에게는 혁신단지 임대농장(3년) 우선 입주 자격이 부여되며, 지능형농장 종합자금 신청 자격과 청년후계농 선발 시 가점 부여, 농림수산업자 신용보증기금(농신보) 우대 보증 등도 받을 수 있다.

상식PLUS 스마트팜 혁신밸리 핵심시설

㉠ **청년창업보육센터** : 이론 · 실습 교육을 통해 청년농의 스마트팜 취 · 창업을 가능하게 하는 보육 과정이다.

㉡ **임대형 스마트팜** : 초기 설비비용에 따르는 위험을 줄이고자 마련한 방안으로 청년보육과정 수료자 중에서 선발하여 적정 임대료만으로도 창업할 수 있도록 지원한다.

㉢ **실증구역** : 스마트팜 기자재 개발 기업이 제품을 테스트할 수 있는 구역으로 스마트팜 기술 및 홍보 · 전시 체험장으로 활용할 수 있다.

관련기사 김제 임대형 스마트팜 청년농 모집

김제시는 26일 김제 스마트팜 혁신밸리 청년창업 보육센터에서 '임대형 스마트팜 청년농 선발 사전 설명회'를 개최했다고 밝혔다. 이날 설명회에서는 스마트유통과 관계자와 청년창업보육생 간 간담회가 진행됐으며, 수료 예정 보육생을 대상으로 시설 현황과 모집 공고 내용(지원 자격, 유의사항 등)을 안내하고 질의응답을 이어갔다. 이번 설명회는 단순 안내 차원을 넘어, 교육–입주–창업으로 이어지는 연계 구조를 현장에서 점검하는 자리로 보인다. 보육 과정을 마친 청년들이 곧바로 영농 실전에 투입될 수 있도록 사전 정보를 공유하고, 정책 이해도를 높이기 위한 절차라는 점에서 의미가 있다. 올해 모집 규모는 4개 팀(팀당 3명)으로, 과채동 2개 구획과 복합동 2개 구획에 입주자를 선발할 예정이다.

여성농업인 특수건강검진

여성 농민에게 자주 발생하는 항목 위주로 건강검진을 진행하는 사업

여성농업인들이 적기에 적절한 치료를 받도록 농림축산식품부가 주관하는 사업이다. 여성농업인의 근골격계나 심혈관계, 골절·손상 위험도, 농약 중독, 폐기능 검사 및 사후관리·예방교육을 통해 농작업성 질환예방 및 조기발견으로 여성농업인 유병률이 감소하는 것을 목표로 한다. 검진 사업지역으로 선정된 시·군·구에 거주하고, 검진 신청 후 선정 통보받은 51~80세 여성농업인을 대상으로 한다. 검진은 2년 주기로 지원하며 비용은 국가가 90%, 검진 관리비는 국비에서 100% 부담한다.

NH OCTO

스마트팜 도입을 희망하는 농업인에게 제공하는 농협의 전 생애주기 통합지원 플랫폼

농협형 스마트팜으로 서비스철학 Open, Collaboration, Total, Operation의 앞글자를 따온 것이다. 농사준비를 위한 교육 및 컨설팅, 농사시작 전에 시설 구축과 금융지원, 생산자 조직화와 판로지원, 영농정보제공과 신기술 도입에 도움을 주는 농협형 스마트팜 체계이다.

> **상식PLUS⁺ 농협의 농업 플랫폼**
>
> ㉠ NH오늘농사 : 병해충 예방법, 농촌 용어 등의 영농정보, 다양한 교육서비스, 조합원이 사용할 수 있는 커뮤니티 등을 제공하는 농협의 농업인을 위한 애플리케이션이다.
> ㉡ N-Hub : 농협중앙회가 제공하는 농업 빅데이터 플랫폼으로, 농업에 필요한 데이터를 한 곳에서 확인할 수 있다.

스마트팜 다부처 패키지 혁신기술 개발사업

스마트팜 산업의 글로벌 경쟁력 제고를 위해 기술개발을 지원하는 사업

농업의 지속가능성과 스마트팜 산업의 글로벌 경쟁력 제조를 위한 2세대 스마트팜의 현장 실증·고도화 및 차세대 스마트팜 융합·원천기술 개발을 집중 지원하는 사업이다. 과학기술정보통신부, 농림축산식품부, 농촌진흥청 세 개의 부처가 공동으로 기획하였다. 2027년까지 글로벌 Top 3에 드는 스마트팜 원천기술 확보 및 K-Farm 모델의 글로벌 시장 진출을 확대하는 것을 목표로 한다.

> **상식PLUS⁺ 내역 사업**

내역 사업명	내용
스마트팜 실증고도화 연구 사업	2세대 스마트팜 모델의 지역, 생산규모, 품목 등의 특성을 고려하여 실제 농업현장에서 활용할 수 있도록 최적화하기 위한 실증·고도화 R&D 지원
차세대융합·원천기술 연구 사업	국내 농업현장 적용 및 글로벌 시장에서의 우월성을 확보하기 위한 차세대 스마트팜 핵심 융합·원천기술 개발

48 ■■■
팜스테이
Farm Stay

농촌 · 문화 · 관광이 결합된 농촌체험 여행

도시민들이 농가에서 숙식하며 농사나 생활, 문화체험 및 관광, 마을 축제 등을 즐길 수 있도록 농협이 주관하는 농촌체험 브랜드이다. 농업인들의 농외소득 창출과 더불어, 계절별 다양한 프로그램을 즐기며 농업 · 농촌에 대한 도시민들의 이해를 도모하고자 추진하고 있다.

> ☑ 시험에서는 이렇게 물어본다!
> 팜스테이의 목적은?

49 ■■■
스마트 축사
Smart 畜舍

ICT를 융 · 복합한 축사

축사에 ICT를 융 · 복합하여 축사의 환경과 가축을 원격 · 자동으로 관리하여 노동력을 절감하고 생산성이 향상시킨다. 스마트 축사의 세부내역은 다음과 같다.

구분	적용	설명
돈사 환경관리	내부환경관리장비	온도, 습도, CO₂, 조도, 암모니아, 이산화탄소, 누전(정전)감지 등
	외부환경관리장비	온도, 습도, 풍향, 강우, 일사, 풍속 등
제어 장비	임신사	발정체크기, 모돈급이기, 사료빈, 음수관리기 등
	분만사	보온등, 모돈급이기, 사료빈, 음수관리기 등
	자돈사	보온등, 사료믹스기, 사료빈, 음수관리기 등
	비육사	돈선별기, 사료믹스기, 사료빈, 음수관리기 등
영상장비		CCTV(웹카메라), DVR 등
생산경영 관리시스템		PC, 모니터 등

50 ■■■
식물생장 조절제
Plant Growth Regulator

생체 내에 합성되어 형태 · 생리적 변화를 일으키는 화학물질

식물체 내에서 합성되어 체내 이동하며 각종 생리작용을 조절하는 미량 물질을 식물 호르몬이라고 한다. 옥신, 사이토키닌, 생장억제제, 지베렐린, 에틸렌 등의 식물 호르몬에 의하여 식물의 생장이 조절된다. 식물생장 조절제는 식물의 생육을 촉진 또는 억제하거나 이상 생육을 인위적으로 유발시키는 화학물질이다. 사용할 때는 목적과 선택, 농도, 처리 시기 및 방법, 부작용에 유의하며 식물의 상태와 환경, 효능 등을 고려해야 한다.

스마트 경로당

최첨단 기술을 활용해 건강관리 서비스, 여가복지 프로그램을 제공하는 경로당

과학기술정보통신부와 한국지능정보사회진흥원에서 노인복지정책과 연계하여 ICT를 기반으로 노인 친화형 영상회의 솔루션 설치, 복지관과 다수의 경로당을 온라인으로 실시간 연결해 여가 · 건강관리 · 교육 프로그램 등을 제공하는 사업이다. 지자체마다 조금씩 상이하지만, 스마트 건강관리 키오스크 및 IoT 데이터 측정 의료기기 도입 · 설치, IoT로 측정한 데이터를 토대로 맞춤형 건강 정보 및 노인 운동정보, 보건소 등을 통한 건강상담, 무인 키오스크 · 태블릿 등 스마트 기기를 활용한 운동 · 게임 · 웃음치료 · 생활지원 서비스 등을 제공한다. 스마트 경로당 사업 활성화로 노인복지와 건강 증진, 삶의 질 향상, 여가활동 증진, 디지털 격차 완화 효과를 기대하고 있다.

> **관련기사** 포항시, '스마트경로당' 60개소로 확대 … 디지털 건강 복지 시대 연다
>
> 포항시가 어르신들의 디지털 복지 체감도를 높이고 건강관리 기능을 대폭 강화한 '포항형 스마트 경로당' 확대 추진에 나선다. 시는 지난해 25개소의 스마트경로당을 구축한 데 이어, 올해 35개소를 추가로 조성해 총 60개 경로당에 스마트 장비를 보급하고 본격적인 운영에 들어갈 계획이라고 밝혔다. 사업의 가장 큰 특징은 기존의 '비대면 여가 서비스'를 넘어 '보건소 연계형 건강관리'로 영역을 확장했다는 점이다.

나무 의사

2019 | 지역농협

수목 상태를 정확하게 진단하고 올바른 치료를 하는 국가전문자격

수목의 피해를 진단 · 처방하고 예방하거나 치료하기 위한 활동을 하는 사람으로서, 「산림보호법」에 따른 자격증을 수여받은 사람이다. 아파트나 공원 등 생활권 수목 관리를 주로 비전문가가 시행하면서 생겨나는 여러 문제의 해결과 수목진료의 전문성을 강화하고 올바른 치료 방법을 제시하기 위하여 2019년부터 시행되었다. 한국임업진흥원에서 시행하며 나무 의사 양성기관에서 약 150시간 교육 이수 후 1 · 2차 자격시험에 합격해야 한다. 수목치료기술자는 나무 의사의 진단과 처방에 따라 업무를 수행한다는 점에서 나무 의사와 구분할 수 있다.

> **상식PLUS** 나무 의사 응시 자격 요건
> ㉠ 국가유산수리기술자, 산림 · 조경 기술사, 식물보호 산업기사, 조경 · 산림 산업기사 자격 취득
> ㉡ 관련 학과 석사 및 박사 학위 취득
> ㉢ 관련 실무 경력 5년 이상

> ☑ 시험에서는 이렇게 물어본다!
> 수목치료기술자와 나무의사의 차이는?

정부관리양곡

정부가 민간으로부터 매입하거나 외국으로부터 수입하는 등의 방법으로 취득하여 관리하는 양곡

「양곡관리법」에 따라 매년 정부관리양곡의 수급계획을 수립하여 양곡을 관리한다. 수급계획에는 수급관리를 위한 기본목표 및 추진방향, 수요량 및 공급량, 공공비축양곡의 운용에 관한 사항 등의 사항을 수립하는 것이다. 정부에서는 정부관리양곡을 국가기관용, 가공용, 공공용, 일반판매용 등 대통령령으로 정하는 용도에 대하여는 그 대금을 받기 전에도 양곡을 매수인에게 인도(引渡)할 수 있다. 또한 「양곡관리법」이 정하는 바에 따라 1년 이내의 기간을 정하여 정부관리양곡의 매입자격을 제한할 수 있다.

양곡관리제도
糧穀管理制度

양곡 관리를 통해 수급조정 및 적정가격을 유지하기 위한 제도

매년 수확기에 정부가 생산농가로부터 양곡 일부를 매입하여 가격하락을 방지하고 시중 가격이 상승할 때 소비자에게 판매함으로써 양곡의 수급과 가격안정을 도모하기 위한 제도이다. 매입한 양곡은 군량미나 구호양곡으로도 사용된다. 정부관리 양곡은 양곡관리제도의 일부이다.

상식PLUS⁺ 양곡관리사

국내산 쌀 품질을 높이고 정부 비축미의 효율적 관리를 위해 양곡 전문가를 평가·인증하는 민간 전문자격으로 2019년에 신설되었다. (사)대한곡물협회가 주관하여 관리·운영하고 농림축산식품부는 관련 교육과정 운영, 정부양곡 관리에 활용, 민간 활용방안 모색 등을 통하여 자격제도의 정착 및 활성화를 지원하고 있다.

관련기사 해 벼 재배면적 3.8만ha 줄인다 … '수급조절용 벼' 제도 도입

정부가 쌀 과잉 생산을 막기 위해 올해 벼 재배면적을 전년보다 약 3만 8천ha 줄인 64만ha 수준으로 관리한다. 흉작이 될 경우 밥쌀용 벼로 쓸 수 있는 '수급 조절용 벼' 제도를 처음 도입해 쌀값 안정을 꾀한다. 농림축산식품부는 이런 내용을 포함한 '2026년 양곡수급계획'을 수립하고, 쌀 수급 안정을 위한 정책을 추진한다고 밝혔다.

공공비축양곡

양곡 부족으로 인한 수급불안과 천재지변 등의 비상시에 대비하기 위하여 정부가 민간으로부터 시장가격에 매입하여 비축하는 미곡과 대통령령으로 정하는 양곡

「양곡관리법」에 따라 농림축산식품부 장관은 국민식량을 안정적으로 확보하기 위하여 공공비축양곡을 비축 및 운용하여야 한다. 공공비축양곡을 비축·운용할 때 「세계무역기구 설립을 위한 마라케쉬협정」에 따른 국내보조 감축약속 면제 기준을 충족하여야 하며 매입·판매가격은 매입·판매지역의 당시 시장가격으로 한다.

이중곡가제
Double Rice Price 制

정부가 주곡을 고가에 사들여 저가로 파는 제도

식량부족문제를 해결하고 곡가 안정과 농민의 생산 의욕을 고취하기 위하여 1960년대에 시행되었다. 식량증산과 농가소득증대 등의 정책 목표를 달성하였지만 시장에 방출하는 차액을 국가가 부담하면서 국가의 재정부담이 누적되어 재정 적자 누증이 되었다. 우루과이 라운드 농업협정이 체결되고 농산물 수입시장이 개방되면서 제도를 점차 축소하였고 자유시장기능에 맡기며 폐지하였다.

양곡증권
糧穀證券

양곡 가격안정과 수급조정을 위해 발행하는 증권

적정가격 유지 및 원활한 수급을 위해 양곡증권정리기금의 부담으로 발행된 증권이다. 쌀, 보리수매, 양곡증권 이자지급 그리고 수매보관 관련비용 등에 사용한다.

> **상식PLUS⁺ 양곡증권정리기금(糧穀證券整理基金)**
> 부채의 정리 및 양곡증권의 관리 등에 관한 사업을 수행하기 위하여 설치된 기금을 말한다. 이 기금의 운용 및 관리는 농림축산식품부 장관이 한다.

가루쌀

쌀 소비시장 개척을 목적으로 개발된 가공 전용 품종 쌀

농림축산식품부는 밥쌀 소비 감소, 쌀 가공식품 시장 확대 등 식품 소비 변화에 맞춰 적극행정으로 가루쌀 육성 정책을 적극 추진하고 있다. 밀가루로 만든 가공식품에 익숙한 청장년층과 유아·아동 세대가 쉽게 접근할 수 있는 식품 원재료이다. 멥쌀과 밀의 중간의 성질을 가지고 있는 쌀 품종을 개발하여 만든 것이다. 건식으로 제분을 하기 때문에 가공비용이 절감되고 글루텐 성분이 포함되어 있지 않아서 밀가루보다 소화가 더 잘 된다.

> **관련기사 관련기사 전남도, 가루쌀 생산단지 51곳 선정 … 전국 최다**
> 전라남도가 2026년 전략작물산업화(가루쌀) 전문생산단지 공모에서 전국 최다인 51곳이 최종 선정되며 가루쌀 산업의 중심지임을 입증했다. 교육·컨설팅 분야 전국 130곳 중 38.5%에 해당하는 50곳이 선정됐다. 시설·장비 분야에서는 중복 선정된 곳을 포함해 총 5곳이다. 도는 선정된 50개 교육·컨설팅 분야 전문생산단지에 대해 가루쌀 재배기술 향상, 공동영농 체계 확립, 품질 및 조직 운영 역량 강화를 위한 교육·컨설팅비로 1곳에 3000만 원씩 지원한다.

약용작물
Medicinal Plant

약으로 쓰이거나 약의 원료가 되는 식물

약재로 사용하고 있거나 각종 질병 치료에 이용 가능하고 규명된 식물로 수요에 따라 의약용과 생약용으로도 분류할 수 있다.

상식PLUS⁺ 우리나라 주요 재배 종

구분	내용
뿌리	감초, 강황, 고본, 도라지(길경), 단삼, 일당귀, 당삼, 땅두릅(독활), 갯기름나물(식방풍), 백지, 사삼, 시호, 양유, 우슬, 작약, 현삼, 황금, 황기
지하경	대황, 맥문동, 백출, 백수오, 하수오, 산약, 석창포, 위유, 황정, 강황, 지모, 지황, 천궁, 천마, 택사, 향부자
수피	두충, 오가피
근피	목단피
전초	형개, 홍화, 삼백초, 어성초, 자소엽, 익모초, 한인진
종자 · 과실	결명자, 구기자, 복분자, 산수유, 오미자, 의이인, 치자

원산지표시제
原産地表示制

2019 | 지역농협

농수산물 및 가공품의 원산지 표시를 의무화하는 제도

농수산물과 그 가공품에 대해 적정하고 합리적인 원산지 표시를 하도록 하여 소비자의 알권리를 보장하고 공정한 거래를 유도함으로써 생산자와 소비자를 보호하기 위한 제도이다. 원산지표시 대상 품목을 취급하는 모든 농수산물 수입업자와 판매업자, 가공업자들은 반드시 이행해야 한다. 국산 농수산물은 국산 또는 생산지 시 · 군명을 표기하며 수입 농수산물은 생산된 국가명을 표기하고, 가공품일 경우 원료 농수산물을 생산한 국가명과 배합비율을 표기하도록 한다.

> ☑ 시험에서는 이렇게 물어본다!
> 원산지 표시 위반의 근절을 없애기 위해 농협이 할 수 있는 방안을 서술하시오.

**친환경 농산물
인증제도**

안전한 친환경 농산물을 전문인증기관이 인증하는 제도

소비자에게 안전성이 확보된 친환경 농산물을 전문기관이 엄격한 기준으로 선별 · 검사하여 정부가 그 안전성을 인증해 주는 제도이다.

소비기한
消費期限

소비의 최종시한

소비자가 식품을 섭취해도 건강이나 안전상에 이상이 없을 것으로 판단되는 소비 최종시한으로 이는 유통기한보다 길다.

팜 파티플래너
Farm Party Planner

농산물을 활용하는 행사를 기획하고 연출하는 직업

팜 파티는 소비자를 초청하여 농산물을 주제로 하는 먹거리, 즐길 거리 등 지역에서 생산되는 농산물을 활용하여 문화콘텐츠를 제공하는 농가 기획형 행사이다. 이러한 팜 파티를 기획하고 연출하며 농산물 정보 제공과 판매 전략 등을 수립하는 사람들을 팜 파티플래너라고 한다. 농림축산식품부 인증 민간자격으로 팜 파티플래너 1 · 2 · 3급이 있으며, 필기시험과 팜 파티 기획서 작성 및 포트폴리오를 제출하는 실기시험을 통과해야 취득할 수 있다.

유통기한
流通期限

2018 | 농협은행
식품 유통이 유효한 기간

생산된 식품이 소비자에게 유통될 수 있는 기간을 말한다. 「식품위생법」에 따른 자체 실험을 통하여 각 제품의 유통기간을 정하고 승인을 받는다.

> ☑ 시험에서는 이렇게 물어본다!
> 유통기한과 소비기한의 차이에 대해 약술하시오.

애그플레이션
Agflation

곡물 가격이 상승하면서 물가가 덩달아 상승하는 현상

'농업(Agriculture)'과 '인플레이션(Inflation)'의 합성어로, 곡물 가격이 상승하면서 일반 물가도 함께 오르는 현상을 말한다. 곡물 가격 상승 요인으로는 기상이변으로 인한 공급 감소와 육류 소비가 증가함에 따른 사료용 곡물 수요 증가, 유가 급등으로 인한 생산 및 유통비용 증가 등을 꼽을 수 있다.

푸드테크
Food Tech

식품산업과 ICT를 접목한 기술

식품 생산과정에 인공지능(AI), 사물인터넷(IoT), 빅데이터, 로봇 등을 접목시켜 식품의 생산성은 높이고 비용은 절감하는 기술이다. 소비자의 식품 소비 관련한 정보를 분석하여 맞춤형 상품이나 서비스를 제공하기도 하며 세포배양기술을 통해 기존 식품을 대체하기도 한다. 또한 환경조건을 인위적으로 조성하여 식물재배를 가능하게 한 식물공장도 이같은 사례이다.

플랜테이션
Plantation

2017 | 지역농협

열대 · 아열대기후지역에서 대규모로 단일 경작하는 농업 방식

선진국이나 다국적 기업의 자본과 기술, 열대 · 아열대기후지역 원주민의 값싼 노동력이 결합되어 특정 작물을 대규모로 경작하는 농업 방식이다. 플랜테이션으로 경작되는 대표적인 작물은 커피, 카카오, 사탕수수, 담배, 차 등이 있으며 지역의 기후 등 요건에 따라 재배되는 작물은 달라진다. 현대의 플랜테이션은 많은 기계화가 도입되고 있으며 생산성을 높이기 위한 기술발전이 이루어지고 있다. 그러나 결국 수출을 위한 재배이므로 자국 식량 작물 재배가 감소되어 식량부족 문제, 환경문제, 경제적 종속과 노동력 착취 등과 같은 인권 문제가 발생하고 있다.

> ☑ 시험에서는 이렇게 물어본다!
> 플랜테이션 한계는?

농업인 법률구조 사업
農業人 法律救助 事業

농업인의 법률적 피해에 대한 구조를 도모하는 무료 법률 복지사업

농협과 대한법률구조공단이 공동으로 진행하는 농업인 무료 법률복지사업이다. 민사 가사 · 행정 · 헌법소원 등의 무료소송 대행 및 형사사건 무료변호, 무료법률상담 등을 통해 농업인의 법률적 분쟁과 억울함을 해소하고 경제 · 사회적 지위 향상을 도모한다. 농업인은 대한법률구조공단에게 직접 신청하거나 농협을 통해 대리 신청할 수 있다.

엘리트 귀농

고학력자나 대기업 출신의 귀농자

이전에는 은퇴 후 귀농하는 세대가 대부분이었으나 최근에는 자발적으로 귀농을 계획하는 전문직 종사자, 고학력자, 대기업 출신이 많아졌다. 농사뿐만 아니라 지역 프로그램도 기획하여 마을 홍보에 앞장서고 있다.

이앙법
移秧法

못자리에서 키운 모를 본답(本畓)으로 옮겨 심는 재배 방법

벼농사에서 사용되는 이앙법은 고려 시대 말부터 시행되었으나 임진왜란 이후 전국적으로 보급되었다. 모를 못자리에서 어느 정도까지 키운 다음 본답(本畓)으로 옮겨 심기 때문에 직접 농지에 파종하여 재배하는 직파재배보다 생산력이 증가한다. 그렇기 때문에 조선 후기에 벼 재배법으로 자리를 잡았으며 오늘날까지도 대부분의 수전농업에서 시행하고 있다.

경지정리
Land Consolidation

농업 노동의 생산성 증대를 위해 시행하는 토지개량사업

농지를 효율적으로 이용하고 수확량을 늘리기 위하여 배수 관계 설비 개량과 농지를 반듯하고 널찍하게 개선하는 사업이다. 구획정리 · 관리배수시설 · 객토, 농로 · 암거시설(暗渠施設)의 설치 등을 시행한다.

직파법
直播法

농경지에 직접 씨를 뿌려 재배하는 방법

이앙법과 반대로 못자리에서 키우지 않고 직접 파종하여 재배하는 방법이다. 묘상관리나 이식 노력 등이 따로 필요하지 않지만 병충해나 한해, 냉해, 상해 등으로부터 어린 모를 보호하기 어렵고 잡초 방제에 많은 노력이 필요하다. 최근에는 이앙법 수준만큼 생산량이 향상된 벼 직파재배를 확대하여 탄소 배출 축소, 노동력 절감 등을 꾀하려는 시범사업들이 추진되고 있다.

절대농지
絶對農地

2021 | 농협은행

농업진흥구역으로 지정되어 있는 농지

공공투자에 의해 조성된 농지, 농업기반이 정비된 농지, 집단화된 농지로써 농림축산식품부장관이 지정하는 농지를 의미한다. 법률에 의해 비농업용으로 사용되는 것이 규제되어 있다.

> ☑ 시험에서는 이렇게 물어본다!
> 절대농지의 목적은?

입도선매
立稻先賣

수확 전의 벼를 먼저 파는 행위

미작농가가 벼를 논에서 거두지 않은 채로 판매하는 것을 말한다. 본래 자금이 부족하거나 부채를 진 농민이 현금을 구하기 위하여 논에서 자라고 있는 벼를 먼저 판매하는 행위를 가리켰으나 오늘날에는 의미가 확대되어 완제품이 생산되기 전에 미리 예측하고 판매하는 행위를 가리킨다.

농지집단화
農地集團化

분산되어 있는 농지를 한 곳으로 모으는 것

쌀 산업의 지속가능성 및 경쟁력을 높이기 위해 각 농가가 소유하고 있는 분산 농지를 한 곳으로 모아 농지를 집단 · 규모화하는 것을 말한다.

시장접근물량
TRQ :
Tariff Rate Quotas

정부가 허용한 일정 물량에 대해서만 낮은 관세를 부과하는 물량

수출국들에게 낮은 세율로 일정량의 시장접근 기회를 보장함과 더불어 비관세 장벽을 관세화하는 과정에서 야기되는 과도한 수입증가로 인한 부정적 영향을 줄이기 위한 제도이다. 농산물의 경우 저율관세 할당이 증가하면 그만큼 저율의 관세가 부과된 수입 농산물이 증가한다. 우루과이라운드(UR) 협정 결과 쌀, 고추, 마늘 등 주요 농축산물 약 63개 품목에 대해 시장접근물량이 설정되어 별로도 수입관리를 하고 있다. 쇠고기('01), 돼지고기('97), 닭고기('97), 오렌지 쥬스('97)는 폐지되었다.

상식PLUS⁺ TRQ 관리 방식

㉠ **국영무역** : 정부 지정기관(aT 등)이 TRQ 수입권을 갖고 수입하여 국내에 판매하고 발생한 수입 차익을 정부에 납부하는 방식이다.

㉡ **수입권 공매** : 공개경쟁 입찰을 통해 TRQ 저율관세로 수입할 수 있는 권리를 판매하는 방식이다.

㉢ **실수요자 배정** : 수입권 관리기관이 정한 절차에 따라 선착순으로 배정 하거나 일정 자격요건(가공시설확보 등)을 가진 업체에 우선으로 배분하는 방식이다.

㉣ **혼합방식** : 국영무역, 수입권 공매, 실수요자 배정 등을 혼합하는 방식이다.

추곡수매제도
秋穀收買制度

곡가 안정과 수급조절을 위해 일정량의 쌀을 정부가 사들이는 제도

농가 소득을 보장하고 곡가를 안정시키기 위하여 정부가 매년 농민에게 일정량의 쌀을 사들이는 제도이다. '시가'가 아닌 '정부가 정한 가격'에 따라 매입한다. 관리 적자 문제와 민간유통기능이 위축되는 등의 부작용이 따라 2005년에 폐지되고 쌀소득보전직불제, 공공비축제 등을 도입하였다.

친환경 농산물
親環境 農産物

화학자재를 사용하지 않거나 최소량만 사용하여 생산한 농산물

환경을 보전하고 소비자에게 보다 안전한 농산물을 공급하기 위해 농약이나 화학비료, 사료 첨가제 등의 화학자재를 전혀 사용하지 않거나 아주 소량만을 사용하여 생산한 농산물이다. 인공첨가물을 넣지 않아 신선도가 오래 지속된다.

상식PLUS⁺ 친환경 농산물 종류 및 기준

종류	기준
유기농 농산물	전환기간 이상을 유기합성농약과 화학비료를 일체 사용하지 않고 재배한 농산물 ※ **전환기간** : 다년생 작물은 3년, 그 외 작물은 2년
무기농 농산물	유기합성농약은 일체 사용하지 않고 화학비료는 권장 시비량의 1/3 이내 사용하여 재배한 농산물

특용작물
特用作物

가공 과정을 거쳐 사용하기 위해 재배하는 특수 목적의 농작물

특수 용도로 사용하거나 식용 기름, 약재, 기호식품 등으로 가공하여 식용하는 농작물이다. 생산물을 가공하여 이용한다고 하여 공예작물이라고도 불린다. 목화나 삼, 담배, 차, 사탕무, 인삼, 참깨 등이 있다. 전매작물인 담배와 인삼, 참깨가 가장 큰 비중을 차지한다.

상식PLUS⁺ 특용작물 분류

분류	내용
섬유료작물(纖維料作物)	목화 · 삼 · 모시풀 · 아마 · 왕골 · 수세미 · 오이 · 닥나무 등
유료작물(油料作物)	참깨 · 들깨 · 아주까리 · 땅콩 · 유채 등
기호료작물(嗜好料作物)	담배 · 차나무 · 홉 · 커피 등
약료작물(藥料作物)	인삼 · 박하 · 양귀비 · 제충국 등
녹말료작물(綠末料作物)	감자 · 고구마 · 닥풀 · 카사바 등
당료작물(糖料作物)	사탕무 · 사탕수수 · 단수수 등
향료작물(香料作物)	제라늄 · 라벤더 등
염료작물(染料作物)	쪽 · 치자나무 등
수액료작물(樹液料作物)	옻나무 · 고무나무 등

친환경농업 집적지구

친환경 농산물을 생산할 때 비의도적 오염 노출을 줄이고 효율적으로 유통하는 친환경 농업을 집중적으로 수행하는 농지 간의 집적도를 높인 생산거점

친환경농업의 '환경가치' 인식과 친환경 농업을 인증받은 면적 비율을 높이며, 화학비료와 농약의 사용을 줄이는 농가를 친환경농업이라고 한다. 친환경농업 기반을 확대하기 위해서 소비가 생산을 견인하는 체계를 구축, 다양한 유통채널로 소비자의 구매접근성 증가, 친환경농업 집적지구 육성, 인력 · R&D 생산 지원, 탄소를 감축하는 농업의 기반을 구축한다.

최소시장접근
MMA :
Minimum Market Access

일정 기간 동안 최소한의 개방 폭을 규정하는 것

우루과이 라운드(UR) 협정에서 확립된 시장 개방 원칙 중 하나이다. 관세화 품목의 기준 연도 수입이 국내소비량의 3% 미만일 경우 UR 이행기간 내에 저율관세의 시장접근 기회를 보장하도록 하였으며, 초기 연도 3%에서 최종 연도 5%까지 증량토록 합의되어 양허표에 반영된다. 최소시장접근물량에 대해서는 양허표에 제시된 저율관세가 적용된다.

가정간편식
HMR :
Home Meal Replacement

간단하게 조리하여 먹을 수 있는 가정식 대체식품

일부 조리가 된 상태에서 가공 · 포장되기 때문에 짧은 시간에 간단한 조리로 식재료를 구입하는 단계부터 섭취 후 정리 단계까지의 노력과 시간을 최소한으로 줄일 수 있다.

푸드플랜
Food Plan

지역 먹거리의 생산부터 소비 관련 활동들을 종합적으로 관리하는 시스템

'지역먹거리 계획'을 의미한다. 시스템을 통하여 특정 지역 내에서 식품 생산, 유통, 소비 등의 관련 활동을 관리하고 안전하며 신선한 식품을 공급하여 지역 경제를 활성화 및 환경 보호에 기여하도록 한다. 유럽과 북미에서 각 도시별 계획이 수립·운영되었으며, 2015년 밀라노 도시먹거리 정책협약 후 전 세계적으로 많은 도시에서 지역단위 푸드플랜을 도입하고 있다. 우리나라에서는 지역 푸드플랜 추진 의지가 높은 지자체에 대하여 먹거리 선순환체계 구축을 위해 필요한 농림사업을 패키지로 지원하고 있다. 농산물 산지 유통시설 지원, 농산물 직거래, 과수분야 스마트팜 확산, 일반 농산어촌 개발 등으로 패키지 지원 대상 '먹거리 계획 협약'을 맺고, 지자체에서 필요로 하는 사업을 지원한다.

농산물 우수관리제도
GAP : Good Agricultural Practices

2017 | 지역농협

우수 농산물에 대한 체제적 관리와 안전성 인증제도

생산 단계에서부터 판매 단계까지 각 단계의 정보를 기록·관리 등의 안전관리체계를 구축하여 소비자에게 안전한 농산물을 공급하기 위해 2006년부터 도입된 제도이다. 문제가 발생할 경우 추적하여 원인 규명 및 필요한 조치를 취하고 농산물의 안전성 확보를 통해 소비자 신뢰 제고 및 국제시장에서의 우리 농산물 경쟁력을 강화한다.

> ☑ 시험에서는 이렇게 물어본다!
> 농산물우수관리제도(GAP)에 대해 설명해보시오.

농업경영학
Agronomics

농업을 사경제적(私經濟的) 관점에서 다루는 학문

농업경영의 본질을 탐구하고 연구하는 학문이다. 개별적인 농업경영의 목표로써 농업 생산성을 높여 나가며 수지 및 농업경영을 계속적으로 영위하게 하는 방법을 구체적으로 연구하는 학문이라고 할 수 있다. 개별적인 농업경영도 전체 사회경제의 한 부분이기 때문에 전체 국민경제와도 밀접한 관련이 있다.

농업기후학
Agricultural Climatology

농업과 기후 관계를 연구하는 학문

농작물 재배 한계, 기후적 농업생산력, 농업 지역구분 등 농지의 적절한 사용이나 농업 계획 수립에 중요한 역할을 한다.

HACCP

Hazard Annalysis Critical
Control Point

2023 | 농협은행 2021 | 농협계열사

식품안전관리 인증기준

위해요소분석(Hazard Annalysis)의 'HA'와 중요관리점(Critical Control Point)의 'CCP'의 합성어이다. 위해요소 중점관리기준으로 체계적이고 과학적인 위생관리 기법인 사전예방 식품안전관리체계이다. 기존 위생관리체계와는 다르게 위해를 사전에 예방하고 안전성을 확보하는 것을 목적으로 한다. 위해요소를 관리 및 조치하여 소비자에게 위생적이고 안전한 축산물을 공급할 수 있다. HACCP(해썹)은 전 세계적으로도 가장 효과적이고 효율적인 식품 안전 관리 체계로 인정받고 있으며 미국, 일본, 유럽연합, 국제기구 등에서도 모든 식품에 HACCP(해썹)을 적용할 것을 적극 권장한다.

상식PLUS⁺ HACCP 7원칙 12절차

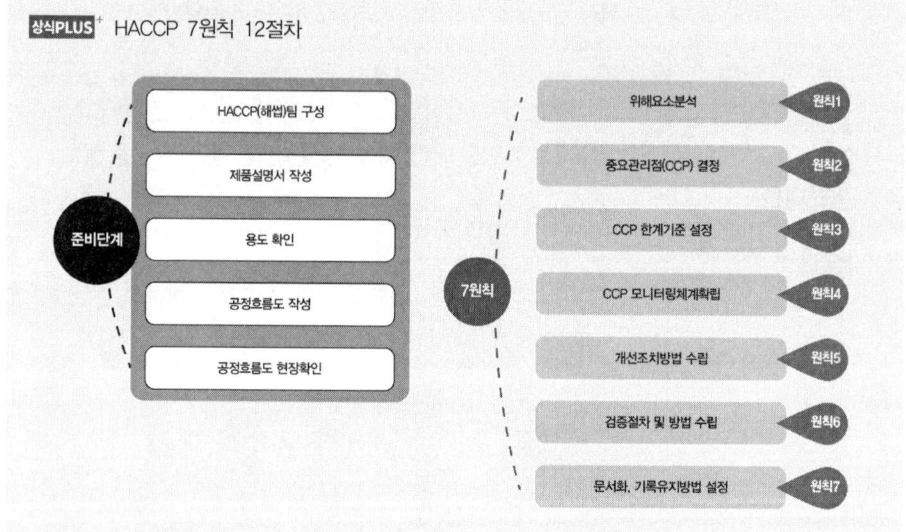

상식PLUS⁺ 스마트 HACCP

중요관리점(CCP) 모니터링 데이터를 실시간으로 자동 기록 · 관리 및 확인 · 저장할 수 있도록 하여 데이터의 위 · 변조를 방지할 수 있는 시스템을 적용한 안전관리인증기준이다. 자동화 모니터링을 통한 데이터 수집 및 관리가 가능하고 AI 기술상담 서비스와 빅데이터 활용 서비스를 제공한다.

☑ 시험에서는 이렇게 물어본다!

1. 식품안전을 위해서 작업공정에서부터 체계적으로 관리하는 체계는?
2. HACCP 시스템에서 '위해요소분석' 단계에서 확인해야 할 중요한 요소는?

조류 인플루엔자

AI : Avian Influenza

2023 | 농협계열사 2023 | 농협은행

가금류에 감염되는 전염성 호흡기 질환

야생 조류나 닭, 오리 등이 감염되는 급성 바이러스성 전염병이다. 1997년부터 유행했으며 국내에서는 2003년부터 발생하였다. 전파 속도가 빠르고 치사율이 높다. 주로 닭이 가장 많이 걸리는데, 닭의 경우 벼슬이 파랗게 변하고 머리가 붓는다. 일반적으로 사람은 잘 감염되지 않으나, 아주 드물게 감염되기도 하는데 감염될 경우 결막염, 발열, 기침, 근육통 등 인플루엔자 유사 증상부터 중증 호흡기 질환까지 그 증상은 다양하다.

☑ 시험에서는 이렇게 물어본다!
조류 인플루엔자의 특징은?

아프리카 돼지열병

ASF :
African Swine Fever

2023 · 2021 · 2019 | 농협은행

바이러스성 출혈 돼지 전염병

돼지 흑사병으로도 불리는 ASF는 아프리카 지역에서 주로 발생하여 아프리카돼지열병이라는 이름이 붙여졌다. 생존력과 전염성이 높으면서 산과 열에도 강하다. 돼지과에 속하는 동물만 감염되며 고병원성 바이러스에 감염될 경우 치사율이 100%에 달하기 때문에 한 번 발생하면 큰 피해를 끼친다.

☑ 시험에서는 이렇게 물어본다!
ASF의 특징은?

할랄푸드

Halal Food

2016 | 지역농협

이슬람 율법에 따라 무슬림이 먹을 수 있는 음식

이슬람 음식은 율법에 따라 먹을 수 있는 할랄과 먹을 수 없는 하람으로 규정되어 있다. 할랄푸드에는 과일, 야채, 곡류 등의 식물성 음식과 바다에서 잡은 것이 포함된다. 고기는 이슬람 도축 방식인 다비하(Dhabihah)에 따라 도축한 고기만 허용한다. 비이슬람 국가에서 이슬람권 국가에 음식 등을 수출하기 위해서는 할랄 인증 마크를 받아야 하며, 국내 할랄 인증기관은 한국 이슬람교 중앙회가 유일하다.

상식PLUS 다비하(Dhabihah)

율법에 근거한 이슬람의 도축법이다. 도축자는 반드시 무슬림이어야 하며 도축할 때 반드시 '비스밀라히(알라의 이름으로)'를 외쳐야 한다. 짐승들이 죽을 때는 머리가 사우디 아라비아의 메카 방향을 향해야 하며, 죽은 동물의 고기를 먹지 말라는 율법에 의해 짐승들의 심장이 뛰는 상태에서 거꾸로 매달아 피를 제거해야 한다.

하람푸드
Haram Food

2016 | 지역농협

이슬람 율법에 따라 무슬림이 먹을 수 없는 음식

다비하(Dhabihah)에 따라 도축하지 않은 고기는 물론이며 돼지고기, 동물의 피, 주류와 알코올, 파충류, 곤충 등이 하람으로 분류된다. 그러나 하람푸드여도 전쟁, 생명이 위험할 때나 무의식중에 먹었을 경우 허용하는 입장을 취한다.

> **상식PLUS⁺ 마슈부흐(Mashbuh)**
> '의심스러운'이란 뜻으로 할랄과 하람의 구분이 애매하고 어려운 경우 마슈부흐라고 하며 사용을 자제한다. 이슬람에서는 의심스러운 것을 피하는 행동이 신실한 행동이라고 여기며 금지사항을 철저하게 지키므로 마슈브흐에 해당하는 것은 주의해야 한다.

> ☑ 시험에서는 이렇게 물어본다!
> 할랄푸드와 하람푸드의 차이를 서술하시오.

유전자가위
Gene Scissr

DNA 절단기능을 가지고 있는 도구

DNA의 특정 부위를 절단하는 분자생물학적 도구이다. 제1세대 징크핑거뉴클리아제, 제2세대 탈렌, 제3세대 RNA 유전 가위인 크리스퍼 − 카스9가 있다. 작동원리는 특정한 표적부위를 정확하게 절단하는 것이다.

> **관련기사 돼지 폐 세포에 가장 잘 전달하는 유전자 전달체 구명**
> 국립축산과학원 연구진은 돼지의 폐 세포에 가장 적합한 유형을 알아내기 위해 국내에서 처음으로 자체 개발한 유전자 가위로 발현된 돼지에서 폐세포를 분리하여 불멸화 돼지 폐세포주를 구축했다. 국립축산과학원은 이러한 기술을 통한 실험 결과가 향후 돼지 호흡기 질환 관련 유전자 연구 기초 단계의 참고 자료로 사용될 수 있을 것으로 보았다.

GMO 표시제
Genetically Modified
Organism 表示制

2020 | 농협은행

유전자변형 식품 등을 표시하는 제도

GMO는 인위적으로 유전자를 조합하는 등의 생명공학기술로 새로운 유전물질이 포함된 동·식물, 미생물을 말한다. 자연재해와 병충해 등으로 인한 생산량 및 품질 저하 문제의 해결책임과 동시에 장기간 섭취 시 인체에 유해하며 생태계를 교란시킨다. 때문에 소비자들에게 올바른 정보를 제공하며 알권리를 보장하기 위하여 우리나라는 2001년부터 GMO 표시제를 시행하였다.

> ☑ 시험에서는 이렇게 물어본다!
> GMO와 GMO 표시제가 시행된 이유를 말해보시오.

농지취득자격 증명
農地取得資格證明

농민이 아닌 자의 농지투기를 규제하기 위한 자격 증명서

적합하다고 판단되는 자에게만 발급되는 자격 증명서이다. 농지를 취득하고자 하는 자는 필수로 발급받아야 하며 경매의 경우 농지를 취득한 자가 법원에서 발급받은 '최고가매수인' 증명서를 가지고 농지 소재지의 읍 · 면동주민센터에 가서 신청하면 된다.

1차 산업
一次 産業

농업 · 목축업 · 임업 · 어업 등과 같이 자연으로부터 생산하는 산업

자원 자체를 가공 없이 상품화하는 산업이다. 여기에 다른 산업 분야와 결합시켜 새로운 가치를 만들어 내는 산업을 1.5차 산업이라고 한다.

6차 산업
六次 産業

2021 · 2020 · 2016 | 농협은행   2020 | 농협중앙회   2020 | 농협계열사

1 ～ 3차 산업이 복합된 산업

농촌의 발전과 성장을 위해 강조되고 있는 6차 산업은 농촌의 인구 감소와 고령화, 수입 농산물 개방으로 인한 국내 농산물 경쟁력 약화 등의 문제로 새롭게 등장하였으며 국내 공식 명칭은 농촌 융 · 복합 산업이다. 농촌 융 · 복합 산업 사업자 인증제도는 농업인과 농업법인을 인증하여 핵심 경영체를 육성하는 시스템으로, 농촌의 다양한 유 · 무형 자원을 활용하고 새로운 부가가치를 창출하기 위하여 도입되었다.

상식PLUS⁺ 1 ～ 5차 산업

분류	내용
1차 산업	농업, 임업, 어업 등
2차 산업	제조업, 공업, 건설업 등
3차 산업	서비스업 등
4차 산업	정보, 의료, 교육 등 지식산업
5차 산업	패션 및 오락 등 취미산업

관련기사 고령 딸기 '6차 산업화' 아이디어 빛났다.

지난 2025년 12월 고령딸기농촌융복합사업추진단은 딸기 6차 산업 자립기반구축 지원사업의 일환으로 실시한 창업 아이디어 공모전을 통해 수상팀 3개 팀을 최종 선정했다고 밝혔다. 해당 공모전은 지역 특화자원인 고령 딸기를 활용해 창의적 상품과 사업 모델을 발굴하고 청년 창업팀을 육성하고자 마련되었다. 수상팀에는 시제품 개발, 홍보 · 마케팅에 활용할 수 있는 최대 2천만 원의 사업비와 창업 멘토링, 컨설팅 등의 후속 지원도 제공할 예정이다.

☑ 시험에서는 이렇게 물어본다!
6차 산업 의미와 6차 산업이 농업에 적용된 정책을 서술하시오.

유전자 변형 생물체

LMO :
Living Modified Organisms

유전자 가위와 같은 바이오 신기술을 사용하여 만든 생식과 번식이 가능한 유전자 변형 생물체

생산량 증대나 새로운 부가가치 창출, 가공 상의 편의 등을 위하여 유전공학기술을 이용해 육종방법에서 나타날 수 없는 유전자를 지니도록 개발된 유기물이다. 「유전자 변형 생물체 국가 간 이동 등에 관한 법률」상의 정의에서 유전자 변형 생물체란 다음 각목의 현대생명공학기술을 이용하여 얻어진 새롭게 조합된 유전물질을 포함하고 있는 생물체를 말한다.

가. 인위적으로 유전자를 재조합하거나 유전자를 구성하는 핵산을 세포 또는 세포 내 소기관으로 직접 주입하는 기술

나. 분류학에 의한 과(科)의 범위를 넘는 세포융합기술

농산물 종자나 미생물 농약 등 LMO의 영역이 확대됨에 따라 LMO 안전성 논란도 높아지고 있다. 국제기구와 선진국 정부기관, 민간단체 등에서는 이와 관련된 정보를 수집 · 분석하여 소비자들에게 공개하고 있으며, 세계 각국은 LMO의 국가 간 이동에 관련된 법률을 제정하여 관리하고 있다.

> **상식PLUS⁺ GMO와 LMO의 차이**
>
> 생물다양성협약(CBD) 회의에서 명명한 카르타헤나 의정서에는 '의도적으로 현대의 생명공학 기술을 이용하여 얻어진 새로운 유전물질의 조합을 포함하고 있는 모든 살아있는 생물체'로 LMO를 정의한다. GMO(Genetically Modified Organism)는 농산물품질관리법에서 '인공적으로 유전자를 분리 또는 재조합하여 의도한 특성을 갖도록 한 농산물'로 정의한다. GMO는 LMO가 생명력을 잃고 냉장, 냉동, 가공된 식품(ex. 두부, 두유)까지 포함하므로 LMO는 GMO의 한 부분이라 할 수 있으나 우리나라에서는 다수가 GMO와 LMO를 구분하지 않고 혼용하여 사용하고 있다.

> **관련기사 연구용 '유전자변형생물체' 안전문화 인식 제고**
>
> 한국생명공학연구원 국가연구안전관리본부는 과학기술정보통신부와 함께 2024년 동안 시험 · 연구용 유전자변형생물체(이하 LMO) 안전관리에 대한 대중의 이해를 높이고 안전 문화 확산에 기여한 주역들을 선정하고 포상을 전수했다고 밝혔다. 생명공학기술의 빠른 발전으로 의료, 식량, 환경 등 다양한 분야에서 폭넓게 활용되는 LMO는 '유전자변형생물체의 국가 간 이동 등에 관한 법률'에 따라 사용 용도별로 철저하게 안전관리를 시행하고 있다. 과학기술 분야 연구실 및 LMO 연구시설의 연구자들이 안전한 연구 활동을 수행할 수 있도록 전문기관 역할을 수행하는 연구안전본부는 시험 · 연구용 LMO 안전문화 정착을 위해 매년 연구자와 안전관리자, 일반 대중이 직접 참여할 수 있는 다양한 사업을 개최하고 있다.

98 ■■■
임원경제지
林園經濟志制

조선 후기 농촌경제 정책서

조선 후기에 실학자 서유구가 저술한 일종의 농업 백과사전이다. 전원생활에 필요한 지식과 기술 등 농업 정책과 자급자족 경제론에 대해 다뤘으며 총 113권을 16개 부문으로 나눈 논저로 이루어져 있다. 현재 서울대학교 도서관에 유일본이 소장되어 있으며, 전사본(轉寫本)은 고려대학교 도서관에 소장되어 있다. 가장원본(家藏原本)은 일본 오사카 부립도서관에 소장되어 있다.

99 ■■■
정밀농업
Precision Agriculture

2023 | 농협은행
ICT 기술을 활용하여 투입되는 자원을 줄이면서 생산량을 높이는 생산방식

인공위성이나 드론 등의 기술을 활용하여 토양, 작물, 생산량 등의 자료를 수집·분석하여 최적의 조건을 만들어서 작물을 키워내는 것을 의미한다. 일정량을 동일하게 투입하는 것이 아닌 가변적으로 투입하는 방법으로, 기술을 통해 농사 계획을 세우고 농작물을 정밀하게 정찰 및 관리할 수 있는 것이다. 비료나 농약 등의 사용량을 줄여서 환경 보호를 하면서 농업의 효율을 높일 수 있다.

> ☑ 시험에서는 이렇게 물어본다!
> 정밀농업의 주요 특징은?

100 ■■■
지속농업
Sustainable Agriculture

다음 세대에서도 농업을 지속할 수 있도록 환경 보호와 생산성 유지를 달성하는 농업

현재 세대를 넘어서서 다음 세대에도 농업이 유지될 수 있도록 비료, 농약 등의 사용을 줄이면서 농산물의 생산성을 높이는 것을 의미하는 것이다.

101 ■■■
유기농업
Organic Farming

자연적인 자재만 사용하는 친환경 농업

화학비료나 유기합성 농약 등의 합성화학물질을 일체 사용하지 않거나 아주 소량만을 사용하고 동물분뇨나 짚 등을 이용하여 만든 퇴비, 녹비, 천적 곤충 등을 활용하는 농업이다.

상식PLUS 유기농업자재 공시제도
허용물질을 사용하여 생산된 자재인지를 확인하여, 명칭 및 주성분명, 함량, 사용 방법 등에 관한 정보를 공시하는 제도이다.

관개농업
灌漑農業

인공적으로 물을 공급하는 농업

건조 지역에서 농작물이 정상적으로 자랄 수 있도록 인공관리시설을 만들어 물을 공급해 주는 방식이다. 고대 이집트와 메소포타미아 지방에서도 관개농업이 시행되었으며, 비가 많이 오는 여름에 저수지 등에 물을 저장해 두었다가 물이 필요할 때 물을 대어 농사를 지었다.

도시농업
Urban Agriculture

도시에 있는 소규모 농지에서 행하는 농업

다양한 도시 공간을 활용하여 농사를 짓는 것을 말한다. 주말농장, 옥상텃밭 등 다양하게 나타나고 있다. 생태계 순환 회복 및 지역 공동체 활성화, 로컬푸드 등과 더불어 기후 조절, 대기 정화, 정서 함양 등의 가치를 구현하며 지속가능한 농업으로서의 기능을 수행한다.

유축농업
有畜農業

작물 재배와 가축 사육을 결합한 농업

농작물과 사육을 유기적으로 결합한 농업 형태이다. 지역에 따라 자급적 유축농업 지대와 상업적 유축농업지대로 구분한다. 전자의 경우 동유럽, 후자의 경우 북유럽 · 미국 등에서 뚜렷하게 나타난다.

근교농업
近郊農業

대도시 근교에서 행하는 농업

도시 가까운 곳에서 채소 · 화훼 · 과수 등의 작물을 재배하는 농업으로 비닐하우스 등의 시설 재배를 통하여 연중작물을 재배한다. 교통의 발달과 기술 향상으로 재배 지역이 점차 확대되고 있는 추세이다.

RE100
Renewable
Electricity
100

사용하는 전력량의 100%를 재생에너지로 충당을 목표로 하는 글로벌 캠페인

재생에너지(Renewable Energy) 100%의 약자이다. 농업 · 농촌 RE100 실증지원 사업은 마을별 에너지 사용량을 진단한 후 이에 맞는 재생에너지 발전 시설을 확충하여 농촌마을 단위에서 RE100을 실증하는 것을 목표로 한다. 전력 생산 과정에서 온실가스인 이산화탄소가 배출되며, 농업 · 농촌 부문에서도 전력 사용에 다른 탄소 배출이 발생한다. 이를 줄이기 위해 재생에너지 기반의 전력 생산을 확대하고, 탄소 배출을 상쇄하는 방식으로 농업 · 농촌분야의 RE100 실현을 추진하고 있다.

사회적 농업
社會的 農業

2023 | 농협계열사

농업 활동을 통해 돌봄 · 교육 · 고용 등 공급 및 확산하는 서비스

사회적 농업을 통해 취약계층의 자활과 고용을 유도하여 사회 통합을 실현하고 관련된 일자리 창출, 공동체 활성화를 위해 진행되는 정책이다. 농업 생산 활동을 포함하여 농촌자원을 활용하는 활동을 기반으로 취약계층에 서비스를 제공한다. 지역사회와 지속적으로 협력하는 사회적 경제 조직, 농업법인, 비영리민간단체 등을 대상으로 진행되는 농림축산식품부의 정책으로 사회적 농업 프로그램 운영비, 지역사회와 네트워크 구축비를 지원한다.

> **상식PLUS** 사회적 농업과 치유 농업의 차이
>
> 사회적 농업은 농촌 주민들에게 부족한 서비스를 농업인이 농업 활동을 하며 농촌자원을 활용해서 제공한다. 돌봄 · 교육 · 고용 · 농업 · 네트워크 구축이라는 공익적 역할을 통해 사회통합을 도모한다. 치유 농업은 농업 활동을 통해 회복과 치유를 돕는 것을 중점으로 한다. 두 정책 모두 궁극적으로 긍정적인 영향을 미친다는 공통점이 있지만 목적 및 지원대상이 다르다.

농업진흥지역

2023 | 농협은행

농지를 효율적으로 이용하고 보전하기 위해 시 · 도지사가 「농지법」에 따라 지정 · 고시하는 지역

농업진흥지역은 녹지지역(특별시 제외), 관리지역, 농림지역 및 자연환경보전지역(특별시 녹지지역 제외)을 대상으로 농업보호구역과 농업진흥구역으로 나뉜다. 목적, 지정 기준, 허용 행위 측면에서 구분할 수 있는데, 농업보호구역은 농업 환경을 보호하고 농업진흥구역을 보조하는 역할이다. 농업 활동을 간접적으로 지원하고 보호하는 기능으로, 농업환경보전이 필요한 지역을 지정한다. 농지로 활용되지만 일부 비농업적 용도(주택, 일부 상업 시설 등)로도 활용이 가능하다. 농업진흥구역보다는 완화된 규제를 적용하나, 대규모 개발이나 공장 설립은 제한된다. 농업과 공존할 수 있는 범위 내에서 개발이 가능하다. 농업진흥구역은 농업의 생산성을 높이고 농지의 효율적인 이용을 촉진하기 위해 지정된다. 우량 농지 보전을 우선으로, 농업활동 중심의 토지 이용을 유도한다. 토양, 수리, 기상 조건이 농업에 적합한 우량 농지를 지정하며 농업적 활용가치가 높아야 한다. 농업용 창고, 농기계 보관소 등 농업 관련 시설을 설치할 수 있으며 제한적으로 농산물 유통시설 등을 허용한다. 농업 외 목적으로는 개발이 어려우며 공장, 주택, 관광시설 등 농지 전용이 엄격하게 제한된다.

> ☑ 시험에서는 이렇게 물어본다!
> 농업보호구역과 농업진흥구역의 차이는?

생물농약
生物農藥

천적 곤충과 같은 생물을 이용하여 병해충 및 잡초를 방제하는 약제

화학농약에 대응하는 농약으로 방제해야 할 생물의 천적 곤충, 천적 미생물 등을 이용하여
농작물의 병해충이나 잡초 등을 방제한다.

전조재배
Light Culture

인공 광원을 활용하는 재배방식

일장 시간을 인위적으로 연장하거나 또는 야간을 중지함으로써 화성의 유기, 휴면타파 등의
효과를 얻는 방식이다. 단일 식물의 개화를 억제하기 위해서도 사용된다.

바이오디젤
Bio Diesel

2021 | 농협계열사
식물성 기름을 원료로 만든 바이오 연료

콩기름이나 유채기름, 폐식물기름 등의 식물성 기름이나 소나 돼지 등의 동물성 지방을 원
료로 만든 무공해 연료를 말한다. 바이오 연료의 필요성이 급증하고 있으며 우리나라에서
도 경유에 바이오디젤을 혼합한 연료가 판매되고 있다.

가축분뇨
에너지화 시설
家畜糞尿 Energy化 施設

**가축분뇨를 이용하여 바이오가스를 생산한 후 남는 발효액은 농지에 환원하는 에너
지화 시설**

가축 분뇨를 주로 퇴비 및 액비로 농지에서 사용하거나 정화처리 후 하천에 방류되었으나, 분뇨
로 인한 환경오염 예방과 온실가스 감축 등의 효과를 제고하기 위하여 가축분뇨를 에너지화 하
는 사업이다. 충남 홍성 원천마을의 경우 가축분뇨 에너지화 시설은 지난 2014년부터 에너지
자립 목표를 세우고 2020년에 준공되어 매일 110톤의 가축분뇨를 처리하면서 시간당 전기
160kW를 생산하고 있다.

> **관련기사** 가축분뇨 기반 에너지자립마을 나온다 … 바이오연료 생산 확대
> 기후에너지환경부가 가축분뇨와 음식물쓰레기 등 유기성 폐자원을 처리할 때 일정 규모의 바
> 이오연료를 생산토록 하는 바이오가스 생산목표제를 지난해 공공부문에 시행한 데 이어, 올해
> 부터는 민간부문까지 확대한다. 지역별 돈분과 우분 발생량 등을 분석해 지역 단위 에너지화
> 사업규모를 산출하고, 바이오매스 기반 에너지를 바탕으로 에너지자립마을 모델도 마련한다는
> 방침이다.

113 ■□□
기지현상(그루타기)
忌地現象

연작을 할 경우 작물의 생육이 뚜렷하게 나빠지는 현상

작물의 찌꺼기 또는 뿌리의 분비물에 의해 생육이 나빠지거나 연작으로 인해 토양 중의 병원균이 번성하면서 병해가 유발한다. 잡초가 생기면 작물 생육에 피해를 주고 화곡류 연작 시 토양이 굳어져 물리성이 악화된다. 연작을 하면 염류가 과잉 집적되어 작물의 생육을 저해하는데, 이러한 원인들에 대처하기 위해서는 연작보다 몇 해를 주기로 하여 해마다 작물을 바꾸어 재배하거나 기지로 인해 지력이 저하되었을 경우 깊이갈이를 하여 퇴비로 결핍성분을 보충하는 것이 좋다.

114 ■□□
농산물 건조기
農産物乾燥機

곡물 이외에도 광범위하게 건조할 수 있는 다목적 건조기

품질을 유지시키고 저장성을 높이기 위해 농산물을 건조하는 기계이다. 곡물 건조기와 구별하여 농산물 건조기라고 하는데, 이는 다단 배치식과 컨테이너 이송식으로 구분할 수 있다.

115 ■□□
슬러지
Sludge

하수처리 과정에서 생긴 침전물

오니(汚泥)라고도 하는 슬러지는 바다, 하천, 호수 등의 바닥에 침전된 것을 말한다. 하수처리장, 정수장, 공장 폐수처리시설 등에서 발생하는 물질을 통칭한다.

116 ■■□
바이오테크놀로지
BT : Biotechnology

생물체의 유용한 특성을 활용하기 위해 인위적으로 조작하는 기술

유전자를 자유조작하고 다른 생물의 유전자에 이식하는 교체 기술 등을 말한다. 의약품 제조에서 시작하여 넓은 의미로 의약품을 포함한 식품 생산, 농업으로 확산되었다.

탄소중립
Net – Zero

2021 | 농협계열사

이산화탄소 배출량을 흡수하여 실질 배출량을 '0'으로 만드는 기후위기 대응 정책

대기 중 온실가스 농도 증가를 막기 위해 이산화탄소 배출량을 감소하고 흡수량을 증대하여 실질 배출량을 '0'으로 만드는 기후위기 대응 정책이다. 즉, CCUS(이산화산소 포집 · 저장 · 활용기술)를 통해 배출 탄소와 흡수 탄소량을 같게 한다. 지구온난화의 주범으로 꼽히는 온실가스는 대기 구성요소 중 1% 미만에 불과하나, 산업화 이후 온실가스가 늘어나면서 120년간 지구 평균 온도가 약 1.2℃ 상승했다. UN 산하 IPCC가 작성한 '지구온난화 1.5℃ 특별보고서'에 따르면 이러한 추세로는 2100년에는 지구 온도가 약 3℃ 상승하며 2℃ 이상 상승할 시 폭염, 홍수, 해수면 상승 등의 기후 재앙이 도래한다고 한다. 이를 예방하기 위해서는 지구온도 상승을 1.5℃ 이내로 억제해야 하며 그 방안으로 2050년 이전 탄소중립 달성을 주목하고 있다. 때문에 전 세계적으로 2050년 탄소중립을 추진하고 있다. 우리나라 농업 · 농촌에서는 저탄소 생산구조, 에너지 전환, 재해 대응을 목표로 다양한 정책을 시행하고 있다.

상식PLUS⁺ 탄소배출권(CER : Certificated Emissions Reduction)
지구온난화를 유발하는 온실가스를 배출할 수 있는 권리이다. 온실가스 배출량이 많은 기업은 기술개발을 통하여 자체적으로 배출량을 줄이거나 배출권을 구입하여 할당 범위 내에서만 온실가스를 사용할 수 있다. 남거나 부족한 배출권은 거래가 가능하다.

관련기사 재생에너지로 키웠다 … 전국 첫 'RE100 감귤' 탄생
필요한 전력을 100% 재생에너지로 충당한 RE100 감귤을 제주도 농업기술원 2개 동에서 실증 재배했고, 올해 400kg을 처음 수확했다. 귤을 재배한 시설하우스에 설치된 필름형 태양광 모듈은 별도의 설치 공간이 필요 없고 유연한 구조여서 곡선 부위에도 설치하기가 쉽다. 필름형 태양광으로 얻어진 전기는 히트 펌프를 통해 난방에 사용하고, 에너지 저장 장치를 통해 날씨에 따라 발전량이 들쭉날쭉한 태양광의 한계도 극복했다. 제주도는 필름형 태양광을 개량하고, 태양광 시설이 설치된 농가 2곳을 선정해 우선 보급할 계획이다. 'RE100 감귤' 확대는 자가발전을 통한 농가 소득으로 이어지고, 탄소중립에도 이바지할 것으로 기대를 모으고 있다.

> ☑ 시험에서는 이렇게 물어본다!
> 기업이 자발적 탄소 감축 노력을 지원하고 탄소중립경영을 산업 전반에 확산시키기 위한 방안을 기술하시오.

농업과학기술 정보서비스 시스템

ASTIS : Agricultural Science and Technology Information Service

농촌지도 서비스의 디지털화, 농업기술 보급체계의 효율화를 통해 수요자 맞춤형 정보서비스를 제공하는 시스템

농업과학기술정보서비스(애즈티스)는 농촌진흥청, 도 농업기술원, 시군 농업기술센터와 영농현장에서 생산된 전자·비전자 형태의 농업과학기술정보를 수집·관리하고 제공하는 시스템이다. 농업과학기술정보는 지방농촌진흥기관이 농업인 등에게 제공하는 과학영농 서비스 정보, 농촌지도 교육훈련 사업 정보, 영농상담 및 현장 기술지원 정보, 농업기술 정보 등을 포함하는 개념이다. 과학영농서비스에는 ▲농경지 토양, 수질, 식물체, 중금속 등 농업환경 분석 ▲농산물 안전성 분석 ▲가축분뇨 분석 ▲쌀 품질 분석 ▲미생물 배양 및 분양 ▲과수과학영농장비 지원 ▲조직배양묘 생산 및 분양 ▲조사료 품질 분석 ▲초유 생산 및 분양 ▲병해충 예찰 및 진단 ▲농산물종합가공센터 이용 ▲농업기술 교육·행사 정보제공 서비스 등이 있다. 수요자는 애즈티스를 통해 이러한 농업기술 정보, 과학영농 서비스 등을 쉽게 찾아보거나 이용할 수 있고, 개인별 정보 이용 이력을 바탕으로 맞춤형 정보도 추천받을 수 있다. 또한, 농촌지도사업 행정 자동화 시스템이 마련됨에 따라 비대면 교육 확대, 데이터 집계 자동화 등으로 업무시간과 인건비를 절약할 수 있다. 2022년부터 구축에 들어간 애즈티스는 현재 각 농업기술센터의 과학영농 서비스 이용자 신청 이력과 처리 결과, 활용실적 등을 데이터화하고 있다.

관련기사 농촌진흥청, '제3회 애즈티스(ASTIS) 데이터 연계 활용 경진대회' 개최

농촌진흥청은 지난 4일 본청 국제회의장에서 '제3회 애즈티스(ASTIS) 데이터 연계 활용 경진대회(이하 경진대회)'를 개최하고, 올 한 해 디지털 농촌지도 서비스 제공 성과가 탁월한 도 농업기술원·시군농업기술센터 등을 선정했다. '애즈티스 활용 우수기관' 대상은 전라남도농업기술원, 청주시농업기술센터가 선정됐다. 전라남도농업기술원은 농업과학기술정보서비스 활성화 관련 자체 조례를 제정했다. 관내 시군농업기술센터에 방문한 농업인들이 무인정보단말기(키오스크)를 통해 신청한 과학영농 서비스 내용을 애즈티스에 자동 수집·연계하는 체계를 확대하고 있다. '애즈티스 거점기관 분야 대상은 경기도농업기술원이 선정됐다. 애즈티스를 활용해 도·시군이 사업 진행 상황을 실시간 공유하고 협업할 수 있는 양방향 체계를 구축했다.

숨기

Thinning

싹이 튼 뒤 일부를 제거하는 것

작물의 씨를 빽빽하게 뿌린 경우에 싹이 트면 그중 일부를 제거하여 개체수를 고르게 하는 작업이다. 개체의 생육공간을 넓혀 주어 균일한 생육을 돕고, 종자에선 판별이 곤란한 열악 형질 개체를 제거하여 우량 개체만을 남길 수 있다.

시비
施肥

작물에 인위적으로 비료성분을 공급하는 작업

토양이나 빗물, 관개수 등에 의해 공급된다. 시비 목적, 시기, 방법에 따라 분류할 수 있다.

$$시비량 = \frac{흡수\ 소요량 - 천연공급량}{비료요소의\ 흡수율}$$

상식PLUS 시비 분류
㉠ 시비 목적 : 분얼비, 수비, 실비
㉡ 시비 시기 : 기비, 추비, 지비
㉢ 시비 방법 : 전면시비, 부분시비, 액비시비, 토양주입, 엽면시비, 탄소시비

윤작(돌려짓기)
Crop Rotation

작물을 일정한 순서에 따라 교대하여 재배하는 방법

두 가지 작물을 주기적으로 교대하면서 재배하는 것은 이모작, 세 가지 작물을 재배하는 것은 3모작이다. 경작지 한 곳에 다양한 작물을 돌려가면서 경작하는 것이다. 휴한법, 삼포식농법, 개량삼포식농법, 노포크식윤작법 등의 방식이 있다. 지력을 유지하기 위해 효과적이고 토양을 보호하고 병충해나 잡초를 감소의 효과를 얻을 수 있다.

냉풍 냉각
Room Cooling

일반 저온저장고에 원예 산물을 적재하고 냉장기를 가동시켜 냉각하는 방식

수확 후 온도에 따른 품질변화가 적은 작물이나 장기저장을 하는 작물 등에 주로 이용된다. 일반 저온저장고를 사용하므로 특별한 예냉시설이 필요 없고, 예냉과 저장을 같은 장소에서 실시하므로 냉각 후 저장산물을 이동시키지 않아도 된다. 단, 냉각속도가 매우 느리며 적재 위치에 따라 온도가 불균일하기 쉽다는 단점이 있다.

환경용량
Environmental Volume

자연이 스스로 정화할 수 있는 능력

생태계 스스로 자원을 재생산할 수 있는 능력을 양으로 환산한 것을 말한다. 자정 능력 한계를 초과할 경우 자연환경은 오염되는 것을 의미하므로 생태계에 악영향을 끼치지 않고 수용할 수 있는 최대의 오염 수위로 정의한다.

환경마크제도
Eco Labelling

생산 과정에서 에너지 소비가 적고 오염 물질을 덜 배출하는 친환경 상품을 공인하는 마크

생산된 제품 가운데 제작, 유통, 사용, 폐기 과정에서 타제품과 비교하여 환경오염에 영향을 덜 미치거나 자원 및 에너지를 절약하는 상품에 한하여 공인기관이 인증하는 환경친화적인 상품에 대한 품질인증제도이다. 우리나라는 환경부에서 관련법령 운영, 관계기관 협의 등 전반적인 제도를 관장하고 한국환경산업기술원이 대상제품 선정, 환경마크 사용의 인증, 인증제품 사후관리 등의 실질적인 업무를 담당하고 있다.

125 ■■■

자유무역협정
FTA :
Free Trade Agreement

2017 · 2016 | 농협은행

국가 간 무역 장벽을 완화 및 제거하는 협정

협정을 체결한 국가 간에 상품이나 서비스 교역에 대한 관세 및 무역장벽을 철폐함으로써 배타적인 무역 특혜를 서로 부여하는 협정이다. 그동안 유럽연합(EU)이나 북미자유무역(NAFTA)등과 같이 인접 국가나 일정한 지역을 중심으로 이루어졌기 때문에 지역무역협정(RTA)라고도 부른다.

> ☑ 시험에서는 이렇게 물어본다!
> 우리나라와 자유무역협정을 체결한 국가는?

126 ■■■

농산물 전자상거래
農産物 E – Commerce

2015 | 농협계열사

농산물 거래활동이 온라인 네트워크에서 이루어지는 것

생산자에서 중간단계를 생략하고 소비자로 직결되는 거래가 증가함에 따라 농산물 전자상거래가 성장하고 있다. 배송 수단과 완충제 발전으로 배송시간이 단축되고 배송영역은 확장되었으며 안전성과 편리성, 부가가치성이 높아 이용이 편리한 상품에 대한 소비자 선호도가 높아지고 있다.

> ☑ 시험에서는 이렇게 물어본다!
> 농협의 전자상거래 활성화를 위한 방안을 제시하시오.

127 ■■■

광보상점
Light Compensation Point

일정한 온도에서 빛의 강도에 의해 결정되는 호흡과 광합성의 평형점

일반적으로 CO_2의 보상점은 대기 중 농도(0.03%)의 $1/10 \sim 1/3$ 정도이다. 보상점이 낮은 식물일수록 약한 빛을 잘 이용할 수 있다.

입단구조
Aggregated Structure

2020 | 농협은행 2020 | 지역농협 2020 | 농협중앙회

토양의 입자가 응집되어 형성된 입단이 다시 모여서 만들어진 토양의 구조

토양의 물리적 구조로 떼알구조를 의미한다. 토양이 양이온의 작용으로 점토로 응집된다. 응집되어 형성된 입단구조는 수분이 원활하게 이동하고 저장하는 대공극과 소공극이 많이 있다. 배수성, 통기성, 보수력을 결정하며 수분과 비료의 보유력이 커, 작물 생육과 밀접한 관련이 있다. 입단구조는 유기물이나 석회가 많은 표토에서 볼 수 있다.

> ☑ 시험에서는 이렇게 물어본다!
> 토양의 입단 구조 형성 과정은?

품종의 퇴화
Degeneration of Variety

품종의 고유한 특성이 변하는 것

유전적, 생리적, 병리적 원인에 의해 품종의 고유한 특성이 변하는 것을 품종의 퇴화라고 한다. 유전적 퇴화 원인에는 이형유전자형 분리, 자연교잡, 돌연변이 등이 있으며 생이적 퇴화 원인에는 기상·토양 등 재배환경 및 재배조건 불량이 있다. 병리적 퇴화 원인에는 감자, 콩, 백합 등의 바이러스, 맥류의 깜부기병에 의한 퇴화 등이 있다.

일장
日長

식물의 개화가 일조시간 길이에 의해 영향을 받는 성질

식물의 화성을 유도할 수 있는 유도일장, 식물의 화성을 유도할 수 없는 비유도 일장, 유도일장과 비유도일장의 경계가 되는 한계일장으로 나눌 수 있다.

상식PLUS⁺ 식물의 일장형
- ㉠ 단일식물 : 콩, 국화, 목화, 국화, 딸기, 고구마, 코스모스 등 주로 가을에 꽃이 피는 식물
- ㉡ 중일식물 : 고추, 가지, 호박, 수박, 참외 등
- ㉢ 장일식물 : 무, 상추, 감자, 당근, 시금치 등 주로 봄에 꽃이 피는 식물

인구소멸
위험지역
人口消滅危險地域

국내 행정구역 중 인구 감소 등으로 소멸 위기에 있는 지역

소멸위험지수가 0.5 미만인 지역을 인구소멸위험지역으로 분류한다. 2024년 기준으로 한국고용정보원이 전국 시·군·구를 대상으로 분류한 결과, 총 130곳이 소멸위험지역으로 분류, 전체 시군구의 57.0%를 차지했다. 소멸위험지역은 낙도지역이나 농어촌지역뿐만 아니라 도청 소재지, 광역대도시까지 확대되고 있는 양상이며 팬데믹 영향으로 지방의 제조업 위기가 도래하면서 더욱 가속화되었다. 1위는 전남으로 소멸위험지수가 0.329로 가장 높았다. 인구소멸위험 지역으로 새로 진입한 11곳 중 8곳이 광역시 구·군이었다.

토지보상금
土地報償金

정부나 지자체가 공익을 목적으로 사유지를 수용할 경우 지불하는 보상금

「공익사업을 위한 토지 등의 취득 및 보상에 관한 법률」에 근거하여 2003년부터 시행되고 있다. 도로나 철도, 건설 등 공익을 목적으로 국가가 민간 토지를 매수할 경우에 지급하는 보상금이다.

133 ■■■
초고령사회
Aged Society

2019 | 지역농협
전체 인구에서 고령인구(65세 이상)의 비율이 20%를 넘긴 사회

유엔(UN)이 정한 기준에 의하면 고령인구 비율이 7%를 넘으면 고령화 사회, 14%를 넘으면 고령사회, 20% 이상이면 초고령사회로 분류한다. 통계청 발표에 따르면 우리나라는 2017년부터 고령인구 비율 14%를 넘기며 고령사회에 진입, 2024년 12월 23일 65세 인구수가 1천 24만 4천 550명으로 전체인구의 20%를 차지하면서 초고령 사회로 진입했다.

> **상식PLUS⁺** UN이 분류한 고령에 대한 정의
> ㉠ **고령화사회(Aging Society)** : 65세 이상 인구가 총인구를 차지하는 비율이 7% 이상
> ㉡ **고령사회(Aged Society)** : 65세 이상 인구가 총인구를 차지하는 비율이 14% 이상
> ㉢ **초고령사회(Post Aged Society)** : 65세 이상 인구가 총인구를 차지하는 비율이 20% 이상

> ☑ 시험에서는 이렇게 물어본다!
> 유엔(UN)이 분류한 초고령 사회의 인구비율은?

134 ■■■
메디푸드
Medi Food

2020 | 지역농협
의료(Medical)과 음식(Food)의 합성어인 건강관리를 목적으로 하는 식품

소비자 개인의 필요와 니즈를 충족할 수 있도록 개발된 맞춤형 특수식품 중 하나로 특수의료용도식품, 건강기능식품, 개인 맞춤 식품 및 서비스, 고령친화식품 등 건강관리 목적 식품을 의미한다. 특정 질환 증상을 완화하기 위한 목적으로 병원에서 환자들이 섭취하는 조절식에서 시작되었으며 현재는 일반인들이 먹는 건강기능식품 및 약물대체재로도 의미가 확대되었다.

> ☑ 시험에서는 이렇게 물어본다!
> 고령친화식품의 시장을 활성화하기 위한 방안을 말하시오.

마이크로바이옴
Microbiome

인체에 서식하는 각종 미생물

미생물(Micro)과 생태계(Biome)의 합성어로 장내 환경과 시간에 따라 인간의 질병과 건강에 영향을 미친다. 건강한 마이크로바이옴은 소화를 원활하게 도움을 주며, 박테리아가 장벽에 달라붙는 것을 방지한다. 체내에 마이크로바이옴의 밸런스가 무너지게 될 경우 만성질환 발생 및 노화가 촉진될 수 있다.

자포니카 품종
Japonica 品種

모양새가 둥글고 굵은 단중립형 쌀 품종

전 세계에서 생산되는 쌀 가운데 약 10%가량이 자포니카 쌀이다. 인디카 품종에 비해 짧고 굵으며 더욱 찰지고 윤기가 난다. 주요 재배국은 한국, 일본, 중국 등이 있으며 주요 수출국은 미국, 오스트레일리아 등이 있다.

> **상식PLUS** 인디카 품종(Indica)
> 열대지역에서 생산되며 쌀알이 길고 찰기가 적은 품종이다.

세척수
Wash Water

원예 산물 표면에 묻은 흙이나 이물질을 세척하기 위해 사용되는 액체

1차적인 세척에는 주로 물 세척을 이용하며 깨끗하고 낮은 온도의 냉각수를 이용하는 것이 바람직하다. 지하수 이용 시 각종 이물질 제거에 주의를 기울이는 것이 필요하다. 그 밖에도 가장 널리 사용되고 있는 살균 소독 방법으로는 염소수 세척이 있으며, 선진국에서 실용화되고 있는 오존수 세척이 있다.

> **상식PLUS** 오존수 세척
> 위해한 잔류물이 남지 않고 강한 살균효과를 나타내며 처리과정 중에 pH를 조절할 필요가 없다. 그러나 시설이 알맞게 갖추어 있지 않으면 작업자에게 유해할 수 있으며 시설 설비에 드는 초기 비용이 높은 편이다.

노천매장
Stratification

수목의 정자가 겨울철 얼지 않도록 젖은 모래에 켜켜이 쌓아 묻는 방법

가을이나 이른 봄에 묻어두는데, 휴면유도 물질인 ABA가 감소하고 대신 지베렐린이 증가하여 경실종자의 휴면타파를 위해 주로 사용하는 방법이다.

밀 증상
Water Core 症狀

사과의 과심과 과육 일부가 물이 스며든 것처럼 나타나는 증상

일교차가 심하거나 수확시기가 늦었을 때 과육의 특정부위에 솔비톨이 비정상적으로 축적되어 나타나는 증상으로 유관속 주변 조직이 투명해진다. 장기저장할 경우에는 밀 증상 부위가 갈변되고 심하면 스펀지화된다.

봉지 씌우기
Bagging

병해충의 피해를 막기 위해 봉지를 씌우는 일

농약이 과실에 직접 묻지 않으며 병해충으로부터 과실을 보호하여 외관을 좋게 하기 때문에 과실의 품질을 향상시킨다.

웅성불임성

화분, 꽃밥, 수술 등의 웅성기관에 이상이 생겨 불임이 생기는 현상

유전적 원인에 의한 것과 환경 영향에 의한 것이 있는데, 웅성기관 중 화분의 불임으로 일어나는 경우가 가장 많다. 웅성불임계통의 작물로는 옥수수, 유채, 수수, 양파 등이 있다.

로컬푸드 지수
Local Food Index

지역별 로컬푸드 활성화를 위한 노력을 평가하는 계량적 지수

로컬푸드 생산과 소비 체계에 관련하여 지자체의 실천 노력과 확산 정도를 평가할 수 있는 지표이다.

로컬푸드 온라인 판매
Local Food Online 販賣

비대면 농산물 직거래 장터

팬데믹으로 인해 로컬푸드 직거래 장터가 열리지 못하면서 어려움을 겪는 농가를 위해 온라인 플랫폼이 세계 각지에서 등장하였다. 농산물을 한눈에 볼 수 있는 플랫폼을 만들어 소비자들은 농산물과 농장 정보를 확인하고, 농가는 지역 특산물을 판매하는 등 전통적인 방식에서 벗어나 온라인으로도 직거래가 가능하게 되었다.

2023 | 농협은행 2023 | 농협중앙회 2023 | 농협계열사

144 ■■■■
고향사랑기부제

개인이 고향(지자체)에 기부하고 지자체는 이를 주민 복리에 사용하는 제도

개인의 자발적 기부를 통한 지방재정 확충(지역 간 재정 격차 완화), 지역특산품 등을 답례품으로 제공하여 지역경제 활성화를 도모한다. 2021년 10월 19일에 「고향사랑 기부금에 관한 법률」이 제정되어 2023년 1월 1일부터 시행하였다. 자신의 주소지 외의 지자체에 기부할 수 있으며 2025년부터 1인당 연간 2천만 원 한도로 확대되었다. 기부자에게는 기부금에 대한 세액공제 혜택(10만 원까지 전액, 10만 원 초과 20만 원 이하는 44%, 20만 원 초과분에 대해서는 16.5%) 및 답례품을 제공한다.

> ☑ 시험에서는 이렇게 물어본다!
> 고향사랑 기부제에 대해 5줄 이내로 약술하시오.

145 ■■■■
공정육묘
工程育苗

공장에서 공산품을 제조하듯 균일한 묘를 생산하는 시스템

재래육묘와 비교했을 때 육묘 기간이 단축되고 파종, 관리 등의 기계화가 가능하며 대량육묘가 용이하다. 다만 첨단장비 및 장치 등 고가의 시설이 필요하며 관리가 까다롭고 상대적으로 수익이 낮다는 단점이 있다.

146 ■■■■
테라센티아
Terrasentia

작물 수를 세는 농업용 로봇

일라노이대학 연구소에서 개발한 로봇으로 세계적인 식량 수요를 충족시키고 작물 육종을 가속화한다는 목적이 있다. 가볍고 쉽게 이동할 수 있으며 몸집이 작아 여러 대가 함께 진행할 수 있다. 작물의 질병을 알아내고 바이오 매스 생산을 예측하는 등 데이터와 분석 결과를 실시간으로 제공할 수 있다는 점에서 드론보다 유용하다고 할 수 있다.

147 ■■■■
휴면
休眠

식물이 일시적으로 생장활동을 멈추는 생리현상

경실의 종피가 수분을 통과시키지 않아 종자수분을 흡수할 수 없어서 휴면하게 되거나, 이산화탄소를 통과시키지 않아 내부에 축적된 이산화탄소가 발아를 억제하고 휴면하게 된다. 이 밖에도 양분이 부족할 경우, 종피가 기계적 저항성을 가지게 될 경우, 식물호르몬 ABA의 함량이 높고 지베렐린이 상대적으로 낮을 때 휴면에 돌입하게 된다.

굴절당도계
屈折糖度計

빛의 굴절 현상으로 과즙의 당 함량을 측정하는 기계

측정하기 전 증류수로 영점 보정한 후 측정한다. 측정치는 과즙의 온도에 영향을 받으며 측정된 당도값은 Brix 또는 %로 표시한다.

> **상식PLUS⁺ 원예 산물 품질평가 방법**
> ㉠ 경도 : 경도계를 활용하며, Newton(N)으로 표기한다.
> ㉡ 당도 : 굴절당도계를 활용하며, Brix로 표기한다.
> ㉢ 과피색 : 색차계를 활용하며, Hunter 'L', 'a', 'b'로 표기한다.
> ㉣ 산도 : 산도계를 활용하게 되며, %로 표기한다.

진공냉각
Vaccum Cooling

산물 주위의 압력을 낮춰서 촉진된 수분 증발 잠열을 이용하여 예냉하는 방법

냉각속도가 20 ~ 40분 내로 빠르고 냉각이 고르게 된다. 출하 용기에 포장된 상태로 냉각이 가능하다. 단, 시설비와 운전 경비가 높고 수분 증발에 따라 중량 감모가 일어나며 조작에 따라 산물에 기계적 장해가 생긴다. 예냉 전문장치로서 비수기 이용이 어렵다는 단점이 있다.

과수화상병
Fire Blight

세균이 식물 조직 속에서 증식하여 유발하는 병

배, 사과 등 장미과(Rosaceae) 과수에서 발생하는 치명적인 세균성 병이다. 감염되면 잎, 가지, 꽃, 과일 등이 마치 불에 탄 것처럼 검게 마르며, 심할 경우 나무 전체가 고사할 수도 있다. 곤충(꿀벌, 파리 등)이 꽃가루받이를 하면서 세균을 옮기기도 하고, 바람이나 빗물로 병든 식물에서 건강한 식물로 세균이 이동하면서 감염되기도 한다. 또는 오염된 도구로 가지치기를 하거나 이미 병원균에 감염된 묘목을 심을 경우 발병 가능하다. 이를 예방하기 위해서는 감염된 묘목을 반입 금지하고, 내병성이 높은 품종을 선택해야 한다. 농작업 도구 사용 시 도구, 작업자 손 소독이 필수이다. 감염이 의심되는 나무는 즉시 신고 후 제거하고, 감염 부위를 최소 60cm 이상 잘라내고 소각한다. 절단 후, 도구는 락스(10배 희석)나 알코올로 소독해야 한다. 화학적 방제 방법으로는 개화기 전후로 항생제 또는 구리제제를 살포하는데 치료제는 없고 예방 차원의 방제로만 가능하다.

> **상식PLUS⁺ 감염 증상**
> ㉠ 꽃 : 감염된 꽃이 갈색 또는 검은색으로 변하며 시든다.
> ㉡ 잎과 가지 : 새순과 잎이 마르고 검게 변하며, 끝이 구부러지는 모양('셰퍼드 크룩')이 된다.
> ㉢ 줄기와 껍질 : 감염 부위에 궤양(썩은 병변)이 생기고, 진액이 흘러나온다.
> ㉣ 과일 : 갈색으로 변하고 물러지며, 나중에는 검게 변하면서 말라붙는다.

농식품
바우처 사업
農食品 Voucher 事業

취약계층의 영양 보충지원 정책의 일환으로 전자카드 형태의 농식품 바우처를 지원하는 사업

「농업·농촌 및 식품산업 기본법」 제23조의2에 근거하여 취약계층의 식품 접근성을 강화하고 균형 있는 식품 섭취를 지원하는 제도이다. 전자바우처(카드) 방식으로 지원되며 국산 채소류, 과일류, 육류, 신선알류, 흰우유, 잡곡류, 두부류, 임산물 품목을 지원한다. 이외 품목은 바우처로 구매가 불가능하다. 생계급여(기준 중위소득 32% 이하) 수급가구 중 임산부·영유아·아동·청년 포함 가구가 지원대상이다.

양액재배
養液栽培

토양 대신 생육에 필요한 무기양분을 용해시킨 양액으로 재배하는 방법

주년 생산에 의해 소득을 증대시키고 노동력 부족으로 인한 자동화의 필요성을 충족시킨다. 품질과 수량성이 좋고 작물의 연작이 가능하며 장소의 제한이 거의 없지만, 배양액의 완충능력이 없어 양분농도나 pH 변화에 민감하고, 전문적인 지식이 요구되며 작물의 선택이 제한적이라는 단점이 있다.

푸드위크 코리아
Food Week Korea

지역별 농특산물 및 건강식품 등을 한데 모은 전시회

코엑스와 농림축산식품부가 주최, 코엑스와 한국농수산식품유통공사가 주관, 서울특별시가 후원하는 푸드위크는 세미나, 컨퍼런스, 전시, 비즈니스 프로그램 등을 진행하는 식품 페스티벌이다.

마사토
Masasoiru

화강암이 풍화하여 생성된 흙

화강토라고도 불리며 입자가 굵어 물 빠짐이 수월하다. 주로 분갈이나 조경 등에 쓰인다. 국립국어원에서는 굵은 모래로 순화할 것을 권장하고 있다.

상토
床土

퇴비와 황토를 섞은 흙

물 빠짐과 물 지님이 좋고 양분을 골고루 갖춰 모종을 키우는 흙으로 사용된다.

산물 등급

産物 等級

수확한 산물을 선별하는 일정한 기준

유통 능률을 향상시키며 신용도와 상품성의 향상으로 농가의 소득을 증대시키기 위해 필요하다. 등급 규격은 고르기, 색택, 모양, 당도 등의 다양한 품질요소와 크기, 무게에 의해 특·상·보통의 3단계로 구분한다. 크기는 무게, 직경, 길이를 계량 기준으로 하여 특대·대·중·소(특소)의 4 ~ 5단계로 구분한다.

> **상식PLUS** 등급 분류 방법
> 무게와 크기를 기준으로 1차 선별 후 외관에 나타난 모양, 신선도, 결점 유무 등으로 2차 선발하여 등급을 판정한다. 등급을 3단계로 나누고 있으나, 특·상을 제외한 보통은 상품으로서 거래가 가능한 최소한의 품질이다.

아세페이트

Acephate

유기인계 살충제

우리나라에서는 토양 해충약으로 고시되어 있으며 주로 담배나방, 진딧물 방제약으로 사용된다. 비교적 안정성이 높은 편이다.

잿빛곰팡이병

Gray Mold

잎 가장자리부터 갈색으로 변하는 병

어린 잎과 어린 열매에 주로 발생한다. 수관 아랫부분이나 안쪽의 잎처럼 그늘진 곳에 발병한다. 잎의 가장자리부터 서서히 갈색으로 변하는는 것이 특징이다.

온실가루이

Trialeurodes Vaporariorum

외국에서 관엽식물에 묻어 유입된 외래 해충

곤충강, 매미목, 가루이과의 곤충으로 원예작물에 피해를 준다. 성충은 길이가 약 1.5mm로 백색파리 모양으로 납 물질로 뒤덮여 있으며 단위생식을 한다. 통상적으로 잎 뒷면에 산란하는데, 고온을 좋아하고 온실 내에서는 연 10회 정도 산란하여 단기간에 급속히 증식되므로 방제가 까다롭다.

농정 대전환
農政大轉換

기후 위기 · 인구 감소와 같은 위기로부터 식량안보를 지키고 농산업과 농촌을 살피는 등 농정 패러다임의 전환

지난 2025년 11월 농림축산식품부는 기후 위기, 인구 감소 등의 변화와 AI혁신, K-푸드 열풍, 농산업과 농촌에 대한 사회적 관심 등의 여건에 맞춰 농정 '대전환 정책'을 발표하였다. 농정 대전환 정책의 5대 중점 과제는 다음과 같다.

㉠ 국민 먹거리를 지키는 국가전략사업으로 농업 육성

㉡ K-푸드와 연관 산업의 글로벌 확산과 농업 · 농촌의 스마트화 본격 추진

㉢ 국가 책임을 강화하는 방향으로 농정 대전환 및 청년 농업인재 양성

㉣ 국가균형성장과 에너지 전환에 기여할 수 있도록 농촌을 삶터 · 일터 · 쉼터로 자리매김

㉤ 사람과 동물이 더불어 행복한 사회 구축 · 농축산업 지속가능성 상승

상식PLUS 농협, 정부의 농정 대전환 정책 연계 추진

농협중앙회는 정부의 농정 대전환 정책과 연계하여 5대 중점과제 실행 로드맵을 제시하였다. 이번 농협의 계획은 농업을 지속 가능한 소득 산업으로 전환하고, 농협이 본연의 역할을 충실히 이행하여 농업인과 국민의 신뢰를 회복하기 위한 노력의 일환이다. 주요 추진 내용은 다음과 같다.

㉠ 국가 전략산업으로서의 농업 육성
- 적정 쌀값 유지를 위한 수급관리 역할 강화
- 범국민 쌀 소비촉진 운동 실시
- 온라인 도매시장 거래량 확대(농협공판장의 온라인 도매시장 거래액을 2030년까지 2천억 원으로 확대 예정)

㉡ K-푸드+글로벌 진출 확대 및 스마트농업 가속
- 해외수요를 반영한 신상품 개발
- 신규 유통망 개척
- 중소농 중심 보급형 스마트팜 확대(농협 생산자조직을 중심으로 2026년 말까지 보급형 스마트팜 2,000호를 농가에 보급할 예정)

㉢ 국가 책임 강화와 청년 농업 인재 양성
- 농작물 재해보험 품목 확대 및 제도 개선(재해보험의 보험료 할인 · 할증제도를 합리적으로 개선)
- 공공형 계절 근로사업 운영농협 확대(공공형 계절 근로사업 운영농협을 2029년까지 200개소로 확대 예정)
- 청년농부사관학교 인원 · 컨설팅 확대 및 한국농수산대학교와 인재 육성 협력

㉣ 국가 균형성장에 기여하는 농촌 구현
- 태양광 협동조합 모델 개발
- 사랑의 집 고치기 사업 확대
- 농촌형 이동장터 참여 확대

㉤ 사람과 동물이 함께 행복한 사회 조성
- 펫보험 경쟁력 강화 및 비대면 상품 출시
- 프리미엄 사료 · 펫용품 등 토탈 펫산업 육성

161 ■■■■
병해
病害

생물성 병원과 기타 부적절한 환경요인에 의한 비생물성 병원에 의해 유발하는 병

식물(작물)이 병원균에 감염되거나 기후, 토양 등 환경적 요인에 의해 발생하는 피해다. 농작물 생육을 방해하고 수확량과 품질을 저해한다.

상식PLUS 생물성 병원에 의한 식물병

병원	병징
진균(Fungi)	무 · 배추 · 포도 노균병, 수박 덩굴쪼김병, 오이류 덩굴마름병, 감자 · 토마토 · 고추역병, 딸기 · 사과 흰가루병
세균(Bacteria)	무 · 배추 세균성 검은썩음병, 감귤 궤양병, 가지 · 토마토 풋마름병, 과수 근두암종병
바이러스(Virus)	배추 · 무 모자이크병, 사과나무 고접병, 감자 · 고추 · 오이 · 토마토 바이러스병
마이코플라스마(Mycoplasma)	대추나무 · 오동나무 빗자루병, 복숭아 · 밤나무 오갈병
파툴린(Patulin)	사과주스에서 발견되는 곰팡이 독소

162 ■■■■
사과나무고접병

사과나무에 바이러스가 감염되어 발생하는 병해

사과나무를 접붙이기할 때 접수(椄穗)에 바이러스가 감염된 경우 발병한다. 나무가 1 ~ 2년 이내에 쇠약해지면서 갈변현상과 목질천공현상이 나타난다. 병이 진전되면서 잎은 빠르게 낙엽이 되며 가지 생장도 약해지고 괴저현상도 나타난다.

상식PLUS 사과나무 관련 병해

ⓐ **사과나무부란병** : 줄기와 가지에 발생하면서 수피가 부풀고 시큼한 냄새를 풍긴다. 병환부에는 검은 돌기가 생기면서 노란 포자가 나오게 된다. 병원균은 자낭균류에 속한다.
ⓑ **사과나무반점낙엽병** : 잎, 가지, 열매 등에 발병한다. 주로 잎에 나타나는데 자갈색 둥근 병반이 확대되면서 회갈색의 부정형 병반이 된다.
ⓒ **사과나무탄저병** : 과실 표면에 둥근무늬가 생기고 점차 커지게 된다. 병반에서 갈색의 점액 포자가 나온다. 자낭균류에 속하며, 분생포자로 전염된다.
ⓓ **사과나무흰가루병** : 병든 잎이 위축되면서 새로운 가지가 자라지 못하고 단축되면서 표면에 백색 가루가 나타난다. 자낭균류 병원균에 속한다.

163 ■■■■
유엔
세계식량계획
WFP :
World Food Programme

기아 인구가 없는 제로 헝거(Zero Hunger) 달성을 목표로 하는 UN기구

긴급 재난 시 식량을 지원하고 식량 안보를 개선하며 무너진 인프라와 생계 복구 능력 강화를 위해 노력하고 있다. 2030년까지 기아 문제 해결과 식량 안보를 달성하는 것을 목표로 하고 있다.

해충이 직·간접적인 피해를 주는 일

식물의 잎, 줄기, 뿌리 등을 갉아먹거나 즙액을 흡수하는 등 해충이 직접적인 피해를 끼치거나 해충이 먹은 자리로 병원균이 침입하여 간접적인 피해를 주는 일을 말한다.

해충 구분	대표적인 예
밭작물 해충	진딧물, 점박이 응애, 멸강나방, 콩나방 등
일반작물 해충	진딧물, 알톡톡이, 무잎벌레, 땅강아지 등
원예작물 해충	복숭아 흑진딧물, 감자나방, 배추흰나비, 거세미나방, 점박이 응애, 파총채벌레, 오이잎벌레, 뿌리흑선충 등

벼의 생육 기간에 발병하는 병

발병 시기와 부위에 따라 모도열병, 잎도열병, 마디도열병, 이삭목도열병, 가지도열병, 볍씨도열병 등으로 구분할 수 있다. 병원균은 피해 볏집이나 병조직 속에서 겨울나기를 하며 다음해에 새로운 포자를 만들어 공기로 전염시킨다. 전염되면 암녹색의 작은 반점이 확대되어 내부는 회백색, 둘레는 적갈색의 반점이 생긴다.

농생명 산업을 선도하는 종자관리 전문기관

신품종 육종가의 권리 보호와 종자생명산업 발전을 위해 설립되었다. 식량작물의 안정적 생산과 품종보호, 종자강국 도약을 위한 정책을 발굴·지원하는 전문기관이다. 1974년 당시 농림축산식품부 산하 국립종자공급소로 출발하여 2006년에 책임운영기관으로 지정되고 2007년 국립종자원으로 기관 명칭이 변경되었다.

종자업자 또는 육묘업자나 종자 또는 묘를 매매하는 자의 종자산업법규 준수여부 확인으로 불법 종자 및 묘의 유통을 근절하여 농가피해를 예방하고 유통질서를 확립을 위한 조사

「종자산업법」에 의거하여 종자업자 또는 육묘업자나 종자 또는 묘를 매매하는 자의 종자산업법규 준수여부 확인으로 불법 종자 및 묘의 유통을 근절하여 농가피해를 예방하고 유통질서를 확립하여 농업인의 소득증대 및 종자산업 발전에 이바지하기 위해 하는 것이다. 종자업 등록업체, 종자 판매 및 취급업체, 종자·묘 생산업체, 종자·묘 판매상 및 취급업체가 조사대상에 해당한다. 주요 조사항목으로는 종자업 또는 육묘업 등록여부, 품종의 생산·수입판매신고 여부, 보증을 받지 아니하고 종자를 판매하거나 보급 여부, 수입 적응성 시험 여부, 유통 종자의 품질표시 여부이다.

**대한민국
우수품종상 대회**
大韓民國 優秀品種賞 大會

국내 우수품종을 선발 · 시상하는 대회

육종가의 신품종 육성 의욕 고취 및 수출 활성화에 기여하고자 국립종자원이 주도하는 사업이다. 최근 15년간 국내에서 육성된 모든 작물 품종으로 품종보호등록 또는 국가품종목록에 등재된 품종이 출품할 수 있다. 지난 대한민국 우수 품종상 대회에서 수상한 품종은 출품대상에서 제외되지만 장관상 수상품종은 수상일로부터 3년 이내의 품종은 출품할 수 있다.

상식PLUS 제21회 2025년 대한민국 우수 품종상

순서	훈격별	작물명
1	대통령상	수박
2	국무총리상	고추
3	국무총리상	딸기
4	장관상	벼
5	장관상	복숭아
6	장관상	콩
7	장관상	토마토
8	장관상	수박

정부보급종

정부가 생산 · 공급하고 있는 종자로 벼, 콩, 팥, 보리, 밀, 호밀 작물

「종자산업법」 제22조에 따라 종자검사 규격에 합격한 정부에서 보증하는 종자로 자가채종 종자보다 품종 고유특성이 잘 나타나고 생산성이 높은 것을 의미한다. 정부에서 생산 · 공급하는 종자는 엄격한 검사규격에 합격한 종자이므로 순도가 높고 품종 고유특성이 보존된다. 발아율이 높으면서 초기 생육이 왕성하고, 정부에서 철저히 정선 처리한 종자이므로 병해충 발생이 적다. 또한 자가채종 종자보다 증수 효과가 높은 우수한 종자이다.

귀농 닥터 서비스
歸農 Doctor Service

2018 | 농협은행

귀농 희망자와 귀농 닥터(전문가)를 연결해주는 서비스

귀농·귀촌종합센터에서 진행하는 프로그램으로, 귀농·귀촌 희망자 및 농촌 거주 6년 미만(전입일 기준)인 자를 대상으로 지역 전문가와 연계하여 1:1 멘토링을 받을 수 있다. 귀농 닥터는 신지식 농업인, WPL 현장지도교수, 6차산업 인증기관·현장코칭전문위원 또는 귀농한 자(10년차 이내) 중 지자체 추천을 받은 자 등으로 구성된다. 귀농 닥터들은 귀농과 귀촌 희망자들의 안정적인 농촌 정착을 위해 애로 사항을 해결하는 멘토가 된다.

> ☑ 시험에서는 이렇게 물어본다!
> 귀농 시 농협에서 지원해줄 수 있는 것을 무엇이 있는지 말해보시오.

국가품종목록

품질이 일정 기준에 도달한 우량종자를 관리하여 재배농가를 보호하기 위한 제도

주요 농작물의 종자를 국가품종목록에 등재하여 우량품종이 농가에 보급될 수 있도록 하기 위한 제도이다. 수확량, 내병성, 내충성 등 일정 품종 성능기준에 도달한 품종만을 국가품종목록에 등재하고 있다. 등재 대상 작물은 벼, 보리, 콩, 옥수수, 감자 등의 주요 농작물이 해당한다. 단, 사료용은 제외된다. 품종 성능을 관리절차는 농림축산식품부 장관은 심사기준 이상의 품종 성능을 갖추고 있는 품종을 국가품종목록에 등재하고, 국가는 품종 성능이 관리되고 있는지를 관련 기록과 종자시료를 제출토록 하여 품종 성능과 특성 유지 상태를 확인하는 것이다.

농산물 공공 수급제
農産物 公共 需給制

정부가 수확기에 주요 농산물의 적정량을 매입하자는 농산물 가격안정 방안

주요 농산물 쌀 밀, 콩, 배추, 무, 마늘, 양파, 고추, 대파, 당근, 등 10개 작물을 대상으로 생산량 일부를 계약재배하고 일정한 물량을 공공급식 등으로 활용하자는 농산물 가격안정 방안이다.

연백재배
軟白栽培

인위적으로 생육환경을 조절하여 줄기나 잎을 희게 만드는 재배법

필요한 부분에 광선을 차단하거나 수분을 충분히 공급하여 생산물을 하얗게 만드는 재배법이다. 주로 채소작물에 이용되며 특히 파와 샐러리, 아스파라거스 등에 이용한다.

저온장해
Low Temperature Injury

저온에 노출되었을 때 조직이 물러지는 증상

저온에 민감한 과실이 0℃ 이상의 온도에서 한계온도 이하의 저온에 노출되었을 때 표피색상이 변하거나 과실의 조직이 물러지는 증상을 말한다.

품종보호제도

식물 신품종 육성자의 권리를 법적으로 보장하여 주는 지적재산권의 한 형태로 특허권, 저작권, 상표등록권과 유사하게 육성자에게 배타적인 상업적 독점권을 부여하는 제도

식물 신품종보호제도의 의의는 식물 신품종 육성자의 권리를 보호하여 우수품종 육성 및 우량 종자의 보급을 촉진하고 농업 생산성의 증대와 농민소득을 증대하기 위함이다. 오랜 시간, 기술 및 노동력이 소요되며 많은 비용이 투입되는 신품종 개발이 일반 대중에게 공개되었을 때 다른 사람에 의해 쉽게 복제 · 재생산된다면 신품종을 개발한 육성자의 투자에 대한 적절한 보상의 기회가 박탈된다. 따라서 품종보호제도는 육성자로 하여금 타인이 육성자의 허락 없이는 신품종의 상업화를 할 수 없도록 규제하는 것이다.

상식PLUS⁺ 도입 배경

1980년대 중반 이후 지적재산권 보호가 미국, EU, 일본 등 주요 선진국의 통상현안으로 등장하였고, 1994년 UR타결에 따라 세계 무역기구의 무역 관련 지적재산권 협정(WTO/TRIPs)이 다자간 협정으로 제정되어 1995년 1월 1일부터 발효되었다. TRIPs(Trade Related Intellectual Properties) 협정은 식물품종을 특허법 또는 개별법 등으로 보호하도록 하여 품종보호제도는 WTO 가입국가의 의무사항이다. 품종보호제도는 1995년 종자산업법 제정과 함께 도입되어, 1997년 12월 31일 종자산업법이 발효되면서 시행되었다.

세계 식량의 날
World Food Day

전 세계 식량문제에 관심을 고취하고자 FAO가 제정한 기념일

1979년부터 FAO가 매년 10월 16일을 세계 식량의 날로 제정하여 시행하고 있다. 전 세계 기아와 영양실조, 빈곤에 더욱 관심을 가질 수 있도록 포스터 경연대회, 도시락 기부 캠페인 등의 행사를 개최한다. 우리나라는 세계 식량의 날에 대한 국민적인 관심을 집중시키기 위하여 1981년에 이삭과 FAO 로고가 새겨진 기념우표를 발행하기도 하였다.

상식PLUS⁺ IPC 척도와 GHI

㉠ IPC(Integrated Food Security Phase Classification) 척도 : 식량 부족 문제 정도를 진단하기 위한 기준이다. 5단계로 이루어져 있으며 하위 3단계는 식량부족으로 인해 위험하다는 것을 의미한다.

㉡ 세계 기아지수(GHI : Global Hunger Index) : 독일 세계기아원조(Welthungerhilfe)와 미국 세계식량연구소(IFPRI)가 협력하여 2006년부터 전 세계 기아 현황을 파악 · 발표하였다. 낮음(Low), 보통(Moderate), 심각(Serious), 위험(Alarming), 극히 위험(Extremely Alarming) 총 다섯 단계로 나눌 수 있다. 전 세계에서 2030년까지 제로 헝거 즉, 기아로 고통 받는 사람이 단 한 명도 없도록 하는 것을 목표로 하고 있다.

잔류 농약
殘留 農藥

살포된 농약이 분해되지 않고 남아있는 경우

농약은 작물의 포면형태, 크기, 무게에 따라 잔류량이 달라진다. 식품 중 함유되어 있는 농약의 잔류량이 사람이 일생 동안 그 식품을 섭취해도 해가 없는 수준을 법으로 규정한 양을 잔류허용기준(MRL : Maximum Residue Limits) 이라고 하며, 잔류허용기준을 설정하여 기준 내에서 사용할 수 있도록 하는 제도가 농약 허용물질 목록 관리제도이다.

> **상식PLUS**[+] 최대 무작용량(NOEL : No Observed Effect Level)
> 일정량의 농약을 실험동물에 장기간 지속적으로 섭취시킬 경우 어떤 피해증상도 일어나지 않는 최대의 섭취량을 말하며 평가 기준이 된다.

페로몬 트랩
Pheromone Trap

페로몬을 사용하여 해충을 방제하는 방법

일반적으로 곤충의 암컷은 페로몬이라는 유인물질을 분비함으로써 수컷을 유인하는데, 이를 유인제로 이용하여 대량의 해충을 모아 죽이거나, 암수 곤충의 교미를 방해하여 해충을 방제하는 데 이용한다.

신선편이
Fresh Cut

2015 | 농협은행

구입 후 바로 먹거나 간편하게 조리할 수 있도록 수확 후 절단, 세척, 포장 처리과정을 거친 농산물

소매용으로 판매되는 샐러드용 혼합채소, 세절된 양파, 당근 등의 단일 품목과 볶음밥용 등의 혼합 채소류 등이 등장하면서 신선편이의 수요는 더욱 증가하였다. 저장 공간과 낭비요소를 절감할 수 있고 포장이 용이하다는 장점이 있다. 또한 균질의 산물을 얻을 수 있고 건강식품의 섭취도 가능하나 산물의 품질이 쉽게 변하므로 저온유통이 필요하며 절단이나 물리적 상처 등으로 유통기간이 짧다.

> **상식PLUS**[+] 신선편이 농산물 이취발생 원인 물질
> ㉠ 아세트알데히드(Acetaldehyde)
> ㉡ 알코올(Alcohol)
> ㉢ 에틸에스테르(Ethyl Ester)
> ㉣ 에틸아세테이트(Ethyl Acetate)

> ☑ 시험에서는 이렇게 물어본다!
> 신선편이의 장점은?

접붙이기
Grafting

번식시키려는 식물체의 눈이나 가지를 잘라 뿌리가 있는 다른 나무에 붙여 키우는 일

접을 하는 가지나 눈 등을 접수(椄穗), 접지(椄枝), 접순이라 하며 그 바탕이 되는 나무를 대목(臺木)이라 한다. 장소, 위치, 방법에 따라 종류를 나눌 수 있다.

구분	내용
접목 장소	• 제자리접 : 대목을 양성한 그 자리에 둔 채 접목한다. • 들접 : 대목을 굴취하여 접목 후 다시 정식하는 것이다.
접목 위치	• 고접 : 대목의 줄기나 가지의 높은 곳에 접목한다. • 저접 : 지면과 가까운 낮은 곳에 접목한다.
접목 방법	• 지접(가지접) : 가지를 잘라 대목에 접목하는 방법이다. • 아접(눈접) : 눈을 따 내어 대목에 접목하는 방법이다. • 호접 : 접가지를 자르지 않고 뿌리가 달린 채 접목을 하는 방법이다.

장명종자
長命種子

실온에서의 종자 수명이 4 ～ 6년인 종자

종자 수명이 4 ～ 6년 혹은 그 이상 저장해도 발아할 수 있는 것을 말한다. 팥, 녹두, 오이, 가지, 배추 등이 있다.

관개
灌漑

작물에 알맞은 환경을 만들기 위해 물을 인공적으로 공급해주는 일

작물의 생육에 필요한 수분을 공급하고 흙속 유해물질을 제거해준다. 지온을 조절하고 안정된 다수확을 올릴 수 있다. 관개방법과 물의 이용방식에 따라 분류할 수 있다.

분류	내용
관개방법	지표관개, 살수관개, 지하관개, 저면관개, 점적관개
물 이용방식	연속관개, 간단관개, 윤번관개, 순환관개

일소 현상
日燒現象

햇빛 영향으로 식물의 잎, 줄기 등의 조직에 이상이 생기는 현상

강한 햇빛에 노출될 경우 잎이 타들어가게 되는데 정도가 심하면 피해 부위에 이차 전염으로 부패가 발생할 수 있다.

생물적 방제
生物的 防除

곤충이나 미생물을 이용하여 잡초의 세력을 경감시키는 방제법

잔류물질이 남지 않아 친환경 유기농법으로 많이 이용되고 있다.

구분	내용
곤충	선인장(좀벌레), 돌소리쟁이(좀남색잎벌레)
식물병원균	녹병균, 곰팡이, 세균, 선충
어패류	붕어, 초어, 잉어
동물	오리, 돼지
상호대립 억제 작용성 식물	호밀, 귀리

화학적 방제
物理的 防除

화학물질을 살포하는 방제법

살균제, 살충제 등의 농약과 같은 화학물질을 살포하여 병충해를 방제하는 방법이다. 최근에는 저독성, 선택성 약제 등 다양한 약제가 개발되고 있다.

물리적 방제
物理的 防除

가장 전통적인 방제법

낙엽의 소각, 상토의 소토, 토양의 담수, 유충의 포살 등에 의한 방제법이다.

경종적 방제
耕種的 防除

잡초의 경합력은 낮추고 작물의 경합력은 높이는 재배관리법

잡초와 작물의 생리·생태적 특성 차이에 근거를 두고 재배관리를 해주는 방법이다. 경종적 방제법의 종류는 다음과 같다.

구분	내용
경합특성 이용법	• 작부체계(윤작, 담전윤환재배, 이모작) • 육묘이식(이앙) 재배 • 춘경·추경 및 경운·정지 • 재파종 및 대파
환경제어법	• 시비관리 및 유기물 공급 • 제한 경운법 • 토양교정

188 ■■■
포전매매
圃田賣買

농산물이 성숙하기 이전에 일괄 매도하는 거래 유형

밭떼기 거래라고도 하며, 밭에 식재된 상태에서 일괄 매도하여 상품판매할 때 발생하는 위험을 줄이고 일시에 판매대금을 회수할 수 있다.

> **상식PLUS** 정전판매(庭前販賣)
> 생산자가 집 앞에서 창고단위, 상자단위로 산지수집상이나 소매상, 행상 등에게 판매하는 방법이다.

> ☑ 시험에서는 이렇게 물어본다!
> 포전매매가 발생하는 이유는?

189 ■■■
농촌 인력 중개센터
農村人力仲介Center

일손이 부족한 농가에 인력을 조달하기 위한 사업

농촌 인구 감소, 지역소멸 등에 따른 농촌의 일손 부족 문제를 해소하기 위하여 도시민과 농가 간 농산업 일자리를 연계하는 사업이다. 농협, 지자체, 정부 등이 운영하고 있다.

190 ■■■
공동경작
共同耕作

협력하여 경작하는 일

둘 이상의 농가나 마을이 수확과 이익을 늘리기 위해 공동으로 경작하고 농사를 짓는 일을 말한다.

191 ■■■
흙의 날

흙의 소중함과 필요성을 알리기 위해 제정된 기념일

흙의 소중함을 국민에게 알리기 위해 2015년에 처음 제정되어 매년 3월 11일마다 맞이하고 있다. 3은 농사의 시작을 알리는 달(月)로, 하늘(天)＋땅(地)＋사람(人)의 3원과 농업·농촌·농민의 3농을 의미한다. 11은 흙을 의미하는 土를 풀면 십(十)과 일(一)이다.

192 ■■■
농업인 행복 콜센터
農業人 幸福 Call Center

고령 농업인의 생활 불편을 해소하기 위한 맞춤형 복지 서비스

농협에서 실시하는 복지서비스로, 도움이 필요한 독거노인 등 돌봄대상자에게 주기적인 상담전화와 긴급지원이 필요한 대상자에게 생필품 등을 지원하는 맞춤형 노인복지이다.

**양봉농가
등록제 의무화**
養蜂農家 登錄制 義務化

양봉산업 기반 조성과 육성을 위한 제도

양봉을 보호·관리 및 지원하기 위한 제도로 2020년부터 의무화가 시행되고 있다. 등록 기준은 토종꿀벌 10군 이상, 서양종 꿀벌 30군 이상 사육 규모이며 등록을 하지 않고 판매할 경우 과태료가 부과된다. 그러나 등록 과정에서 오히려 농가에게 부담을 안겨 준다는 의견이 적지 않아, 한국양봉협회에서는 개선을 촉구하고 있다.

**축산물품질
평가원**
畜産物品質評價院

축산물 품질·유통 전문기관

1989년에 설립된 농림축산식품부 산하기관으로, 국내산 축산물에 대한 등급판정, 축산물 유통정보 사업, 축산물 이력제 등을 주관하고 있다.

필지
筆地

경계를 가지는 토지 등록 단위

대통령령으로 정하는 바에 따라 구획되는 토지 등록 단위이다. 소유권의 범위 한계를 정하는 기준이 된다.

가루응애
Grain Mite

장마철에 발생하는 유백색의 응애

새하얀 가루처럼 생긴 해충으로, 건조가 불충분한 곡물에 기생하며 번식력이 좋아 한 번에 박멸하기 어렵다.

육묘
育苗

작물을 번식시키는 데 이용되는 뿌리 식물을 기르는 일

묘목이나 번식용으로 이용되는 비교적 어린 모를 기르는 것을 일컫는다.

축산물 등급제도
畜産物 等級制度

축산물의 품질을 기준에 따라 구분하고 차별화하는 제도

식생활에 이용되는 축산물의 품질을 정부가 정한 규격에 따라 품질을 차별화함으로써 소비자에게 구매지표를 제공하고 생산자에게는 좋은 품질의 축산물을 생산하게 하여 유통을 원활하게 하려는 제도이다. 축산물의 품질 향상과 유통의 원활 및 가축개량 촉진을 위하여 축산물의 품질에 따라서 거래하는 것으로 지역, 축산물의 종류, 형태 및 시행시기 등을 농림축산식품부 장관이 정하여 고시한다.

성숙 과정
成熟 課程

양적인 생장이 멈추고 질적인 변화가 일어나는 과정

성숙도는 생리적 성숙과 원예적(상업적) 성숙으로 구분할 수 있다. 생리적 성숙은 식물체 내에서 내사 작용의 진행 상태를 기준으로 한다. 호흡, 에틸렌 생성, 세포벽 분해효소의 활성 등에 의해 결정된다. 원예적(상업적) 성숙은 수확하기에 가장 적합한 상태를 말한다.

> **상식PLUS⁺ 성숙도 판정 기준**
> ㉠ **색깔** : 성숙될수록 엽록소가 파괴되고 새로운 색소가 형성되며 작물 고유의 색깔이 나타난다.
> ㉡ **경도** : 성숙될수록 불용성 펙틴이 가용성으로 분해되어 조직의 경도가 감소한다.
> ㉢ **당 · 산** : 성숙될수록 전분은 당으로 분해되고 유기산이 감소하며 당과 산의 균형이 이루어진다. 수산화나트륨(NaOH)은 과일과 채소의 유기산 함량을 나타내는 적정산도를 측정할 때 사용된다.

$$\text{적정산도(TA)} = \frac{\text{사용된 NaOH의 양} \times \text{NaOH의 노르말농도} \times \text{산밀리당량}}{\text{측정할 과즙의 양}} \times 100$$

씨뿌림시기
Seeding Time

작물 종자를 심는 시기

봄에 심는 춘파와 가을에 심는 추파가 일반적이나, 최근에는 주년재배가 성행하여 연중 행해지고 있다.

숙성
熟成

과실이 익어가는 과정

생리대사 변화와 함께 조직감과 풍미가 발달하는 등 과실이 익어가는 과정을 말한다. 성숙과정 및 숙성에서 발생하는 대사산물의 변화는 다음과 같다.

과실	세포 수준	품질 변화
사과, 키위, 바나나	전분이 당으로 가수 분해	단맛의 증가
사과, 키위, 살구	유기산의 변화	신맛 감소
사과, 토마토, 단감	엽록소 분해 · 색소 합성	색의 변화
사과, 배, 감, 토마토	세포벽 붕괴	과육의 변화
감	타닌의 중합반응	떫은맛의 소실
사과, 유자	휘발성 에스테르의 합성	풍미 발생
포도	표면 왁스 물질의 합성 및 분비	과피의 외관 및 상품성

> **상식PLUS⁺ 노화(老化)**
> 식물기관 발육의 마지막 단계에서 발생하는 비가역적 변화로써 노화를 거치는 동안 연화 및 증산에 의하여 상품성을 잃게 되고, 병균의 침입으로 인해 쉽게 부패한다.

토양환경 정보시스템 (흙토람)

土壤環境情報System

농촌진흥청에서 운영하는 우리나라 토양환경 정보 포털 서비스

토양, 농업환경 정보 데이터베이스와 수십 년 동안의 조사·연구 경험을 포함한 우리나라의 토양환경 정보포털서비스이다. 토양 특성에 맞는 작물을 재배할 수 있도록 토양정보를 제공하고, 알맞은 비료량을 추천하고 있다. 토양환경 정보시스템은 작물별 토양적성도, 농경지화학성, 토양 특성, 정밀농업기후도, 생물상분포, 농업환경변동정보 등을 인터넷을 통하여 제공함으로써 영농인, 정책담당자, 연구자, 일반 국민 등이 쉽게 활용할 수 있도록 보급하고, 농업환경의 보전, 농산물 안전 생산의 전국적인 기반을 구축함을 목적으로 하고 있다.

> **상식PLUS⁺ 흙토람**
>
> 토양환경 정보시스템의 브랜드명으로 '토양의 정보를 열람한다.'라는 의미를 담고 있다.

농촌다움 자원

농촌지역에 존재하는 유·무형 자원

농촌어메니티라고도 하며 농촌지역의 정체성을 반영하고 사회구성원들에게 사회적·경제적 가치를 제공하는 자원이다. 농촌지역에 존재하는 생물종의 다양성, 생태계, 고건축물, 농촌경관, 문화, 전통 등 고유의 가치와 정체성을 보여주는 유·무형 자원을 총칭한다.

구분	내용
자연적 자원	수자원, 지형자원, 식물자원, 동물자원
사회적 자원	시설자원, 공동체활동자원, 특산자원
문화적 자원	전통자원, 경관자원

> **상식PLUS⁺ 농촌다움 경관**
>
> ㉠ **농촌생산경관** : 농업이 유지되면서 형성되는 경관으로, 오랜 시간을 거쳐 형성된 농촌 고유의 경관이다. 경관 작물의 재배지역, 전통적 농업방식을 보여주는 경관, 지역의 특성을 보여주는 경관이 해당한다. 최근 농업의 양적인 축소로 농업생산경관이 크게 줄자 이를 막기 위한 다양한 제도가 시도되고 있다.
>
> ㉡ **농촌자연경관** : 농촌 주변의 하천, 산림 등 자연적인 요소가 주요 대상이 되는 경관을 말한다. 하천·해안경관은 저수지, 하천, 해안, 어촌경관 등 다양한 유형이 있으며 산림경관은 농촌주변의 산림지역의 다양한 경관자원, 오래된 수목이나 정자목, 폭포 등 다양한 유형이 있다.
>
> ㉢ **주거지경관** : 주택, 담장, 공동시설 등의 요소를 모두 포함한 경관을 말한다. 전통적인 담장, 마을진입 가로경관, 지역특성을 보여주는 건축형태 등이 해당한다.
>
> ㉣ **역사문화경관** : 농촌마을에 위치하는 역사·문화경관 자원을 포함하는 경관을 말한다. 전통적인 농촌마을의 경우 다양한 역사문화 경관자원을 포함하므로 농촌경관을 형성하는 중요한 자원이다. 전통 건물, 문화재 등의 물적 요소와 축제, 놀이, 이벤트 등 일시적 또는 비물적 요소를 모두 포함한다.

농식품 모태펀드

농식품 산업에 투자 촉진과 성장을 위해 정부재정으로 조성하는 모태펀드

투자 유치를 희망하는 농식품 경영체를 위해 민·관 합작투자 형태의 새로운 정책금융을 확대하여 농식품 산업에 대한 투자를 촉진하고, 농식품 경영체의 건전한 성장기반 조성하는 것이다. 사업의 절차는 정부재정으로 농식품 모태펀드를 조성하고 민간 매칭 펀드와 결성하여 농식품 경영체에 투자한다. 사후관리를 하면서 투자금을 회수하며 재투자를 하는 방식으로 진행된다.

205 ■■■

조파
條播

작조(作條) 후 종자를 줄지어 뿌리는 일

발아력이 강하고 생장이 빠른 편이다. 종자를 일정한 가격의 줄로 뿌리는 방법으로 수분과 양분의 공급이 수월하다.

206 ■■■

주민참여형
태양광사업
住民參與形 太陽光事業

재생에너지 사업에 주민이 일정 부분 투자하여 발전 수익을 공유하는 사업

태양광 발전이나 풍력발전 등 신재생 에너지 사업에 대해 주민이 직접 참여하여 사업 수행 중 발생하는 민원을 줄이고 주민수용성을 높일 수 있다.

207 ■■■

해거리
Biennial Off Year

한 해 결실이 많으면 다음해에는 결실이 적은 현상

과실의 결실이 많았던 해 다음해에는 결실이 아주 적은 현상이 반복되는 것을 일컫는다.

208 ■■■

토양 삼상
土壤三相

작물의 생육을 지배하는 토양의 중요한 성질

고상(固相), 액상(液相), 기상(氣相)으로 나누어지는데, 작물 생육에 알맞은 삼상 분포는 고상 50%, 액상 25%, 기상 25%이다.

209 ■■■

수확체감의
법칙
Diminishing Returns
of Scale

농지에서 작업하는 노동자의 수가 증가할수록 1인 수확량은 감소한다는 법칙

생산량을 점점 늘리는 과정에서 기술 수준이 일정할 때, 두 가지 대표적 투입요소인 자본과 노동 중에 한 요소는 일정하게 두고, 다른 요소의 투입을 증가시킨다면 그 요소의 투입을 한 단위 늘림으로써 증가되는 생산물의 양은 점점 감소한다는 법칙이다.

210 ■■■
멀칭
Mulching

작물 재배 시 경토의 표면을 비닐이나 건초, 짚 등으로 피복하는 작업

토양 침식 방지, 토양수분 유지, 지온 조절, 잡초 억제, 토양 전염성 병균 방지, 토양오염 방지 등의 목적으로 실시한다.

> **상식PLUS⁺ 멀칭 분류**
> ㉠ 토양멀칭(土壤Mulching) : 토양 표층을 곱게 중경하여 토양 모세관을 단절해서 수분 증발을 억제할 목적으로 실시한다.
> ㉡ 폴리멀칭(Poly Mulching) : 과거에는 볏짚, 보릿짚, 목초 등을 사용했으나 오늘날에는 폴리에틸렌이나 폴리염화 비닐필름을 이용한다.

211 ■■■
춘화
春化

저온에 감응하여 꽃눈이 분화하고 개화하는 현상

춘화는 종자춘화형과 녹식물춘화형으로 구분할 수 있는데 종자시기에 저온에 감응하는 작물로 무, 배추, 추파맥류 등이 있고, 일정한 생장 후 저온에 감응하는 작물로 파, 양파, 우엉, 당근, 양배추 등이 있다.

> **상식PLUS⁺ 춘화처리(Vernalization)**
> 식물의 빠른 개화를 유도하기 위해 생육 기간 중 일정 시기에 저온처리를 하는 과정이다.

212 ■■■
솎음전정
Hinning Out

불필요한 가지를 절단하여 제거하는 일

솎음전정을 실행하면 새로운 성장은 없다. 밀집한 곳에서 공기와 빛을 제공하는 데에 유용한 방식이며 나무가 지나치게 커지는 것을 막을 때도 유용하다.

213 ■■■
순지르기
Pinching

새로운 가지 끝이 목질화 되기 전에 자르는 일

다른 말로 적심이라고도 한다. 가지가 딱딱해지기 전의 부드러운 새 가지를 자르는 것으로 새 가지의 생장을 일시적으로 억제하여 착과율을 높이고자 할 때 행한다. 잘못된 방향으로 성장할 경우 실시하기도 하며 꽃이 피지 않게 하거나 열매를 솎아 낼 때도 유용하게 사용한다. 일찍 순을 자르면 아래부위 열매가 열과할 수 있으므로 수세를 보아 결정한다. 마지막으로 수확할 화방의 위에 있는 잎 두 개를 남기고 잘라준다.

환상박피
Girdling

생산성 증가를 위해 환상(Ring)으로 나무껍질을 제거하는 일

수목과 같은 다년생 식물의 형성층 부위 바깥 부분의 껍질을 벗겨내어, 체관부를 제거함에 따라 식물의 탄소동화 산물이 아래쪽으로 이동하지 못하도록 하여 껍질을 벗겨낸 부분의 윗 쪽이 두툼하게 되는 현상이다. 도관부는 손상을 주지 않아 식물체의 생육에는 여전히 큰 문제가 없는 상태를 의미한다.

깨끗하고 아름다운 농촌 마을 가꾸기 (농촌 마을 가꾸기)

2020 | 지역농협

농협이 주관하는 농촌 환경 및 농촌경관 조성사업

깨끗하고 아름다운 농촌마을 가꾸기(농촌 마을 가꾸기)는 농업과 농촌의 공익적 가치 확산을 위해 2018년부터 2021년까지 개최된 경진대회이다. 행정안전부 장관상·농협중앙회장상과 상금을 시상하며 2021년에 개최된 제4회 경진대회에서는 전국에서 29개의 마을이 선정되었다.

> ☑ 시험에서는 이렇게 물어본다!
> 농협에서 주관하는 농촌 마을 가꾸기 사업의 필요성과 중요성, 그리고 이를 통해 해결할 수 있는 농촌 지역의 문제점에 대해 서술하시오.

플라스틱 온실
Plastic House

외부 피복재가 PE, EVA, PVC 등의 플라스틱 소재로 되어있는 온실

설치비용이 저렴하고 쉽게 시공할 수 있지만 유리온실에 비해 광투과성, 보온성, 환경제어, 안전성 등이 떨어진다.

고형배지경
固形培地耕

고형배지에 양액을 지속적으로 공급하는 방식

배지가 모래, 자갈, 암면, 펄라이트와 같은 고형으로, 여기에 양액을 공급하여 재배하는 방식이다. 사경재배, 훈탄재배, 역경재배, 암면재배 등이 해당한다.

관광농업
Resort Farming

관광을 목적으로 지역 특산물이나 자연을 상품화 하는 도시화시대 농업

제주도의 감귤농업처럼 관광지역에서 관광객을 대상으로 시행하는 농업과 관광이 결합된 형태의 농업이다.

219 ■■■

어반 스프롤
Urban Sprawl

도시의 급격한 팽창에 따라 교외와 농촌이 무질서·무계획적으로 도시화되는 현상

교외·농촌의 도시계획과는 무관하게 땅값이 싼 지역을 찾아 교외로 주택이 침식해 들어가는 현상으로 토지이용 면에서나 도시시설정비면에서 극히 비경제적이다.

220 ■■■

U턴 현상
U Turn 現象

대도시에 취직한 지방 출신자가 고향으로 되돌아가는 노동력 이동

대도시의 과밀·공해로 인한 공장의 지방 진출로 고향에서의 고용기회가 확대되고 임금이 높아지면서 노동력의 이동현상이 나타나고 있다.

221 ■■■

애그리비즈니스
Agribusiness

농업과 관련된 산업

각종 기계 및 시설물, 비료 사료 등을 생산하는 산업과 유통, 거래, 판매 등의 산업을 총칭한다. 넓은 의미로 농업 자체도 포함된다.

222 ■■■

유엔세계식량농업기구
FAO :
Food and Agriculture
Organization of the UN

1945년에 출범한 국제연합식량농업기구

세계 식량 및 기아 문제 개선을 목적으로 설립된 국제연합 전문기구로, 1943년 5월 미국 프랭클린 루즈벨트 대통령의 제창에 의해 개최된 연합국 식량농업회의가 모체가 되었다. 1945년 10월 캐나다에서 개최된 제1회 식량농업회의에서 채택된 FAO 헌장에 의거해 설립되었다. 우리나라는 1949년 11월에 가입하였다.

223 ■■■

밀라노 도시 먹거리 정책협약
MUFPP :
Milan Urban Food
Policy Pact

163개 도시가 가입한 세계협약기구

먹거리 체계를 생산부터 소비까지 공정하고 지속가능한 방식으로 만들자는 원칙으로 매년 우수도시를 선정하여 밀라노 협약상을 시상한다. 2018 밀라도 도시먹거리 정책협약 먹거리 정책 우수도시 시상식에서 아시아 최초로 전남 완주군이 거버넌스 부문 특별상을 수상하였다.

224 ■■■

오도이촌
五道二村

일주일 중 5일은 도시에서, 2일은 시골에서 휴식을 취하는 삶

주중 5일은 도시에서 일상적인 직장 생활을 하고 주말에는 시골에서 여유로운 시간과 자연을 즐기며 보내는 형태로, 삶의 질을 높이기 위해 오도이촌 생활을 선호한다.

비엥브니 아 라 페름므(바프협회)
Bienvenue a la Ferme

프랑스의 농촌관광 브랜드

'농장에 오신 것을 환영합니다.'라는 뜻으로 농업과 관광을 결합하여 농촌지역 활성화를 목적으로 1992년에 창설한 프랑스의 농촌관광 브랜드이다. 해당 브랜드는 농민만 가입하여 운영할 수 있다. 캠핑, 체험, 승마 등 각 활동별 세부상품으로 구성되어 있으며 약 6,000개의 농가가 회원으로 가입하여 다양한 서비스를 제공하고 있다.

> **상식PLUS⁺** 프랑스의 농촌관광 관련 기관
> ㉠ **농업회의소** : 1924년 관련법 제정 이후 94개의 기초조직과 21개의 광역조직, 농업회의상설의회를 구성하고 있는 농정자문기구이다.
> ㉡ **지트협회** : 프랑스의 농촌관광체험형 숙박 네트워크로, 현재 농촌관광 서비스 유형별로 품질관리 규약을 제정하여 운영하고 있으며 약 55,000여 곳이 등록되어 있다.

CA저장
Controlled Atmosphere Storage

저장고 내의 공기조성을 인위적으로 조절하여 산물의 신선도를 유지하는 저장법

저장된 산물의 호흡을 최소한으로 억제하고 신선도를 유지시킬 수 있다. 미생물의 번식을 억제하고 저장기간을 증대시킬 수 있으나 시설비와 유지비 부담이 크고 공기조절이 제대로 이루어지지 않을 경우 장해를 일으킨다.

푸드 마일리지
Food Mileage

먹거리가 생산자 손을 떠나 소비자 식탁에 오르기까지의 이동거리

농축수산물 등이 최종 소비자에게 도달할 때까지의 거리로, 1994년 영국의 환경운동가 팀 랭이 처음 사용한 용어이다. 푸드 마일리지의 값이 클수록 더욱 먼 지역의 생산품을 소비하고 있다는 것을 의미한다. 먼 지역의 생산품이 신선하고 안전하게 운송되려면 화학물질을 비롯한 냉장 등의 추가 설비가 투입되는데 이는 환경오염을 심화하여 푸드 마일리지 절감을 위한 노력이 필요하다.

> 푸드 마일리지 = 생산품 운송량(t) × 이동거리(km)

녹색혁명
Green Revolution

20세기 후반 개발도상국의 식량증산을 이루어낸 농업정책

품종개량, 화학비료, 수자원 공급시설 개발 등의 새로운 기술을 적용하여 농업생산량일 일궈낸 과정 및 결과를 의미한다. 멕시코에서 가장 처음으로 시작되어 1944년 대비 1960년대 초 밀 생산량이 6배가량 증가하였고, 이를 바탕으로 세계적으로 퍼져나갔다. 우리나라는 쌀의 자급화를 최우선 과제로 삼고 1962년 농촌진흥청을 설립하여 한국형 벼 품종(통일벼)을 개발하면서 녹색혁명에 성공하였다.

생력농업
省力農業

투입 노동력 · 시간을 줄이고자 하는 농업경영법

작업 공동화 혹은 기계화를 추진하여 투입 노동력 및 투입 시간을 줄이고자 하는 경영방법이다.

농업박물관
農業博物館

농업인들이 기증한 유물로만 이루어진 농업전문박물관

전통 농경유물을 보존 · 후대 교육용으로 활용하기 위하여 1987년에 설립된 농업전문박물관으로, 전국의 농업인이 직접 사용하던 농기구와 생활용품들을 기증받아 농협중앙회에서 설립하였다.

유휴지
遊休地

사용하지 않아 수익이 발생하지 않는 토지

현재는 「국토의 계획 및 이용에 관한 법률」로 통폐합된 「국토이용관리법」에서 도입된 개념으로 거래계약 허가를 받았거나 거래계약신고를 하고 취득하거나 권리를 설정한 토지로서 요건에 해당하는 경우 심의를 거쳐 유휴지임을 결정하는데 현재 법률상으로는 사라졌다. 그러나 사용하지 않고 묵히는 토지로 사용되고 있다.

배양육
Cultured Meat

동물 세포를 배양하여 만든 고기

동물에서 채취한 근육 세포를 적절한 영양소와 성장 인자를 포함한 배양액에서 증식시켜 고기 형태로 만들어 낸다. 동물에게서 최소한의 세포를 채취한 후, 세포를 배양액에 넣어 성장과 증식을 유도한다. 세포가 증식하면 근육 조직으로 성장하도록 유도하여 실제 고기와 유사한 조직을 형성, 조리 과정을 거쳐 소비할 수 있는 형태로 완성한다. 전통적인 축산업보다 온실가스 배출, 토지 및 수자원 사용량이 감소하고 동물 도축과 항생제가 불필요하며 식중독 위험이 적다. 그러나 높은 생산 비용과 소비자 인식 문제 등의 단점이 있다. 배양육은 지속가능한 식량 공급을 위한 혁신기술로 주목받고 있다.

농림어업 총조사
Census of Agriculture

FAO의 권장에 따라 실시되는 농업통계 자료조사

전국의 모든 농가·임가·어가의 총수는 물론이며 개별 특성까지 파악하여 농림어업 정책 및 각종 학술연구 자료 등으로 활용하기 위해 실시하는 전국적 규모의 통계조사이다. 120여 개 국가에서 기년 5 ~ 10년을 주기로 조사를 실시하고 있으며 해당 결과는 세계농업총조사(WCA)자료로 제공된다. 우리나라는 농업총조사('60), 어업총조사('70), 임업총조사('98)를 각각 관련 부처에서 실시하다 2000년에 농업총조사와 어업총조사를 국가데이터처로 이관하여 농어업총조사를 실시하였다. 2005년에 임업총조사를 이관하여 실시하였으며 2010년 세 개의 총조사를 '농림어업총조사'로 통합하여 5년 주기로 실시하고 있다.

> **상식PLUS⁺ 농림어업총조사 활용**
> ㉠ 농산어촌 지역 개발 계획을 위한 기초 자료
> ㉡ 학술 연구 및 농림어업 표본조사의 표본틀 바탕이 되는 모집단
> ㉢ 행정리 단위의 소지역 통계 생산
> ㉣ 국가 간의 자료교환·분석

234 ■■■
수경재배
水耕栽培

식물체의 뿌리를 양액 속에 침적된 상태로 재배하는 방법

특히 순환식 수경방식(NFT)은 세계적으로 가장 널리 보급되어 있으며 시설비가 저렴하며 설치가 간단하다. 중량이 작아 관리가 간편하며 산소부족의 염려는 없지만 고온기에 양액 온도가 너무 높다는 단점이 있다.

235 ■■■
더뎅이병
Spot Anthracnose

비나 곤충에 의해 옮겨지는 병

과실이나 식물의 줄기·잎 등에 둥근 모양으로 병반이 생기는 것을 말한다. 창가병이라고도 하는데, 보통 이른 봄에 피해 증상이 나타난다.

236 ■■■
감자역병
Potato Late Blight

감자에 발생하는 병해

불규칙적인 누런색의 작은 반점이 생기는데, 이것이 커지면서 흰곰팡이가 생기게 된다. 감자뿐만 아니라 토마토에도 발생하며, 병든씨 감자를 심으면 발생한다.

흰가루병
Powdery Mildew

잎과 줄기에 흰가루 모양의 반점이 생기는 식물 병해

곰팡이 질병의 하나로 식물의 잎과 줄기에 흰가루 형태의 반점이 생긴다. 흔하고 광범위하여 어린 싹과 어린 열매에도 발생한다.

축과병
縮果病

사과의 생리적 장애의 하나

과실의 조직이 코르크화(化)되어 과피가 울퉁불퉁해지고 벌어지면서 씨는 흩어지는 병이다.

모자이크병
Mosaic Disease

바이러스 감염에 의해 나타나는 식물 병해

식물 병해 중 하나로, 주로 잎에 나타나며 모자이크 모양으로 얼룩이 생겨 결국 전체가 시드는 병이다. 이 밖에도 사과나무 고접병, 감자 · 고추 · 오이 · 토마토 바이러스병 등이 바이러스 감염에 의한 식물 병해이다.

**말 산업
육성 지원**

지자체, 농업인, 농업회사법인 및 민간 등을 대상으로 말 산업 육성을 지원하는 제도

시장 개방 가속화, 레저 수요증가 등으로 승마의 대중화, 말 수요 확충 등을 통하여 농어촌의 새로운 소득원 창출과 국민의 여가 기회 확대 필요성이 대두됨에 따라 도입되었다. 말 산업 육성을 통해 삶의 질 향상과 농어촌 경제 활성화를 목적으로 한다.

밀기울
Wheat Bran

밀 찌꺼기

밀가루를 얻고 난 찌꺼기로, 보릿고개 당시 어려운 농가에서는 먹기도 했으며, 열량이 적으나 소화가 잘되어 농후사료에 섞어 가축의 사료로 사용한다. 이 밖에도 된장이나 누룩 등의 원료로 쓰인다.

기호 작물
嗜好 作物

기호품을 얻기 위해 키우는 작물

기호 식품의 원료가 되는 커피, 차, 카카오, 담배 등의 작물을 말한다. 대부분의 기호 작물 재배지인 열대 및 아열대 기후 지역은 서구 제국주의 국가들의 식민 지배를 받으며 플랜테이션 방식으로 기호 작물을 생산해 왔다. 오늘날에도 기호 작물 재배는 선진국의 자본과 기술, 재배지의 값싼 노동력 및 기후를 이용한 대규모 플랜테이션 농업 형태로 나타나고 있다.

식물체에서 줄기세포의 신장생장 및 여러 가지 생리작용을 촉진하는 호르몬

재배적 이용	설명
발근촉진	삽목이나 취목 등이 영양번식을 할 경우 발근량 및 발근속도를 촉진시킨다.
접목에서의 활착촉진	접수와 대목의 접착부위에 IAA 라놀린 연고를 바르면 조직의 형성이 촉진된다.
개화촉진	파인애플의 경우 NAA, β −IBA, 2·4−D 등의 10 ~ 50mg/L 수용액을 살포해 주면 화아분화를 촉진시킬 수 있다.
낙과방지	사과의 경우 자연낙과하기 직전 NAA 20 ~ 30ppm 수용액이나 2·4·5−TP 50ppm 수용액 등을 살포화면 과경(果梗)의 이층 형성을 억제하여 낙과를 방지할 수 있다.
가지의 굴곡 유도	가지를 구부리려는 반대쪽에 IAA 라놀린 연고를 바르면 옥신농도가 높아져서 가지를 원하는 방향으로 구부릴 수 있다.
적화 및 적과	사과나무에서 꽃이 만개한 후 1 ~ 2주 사이에 Na−NAA 10ppm 수용액을 살포해 주면 결실하는 과실수는 1/2 ~ 1/3로 감소한다.
과실의 비대와 성숙촉진	강낭콩에 PCA 2ppm 용액 또는 분말을 살포하면 꼬투리의 비대를 촉진한다.
단위결과	토마토와 무화과 등의 개화기에 PCA 또는 BNOA의 25 ~ 50ppm액을 살포하면 단위결과가 유도되며, 씨가 없고 상품성이 높은 과실이 생산된다.
증수효과	NAA 1ppm 용액에 고구마 싹을 6시간 정도 침지하면 약간의 증수효과를 갖는다.
제초제	2·4−D는 최초로 사용된 인공제초제이다.

개발도상국의 녹색성장을 위해 설립된 국제기구

2010년에 우리나라의 주도하에 개발도상국의 지속가능한 경제개발을 목적으로 설립되었다. 본부는 우리나라 서울에 위치해 있으며 2012년에 유엔 지속가능발전 정상회의를 통해 국제기구로 공인되어 현재 약 48개의 회원국이 있다.

245 ■■■

통일벼
Rice Variety Tongil

1972년부터 우리나라 전국으로 보급된 벼 품종

국제미작연구소 초청 연구원이었던 허문회 박사에 의해 개발되었다. 쌀이 부족하던 당시에 허문회 박사는 품종개량을 통해 식량부족 문제를 해결하고자 하였으며, 이를 위하여 1962년에 설립된 국제미작연구소(IRRI)에서 근무하며 생산성이 높은 품종 개발 연구를 시작하였다. 한 개의 자포니카 품종과 두 개의 인디카 품종을 교배하는 3원 교배를 실시하여 1971년에 통일벼가 생산되었으며 1972년부터 농가에 보급되었다. 다른 품종에 비해 생산량이 30% 가량 높으며 병충해에 강하다는 특징이 있다.

> ☑ 시험에서는 이렇게 물어본다!
> 1972년부터 우리나라에서 보급된 벼의 품종은?

246 ■■■■

국제미작연구소
IRRI :
International Rice
Research Institute

필리핀 마닐라에 위치한 비영리 국제연구기관

1962년에 설립되었으며, 쌀 농가와 소비자의 건강과 복지를 향상시키기 위해 쌀과 관련된 지식과 기술을 개발·보급하는 비영리 국제연구기관이다. 연구를 통해 빈곤과 기아를 줄이는 데 주력을 쏟고 있다. 지난 2024년 농촌진흥청은 국제미작연구소와 벼 연구개발 협력을 통해 지속 가능한 쌀 생산기술을 개발하고 동남아시아와 아프리카 등의 지역 환경에 적합한 벼 품종을 개발·보급하는 체계를 구축하기로 합의한 바 있다.

247 ■■■■

중경
中耕

작물 사이의 흙을 긁어주는 일

밭에서 딱딱해진 토양을 부드럽게 하여 작물의 뿌리가 잘 자라게 하는 작업을 말한다. 토양 속으로 햇빛과 공기의 유통이 원활해져 작물의 성장이 촉진된다.

248 ■■■■

농업경영체 등록
農業經營體 登錄

농업문제 해결을 위해 맞춤형 농정을 추진하기 위한 제도

구조개선 및 농가 소득 문제를 해결하기 위해서는 평준화된 지원정책에서 탈피하여 각자에게 맞는 맞춤형 농정 추진의 필요성이 대두됨에 따라 이를 제도적으로 뒷받침하기 위해 농업경영체 등록제를 도입하였다. 경영체 단위의 개별정보를 통합·관리함으로써 정책사업과 재정 집행의 효율성을 제고한다.

연자방아

탈곡 또는 제분하는 방아

발동기가 없던 옛날에 많은 곡식을 한 번에 찧거나 빻을 때 사용한 방아이다. 돌방아, 연자간, 연자매 등으로도 불렸다.

농식품 인증정보 확인 서비스
農食品 人證情報 確認 Service

홈페이지 및 애플리케이션 등에서 농산물 및 가공식품의 인증정보를 제공하는 서비스

농산물 및 가공식품의 인증정보를 실시간으로 제공하여 소비자의 만족도와 신뢰를 높이고 인증품 공급 활성화에 기여하기 위한 서비스이다. 인터넷 홈페이지, 애플리케이션, ARS를 통해 실시간으로 확인할 수 있으며 제공 내용은 다음과 같다.

구분	설명
친환경농산물	인증번호, 인증종류, 품목, 유효기간, 생산자, 재배지, 전화번호, 인증기관명
우수관리농산물	인증번호, 품목, 유효기간, 생산자, 재배지, 전화번호, 인증기관명
우수식품	인증번호, 품목, 유효기간, 업체명, 대표자, 주소, 전화번호, 인증기관명
지리적표시농산물	등록번호, 등록명칭, 등록일자, 대상지역, 생산계획량, 구성현황

술 품질인증

술 제조업체 및 인증품을 대상으로 현장조사와 시판품 조사를 실시하는 제도

술의 품질 향상과 고품질 술 생산을 장려하고 소비자를 보호하기 위한 목적으로 도입되었다. 대상 품목은 탁주(막걸리), 약주, 청주, 과실주, 증류식소주, 일반증류주, 리큐르, 기타주류가 있다. 술 품질인증기관은 해당 업무를 효율적으로 수행하기 위해 민간인증기관을 지정하여 운영하고 있다.

상식PLUS 관련 법령

「전통주 등의 산업진흥에 관한 법률」, 「전통주 등의 산업진흥에 관한 법률 시행령」, 「전통주 등의 산업진흥에 관한 법률 시행규칙」, 「술 품질인증기관 지정 및 운영 요령」, 「주세법」, 「식품위생법」 등

비료관리법
肥料管理法

비료 품질을 보존하고 수급의 원활을 위해 제정된 법

가격안정, 수급의 원활, 품질 보존 등 농업생산력 유지 증진을 도모하기 위해 제정되었다. 지난 2020년 부정·불량비료에 의한 농가피해 및 환경오염을 최소화하기 위해 비료 품질관리 체계를 강화하기도 하였다. 무상으로 유통·공급되는 비료 품질관리와 수입 비료·원료의 위해성 관리 강화, 거짓·과대광고 단속을 강화하여 유통질서를 확립하는 데 목적이 있다.

> **상식PLUS**⁺ 비료 품질 관리제도(肥料品質管理制度)
> 농업인의 환경에 안전하고 우수한 비료를 생산·공급하며 비료 품질을 유지·향상시키기 위해 등록 절차부터 사용과 등록취소와 같은 전 과정을 관리하는 제도이다.

보릿고개
春窮期

농가 생활에서 식량 사정이 매우 어려운 고비

지난해 가을에 수확했던 곡식이 다 떨어지고 올해 지은 보리는 미처 여물지 않아 식량 사정이 매우 어려운 5 ~ 6월을 의미한다. 춘궁기 혹은 맥령기라고도 하며 1960년대까지만 해도 보릿고개로 인해 농가에서는 큰 어려움을 겪었다. 햇보리가 수확될 때까지 마치 큰 고개를 넘는 것 같다고 하여 보릿고개라는 이름이 붙여졌다.

타조법
打租法

수확량의 1/2를 징수하던 조선 후기 소작제도

소작료를 미리 정하지 않고 분배율만 정한 뒤 생산물을 비율에 따라 분배하던 소작법이다. 징수되는 양은 수확량의 1/2가량이었으며 신분제의 영향을 받았다. 이후 타조법과 함께 도조법이 함께 시행되었다.

> **상식PLUS**⁺ 도조법(賭租法)
> 농사를 짓기 전 소작료를 결정하여 징수하던 조선 후기 소작제도이다.

탈립성
Shattering Habit

작물에서 낟알이 탈립되는 특성

낟알이 이삭으로부터 떨어지는 성질을 탈립성이라고 한다. 탈립성이 클수록 수확 시 손실이 크고, 또 너무 적으면 탈립에 시간을 많이 들여야 한다.

256

추비
追肥

작물 생육 도중에 주는 비료

작물에 거름을 주고 나서 밑거름을 보충하기 위해 다시 주는 비료를 말한다. 벼 재배에 있어서는 밑거름으로 주는 비료를 제외하고 벼의 생육 기간에 주는 비료를 추비라고 한다.

257

세토
細土

토성을 결정하는 토양입자분획

토양입자 중 지름이 2mm 이하의 흙 알맹이를 일컫는데, 입자지름에 따라 모래, 실트, 점토로 나뉜다.

258

증산작용
蒸散作用

식물이 수분이 식물체 표면에서 수증기가 되어 배출되는 현상

물이 기체상태로 식물체 밖으로 배출되는 현상으로, 증산작용에 영향을 주는 요인은 빛, 온도, 습도, 바람 등이 있다.

259

식토
埴土

세토(細土) 중 50% 이상의 점토를 포함하는 토양

사토(沙土)에 비해 보수력이 높으며 식토는 토양수분과 토양공기가 부족하여 식물의 뿌리 발달에 좋지 않다.

> **상식PLUS**⁺ 사토(沙土)
>
> 토양 중 모래의 분포 비율이 70% 이상인 것을 말한다. 즉, 모래가 많이 섞인 토양을 일컫는다.

260

급등형 과실
Climacteric Fruits

과실의 숙성과정에서 호흡량이 현저히 증가하는 현상을 보이는 과실류

호흡의 변화양상에 따라 발육 단계를 급등전기, 급등기, 급등후기로 구분할 수 있다.

구분	설명
급등전기	호흡량은 최소점이며, 과실의 성숙이 완료되는 시점이 과실의 수확시기이다.
급등기	• 호흡량이 최고점에 이르는 시기로 수확 후 저장 또는 유통기간에 해당한다. • 이 시기의 과실은 후숙이 완료되어 식용에 가장 적합한 상태가 된다.
급등후기	호흡이 감소하기 시작하며 과실의 노화가 진행되는 시기이다.

비급등형 과실
Non Climacteric Fruits

과실의 숙성과정에서 호흡 상승이 나타나지 않는 과실류

급등형 과실류에 비해 느린 숙성과정을 보이며 수확 후 호흡율이 천천히 낮아진다.

상식PLUS⁺ 급등형 과실과 비급등형 과실

구분	설명
급등형 과실	배, 감, 사과, 바나나, 복숭아, 키위, 망고 등
비급등형 과실	오이, 포도, 감귤, 오렌지, 레몬, 호박, 가지, 고추, 딸기 등

선별
選別

원예 산물을 출하하기 전 정해진 규격에 따라 고르는 과정

농산물 품질의 균일성을 높여 상품가치를 향상시키고 유통 상거래 질서를 공정하게 유지시키는 기능을 한다. 선별은 크게 인력선별과 기계선별로 나누어진다.

테라리움
Terrarium

작은 유리병 안에서 식물을 키우는 일

밀폐된 유리그릇이나 유리 어항, 유리병 등에서 작은 식물을 재배하는 것을 말한다. 보틀가든이라고도 하며 병 속에 여러 종류의 식물을 심어 감상할 수 있는 실내장식을 겸한 원예이다.

에틸렌
Ethylene

기체상태의 천연식물 호르몬

에틸렌 가스는 과실의 숙성, 잎이 꽃의 노화를 촉진한다. 급등형 과실이 익는 동안 에틸렌의 발생이 급증하며 작물을 수확하거나 잎을 절단하면 절단면에서 에틸렌이 발생한다. 에틸렌의 자가촉매적 성질은 식물 조직 스스로의 합성을 촉진시킨다.

MA저장
Modified Atmosphere Storage

각종 플라스틱 필름의 기체투과성과 원예 산물로부터 발생한 기체의 양과 종류에 의해 포장부의 대기조성이 달라지는 것을 이용한 저장방법

포장재의 개발과 함께 유통기간 연장의 수단으로 많이 이용된다. 작물의 종류, 성숙도에 따른 호흡율, 에틸렌 발생정도와 에틸렌 감응도 및 필름의 두께, 종류별 가스투과성, 피막제의 특성을 고려한다. 증산을 억제하여 과채류 표면 위축현상을 지연시키고 저온장해와 고온장해 발생 감소에 효과적이다. 과육연화 등 노화를 지연시킨다.

맹아억제
萌芽抑制

싹의 눈 생성을 억제하는 일

맹아억제에는 두 가지 방법이 있는데 MH 처리 방법은 수확 2주 전 0.2 ~ 0.25%의 MH를 엽면살포할 경우 생장점의 세포분열이 억제되면서 맹아의 성장이 억제된다. 방사선 처리 방법은 맹아억제 및 부패감소를 목적으로 감마(γ)선을 처리하는 방법이다. 맹아방지에 필요한 최저선량은 양파 2,000γ, 감자는 7,000 ~ 12,000γ 정도이다.

예냉
Precooling

원예 산물을 별도의 시설에서 짧은 시간 내에 품온을 낮추는 작업

여름이나 햇볕이 강한 낮에 수확한 원예 산물을 유통 혹은 저장고에 입고시키기 전에 수확 직후 산물의 품온과 작물의 호흡율 및 에틸렌 생성을 낮춘다. 작물이 존재하는 부패 미생물의 생육을 억제하며 작물의 수분 손실과 시드는 것을 방지한다.

> **상식PLUS** 반감기(Half Life)
> 원예 산물 온도를 처음 온도에서 목표 온도까지 반감될 때 소요되는 시간으로 반감기가 짧을수록 예냉은 빠르게 이루어진다.

종자번식(유성번식)
Seed Propagation

수술의 꽃가루와 난세포가 결합하여 생긴 씨를 통해 번식하는 방법

대량번식이 쉬우며 종자의 수송이 용이하다. 초형 및 수형이 좋아 상품성이 뛰어나나 개화까지 장시간이 소요되고 단위 결과성 식물의 번식이 어렵다.

큐어링
Curing

수확 후 상처 입은 작물을 건조시켜 아물게 하거나 코르크층을 형성시켜 수분을 증발시키는 일

미생물의 침입 및 수분 발산을 방지하여 자연감량을 적게 한다. 또한 당화를 촉진시켜 단맛이 많아지고 저장력이 강해진다. 큐어링이 끝난 작물은 단시간에 방열시키도록 하며 방열이 이루어지지 않은 채 저장하면 다시 호흡작용이 시작되어 부패가 일어나기 쉽다. 산물에 따라 적정 온도, 습도, 시간을 설정해야 하며 큐어링 대상으로는 감자, 고구마, 양파, 마 등이 있다.

> **상식PLUS** 원예 산물의 부패
> ㉠ 수분 활성도가 높을수록 부패가 쉽다.
> ㉡ 물리적인 상처는 부패균의 감염 통로가 된다.
> ㉢ 저온장해 발생 시 부패가 쉽다.
> ㉣ 상대습도가 높을수록 곰팡이의 증식이 용이하다.

관능검사법
Sensory Analysis

식품의 특성을 시각, 후각, 미각, 촉각, 청각으로 측정 · 분석 · 해석하는 방법

주관적인 방법이므로 검사자의 기호도, 평가능력, 방법, 편견, 평가 당시의 기분에 따라 평가 정도가 달라질 수 있다. 상대적 수치로 비교하여 나타낼 수밖에 없다는 단점이 있다.

식물병
植物病

생리적 · 형태적 이상으로 병원균의 자극에 의해 발생하는 지속적인 장해 과정

감수성이 있는 기주, 적당한 환경요인, 병원체 및 기타 매개체 등의 복합적인 영향으로 발생한다. 병원체를 주요인, 발병을 유발하는 환경조건을 유인, 기주식물이 병원에 의해 침해당하기 쉬운 성질을 소인이라고 한다.

상식PLUS⁺ 식물의 반응성

구분	설명
감수성	식물이 특정 병에 감염되기 쉬운 성질
면역성	식물이 특정 병에 전혀 감염되지 않는 성질
회피성	식물이 병원체의 활동기를 피하여 병에 감염되지 않는 성질
내병성	병에 감염되어도 기주가 병의 피해를 견뎌내는 성질

영양번식(무성번식)
Vegetative Propagation

씨 이외 영양체의 일부에서 새로운 개체를 얻는 방법

잎 · 줄기 · 뿌리와 같은 영양체 일부에서 얻기 때문에 모체의 특징이 자손에게 그대로 유전된다. 종자번식보다 개화와 결실이 빠르며 종자번식이 불가능할 경우 유일한 증식 수단이다. 그러나 바이러스 감염에 취약하고 저장과 운반이 어려운 단점이 있다.

엽면시비
Foliar Application

액체비료를 식물의 지상부에 살포하는 방법

요소 또는 엽면살포용 비료를 물에 희석하여 분무상태로 잎이나 줄기에 시비하는 것을 말한다. 멀칭(Mulching) 등으로 인해 토양시비가 곤란하거나 작물의 뿌리가 연약하고 토양이 지나치게 건조할 경우, 미량요소의 결핍증상이 예상되거나 나타날 경우에 필요하다.

벼의 키다리 병균에 의해 생산된 고등식물의 식물생장 조절제

식물체 내에서 생성 · 합성되어 식물체의 뿌리 · 줄기 · 잎 · 종자 등의 모든 기관으로 이행되며, 특히 미숙한 종자에 많이 들어있다. 사람과 가축에게는 독성을 나타내지 않으며 일반적으로 지베렐린은 지베렐린산의 칼륨염 희석액을 사용한다.

상식PLUS⁺ 지베렐린의 재배적 이용

작용	내용
경엽의 신장촉진	지베렐린은 왜성식물의 경엽 신장을 촉진하는 효과가 있다
발아촉진	종자의 휴면을 타파하고 호광성 종자의 암발아를 유발한다.
화성촉진	저온과 장일에 추대하며 개화하는 월년생 작물에 대하여 저온과 장일을 대체하여 화성을 유도 · 촉진한다.
단위결실	포도가 개화할 때 지베렐린 처리를 하면 알이 굵고 씨가 없는 포도를 수확할 수 있다.

최적의 건강 상태를 유지하기 위한 영양소 섭취량

건강 유지뿐만 아니라 질환을 예방 · 치료하기 위한 필요한 섭취량이다. 최적의 건강 상태를 위해 최적섭취량의 범위는 권장섭취량보다 넓다.

해외농업 진출 및 정착을 지원하는 사업

민간의 해외농업 진출과 정착을 지원하여 우리 농식품산업의 저변확대와 국제경쟁력을 확보하고 미래해외 식량 확보 기반을 마련하기 위한 사업이다.

농촌진흥청이 제공하는 농가 홍보 서비스

판로에 어려움을 겪는 농가의 소득 향상을 지원하고 소비자에게 농촌 · 농장 체험과 다양한 농산품 구매 기회를 제공하기 위한 홍보 서비스이다. 등록되는 농장과 농산품 내용은 농가에서 직접 등록한다.

빈곤 국가 농업 생산성 제고를 위해 만들어진 국제기금

2009년 G20 정상회의에서 이루어진 합의로 한국을 비롯한 미국, 스페인, 캐나다 및 빌게이츠 재단이 약 8억 8천만 달러를 출연(出捐)하여 2010년 4월에 공식 출범하였다. 크게 기술자문위원회와 운영위원회로 구성되어 있다. 기술자문위원회는 개발도상국들이 기금을 지원받기 위해 제출하는 사업계획서를 심의하여 운영위원회에 보고하며 운영위원회는 보고 사항을 최종적으로 승인하고 사업을 관리하는 역할을 한다. 우리나라는 출범 당시 5,000만 달러를 출연하여 운영위원회의 자격을 획득하였다.

특정 지역에서 특별하게 생산되는 물품

지역	기간	특산물
제주 제주시	11 ~ 05월	브로콜리
제주도	07 ~ 10월	갈치
제주 서귀포시	12 ~ 03월	한라봉
경북 안동시	11 ~ 12월	안동 마
경북 상주	12 ~ 01월	상주 곶감
경북 고령군	01 ~ 05월	고령청정딸기
전남 여수시	01 ~ 12월	돌산 갓김치
전남 나주시	09 ~ 11월	나주 금천배
전남 해남군	08 ~ 10월	해남 황토 햇고구마
충남 홍성군	01 ~ 12월	배추
충남 홍성군	01 ~ 12월	광천 녹차 김
충남 태안군	01 ~ 12월	안면도 태양초 고춧가루
강원도 횡성	01 ~ 12월	횡성 한우 혼합세트
강원 정선군	01 ~ 12월	정선 황기(4~5년 근)
강원 속초시	07 ~ 11월	동해안 오징어
경기 여주군	08 ~ 12월	여주 밤고구마
경기 이천시	01 ~ 12월	이천 쌀
경기 가평군	01 ~ 12월	청정 느타리버섯
부산 기장군	01 ~ 12월	미나리
대구 동구	10 ~ 12월	사과
인천 옹진군	01 ~ 12월	백령도 까나리 액젓

국제농업협력사업

ODA :
Official Development
Assistance

개발도상국에 우리나라 농업분야의 성공경험을 전수하고 농촌 개발과 빈곤 퇴치를 위한 사업

국제농업협력사업은 농림축산식품부 예산으로 지원되는 외국과의 농업분야 협력사업으로, 주로 개도국에 우리의 선진 농업기술 전수 및 농업·농촌발전 경험을 전수함으로써 농업·농촌개발을 통한 기아 및 빈곤감축 등을 지원하는 사업이다. 개도국과의 호혜적 협력기반을 구축하여 우리 농림축산식품산업의 해외시장 개척에 우호적 분위기 조성을 위한 목적으로도 시행되고 있다. 2006년부터 추진하고 있는 사업으로, 이를 통해 협력국의 식량안보를 강화하고 농산업 성장을 지원하며 우리나라 농식품산업의 글로벌 경쟁력을 강화하기 위한 '제1차 국제농업협력사업 종합계획(2025 ~ 2029)를 발표했다. 이 사업은 기존 13개국에서 2029년까지 협력대상 국가를 50개국까지 확대를 목표로 하고 있다.

관련기사 농식품부, 제1차 국제농업협력사업 종합계획 마련

농림축산식품부는 국제농업협력사업을 통해 협력국의 식량안보를 강화하고 농산업 성장을 지원하며 우리나라 농식품산업의 글로벌 경쟁력을 강화하기 위한 '제1차 국제농업협력사업 종합계획(2025 ~ 2029)'을 마련했다. 공적개발원조(ODA)와 연계해 농업 전후방 산업 관련 기업의 해외시장 진출을 지원하는 모델을 2029년까지 10개 이상 확보하고, 협력 대상 국가도 50개국까지 확대한다는 목표를 설정했다. 목표 달성을 위해 ▲전후방 산업 협력 강화로 사업성과 제고 및 농식품 수출 기반 조성 ▲국제농업협력사업 확충과 다양화 ▲농업 가치사슬 전주기 지원으로 자생력 강화 ▲사업 추진체계 및 조직역량 강화 등 4대 전략을 제시했다. 국제기구, 기업 및 비영리 단체와 정부 간 협업모델을 향후 5년 동안 10개 이상 발굴한다. 기업의 국제농업협력사업 참여를 활성화시킴으로써 사업성과의 지속성을 확보하고, 긴밀한 현지 네트워크와 풍부한 사업 경험을 보유한 국제기구와의 협업을 통해 사업 리스크를 줄이고 성과를 확대해 나갈 계획이다. 우리 기업의 국제농업협력사업 참여 확대를 위한 지원도 병행, 민관 상시 협력 채널을 구축해 기업 수요에 기반한 민관 협업모델을 함께 발굴해 나갈 계획이다. 또, 국제기구 사업에 우리 기업이 참여할 수 있도록 관련 정보와 컨설팅 등을 체계적으로 제공하고, 공적개발원조사업과 연계해 농기자재 등 전후방산업 기업이 해외에 진출할 수 있도록 시장조사, 전시포 운영, 홍보 등도 전략적으로 지원한다. 농식품부는 식량원조와 K-라이스벨트 등 국제사회에서 긍정적인 평가를 받고 있는 대표 사업들을 고도화함으로써 K-농업 브랜드로 자리매김하고 모범사례를 확산해 나갈 계획이다. 그동안 농식품부의 국제농업협력사업은 협력국의 요청에 따라 분절적, 단발적으로 추진되는 경향이 있었는데, 앞으로는 협력국의 수요와 함께 농업 가치사슬 전반을 분석, 제도 정비와 생산기반 구축, 가공 및 유통 활성화, 참여 주체 역량 강화 등을 종합적으로 지원해 협력국의 농산업 발전과 경제적 자립기반 구축에 기여할 계획이다.

우루과이 라운드
UR : Uruguay Round

2024 | 농협은행

관세 및 무역에 관한 일반협정(GATT) 각료회의를 출발점으로 8번째인 1993년 12월에 타결된 다자간 무역협상

1987년부터 본격적으로 진행되고 있는 GATT의 새로운 다자간 무역협상을 통칭한다. 세계 각국이 교역의 이익을 도모하기 위해서 국제적 교역질서를 수립하려는 다각적 무역교섭으로서, 1980년대 초반 만연된 각국의 보호무역 추세를 보다 완화하여, 일방주의 · 쌍무주의 · 지역주의 등을 억제하고 다자무역체제를 강화하는 한편 세계의 무역자유화를 실현하기 위해 출범하였다. 가장 많은 논란을 불러일으켰던 농산물 협상이 미국과 유럽 공동체(EC) 간의 절충적인 협상을 통해 1992년 11월 타결됨으로써, 전체 협상 타결의 실마리를 제공하였다. 우루과이 라운드의 타결로 인해 1995년 세계무역기구(WTO)가 설립되었다.

> ☑ 시험에서는 이렇게 물어본다!
> 우루과이 라운드의 결과로 농업 부문에 미친 영향은?

농업수입안정보험

농작물의 수확량 감소뿐만 아니라 가격하락으로 인한 손해까지 보장하는 보험

2015년 시범사업으로 도입된 '농업수입안정보험'이 2025년부터 본사업으로 전환되었다. 국내 수입안정보험 도입 논의는 2012년부터 시작되었는데, 당시 한 · 미 FTA 발효로 농산물시장 개방에 대한 위기감이 커지자 '농업수입안정보험'이 대안으로 부상했다. 2015년부터 콩 · 양파 · 포도 등을 대상으로 시범사업을 시작했고 2024년까지 마늘 · 고구마 · 가을감자 · 양배추 · 옥수수 · 보리 등 9개 품목을 대상으로 시범사업을 운영했다. 2024년 정부는 '수입보장보험'을 '수입안정보험'으로 변경하고 2025년부터 적용 품목을 대폭 늘려 본사업으로 전환했다. 농작물 재해보험은 태풍 등 자연재해에 따른 수확량 감소만을 보장하지만 수입안정보험은 수확량 감소뿐만 아니라 시장가격 하락에 따른 손해까지 보장한다. 보장 수준은 농가가 가입 시에 보험가입금액의 60 · 70 · 80 · 85% 중 선택할 수 있다. 농림축산식품부는 보험 가입 촉진을 위해 순보험료의 50% 수준과 운영비의 100%를 지원하고 있다. 2026년에는 전년 대비 5개 품목(사과, 배, 노지대파, 시설대파, 시설수박)이 추가되어 20개에 대해 농업수입안정보험을 운영할 예정이다.

외국인 계절 근로자 제도

농·어번기의 고질적 일손부족 현상을 해결하기 위해 단기간 동안 외국인을 합법적으로 고용할 수 있는 제도

파종기·수확기 등 계절성이 있어 단기간·집중적으로 일손이 필요한 농·어업 분야에서 합법적으로 외국인을 고용할 수 있는 제도이다. 일손이 필요한 기간이 짧아 고용허가제를 통한 외국인 고용이 어려운 농·어업 분야에 최대 8개월 간 계절근로자 고용을 허용한다. 경작 면적 등 기준에 따라 고용주별 9명까지 고용할 수 있다.

상식PLUS⁺ 외국인 계절 근로자제도 참여 조건
㉠ 대한민국 지자체와 계절근로 관련 MOU를 체결한 외국 지자체의 주민(농·어민)
㉡ 결혼이민자 본국의 가족 및 2촌 이내의 친척(그 배우자 포함)
㉢ 비수도권 소재 교육국제화역량 인증대학에서 1년 이상 재학한 유학(D-2) 자격 소지자의 부모
㉣ 계절근로 참여 요건을 갖춘 국내체류 외국인
※ 문화예술(D-1), 유학(D-2), 어학연수(D-4), 구직(D-10), 방문(F-1), 동거(F-3) 체류자격 소지자 등

관련기사 관련기사 정선군 "올해 외국인 계절근로자 690명 도입"
정선군은 농촌 지역의 만성적인 인력 부족 문제를 해소하고 안정적인 영농 환경을 조성하기 위해 2026년도 외국인 계절근로자 690명을 도입한다고 밝혔다. 이번 도입 규모는 법무부 배정 인원 기준으로 140농가와 관내 4개 농협을 대상으로 추진되며, 전년도 528명 대비 162명 늘어난 수치다. 정선군은 2023년 제도 도입 이후 매년 규모를 확대해 농촌 인력 수급 안정에 성과를 거두고 있다.

농업·농촌 예상문제

<table>
<tr><td>정답 문항수</td><td>풀이시간</td><td>분</td></tr>
</table>

1 〈보기〉에서 설명하는 병은?

> ── 보기 ──
>
> 벼의 생육 기간에 발병하는 병으로, 발병 시기
> 와 부위에 따라 여러 가지로 구분할 수 있다.
> 병원균은 피해 볏짚이나 병조직 속에서 겨울나
> 기를 하며 다음해에 새로운 포자를 만들어 전
> 염시킨다. 전염이 되면 암녹색의 자은 반점이
> 확대되어 내부는 회백색, 둘레에는 적갈색의
> 반점이 생긴다.

① 도열병 ② 암종병
③ 더뎅이병 ④ 흰가루병
⑤ 모자이크병

2 우리나라 농업·농촌 운동 중 가장 먼저 발생한 것은?

① 농도불이운동
② 신토불이운동
③ 새마을운동
④ 또 하나의 마을 만들기
⑤ 식사랑농사랑운동

3 지베렐린의 작용으로 옳지 않은 것은?

① 경엽 신장 촉진 ② 발아 촉진
③ 화성 촉진 ④ 단위 결실
⑤ 낙과 방지

4 엽근채소에 해당하지 않는 것은?

① 배추 ② 무
③ 양배추 ④ 대파
⑤ 당근

5 농업활동을 통해 환경 보전·농촌 공동체 유지·먹거리 안전 등의 기능을 증진하기 위해 정부가 농업인에게 보조금을 지원하는 제도는 무엇인가?

① 고정직불금 ② 이중곡가제
③ 농민공익수당 ④ 추곡수매제도
⑤ 공익직불제

6 일본의 지산지소, 미국의 파머스 마켓은 이것에 해당한다. 중소농에게 안정적인 유통판로를 제공하고 일자리 창출 등의 지역경제를 활성화시키기 위한 지역단위 소비체계 모델을 의미하는 용어는?

① 로컬푸드 ② 슬로푸드
③ 할랄푸드 ④ 메디푸드
⑤ 로커보어

빠른답CHECK 1.① 2.③ 3.⑤ 4.④ 5.⑤ 6.①

7 농약허용물질목록관리제도(PLS)에 대한 설명으로 옳지 않은 것은?

① 국내외 합법적으로 사용된 농약에 한하여 잔류 허용기준을 설정하고 그 외에는 불검출 수준으로 관리하는 제도이다.

② 작목별로 등록이 된 농약 이외의 제품은 사용은 금지된다.

③ 2019년 1월 1일부터 모든 농산물에 확대적용되었다.

④ 기준이 설정되지 않은 농약은 국제 기준인 CODEX에 따라서 최저 기준을 적용한다.

⑤ 잔류 허용기준은 사람이 일생 동안 섭취해도 무해한 허용량이다.

8 농수산물(축산물 제외)의 표준규격품이라는 것을 표시하기 위해 작성해야 하는 내용이 아닌 것은?

① 품목　　　　　② 산지
③ 품종　　　　　④ 등급
⑤ 신선도

9 농가에서 숙식하며 농사 · 문화체험 · 생활 등을 참여할 수 있는 농촌체험 관광 상품은?

① 플랜테이션
② 팜 스테이
③ 팜 파티플래너
④ 애그플레이션
⑤ 에어로 팜

10 지역 특산물을 올바르게 연결한 것은?

① 홍성 – 미나리
② 제주 – 브로콜리
③ 고령 – 오징어
④ 안동 – 곶감
⑤ 횡성 – 딸기

11 농산물우수관리(GAP)에 대한 설명으로 옳지 않은 것은?

① 생산부터 판매까지 안전관리체계를 구축하여 소비자에게 농산물을 공급하는 것이 목적이다.

② 우수관리인증의 대상품목은 식용(食用)을 목적으로 생산 · 관리한 농산물로 한다.

③ 농림축산식품부 장관이 농산물우수관리의 기준을 정하여 고시한다.

④ 우수관리인증이 취소된 후 6개월이 지난 이후에 신청할 수 있다.

⑤ 인삼류의 우수관리인증의 유효기간은 5년 이내이다.

12 4차 산업혁명의 핵심 기술 중 하나인 블록체인(Block Chain)을 유통 시스템에 적용한 것으로 농산물이 생산되고 유통 · 판매 · 소비되는 과정의 이력 정보를 표준화하여 통합관리하는 시스템은?

① 로컬체인　　　　② 푸드체인
③ 그린체인　　　　④ 유통체인
⑤ 에코체인

13 지역별 특색 있는 마을경관보전활동을 통해 농촌의 경관을 아름답게 형성 · 유지 · 개선하고 이를 지역축제 · 농촌관광 · 도농교류 등과 연계함으로써 지역경제 활성화 도모를 위해 시행하는 것은?

① 피해보전직불
② 농지은행사업
③ 스마트농업
④ 농식품 모태펀드
⑤ 경관보전직불제

14 다음 중 농림축산식품부에서 실시하는 농산물의 재배 및 소, 돼지 등의 사육에서 유통, 소비에 이르기까지의 정보를 상세하게 기록 · 관리하고 문제 발생 시 그 원인을 신속하게 찾아내어 대응할 수 있도록 정부가 실시하고 있는 제도는?

① 농산물이력추적제
② 양곡 관리제도
③ 우수농산물관리제도
④ 위해요소중점관리제도
⑤ 축산물 등급제도

15 다음에서 설명하는 제도의 실시 목적은?

> ─── 보기 ───
>
> 정부가 농산물 가격을 결정함에 있어서 생산비로부터 산출하지 않고 일정한 때의 물가에 맞추어 결정한 농산물 가격이다.

① 근로자보호   ② 생산자보호
③ 소비자보호   ④ 독점의 제한
⑤ 사재기 제한

16 외국인 계절 근로자제도의 주요 목적으로 옳은 것은?

① 외국인의 국내 취업을 전면 허용하여 노동시장을 개방하기 위한 제도이다.
② 외국인의 국내 정착을 지원하여 영주권 취득을 돕기 위한 제도이다.
③ 국내 중소기업의 인력난을 해결하기 위해 외국인을 장기적으로 고용할 수 있도록 하는 제도이다.
④ 농어촌 지역의 단기적 인력 부족 문제를 해결하기 위해 일정 기간 외국인을 고용할 수 있도록 하는 제도이다.
⑤ 외국인 근로자의 임금을 국내 근로자보다 낮게 책정하여 기업의 인건비 부담을 줄이기 위한 제도이다.

17 만 65세 이상 고령 농업인이 소유한 농지를 담보로 노후생활 안정자금을 매월 연금 형식으로 지급받는 제도는?

① 고농연금제도
② 농지연금제도
③ 토지연금제도
④ 농업연금제도
⑤ 농업안정제도

빠른답CHECK 13.⑤ 14.① 15.② 16.④ 17.②

18 다음 농촌 및 먹거리 관련 정부 정책에서 농협 활동 내용 및 역할로 옳지 않은 것은?

───── 보기 ─────

㈎ 자연경관, 생태환경, 생활문화, 역사자원 등을 활용하여 도시민들에게 휴식, 휴양, 지역 먹거리 등의 상품과 서비스를 제공한다. 이는 농촌에서 농업 외의 소득을 발생시켜 전체적으로 농가 수익을 향상시키고, 도시의 경제적 자원이 농촌으로 유입될 수 있도록 하여 도시와 농촌 간 소득 및 생활환경 양극화를 완화시켜 농촌지역의 활성화를 기대할 수 있다.

㈏ 먹거리 관련 시장실패를 치유하기 위한 정책이다. 먹거리와 관련된 생산 · 유통 · 소비 · 폐기 등의 모든 과정을 포함한다. 지역생산과 로컬푸드를 지향하고 지역순환경제를 활성화시키며, 자원순환과 음식물 폐기물을 줄여 지속가능한 환경을 만들어가고자 한다. 또한 빈곤층에 대해 먹거리 차별을 방지하고 사회적 약자를 배려하여 먹거리 존엄성을 회복하려는 계획이기도 하다.

① ㈎ : 팜스테이 마을 먹거리에 대해 의미를 부여하여 향토음식 스토리로 차별성을 강화하는 한편, 지역을 대표하여 운영하는 것이기 때문에 전문인력으로 구성하는 것이 중요하다.

② ㈎ : 농협은 지역 농산물을 사용하는 로컬푸드 레스토랑을 운영하고 있으며, 이를 요리교실, 농산물 체험 등 다양한 로컬푸드 문화체험 장소로 활용할 수 있다.

③ ㈏ : 기존의 농협 로컬푸드 직매장 사업에 중 · 소규모 농가의 참여를 확대하는 등 지역 내 생산
－소비 시스템을 더욱 내실화하도록 한다.

④ ㈏ : 지역단위 통합 사업에 참여하여, 장기적으로 로컬푸드와 학교급식, 공공급식, 지역 가공사업, 식교육 등을 통합 수행하는 먹거리 통합 지원센터를 지향한다.

⑤ ㈏ : 농촌지역의 농협은 로컬푸드를 공급하는 한편, 인구가 집중되어 있는 도시지역의 농협은 소비지 농축산물 판매 거점이 되도록 한다.

19 대한민국 우수 품종상 대회에 대한 설명으로 옳은 것을 모두 고르면?

───── 보기 ─────

㉠ 국립종자원이 주도하는 사업이다.
㉡ 2025년 제20회 대통령상을 받은 작물은 수박이다.
㉢ 지난 대회에서 장관상을 받은 품종은 출품 대상에서 제외된다.
㉣ 국내외 육성된 모든 작물 품종으로 품종보호등록 또는 국가품종목록에 등재된 품종이 출품할 수 있다.

① ㉠, ㉡　　　　　　② ㉡, ㉣
③ ㉢, ㉣　　　　　　④ ㉠, ㉡, ㉣
⑤ ㉡, ㉢, ㉣

20 다음 특징을 가진 가축전염병을 고른 것은?

- 제1종 가축전염병에 해당한다.
- 1929년 아프리카 잠비아에서 처음으로 발생하였다.
- 소과 동물이 주로 발생하는 수두바이러스과 전염병이다.
- 고열, 피부결절 형성, 식욕부진 등의 증상이 나타난다.

① 소해면상뇌증
② 부저병
③ 브루셀라병
④ 럼피스킨병
⑤ 광견병

21 고향사랑기부제에 대한 설명으로 옳지 않은 것은?

① 개인 1인당 연간 2,000만 원 한도로 기부를 할수 있다.
② 기부자의 혜택은 기부금 세액공제와 지역특산물 답례품이다.
③ 기부자가 거주하고 있는 주소지의 지자체에 기부하는 것만이 가능하다.
④ 지자체에서 생산자에게 지역특산물 답례품을 구매하여 기부자에게 전달한다.
⑤ 고향에 대한 건전한 기부문화를 조성하고 지역경제를 활성화하여 국가균형발전에 이바지하는것이 목적이다.

22 정해진 물량에는 수출국들에게 낮은 세율로 일정량의 시장접근 기회를 보장하고 초과한 물량에 대해서는 높은 관세를 부과하는 이중관세제도는?

① 세이프가드
② 최소시장접근
③ 시장접근물량(TRQ) 관리
④ 국제농업협력사업(ODA)
⑤ 반덤핑관세

23 농업수입안정보험에 대한 설명으로 옳은 것은?

① 2015년부터 본사업으로 시행되었다.
② 태풍 등 자연재해에 따른 수확량 감소를 보장한다.
③ 2026년 기준 추가된 5개 보장 품목은 사과, 배, 노지쪽파, 시설쪽파, 시설수박이다.
④ 보장 수준은 가입 시에 보험가입금액의 60 · 70 · 80 · 90% 중 농가가 선택한다.
⑤ 농림축산식품부는 보험 가입을 촉진하기 위해 순보험료의 50% 수준과 운영비의 100%를 지원하고 있다.

24 농업진흥구역에 대한 설명으로 옳은 것은?

① 농업 생산성을 높이기 위한 지역으로 지정되며, 공장이나 주거시설도 자유롭게 건설할 수 있다.
② 국가 또는 지방자치단체가 지정하며, 원칙적으로 농업 이외의 용도로 사용하는 것이 제한된다.
③ 농업 생산성이 낮은 지역을 개발하여 비농업적 용도로 활용하도록 지정하는 구역이다.
④ 환경을 보호하기 위한 구역으로, 농업 활동을 금지하고 환경 보호를 위한 녹지 공간으로 활용한다.
⑤ 농업진흥구역 내 농지는 일정한 조건을 충족하면 언제든지 상업용 부지로 변경할 수 있다.

25 농사와 관련된 속담들 중 계절이 다른 하나는?

① 은어가 나락꽃 물고 가면 풍년 든다.
② 삼복날 보리씨 말리면 깜부기 없어진다.
③ 뻐꾸기 우는 소리 들으면 참깨 심지 마라.
④ 한식에 비가 오면 개불알에 이밥이 붙는다.
⑤ 들깨 모는 석 달 열흘 왕 가뭄에도 침 세 번만 뱉고 심어도 산다.

26 이앙법이 처음 시작된 시기로 옳은 것은?

① 삼국시대
② 통일신라시대
③ 고려시대 말
④ 조선시대 초
⑤ 조선시대 말

27 고랭지 농업에 대한 설명으로 옳은 것은?

① 남부지방이나 제주도에서 주로 이루어지는 농업이다.
② 여름철 강우량이 적고 일조시간이 긴 기후를 이용한다.
③ 표고(標高) 200 ~ 300m 정도의 낮은 지대가 적당하다.
④ 벼, 보리 등 곡식류 재배가 주로 이루어진다.
⑤ 진딧물이나 바이러스병의 발생이 적다.

28 화학비료나 유기합성 농약 등의 합성화학물질을 일체 사용하지 않거나 아주 소량만을 사용하는 농업은?

① 유축농업
② 유기농업
③ 관개농업
④ 도시농업
⑤ 근교농업

29 사과주스에서 발견되는 곰팡이 독소에 해당하는 생물성 병원은?

① 아플라톡신
② 배추 검은썩음병
③ 사과나무고접병
④ 파툴린
⑤ 마이코플라즈마

30 농촌과 관련된 활동을 통해 신체적·정신적 건강증진을 도모하며 일반 농업과 달리 농사 자체가 목적이 아니라 건강의 회복을 위한 수단으로 농업을 활용하는 것은?

① 힐링농업
② 웰빙농업
③ 행복농업
④ 치유농업
⑤ 성취농업

31 정부보급종에 해당하는 종자가 아닌 것은?

① 수수
② 벼
③ 콩
④ 팥
⑤ 호밀

32 식량 부족 문제 정도를 진단하기 위한 기준으로 5단계로 이루어져 있으며 하위 3단계는 식량부족으로 위험하다는 것을 의미하는 용어는?

① GHI ② WFP
③ IPC ④ ODA
⑤ GAFSP

33 농촌공간상에서 최하위 중심지로, 기초마을 바로 위의 위계를 갖는 마을을 일컫는 용어는?

① 거점취락
② 배후마을
③ 대표취락
④ 상징마을
⑤ 성장마을

34 ICT를 활용하여 비료, 물, 노동력 등 투입 자원을 최소화하면서 생산량을 최대화하는 생산방식을 이르는 말은?

① 계약재배 ② 겸업농가
③ 녹색혁명 ④ 정밀농업
⑤ 생력농업

35 다음 〈보기〉에서 설명하는 농업수리시설물은?

보기

하천이나 하천 제방 인근으로 흐른 물이나 지하에 대량으로 고여 있는 층의 물을 이용하고자 지표면과 평행한 방향으로 다공관(표면에 구멍이 있는 관)을 설치하여 지하수를 용수로 이용하기 위한 관로 시설

① 관정 ② 양수장
③ 취입보 ④ 배수장
⑤ 집수암거

빠른답CHECK 30.④ 31.① 32.③ 33.① 34.④ 35.⑤

36 24절기 중 14번째에 해당하는 절기로, 여름이 지나면서 더위가 그친다는 의미로 붙여진 이름이다. 농사에 있어서는 여름 밭을 정리하고 무와 배추, 갓 등 김장농사 준비를 시작해야 하는 시기로, '모기도 (   )이/가 지나면 입이 삐뚤어진다.', '(   )이/가 지나면 풀도 울며 돌아간다.'는 관련 속담이 있는 이 절기는?

① 입춘　　　　② 곡우
③ 입추　　　　④ 처서
⑤ 백로

37 식물체의 다양한 생리작용을 촉진하는 호르몬 옥신의 재배적 이용에 해당하는 것이 아닌 것은?

① 발근 촉진
② 접목 활착 촉진
③ 개화 촉진
④ 증수효과
⑤ 단위결실

38 포장내부 가스농도가 자연적으로 일정 수준에 이르도록 하는 포장 방식은?

① CA저장
② MA저장
③ 저온저장
④ 고온저장
⑤ 진공포장

39 농지를 효율적으로 이용하고 수확량을 늘리기 위하여 배수 관계 설비 개량과 농지를 반듯하고 널찍하게 개선하는 사업은?

① 경지정리
② 농어촌 빈집정비 사업
③ 스마트팜 혁신밸리 조성사업
④ 농지집단화
⑤ 수리시설개보수

40 조류인플루엔자(AI)에 대한 설명으로 옳지 않은 것은?

① 야생 조류나 닭, 오리 등 가금류에 감염되는 인플루엔자 바이러스이다.
② AI 확산을 방지하기 위해서는 축산농가 철새 도래지 방문을 자제한다.
③ AI 바이러스는 열에 강해 가열조리를 해도 살아남는다.
④ AI 인체감염을 예방하기 위해서는 손을 자주, 30초 이상 씻고 가급적 손으로 눈, 코, 입을 만지지 않는다.
⑤ 닭, 오리의 AI가 의심된다면 즉시 가축방역기관으로 신고한다.

41 협동조합의 7원칙에 대한 설명으로 옳지 않은
것은?

① 조합원은 1인 1표의 동등한 투표권을 가져야
한다.
② 협동조합은 조합원에 의해서 민주적인 관리가
보장되어야 한다.
③ 조합원들에게 교육과 훈련을 제공해야 한다.
④ 조합원의 자본금은 조합의 공동자산으로 배당
금은 지불받지 않고 적립한다.
⑤ 조합이 속한 지역사회의 발전을 위해서 기여해
야 한다.

42 스마트팜 도입 희망 농업인에게 제공하는 농협의
전 생애주기 통합지원 플랫폼으로 옳은 것은?

① N-Hub
② NH SEED
③ NH ROOKIE
④ NH 오늘농사
⑤ NH OCTO

43 스마트팜에 대한 설명으로 옳지 않은 것은?

① 비닐하우스·축사·유리온실 등에 4차 산업혁
명기술을 접목한 농장이다.
② 1세대 스마트팜의 주요기능은 원격 시설제어로
사람이 제어한다.
③ 2세대 스마트팜의 대표적인 예로 지능형 로봇
농장이 있다.
④ 3세대 스마트팜은 지속가능성 향상을 목표로
한다.
⑤ 3세대 스마트팜은 환경정보, 생육정보, 생산정
보를 핵심 정보로 삼아 유지·관리한다.

44 최근 국내 농업·농촌의 구조변화에 대한 설명
으로 옳지 않은 것은?

① 우리나라의 기온은 가파르게 오르면서 주요 농
작물의 주산지가 남부 지방에서 중부 지방으로
이동하고 있다.
② '첨단 융합기술 기반의 식물공장', '온실·축사·
노지 등을 포괄하는 스마트팜' 등 농업분야에서
다양한 디지털 혁신이 나타나고 있다.
③ 전문화 및 규모화 등으로 인해 위탁영농이 증가
하고 있으며, 소득 상·하위 20% 농가 간 소득
격차가 확대되는 양상을 보이고 있다.
④ 귀농·귀촌 인구가 증가하면서 귀농인구가 농
업노동력 증가에 보탬이 될 전망이다.
⑤ 농업의 지속 발전을 위해서 농업의 공익적 기능
이 강조되면서 농촌의 환경 및 경관 보전 등이
중요한 과제로 대두되고 있다.

45 개편된 '공익형 직불제도'에 대한 설명으로 옳지
않은 것은?

① 농업활동을 통해 환경 보전, 농촌 공동체 유
지, 먹거리 안전 등 공익을 증진하도록 보조금
을 지원하는 제도이다.
② 국민과 함께 하는 지속가능한 농업·농촌을 만
드는 것을 목표로 한다.
③ 실제 농사를 짓는 농지가 아니더라도 종합소득
액이 3,700만 원 이하인 자는 직불금을 수령할
수 있다.
④ 직불금을 받고자 하는 농업인은 환경, 먹거리
안전 등의 분야별 준수사항을 미이행 시 직불
금 감액 조치를 받게 된다.
⑤ 기본형 공익직불직접제도는 '소규모 농가', '면적'
등을 기준으로 한다.

빠른답CHECK 41.④ 42.⑤ 43.③ 44.④ 45.③

46 다음 〈보기〉에서 설명하는 제도와 관련된 산업은?

농촌의 다양한 유·무형 자원을 활용하고 새로운 부가가치를 창출하기 위한 목적으로 농업인과 농업법인을 인증하여 핵심 경영체를 육성하는 시스템이다.

① 1차 산업
② 1.5차 산업
③ 3차 산업
④ 5차 산업
⑤ 6차 산업

47 온라인 플랫폼에서 판매자와 소비자가 즉각적으로 소통을 하면서 상품을 판매하는 서비스를 의미하는 용어는?

① 라이브 커머스　　② 랜선 농촌관광
③ 푸드테크　　　　④ 사회적 농업
⑤ 농대 실습장 지원 사업

48 '산지촌'에 대한 설명으로 가장 옳지 않은 것은?

① 교통이 편리하게 도로가 연결되어 있다.
② 주로 임업과 목축업에 종사하는 사람들이 많다.
③ 각종 편의시설이 부족하다.
④ 스키장이나 산림 휴양지 같은 관광 산업이 발달한다.
⑤ 고랭지 농업, 약초 재배, 버섯 재배 등을 볼 수 있다.

49 플랜테이션(Plantation)의 특징으로 가장 적절한 것은?

① 소규모 자급자족 농업을 기반으로 한다.
② 다양한 작물을 재배하며 국내 소비를 주로 한다.
③ 온대 기후 지역에서 주로 이루어지는 농업 형태이다.
④ 기계화된 방식보다 전통적인 농법을 유지하는 경우가 많다.
⑤ 대규모 단일 작물 재배와 노동집약적 생산방식을 특징으로 한다.

50 우리나라 농업협동조합에서 ICA에 준회원 자격으로 가입한 연도는?

① 1949년
② 1950년
③ 1951년
④ 1960년
⑤ 1963년

02 디지털·IT

�֍ 디지털 직무상식 필기시험 분석

연도별 출제키워드	**2025년** 엑셀, 레지스터, CPU 특징, USB, 양자화, 표본화, 복호화, 암호화, 딥러닝, 블루투스, 인터넷 백본, 마이데이터, 클라우드, HTTP, HTTPS, 트랜잭션
	2024년 인공지능, 딥러닝, API, 에지컴퓨팅, 빅데이터, 엑셀 단축키, 지도학습, HTML, CSS, PHP, 그래픽 파일, 핀테크
	2023년 HTML, 컴퓨터 단위, 클라우드 컴퓨팅, 하둡, IPv4, IPv6, 도메인, ASCII 코드, 알고리즘, 머신러닝, 딥러닝, 클라우드 컴퓨팅, 엑셀 함수(내림차순, 올림차순 등), MP3, GIF, 핀테크, 마이데이터, 인공지능, 빅데이터
	2022년 전자서명, 게이트웨이, 불대수, 컴퓨터 단위, 해쉬함수, 공개키, 비밀키, 암호화, 복호화, 엑셀 함수, 알고리즘, 빅데이터, 전자상거래, 핀테크, 인공지능
이것만은 알고가자	인공지능(AI), 엑셀 함수, 엑셀 단축키, 백본데이터, 마이데이터, CPU, 딥러닝, 머신러닝, 딥페이크, 빅데이터, 블록체인, 알고리즘, 클라우드 컴퓨팅
최근 출제경향	디지털·IT 상식에 대한 중요도가 매우 높아지고 있는 추세다. 최신 상식을 학습하는 것만으로 풀기 어려운 난도의 문제가 많이 출제된다. 단순 개념과 더불어 프로토콜과 관련된 문제 역시 나오고 있다. 은행과 관련된 보안기술에 대한 문제는 면접과 논술에서도 출제되므로 최신 디지털 기술의 프로토콜 개념도 알고 있는 것이 중요하다. 디지털·IT 기본 소양을 갖춘 인재를 확보하려는 추세인 만큼 은행에서 빈번하게 사용되고 있는 디지털·IT 기술에 대한 다방면의 지식이 필요하다고 할 수 있다.
2026년 예상리포트	최근 금융권 채용에서는 디지털·IT 분야 전문성에 초점을 두고 있다. 모바일 금융거래가 확대되면서 빈번하게 사용되는 빅데이터 분석을 통한 맞춤형 서비스와 관련된 문제가 출제되고 있다. 은행에서 사용하는 기술과 관련하여 마이데이터, 백본데이터, 클라우드, 블록체인 등의 키워드는 향후에도 자주 출제될 것으로 보인다. 직무상식평가 외에도 보안과 관련된 디지털 기술, 로보어드바이저, 데이터 관련 주제는 면접과 논술 시험에서도 나올 가능성이 있고, 금융·경제 과목과도 밀접하므로 연계하여 알아두는 것이 좋다.

2024 · 2020 · 2019 · 2018 · 2016 | 농협은행 2023 · 2022 | 농협중앙회

인공지능, 빅데이터 등 새로운 IT 기술을 활용한 금융 서비스

'Finance(금융)'와 'Technology(기술)'의 합성어이다. 지급결제 서비스, 금융데이터 분석 업무, 사기거래 탐지(FDS), 은행 플랫폼 등 다양한 기술이 금융과 서비스를 제공하고 있다. 최근에는 생체인식을 통한 인증서비스도 제공한다.

> **상식PLUS⁺** 테크핀(TechFin)
> 정보기술에서 새로운 금융을 제공하는 서비스로 자체적으로 데이터 분석 기술과 IT 인프라를 보유하고 있다. 핀테크는 기존의 금융시스템에서 기술을 향상시키는 것이고 테크핀은 기술로 새로운 금융서비스를 만드는 개념이다.

> ☑ 시험에서는 이렇게 물어본다!
> 1. 간편결제, 얼굴인증 등 기술을 활용한 은행에서 사용되는 금융서비스를 약술하시오.
> 2. 핀테크 활용 서비스 예시는?

2015 | 농협계열사 2023 · 2022 | 농협은행 2023 | 농협중앙회

거래행위가 정보기술과 네트워크를 이용하여 이루어지는 것

상품이나 서비스에 대한 정보제공 및 수집, 주문, 접수, 대금결제, 상품발송 등 일련의 상거래 흐름이 기존의 서류에 의존하지 않고 인터넷이라는 정보통신기술에 의해 이루어진다. EDI(전자문서교환) 시스템이 도입되어 기업 간의 거래가 EDI화 되면 한 기업이 거래가 있는 다수의 기업 또는 관련 하청업체, 대리점 등과 거래서류를 종이가 아닌 전자적 신호로 바꿔 컴퓨터 통신망을 통해 교환하게 된다. 번거로운 사무처리가 제거되는 소위 종이 없는 거래를 실현하게 되며, 처리시간의 단축, 비용의 절감 및 데이터의 유통이 신속하고 원활하게 이루어진다.

> **상식PLUS⁺** 전자상거래의 유형(거래주체별)
> ㉠ 기업과 기업 간의 전자상거래(B2B : Business to Business)
> ㉡ 기업과 소비자 간의 전자상거래(B2C : Business to Customer)
> ㉢ 기업과 정부 간의 전자상거래(B2G : Business to Government)
> ㉣ 소비자와 정부 간 전자상거래(C2G : Customer to Government)

> ☑ 시험에서는 이렇게 물어본다!
> 전사상거래 유형은?

크롤링
Crawling

자동화를 통해서 다양한 정보를 수집하여 저장하는 것

데이터를 추출하기 위해서 사용되는 것으로 웹 페이지별로 데이터 색인을 만들어서 DB에 저장한다. 이러한 데이터의 분류와 저장을 반복하는 것이다.

마이데이터
Mydata

2025 · 2022 · 2021 | 농협은행   2023 | 지역농협

기업이나 은행에서 사용한 개인정보나 거래 내역 등을 개인이 직접 관리 및 활용할 수 있는 서비스

'나의 데이터의 주인은 나'라는 것으로, 개인정보의 주인이 금융회사가 아닌 개인으로 정의하는 것을 의미한다. 개인정보의 적극적인 관리가 가능하여 이를 자산관리에 활용하는 과정이다. 데이터 3법 개정으로 금융정보를 통합으로 관리하는 마이데이터산업이 가능해졌다. 은행, 여신전문금융회사, 상호금융 등에서 마이데이터 산업을 허가받았다. 마이데이터 산업으로 은행 간의 경쟁이 플랫폼 간의 경쟁으로 확장되었다. 마이데이터 서비스의 핵심은 분할되던 금융정보, 보험정보, 보유한 실물자산 등의 정보를 한눈에 확인이 가능하도록 통합적으로 관리하는 것이다.

> **상식PLUS** 마이데이터 데이터 수집 방식
>
> 2022년 1월 15일 이후부터는 스크래핑 방식의 데이터 수집방식이 전면 금지되고 안전한 마이데이터 표준 API 규격을 사용하여 금융 마이데이터 서비스를 제공한다. API방식은 허용권한증표(토큰)을 관리하는 것으로 중요정보를 직접 관리하는 스크래핑 방식과는 다르다. 해킹에서도 API 방식은 토큰을 폐기하여 보안대책 수립이 가능하지만 스크래핑 방식은 중요정보 유출이 되면 보호하기 어렵다.

☑ 시험에서는 이렇게 물어본다!
1. 농협에서 진행 중인 마이데이터 기반의 서비스는?
2. 농협은행의 마이데이터 산업이 다른 은행과 다른 점은 무엇인지 말해보시오.
3. 마이데이터의 데이터 수집 방식은?

5

Y2K

2000년 이후에 컴퓨터가 연도를 바르게 인식하지 못하는 결함

밀레니엄 버그라고 하며, 2000년을 잘못인식하면서 수많은 일에 오류가 발생하면서 혼란이 야기될 수 있다. Y는 연도(year), 2K는 2000(kilo)를 의미한다.

2024 · 2023 · 2022 · 2021 · 2020 | 농협은행

기계가 인간의 지식능력을 프로그램에서 실현시키는 기술

인공지능이라는 말이 처음 세상에 알려진 것은 1956년 다트머스 회의에서 존 매카시가 제안한 것으로 컴퓨터 공학에서 시스템에 의해 만들어진 지능 또는 이상적인 지능을 갖춘 존재이다. 고도의 문제해결 능력을 가진 인공적 지능 또는 그와 같은 지능을 만들 수 있는 방법론이나 실현 가능성 등을 연구하는 과학 분야를 지칭한다.

> ☑ 시험에서는 이렇게 물어본다!
> 인공지능(AI)의 주요기술은?

2022 | 농협은행

하나의 앱에서 다양한 서비스를 이용할 수 있는 것

앱 하나로 기사와 뉴스를 보고, 쇼핑을 하고, 음식 주문까지 하는 등의 다양한 서비스를 제공하는 것을 의미한다. 월간 이용자수(MAU)를 1,000만 명 이상을 기대하며 생활 금융플랫폼으로 시중 은행이 변화 중이다. 마이데이터 시행 이후 금융위원회는 금융권에서 다양한 서비스를 융합하여 활용할 수 있는 디지털 유니버설 뱅크를 허용하였다. 효과적인 생활금융 서비스 제공을 위해 데이터 분석을 하고 금융 어플 한 개로 고객에게 다양한 맞춤서비스를 제공한다.

상식PLUS 디지털 유니버설 뱅크

디지털 플랫폼을 기반으로 폭넓은 데이터를 활용하여 고객 니즈를 분석하고 고객 맞춤형으로 다양한 금융 및 비금융서비스를 제공하는 은행을 의미한다. 금융사의 대표 앱에서 은행 · 보험 · 증권 등의 다양한 서비스를 통합적으로 제공하는 것을 의미한다. 금융회사에서 출시된 앱을 통합하고 하나의 어플에서 다양한 서비스를 고객에게 제공하는 것이다.

> ☑ 시험에서는 이렇게 물어본다!
> 하나의 앱에서 다양한 맞춤서비스를 제공받을 수 있는 것은?

유럽연합의 개인정보보호 법령

2018년 5월 25일부터 EU에 거주하는 모두에게 적용되는 유럽연합 정보보호법을 강화한 GDPR(General Data Protection Regulation)이다. 개인정보를 다루는 기업과 단체가 규정을 준수하도록 하는 것이다. 모든 EU회원국이 의무적으로 준수해야 하고 해외에서 EU 주민의 개인정보를 이용할 경우에도 적용된다. 기업 책임감 증진과 정보 주체 권리 강화를 위해 데이터 보호 최고책임자(DPO)를 지정하여야 한다.

빅데이터를 활용해 컴퓨터가 광고주, 광고매체, 광고대상을 연결하고 정확한 시기, 정확한 소비자에게 메시지를 전달하는 기술

디지털 광고의 발달과 그를 통한 제품 판매 및 구매가 늘어남에 따라 등장하였다. 잠재적인 고객에게 필요한 광고를 내보내는 것으로, 예컨대 특정 제품 구매를 위해 사이트를 방문한 사람을 타깃으로 삼고 SNS 광고를 띄우는 것이다. 애드테크는 불특정 다수를 대상으로 TV, 라디오, 잡지 등에 광고를 내보내는 것보다 효율적이며 관리가 용이하다. 또한 광고에 대한 소비자의 거부감을 줄일 수 있어 제품 구매에 효과적이라고 할 수 있다.

2021 | 농협은행
공인인증서의 변경된 명칭

2020년 12월 전자서명법이 개정되어 공인인증서가 폐지되었다. 공인인증서의 폐지로 민간업체에서 만든 민간인증서가 도입되었고 공인이라는 명칭은 공동으로 변경되었다. 공동인증서를 통해 본인 신분이 확인되고, 전자서명화가 된 문서가 변경이 없음을 보장하며, 암호화로 기밀이 보장된다.

상식PLUS⁺ 금융인증서

은행 인터넷이나 모바일뱅킹 인증센터에서 발급받을 수 있는 인증서이다. 필요하지 않는 프로그램을 설치하지 않고 금융결제원의 클라우드에 금융인증서가 안전하게 보관하여 어디서나 손쉽게 이용할 수 있는 서비스를 의미한다.

☑ 시험에서는 이렇게 물어본다!
공동인증서의 특징은?

많은 데이터들 중 가치가 높은 데이터를 추출하여 분석하는 과학자

빅데이터의 활용이 높아짐에 따라 데이터의 규모보다 데이터 자체의 가치에 초점을 두고, 분석하여 방향을 제시하는 사람을 말한다. 빅데이터 전문가, 데이터 과학자라고도 부르며 데이터를 다각적으로 분석하여 방향을 알려주는 기획자이면서 전략가이다. 데이터 엔지니어링, 수학, 고급컴퓨팅, 통계 등의 지식이 필요하다.

12 ■■■■
넷플릭스 법
Netflix 法

전기통신사업법 시행령 개정안

정확한 명칭은 '전기통신사업법 시행령 개정안'이다. 국내에 서버를 두지 않은 해외 사업자에게 국내 망을 이용한 것에 대한 대가를 지불하도록 하기 위하여 처음 도입하기 시작하였다. 국내에 서버를 둔 사업자는 국내 망 접속료를 내는 반면에, 국내에 서버 없이 서비스를 제공하는 사업자는 국내 통신사들에게 망 이용료를 내지 않기 때문이다. 이는 하루 평균 이용자가 100만 명 이상이며 국내 트래픽의 1% 이상의 업체에 적용된다. 한편 한국인터넷기업협회는 전기통신사업법 개정으로 새로운 규제가 도입되면서 콘텐츠 사업자의 발전을 저해할 수 있다는 의견을 밝혔다. 만일 콘텐츠 사업자들이 망 이용료를 더 부담하게 된다면 최종 소비자에게 전가할 수 있기 때문에 기존의 통신료에 콘텐츠 이용료까지 이중 부담이 될 수 있을 것이라는 전망이다.

13 ■■■■
딥러닝
Deep Learning

2025 · 2024 · 2023 · 2021 | 농협은행

컴퓨터가 스스로 학습하여 배우는 머신러닝의 한 분야

다층구조 형태로 된 인공신경망(ANN)을 기반으로 수많은 데이터를 높은 수준의 추상화 모델로 구축한다. 사람이 특정한 것을 지정하지 않아도 다량의 데이터를 분류하고 관계를 파악하여 스스로 학습한다.

상식PLUS 머신러닝과 딥러닝의 차이

구분	머신러닝	딥러닝
정의	데이터에서 패턴을 학습하여 예측이나 분류를 수행하는 기술	인공신경망(ANN) 기반으로 하는 학습 방법
추출	사람이 직접 특징을 추출하여 알고리즘 학습 (사람의 개입 · 설계)	데이터 기반으로 자동 학습
데이터 요구량	비교적 적음	빅데이터 필요
활용 분야	• 금융 예측 : 주가 예측, 신용평가, 리스크관리 • 음성 인식 : 음성 분류 • 자율주행 : 간단한 센서 데이터 분석 • 이미지 인식 : 기초적인 패턴 분석	• 금융 예측 : 빅데이터 기반 자동 트레이딩 • 음성 인식 : 음성 비서 • 자율주행 : 이미지 · 영상 인식 및 복잡한 환경 대응 • 이미지 인식 : 얼굴 · 객체 인식

☑ 시험에서는 이렇게 물어본다!
딥러닝 기술이 사용되고 있는 서비스를 약술하시오.

14

머신러닝
Machine Learning

스스로 자신의 동작을 개선하는 슈퍼컴퓨터의 기계학습 능력

인공지능의 분야 중에 하나로 경험적 데이터를 기반으로 컴퓨터가 학습·예측·향상시키는 과정을 알고리즘을 연구·구축하는 기술이다. 입력한 데이터를 기초로 예측이나 결정을 수행하는 모델을 구축하는 방식이다. 알고리즘이 어렵거나 프로그래밍이 난해한 작업을 해결하기 위해서 사용한다. 알고리즘은 감독학습, 비감독학습, 강화학습으로 나뉜다. 머신러닝의 예로는 검색어 자동완성, 자동 센서기능, 범행예측 등이 있다.

> ☑ 시험에서는 이렇게 물어본다!
> 머신러닝의 정의와 사용되는 기술의 예시를 약술하시오.

딥페이크
Deepfake

AI 기술을 활용하여 영상·음성을 생성하거나 변형하는 기술

미국에서 불법 콘텐츠가 등장하면서 시작되었다. 인공지능(AI) 기술을 활용하여 동영상이나 프로세스 자체를 만드는 것이다. 적대관계생성신경망(GAN)의 기계학습(ML) 기술을 사용하여 만든다. 얼굴뿐만 아니라 음성도 합성할 수 있다. 특정인의 얼굴이나 음성으로 개인의 명예를 훼손하는 등 윤리적인 문제와 악용문제로 관련 법률과 강력한 규제가 필요하다.

관련기사 정교해지는 딥페이크 탐지기술

딥페이크 기술이 나날이 좋아지면서 이를 탐지하는 기술 또한 더욱 정교해지고 있다. 초기와 달리 입모양까지도 자연스럽게 만들어주는 것을 손쉽게 할 수 있는 앱과 홈페이지가 등장하면서 AI 영상의 수준이 급격히 상승하였다. 얼굴의 혈류신호로 딥페이크를 감지하거나 영상에 딥페이크에 대한 여부를 분석한다. 또한 프레임 단위로 얼굴 분석으로 조작된 부분을 보여주기도 한다. 딥페이크가 발달하면서 탐지기 기술 시장의 규모도 나날이 증가하고 있다.

상식PLUS⁺ 「인공지능 발전과 신뢰 기반 조성 등에 관한 기본법」

인공지능의 건전한 발전과 신뢰 기반 조성에 필요한 사항을 규정하여 국민의 권익과 존엄성을 보호하고 국민 삶의 질 향상 및 국가경쟁력을 강화하기 위한 목적으로 2026년 1월에 시행된 법이다. 주요 내용은 국가인공지능전략위원회 설치, AI 관련 국가 비전 및 중장기 전략 수립, 제조업·서비스업 등 산업, 공공부문 AI 활용 촉진, AI의 올바른 사용·AI윤리 실천·AI기술 안전성과 신뢰성에 관한 권고 또는 의견 표명 등이 있다. 법이 시행되기 시작한 최근에는 생성형 인공지능 또는 이를 이용한 제품 또는 서비스를 제공할 경우 결과물이 인공지능에 의해 생성되었다는 사실을 표시하여야 한다(제33조)는 조항과 관련된 문의 접수가 늘어나고 있는 추세다.

> ☑ 시험에서는 이렇게 물어본다!
> 딥페이크 기술의 특징은?

데이터 라벨링
Data Labelling

머신러닝이 가능한 데이터로 가공하는 작업

인공지능 알고리즘을 고도화하기 위해 데이터를 재가공하는 작업을 의미한다. AI가 학습해야 하는 데이터를 수집한 뒤에 재가공하여 고품질의 데이터셋을 구축하는 것을 의미한다. 예를 들어 고양이 사진에 데이터 라벨러가 '고양이'라는 라벨을 넣으면 AI가 유사한 이미지들은 고양이로 인식할 수 있는 것이다.

빅데이터
Big Data

2024 · 2023 · 2021 · 2020 · 2019 | 농협은행   2022 · 2020 | 농협중앙회   2019 | 농협계열사

정형 · 반정형 · 비정형 데이터세트의 집적물, 그리고 이로부터 경제적 가치를 추출 및 분석할 수 있는 기술

빅데이터는 기존 데이터보다 방대하여 기존의 방법으로는 수집 · 저장 · 분석 등이 어려운 정형 · 비정형 데이터를 뜻한다. 빅데이터의 알려진 특징은 크기, 다양성, 속도, 가치, 정확성이다.

구분	내용
크기(Volume)	일반적으로 수십 테라바이트에서 수십 페타바이트 이상의 규모를 의미한다.
다양성(Variety)	• 다양한 소스 및 형식의 데이터를 포함한다. • 웹 로그, 소셜디미어 상호 작용, 금융 트랜잭션 등
속도(Velocity)	• 대용량의 데이터를 빠르게 처리하고 분석할 수 있다. • 데이터를 하루 단위에서 실시간에 이르기까지 상대적으로 짧은 시간 내에 수집, 저장, 처리 및 분석한다.
가치(Value)	새로 추가된 특징으로 빅데이터의 가치를 의미한다.
정확성(Veracity)	데이터의 정확성과 타당성으로 빅데이터의 신뢰성을 의미한다.

상식PLUS 비정형 데이터 마이닝(Unstructured Data)

일정한 규칙이나 형태가 있는 숫자나 문자와 같은 데이터와 달리 영상, 음성, 그림 등으로 구조화가 되어있지 않고 형태구조가 가지각색인 데이터를 의미한다. 책, 문서의료 기록, 음성 기록, 영상 기록, 이메일, 등이 있다.

☑ 시험에서는 이렇게 물어본다!
1. 빅데이터 분석에 주로 사용되는 기술은?
2. 빅데이터의 5V는?
3. 빅데이터와 관련된 프로젝트 수행 시 데이터 수집 · 처리 · 분석 단계에서 발생할 수 있는 문제와 이를 해결할 방안을 서술하시오.

빅데이터 큐레이터
Big Data Curator

빅데이터의 숨겨진 가치와 무궁무진한 잠재력을 발굴할 수 있는 사람

큐레이터의 안목으로 기획전을 개최하듯이 데이터 분석 및 기획을 통해 이용하는 사람이다. 정보가 과다하게 많은 현재에 수많은 데이터를 분류하고 체계적으로 정리하여 콘텐츠를 조직화하여 콘텐츠를 맞춤형으로 제작한다. 데이터 사이언티스트 사이에서 데이터를 사업으로 연결하는 직업의 일종으로 빅데이터의 중요성이 높아지면서 각광받고 있다.

19

오피니언 마이닝
Opinion Mining

누리꾼의 여론과 의견을 분석한 후 유용한 정보로 도출하는 빅데이터 처리 기술

누리꾼의 감성이나 의견을 수치화하고 통계화하여 객관적인 정보로 도출하는 기술이다. 구매 후기나 Q&A 게시판에의 의견을 모아 일정한 법칙을 찾고 탐사하는 빅데이터 기술 중 하나이다. 분석하는 대상은 포털게시판이나 블로그, 쇼핑몰 등이며, 자동화 분석방법으로 대규모로 웹 문서를 분석한다. 분석 대상이 텍스트이므로 자연어 처리방법과 컴퓨터 언어학을 사용한다.

텍스트 마이닝
Text Mining

텍스트로 저장된 문서에서 의미 있는 정보를 수집하는 빅데이터 기법

누리꾼의 여론이나 사회 현상과 관련한 정보를 찾기 위해 온라인 뉴스기사, 블로그 글, SNS, 웹 페이지, 이메일 등의 텍스트 정보를 수집한다. 수집된 텍스트 정보를 통해 누리꾼의 여론이나 사회 현상과 관련한 정보를 도출한다. 대용량 텍스트 데이터를 저장하는 빅데이터 기술과 텍스트 구조를 분석 및 통계 처리하는 자연어 처리(NLP) 기술을 기반으로 하는 기술이다. 정형화가 되지않은 텍스트 데이터를 정형화하여 정보를 수집한다. 단어 빈도 분석, 군집 분석, 감성 분석, 연관 분석 등의 통계적 방법을 통해 텍스트 데이터 안의 정보를 수집한다. 또한 기계학습(ML)을 통해서 텍스트를 요약하거나 키워드를 추출하여 검색 엔진에 적용한다. 기계학습 기술을 통해서는 메일 필터링, 범죄 감지, 고객관리 등 다양한 분야에서 사용한다.

21

생성적 적대 신경망
GAN : Generative Adversarial Network

생성모델과 판별모델이 서로 경쟁하면서 실제와 비슷한 모습으로 만들어내는 기계학습

진짜와 가짜를 생성하는 생성모델과 진위를 판별하는 판별모델이 서로 경쟁하면서 실제와 비슷한 모습의 가짜 이미지를 만드는 것을 의미한다. 서로 상반된 목적을 가지고 있는 생성자와 감별자가 실제 데이터를 통해 거짓 데이터를 만들어 낸다. 현재 GAN은 이미지 생성에 사용되어 실존하지 않는 사람들의 이미지를 생성할 수 있다. 그에 따라 딥페이크 영상과 가짜 뉴스가 유통되는 등 부작용이 나타나고 있다.

22 ■■■■
아마존 레코그니션
Amazon Rekognition

기계학습 전문 지식을 사용하지 않고 딥러닝 기술을 사용하여 이미지나 비디오에서 객체, 사람, 텍스트 등을 식별하고 부적절한 콘텐츠를 탐지하는 기술

아마존 웹서비스(AWS)에서 판매하고 있는 애플리케이션에 강력한 시각 분석기능을 추가해 주는 서비스이다. 수천 개의 객체와 주차장, 도시, 건물 등과 같은 장면을 식별 가능하다. 또한 어셈블리 라인에서 기계 부품을 분류하거나 사진에 존재하는 텍스트 및 얼굴을 탐지할 수 있다.

> **상식PLUS⁺ 아마존 웹서비스(AWS)**
>
> 클라우드 서비스를 주력으로 판매하는 아마존의 자회사이다. 2006년에 설립된 회사로 개발자, 엔지니어 등 IT관계자에게 인프라를 제공하는 서비스이다. 웹 사이트를 구축할 때 필요한 서버, 스토리지, 네트워크 장비를 한 번에 대여해주는 곳으로 AWS 서비스를 인프라로서의 서비스라고도 부른다.

23 ■■■■
로보어드바이저
Robo Advisor

투자자의 성향 정보를 토대로 알고리즘을 활용해 개인의 자산 운용을 자문하고 관리해주는 자동화된 서비스

로보어드바이저 서비스는 사람의 개입 여부에 따라 총 4단계로 구분할 수 있다. 1단계 자문·운용인력이 로보어드바이저의 자산배분 결과를 활용해 투자자에게 자문하거나, 2단계 투자자 자산을 운용하는 간접 서비스, 3단계 사람의 개입 없이 로보어드바이저가 직접 자문하거나, 4단계 투자자 자산을 운용하는 직접 서비스로 나뉜다.

> **관련기사** "사람보다 낫다?" 로보어드바이저 고수익률에 직장인 돈 몰린다
>
> 일부 로보어드바이저(RA) 수익률이 60%를 넘나드는 등 유의미한 성과가 나타나기 시작하면서 투자자들의 관심이 높아지고 있다. 2일 코스콤에 따르면 지난해 말 기준 증권 및 자문일임의 RA 계약자 수는 전년 대비 약 4만9000명 증가한 37만4853명으로 나타났다. 가입금액은 약 2500억 원 증가한 1조1742억 원을 기록했고, 평균 수익률은 14.89%를 나타냈다. 증권사별로 보면 NH투자증권의 수익률이 눈에 띈다. 코스콤에 따르면 NH투자증권의 자체 알고리즘인 'NH_DNA 퇴직연금_Floopin_P' 전략은 최근 1년 동안 60.39% 수익률을 기록했다.

에스크로
Escrow

구매자와 판매자의 원활한 상거래를 위해 제3자가 중개하는 서비스

구매자와 판매자의 신용관계가 불확실 할 때 상거래가 원활하게 이루어질 수 있도록 제3자가 중개하는 매매 보호서비스이다. 구매자가 제3자에게 거래금을 보내면 판매자는 제3자에게 거래금을 확인하고 상품을 발송한다. 상품을 받은 구매자는 제3자에게 알리고 제3자는 판매자에게 거래금을 보낸다. 중개역할을 하는 제3자는 수수료로 수익을 얻는다.

25 ■□■
키오스크
KIOSK

공공장소에 설치된 무인 정보단말기

첨단 멀티미디어 기기를 활용하여 음성서비스, 동영상 구현 등 정보서비스와 업무의 무인·자동화를 통해 대중들이 쉽게 이용할 수 있도록 공공장소에 설치한 무인단말기를 말한다.

26 ■■■
메타버스
Metaverse

2021 | 농협은행
가상현실(VR)과 인터넷이 결합된 가상공간

가상과 초월을 의미하는 '메타(Meta)'와 우주를 의미하는 '유니버스(Universe)'의 합성어로 1992년 소설 「스노 크래시」에서 처음 등장한 단어이다. 가상현실(VR)보다 더 진화한 개념으로 확장가상세계를 의미한다. 게임으로 가상현실을 즐기는 것보다 앞서서 가상세계에서 현실처럼 사회, 문화, 경제활동 등을 할 수 있는 실재감 테크이다. 가상현실을 현실과 가깝게 구현한 실재감, 가상과 현실의 연동되는 상호운영성, 가상세계에서 경험한 것을 현실에서도 연결되는 연속성, 가상공간에서도 현실에서처럼 경제활동을 할 수 있는 특징을 가지고 있다.

> ☑ 시험에서는 이렇게 물어본다!
> 실재감 테크로 가상의 공간에서 물리적 한계를 뛰어넘어 현실화하는 것은?

27 ■■■■
증강현실
AR : Augmented Reality

현실 세계에 3차원 가상물체를 겹쳐 보여주는 기술

증강현실 기술은 1990년 보잉사의 항공기 전선 조립과정을 설명하는 데 처음 사용되었고 미국과 일본을 중심으로 연구개발이 진행되었다. 증강현실은 2000년대 중반부터 스마트폰이 등장 · 활성화되면서 주목받기 시작하였다. 증강현실은 실제 환경에 가상의 객체를 혼합하여 사용자가 실제 환경보다 실감나는 부가정보를 제공받을 수 있다. 예를 들면, 길을 가다 스마트폰 카메라로 주변을 비추면 근처에 있는 상점의 위치 및 전화번호, 지도 등의 정보가 입체영상으로 표시되거나 하늘을 비추면 날씨정보가 나타나는 등 다양한 분야에 적용되고 있다.

> **상식PLUS** 가상현실 · 혼합현실 · 확장현실
> ㉠ **가상현실(VR : Virtual Reality)** : 컴퓨터 그래픽이 만든 가상환경에 사용자를 몰입하도록 함으로써 실제 환경은 볼 수 없다. HDM 기기를 머리에 쓰고 사용자가 가상공간을 볼 수 있다.
> ㉡ **혼합현실(MR : Mixed Reality)** : 가상현실과 증강현실을 혼합한 기술로 현실 배경에 현실과 가상의 정보를 혼합시켜 공간을 만드는 기술이다.
> ㉢ **확장현실(XR : eXtended Reality)** : 가상현실(VR), 증강현실(AR), 혼합현실(MR) 등의 다양한 기술로 구현되는 현실과 비슷한 공간으로 실감기술이라고도 부른다.

> ☑ 시험에서는 이렇게 물어본다!
> 1. 증강현실(AR)의 특징은?
> 2. 증강현실(AR)을 금융권에서 어떻게 활용할 수 있을지 말해보시오.

28 ■■■■
신용카드
지불시스템
SET :
Secure Electronic Protocol

전자상거래를 안전하게 하기 위한 표준 프로토콜

SET에 이용되는 전자서명이 된 인증서를 소유한 카드 소지자가 결제를 한다. 카드 소지자가 사용한 결제 정보가 이중서명으로 해시화한다. 카드 사용자가 생성한 비밀키를 은행에서 지불 게이트웨이의 공개키를 사용하여 비밀키를 암호화한다. 상점에서 이중 해시 값을 비교해서 구매정보의 위 · 변조를 확인하고 지불 게이트웨이에 보낸다. 지불 게이트웨이에서 비밀키를 복호화해서 정보를 확인하고 위 · 변조가 없다면 상점에 대금을 지불한다.

> ☑ 시험에서는 이렇게 물어본다!
> SET 시스템의 주요 특징은?

29

3D 프린팅
Three Dimensional Printing

프린터를 통해 3D 물체를 만드는 기술

1980년대 미국의 3D 시스템즈사에서 처음 개발한 기술로 기업에서 시제품 제작용으로 활용되었다. 현재는 여러 입체도형을 찍어내는 것으로 인공 뼈, 자전거 뼈대 등 다양한 곳에 사용되고 있다. 3D 프린터로 물체를 만드는 방식으로는 2차원 면을 쌓아 올리는 적층형과 조각하듯 깎아 내리는 절삭형이 있다.

> **상식PLUS⁺ 3D 바이오 프린팅**
>
> 3D 프린터와 생명공학이 결합된 기술로 세포의 형상이나 패턴을 제작하는 것이다. 컴퓨팅 기술과 사이버물리시스템(CPS : Cyber Physical System)이 연결된 기술이다. 손상된 피부부터 장기, 의수, 혈관 등 다양하게 활용될 수 있다.

챗봇
Chatter Robot

문자 또는 음성으로 대화하는 기능이 있는 컴퓨터 프로그램 또는 인공지능

정해진 응답 규칙에 따라 사용자 질문에 응답할 수 있도록 만들어진 시스템이다. 사람처럼 자연스러운 대화를 진행하기 위해 단어나 구(句)의 매칭만을 이용하는 단순한 챗봇부터 복잡하고 정교한 자연어 처리 기술을 적용한 챗봇까지 수준이 다양하다.

> **상식PLUS⁺ 챗봇의 사례**
>
> 초창기 챗봇은 PC 환경에서 말을 걸면 자동으로 응답해 주는 방식이 대부분이었다. 현재는 기업의 공식 계정에 문의 메시지 등을 남겨 답변받는 서비스도 있는데, 이는 기업 계정과 채팅을 할 수 있도록 외부 사업자에게 제공된다.

31

웨어러블 로봇
Wearable Robot

옷처럼 착용하는 로봇

로봇을 옷처럼 입을 수 있는 기술이다. 부족한 신체기능을 강화하기 위한 로봇으로 노약자나 장애인 활동을 보조하는 기능을 한다. 시계, 신발, 옷, 장신구, 안경 형태의 웨어러블 로봇이 나오고 있다. 일상생활을 기록하거나 증강현실, 건강관리, 업무 보조 등 다양한 용도로 사용되기도 한다.

> **상식PLUS⁺ 웨어러블 기기(Wearable Device)**
>
> 착용이 가능한 기기로 안경, 시계, 의복 등 일상생활에서 사람 몸에 착용이 가능한 형태의 기기로 손에 휴대하지 않아도 이용할 수 있는 기기를 말한다. 컴퓨터 기능이 지원되며, 대표적인 예로 스마트 워치가 있다.

32 ■■■
오픈 API
Open API

2020 · 2016 | 농협은행

인터넷 사용자가 웹 검색 및 사용자 인터페이스 등을 제공받는 것에 그치지 않고 직접 응용프로그램과 서비스를 개발할 수 있도록 공개된 API

검색, 블로그 등의 데이터 플랫폼을 외부에 공개하여 다양하고 재미있는 서비스 및 애플리케이션을 개발할 수 있도록 외부 개발자나 사용자들과 공유하는 프로그램이다. 오픈 API는 다양한 서비스에서 시도되고 있으며, 누구나 접근하여 사용할 수 있다는 장점이 있다.

> ☑ 시험에서는 이렇게 물어본다!
> 오픈 API의 장점은?

---

33 ■■■
API
Application
Programming Interface

2024 · 2020 | 농협은행

서로 다른 소프트웨어 시스템이 상호작용할 수 있도록 해주는 인터페이스

애플리케이션과 컴퓨터를 연결하는 중간다리 역할을 한다. 프로그램을 실행하기 위해 특정 서브루틴에 연결되고 함수를 호출하여 구현하는 방식이다. 즉, 서로 다른 프로그램이나 시스템들이 상호작용 할 수 있도록 돕는 중개자인 것이다. API의 대표적인 방식으로 RESTful API와 GraphQL API가 있다. RESTful API는 미리 정해진 엔드포인트에서 데이터를 요청하는 방식이다. 사용자 로그인을 거쳐 액세스 토큰을 발급받는 방식으로, 보안이 중요한 소셜 로그인이나 온라인 뱅크에 주로 사용된다. GraphQL API는 클라이언트(서버)가 필요한 데이터 구조를 직접 정의하여 요청할 수 있는 방식이다. 별도의 사용자 인증 없이 서버가 직접 인증 받아 API에 접근하는 방식으로, 내부 시스템 간 통신이나 서버 간 데이터 연동에 적합하다.

> ☑ 시험에서는 이렇게 물어본다!
> API를 활용하여 웹 서비스 간 데이터를 주고받을 때, RESTful API와 GraphQL API의 주요 차이점을 설명하고, 특정 상황에서 GraphQL이 더 적합한 이유를 예를 들어 설명하시오.

---

34 ■■■
펌뱅킹
Firm Banking

2023 | 농협은행

기업과 금융기관이 연결하여 온라인으로 처리하는 은행 업무

기업과 은행을 전용회선으로 연결하여 은행에 방문하지 않고 기업에서 직접 처리할 수 있는 금융업무를 의미한다. 급여계산, 거래처 자금입금, 지불지시, 잔액조회, 회계 자동처리 등 기업에서 필요한 은행 업무를 원활하게 이용할 수 있는 서비스이다. 집 안에서 금융업무를 할 수 있는 홈뱅킹(Home Banking)은 개인을 대상으로 하나 펌뱅킹은 법인을 대상으로 한다.

> ☑ 시험에서는 이렇게 물어본다!
> 펌뱅킹 서비스의 주요 기능은?

35

휴먼증강
Human Augmentation

특수장비를 사용하여 신체기능과 능력을 높여 기능성과 생산성을 향상시키는 기술

기계적인 수단, 약물, 뇌 신호 해석, 유전자 편집 등 다양한 기술을 결합하여 인체기능을 향상시키는 기술이다. 생산현장에서 인조 외골격으로 지구력을 높이거나 증강현실 안경으로 추가적인 시각전달을 받거나 배아의 유전자를 편집하여 장기를 배양하는 등 다양하게 응용할 수 있다. 뇌 - 컴퓨터 인터페이스를 통해 인조 외골격을 움직일 수 있다.

> **상식PLUS⁺ 뇌 - 컴퓨터 인터페이스(Brain Computer Interface)**
> 뇌파를 분석하여 해석한 코드를 이용하여 외부 장치의 동작을 제어하는 기술이다. 신경세포를 자극하면 나타나는 혈류량 변화를 두뇌 외부에서 관찰하여 측정한다. 의공학, 뇌공학 분야 등 다양한 융합 전문지식을 통해 인터페이스를 구성해야 한다.

36

액티브 노이즈 캔슬링
ANC :
Active Noise Control

음악을 들을 때 주변의 소음을 차단하는 기능

능동 소음 제어기술로 주변에 존재하는 소음을 차단하는 기능이다. 액티브 노이즈 캔슬링(ANC)과 패시브 노이즈 캔슬링(PNC)으로 구분되는 기능 중 하나이다. 최근에 많은 헤드폰, 이어폰 등에 적용된다. ANC기기에 내장된 소음 조절기로 외부에 존재하는 소음을 받아온 후 파동의 위상을 반전시킨다. 반전된 소리가 스피커에 가면 상쇄 간섭이 나타나면서 주변 소음이 감소한다. 이 기능으로 소음이 심한 버스나 지하철 등에서 높은 집중도로 음악과 영화 감상이 가능하다.

규제 샌드박스
(規制 sandbox)

새로운 제품이나 서비스가 출시될 때 일정 기간 동안 기존 규제를 면제·유예시켜 주는 제도

규제 샌드박스(規制 sandbox)는 어린이들이 자유롭게 뛰노는 모래 놀이터처럼 규제가 없는 환경을 주고 그 속에서 다양한 아이디어를 마음껏 펼칠 수 있도록 하는 것을 뜻한다. 사업자가 새로운 제품, 서비스에 대해 규제 샌드박스 적용을 신청하면 법령을 개정하지 않고도 심사를 거쳐 시범 사업, 임시 허가 등으로 규제를 면제·유예해 그동안 규제로 인해 출시할 수 없었던 상품을 빠르게 시장에 내놓을 수 있도록 하는 것이다. 문제가 있을 경우 사후 규제한다.

P2P 금융
Peer to Peer

2020 | 농협은행 2020 | 지역농협 2020 | 농협중앙회

온라인 투자연계 금융업

금융기관을 거치지 않고 온라인에서 금융 업무 중인 대출과 차입을 연결하는 서비스이다. 온라인투자연계금융업자로 등록된 기업에서 투자와 차입을 할 수 있다. 기존 은행 대출에 비해 대출 이용자의 접근성이 용이하고, 투자자에게 높은 수익 가능성을 제공하며 빠른 대출 승인이 가능하다. 그러나 신용평가 기준이 은행보다 낮아 부실 대출 가능성이 높고, 예금자보호제도가 적용되지 않아 원금 손실 가능성이 있다. P2P 플랫폼 운영이 불안정할 경우 투자자와 차입자 모두 피해를 볼 수 있다.

> ☑ 시험에서는 이렇게 물어본다!
> P2P 금융이 성장하면서 발생할 수 있는 주요 리스크를 설명하고 이를 해결하기 위한 방안을 제시하시오.

P2E
Play to Earn

게임을 즐기면서 돈도 함께 버는 것

게임에 블록체인 기술이 들어가서 돈을 버는 것이다. 게임에서 획득한 게임 머니를 가상화폐 거래소에서 토큰으로 환전할 수 있는 시스템이다.

바이오 인증
Biometric Authentication
Biometrics

생체정보를 통해 본인인증을 하는 기술

개인을 식별할 수 있는 고유의 생체정보를 자동화 장치에 보관하고 필요시 본인임을 인증하는 기술이다. 대표적으로 지문, 홍채, 안면 등의 신체적 정보와 서명, 음성 등의 행동적 특성 정보를 활용한다. 바이오 인승은 비밀번호 분실 위험과 도용 가능성이 적다는 것이 큰 장점이다. 그에 따라 기존 금융거래에서 필요했던 공동인증서나 비밀번호를 대체하는 등 활용도가 높아지고 있다.

핵티비즘
Hacktivism

정치 · 사회적 메시지 전달을 위한 해킹 활동

해킹(Hacking)과 정치 · 행동주의를 뜻하는 액티비즘(Activism)의 합성어로 단순한 해커와 차이가 있다. 핵티비즘은 정치 · 사회적 저항 성향을 가지고 목적 달성을 위해 특정 웹사이트에 슬로건을 보이는 등 메시지를 전달하며, 그 과정에서 서버를 무력화시키기도 한다. 이에 더해 기밀문서 탈취, 내부망 파괴 등의 모습을 보이는 양상도 나타나고 있다.

모라벡의 역설
Moravec's Paradox

인간에게 쉬운 것은 인공지능에게 어렵다는 역설

인간이 손쉽게 수행하는 일을 인공지능이 할 수 있도록 구현하는 것은 어렵고, 인간에게 어려운 것은 인공지능이 쉽게 처리한다는 역설이다. 예컨대 인간에게 보고, 듣고, 느끼는 것은 자연스러운 행동이지만, 인공지능의 경우 그것을 수행하기 위해서는 복잡한 리소스가 필요하다는 것이다. 반대로 인공지능은 인간에게 어려운 복잡한 연산이나 추론을 빠르고 쉽게 수행할 수 있다. 즉 인간의 지각 및 운동은 인공지능이 온전하게 구현하기 어려운 매커니즘으로 작용하고 있는 것이다.

43

스마트 도시
Smart City

정보통신기술(ICT)를 이용하여 도시에 교통 · 환경 · 주거 등의 문제를 해결하여 쾌적한 삶을 누리도록 한 도시

텔레커뮤니케이션(Tele Communication)을 기반으로 한 시설들이 도시 곳곳에 설치되어 연결되어 있는 도시이다. 사무실 안에서도 집에서 해야 할 모든 업무를 가능하도록 한 텔레워킹(Teleworking)이 보편적이 된 도시이다.

AI디지털 교과서

인공지능 기기를 사용하여 학습을 하는 교과서

AI디지털 교과서를 통해서 인공지능 기반 맞춤형 학습지원 구현을 위해 진행하고 있다. 인공지능 디지털 교과서를 추진하여 학생은 학습진단, 학습분석, 학습경로 및 콘텐츠 추천, 맞춤형 학습지원, 학습계획 수립 등을 할 수 있다. 교사는 수업 설계와 맞춤 방안을 확인하여 인공지능 보조교사로 활용할 수 있으며, 학생의 학습데이터를 분석하여 학습계획을 수립할 수 있다. 또한 모니터링을 통해 학습경로 제공과 학습 관리를 할 수 있다.

45

메디컬 트윈
Medical Twin

가상공간에 똑같은 객체를 두고 시뮬레이션을 하는 것

컴퓨터에 현실 속 사물의 쌍둥이를 만들고 시뮬레이션하고 결과를 예측하여 최적화하는 기술인 디지털 트윈(Digital Twin)을 의료분야에 적용하여 활용하는 기술이다. 메디컬 트윈(Medical Twin) 기술개발 및 활용에 대한 관심이 증가하고 있으며, 선진국 중심으로 심장 · 환자 트윈(Twin) 등을 구축하여 임상 시뮬레이션 · 환자 관리 · 모의 수술 등에 활용하는 시범 사례가 증가하고 있다. 시뮬레이션을 기반으로 의료기관 내 진료 · 진단 결과를 예측하는 임상결정지원시스템(CDSS) 등을 주요 활용, 상태 예후 예측, 신약후보물질 발굴을 통한 치료제 및 백신 개발, 임상시험 디자인 모델 개발 등 다양한 분야에 활용되고 있다.

46 ■■■
디지털 트윈
Digital Twin

현실에 존재하는 것을 컴퓨터상의 디지털 데이터로 구현하여 모델을 만드는 것

가상화된 데이터를 통해 시뮬레이션해 보고 정보를 얻음으로써 설계와 제조의 효율성을 끌어올릴 수 있는 기술이다. 또한 사람이 직접 방문하지 않아도 작업 절차를 검증하고 정리할 수 있다. 도로·지하공간·항만·댐 등을 데이터로 구현하여 관리의 편리를 구축하는 등 다양한 분야에 적용할 수 있다.

> **상식PLUS** 디지털 트윈 주요 제도
> ㉠ 도심지 등 주요지역의 높이값을 표현한 수치표고 모형 구축 및 고해상도 영상지도를 작성하는 3차원 지도
> ㉡ 국도·4차로 이상 지방도 정밀도로지도 구축
> ㉢ 노후 지하공동구(120km) 계측기 설치 등 지능형 관리시스템 구축, 국가관리 댐 실시간 안전 감시체계 구축
> ㉣ 디지털 트윈 기반 항만자동화 테스트베드, 항만시설 실시간 모니터링 디지털 플랫폼 구축
> ㉤ 인공지능·디지털 트윈 등 신기술 활용으로 도시문제 해결·삶의 질 향상 등을 위해 스마트 시티 국가시범도시(세종·부산) 구축이 있다.

47 ■■■
버그바운티
Bugbounty

보안 취약점 신고 포상제

기업의 서비스나 제품 등을 해킹해 취약점을 발견한 화이트 해커에게 포상금을 지급하는 제도이다. 블랙 해커의 악의적인 의도로 해킹당할 시 입는 손해를 방지하기 위하여 공개적으로 포상금을 걸고 버그바운티를 진행한다. 기업들의 자발적인 보안 개선책으로 화이트해커가 새로운 보안 취약점을 발견하면 기업은 보안성을 고도화한다.

48 ■■■
해커톤
Hackathon

일정한 시간과 장소에서 프로그램을 해킹하거나 개발하는 행사

'해킹(Hacking)'과 '마라톤(Marathon)'의 합성어로 한정된 기간 내에 기획자, 개발자, 디자이너 등 참여자가 팀을 구성해 쉼 없이 아이디어를 도출하여 앱, 웹 서비스 또는 비즈니스 모델을 완성하는 행사를 말한다. IT기업에서 흔히 사용된다.

49 ■■■
랜섬웨어
Ransomware

악성코드(Malware)의 일종

인터넷 사용자의 컴퓨터에 잠입해 내부 문서나 사진 파일 등을 암호화하여 열지 못하도록 한 뒤, 돈을 보내면 해독용 열쇠 프로그램을 전송해준다며 비트코인이나 금품을 요구한다.

50 ■■■
크립토재킹
Cryptojacking

PC를 해킹하여 가상화폐를 채굴하는 사이버 범죄

해커가 사용자 PC를 해킹하여 악성 프로그램 코드를 심고 가상화폐를 채굴하는 사이버 범죄이다. 개인 PC에서 채굴된 가상화폐를 해커의 전자지갑으로 전송하는 방식으로 주로 새벽 시간에 활동하여 피해자가 알지 못하는 경우가 많다.

51 ■■■
스피어 피싱
Spear Phishing

특정 대상을 목표로 공격하는 피싱

기업의 권한이 있는 대상자의 정보를 수집하여 스피어 피싱 이메일을 보내 해킹하고 직무자의 계정 정보 등을 취득하는 전자통신 사기수법이다. 대개 금전 · 무역기밀 · 군사정보 등을 취득하기 위한 목적으로 수행된다.

52 ■■■
부트키트
BootKit

OS영역에서 활동하는 악성코드

관련된 파일을 제거해도 PC나 스마트폰을 재부팅해도 다시 감염되는 악성코드이다. 이는 한 번만 감염되어도 시스템 손상으로 치료가 어려울 수 있다. 부트키트는 대부분 국외 사례가 많았으나 최근 국내에서도 안드로이드 운영체제를 겨냥한 부트키트가 확인되었다.

53 ■■■
크로스 사이트 스크립팅
XSS :
Cross Site Scripting

공격자가 작성한 스크립트가 다른 사용자에게 전달되는 것

웹 페이지에서 나타나는 보안상 취약한 부분 중 하나이다. 공격자가 악성코드를 웹 페이지에 넣어서 다른 사용자가 웹 페이지를 열어보거나 이메일로 보내진 링크에 들어가면 공격하는 수법이다. 공격대상이 일반인이기 때문에 파급력이 크다.

54 ■■■
스푸핑
Spoofing

2021 | 신협중앙회

위장된 정보로 시스템에 접근하여 정보를 빼가는 해킹수법

임의로 웹 사이트를 구성하여 이용자를 방문하게 한 뒤 사용자 정보와 시스템 권한을 빼가는 수법이다. IP 및 포트 주소, MAC주소, DNS, 이메일, ARP 등을 이용한다.

2021 | 기업은행

신용을 이용하여 속이는 사기를 의미하는 단어

도박에서 상대를 속일 때 사용하는 의미이기도 하다. 암호화폐 업계에서는 투자자를 속인 후 투자금을 유치하고 잠적하는 행위이다. 범죄에 발행된 코인을 스캠 코인이라 부른다. 또한 거래처로 둔갑한 이메일을 사용하여 기업의 거래 대금을 훔치는 수법도 있다.

네트워크의 패킷 정보를 도청하는 해킹수법

네트워크 내에 패킷 정보를 도청하는 장치를 말한다. 네트워크 내에 존재하는 패킷은 암호화가 되어있지 않다. 무결성과 기밀성이 보장되지 않는 패킷의 약점으로 네트워크 간에 패킷 교환을 엿듣는 공격으로 웹호스팅, 데이터 센터와 같은 업체에는 위협적인 해킹수법 중 하나이다.

> **상식PLUS** 스누핑(Snooping)
> 네트워크상에서 남의 정보를 훔쳐보고 가로채는 행위를 말한다. 소프트웨어 프로그램 스누퍼를 이용하여 정보를 가로채거나 네트워크의 트래픽을 분석에 사용되기도 한다.

QR코드를 이용하여 정보를 탈취하는 해킹수법

추가인증이 필요한 것처럼 QR코드를 통해 악성 앱이 설치되도록 유도하는 것이다. 악성 앱에 들어간 이용자가 보안카드 번호나 개인정보 등을 작성하게 하고 그 정보를 탈취하는 방식으로 이루어진다. 또한 모바일 환경을 조작하여 전화·문자의 수신을 막고 착신전환을 하는 등의 방식으로 금융사기를 시도한다.

2018 | 농협은행

가짜 사이트 접속을 유도해 개인정보를 탈취하는 인터넷 사기 수법

해당 사이트가 공식적으로 운영하고 있던 도메인 자체를 중간에서 탈취하는 수법이다. 사용자가 아무리 도메인 주소나 URL 주소를 주의 깊게 살펴본다 하더라도 쉽게 속을 수밖에 없다. 따라서 사용자들은 늘 이용하는 사이트로 알고 아무런 의심 없이 접속하여 개인 아이디와 암호, 금융 정보 등을 노출시킴으로써 피싱 방식보다 피해를 당할 우려가 더 크다. 이를 방지하기 위해서는 백신·보안을 업데이트하고 공인된 사이트인지 인증서를 확인해야 한다.

> ☑ 시험에서는 이렇게 물어본다!
> 파밍을 방지하기 위한 가장 효과적인 방법은?

59

스트림 리핑
Stream Ripping

스트리밍으로 흘러나오는 음악을 녹음해 해적판 음원 파일을 만드는 행위

스트리밍의 인기가 높아지면서 무단 음원 사용의 대표적 행태가 불법 다운로드에서 스트림 리핑으로 바뀌었다. 스트리밍 데이터를 캡처하고 파일로 변환하여 저장한다. 예를 들어 유튜브 동영상에서 음악을 재생하면서 MP3로 변환하여 다운로드 하는 것이다. 저작권 침해 문제 등으로 많은 스트리밍 서비스에서는 이를 금지하고 있다.

월패드 해킹

주택 관리용 단말기(IoT)인 월패드가 해킹되는 것을 의미

가정용 네트워크인 주택 관리용 단말기가 해킹되어 가정용 CCTV나 개인정보가 유출되는 것을 의미한다. 정부는 2021년에 대두된 월패드 해킹 문제를 게기로 아파트 세대 간에 망을 분리하고 가정용 사물인터넷 보안 강화를 밝혔다.

61

허니넷
Honeynet

다수의 허니팟으로 구성되어있는 네트워크를 의미

해커를 파악하여 해킹을 대처하기 위한 네트워크로 해커와 관련된 정보 수집과 공격 패턴을 알 수 있다. 네트워크에 들어온 해커의 움직임을 취득 후 조합하기 위한 하드웨어나 소프트웨어의 조합의 일종이다.

허니팟
Honey Pot

컴퓨터 프로그램의 침입자를 속이는 최신 침입탐지기법

'해커 잡는 덫'이란 뜻으로, 해커를 유인하는 함정을 꿀단지에 비유한 명칭이다. 컴퓨터 프로그램에 침입한 스팸과 컴퓨터 바이러스, 해커를 탐지하며, 침입자를 속이는 최신 침입탐지기법으로 마치 실제로 공격을 당하는 것처럼 보이게 하여 해커를 추적하고 정보를 수집하는 역할을 한다.

시빌 공격
Sybil Attack

한 사람 행위를 여러 명이 한 것처럼 가장하는 공격방법

특수 목적을 위해서 한 명의 해커가 한 행위를 여러 명이 공격하는 것처럼 속이는 공격 방법이다. 한 명의 계정으로 하나의 참여자를 인식하는 네트워크는 휴대전화번호나 주민등록번호로 인증을 담당하는 중앙기관에서 사용자 신원을 확인한다. P2P 네트워크에서는 신원을 확인할 중앙기관이 없어 시빌 공격에 취약하다.

네트워크에서 모든 이메일을 감시하는 시스템

인터넷 서비스 회사의 네트워크에 연결하여 모든 이메일 내용을 감시할 수 있는 시스템이다. 미국 수사국(FBI)이 범죄 예방을 이유로 카니보어 시스템을 도입하였다.

인터넷 공중망을 사설망처럼 구축한 것과 같이 사용하는 방식

가장 많이 사용되는 보안 솔루션 중 하나로, 가상 사설망을 의미한다. VPN으로 장소나 단말기와 관계없이 네트워크에 접근이 가능하다. 예시로는 국내의 게임을 해외에서 이용하거나, 집에서 보안상태인 회사 내부 자료에 접근하는 경우 등이 있다. 고가 임대회선 비용을 낮추기 위해 나온 것이 VPN이다. VPN은 특수 통신체계와 암호화로 제공되어 임대회선에 비해 비용을 20 ~ 80% 이상 절감이 가능하다. 공중망으로 암호화된 데이터를 송신하고 수신측에서 복호화하여 데이터를 받는다.

상식PLUS SSL VPN(Secure Sockets Layer Virtual Private Network)
보안소켓계층(SSL) 프로토콜을 기반으로 하는 가상사설망이다. 웹 브라우저와 서버 간의 정보를 암호화해서 정보를 보호하는 솔루션이다.

모든 인증은 하나의 시스템에서 사용하자는 목적에 개발된 기본적인 인증 시스템

클라이언트가 서버에 연결을 요청하면 서버는 SSO 서버에서 인증을 받고 클라이언트의 접속을 요청한다. 클라이언트가 인증을 받고나면 별도의 인증과정 없이 모든 서버에 접속이 가능한 것이다. 즉 중앙 패스포트 서버에서 회원가입을 한 후 인증을 받고나면 인증을 받기 위해 다른 시스템을 사용하지 않아도 된다.

블록체인에서 데이터 저장 단위인 블록에 저장된 거래정보를 트리(Tree)형태로 표현한 데이터 구조

1979년 고안자 랄프 머클이 발명하여 그의 이름에서 따온 용어로, 여러 단계를 통해서 만들어진 해시값이다. 최상위에 위치한 해시값은 머클 트리 루트를 구하는 첫 번째는 머클 트리를 블록에 저장된 거래 정보에서 리프 데이터인 해시값을 구하는 것이다. 두 번째로 리프 데이터를 연결하여 부모 데이터인 해시값을 구하고 마지막으로 반복적으로 두 개의 데이터로 연결될 수 없을 때까지 반복하여 해시값을 구한다. 마지막까지 남아있는 해시값을 머클루트라 한다.

68

**분산원장
오라클 서비스**
Distributed Ledger
Technology(DLT)
Oracle Service

분산원장 시스템 외부에 있는 데이터를 분산원장 시스템 내부로 가져오는 서비스

분산원장(DLT)과 고대 그리스에서 신탁을 전하는 사제 또는 신탁을 의미하는 오라클(Oracle)의 합성으로 분산원장 내에서 믿을 수 있는 정보를 의미한다. 신뢰할 수 있는 데이터를 제공하기 위해 설계된 서비스이다. 분산원장 내 데이터를 외부에서 위·변조 없이 안전하게 가져오는 것을 의미한다. 한 가지 정보 원천에 의존하면 탈중앙 분권화가 훼손될 수 있는 것을 오라클 문제(Oracle Problem)라 칭한다. 위·변조가 가능한 단일 정보원천의 단점을 보완하기 위해 공공의 데이터 원천을 사용하는 방식을 사용하고 있다. 대표적인 업체로는 체인링크가 있다.

> **상식PLUS⁺ 분산원장기술(DLT)**
>
> 데이터 신뢰성을 위해 암호화 기술을 사용하여 거래정보를 합의 알고리즘에 따라 관리하는 기술이다. 수많은 정보를 개별적으로 분류하여 데이터 블록을 만든다. 분류된 데이터 블록을 연결하는 기술로 참여자가 암호화 기술로 거래정보를 검증하면 합의된 원장을 참여자들이 공동으로 관리하는 것이다. 분산원장기술의 대표적인 예로는 블록체인 기술이 있다.

69

모바일 신분증

2021 | 농협은행

개인 스마트폰에 신분증을 저장하고 사용하는 것

블록체인 기반의 분산 식별자 DID 기술을 사용한다. 블록체인 기반 신용증명 기술로 서비스 제공자가 개인정보를 통제·관리하는 것이 아니라 내가 스스로 개인정보를 선택하여 직접 신용증명에 필요한 정보만을 골라서 제공할 수 있다. 온라인과 오프라인 구분 없이 사용하고 실물 신분증과 동일한 효력을 지닌다.

> **상식PLUS⁺ 분산 식별자 DID(Decentralized Identifiers)**
>
> 블록체인의 기술을 기반으로 한 전자신분증 시스템이다. 개인이 원할 때에만 블록체인 전자지갑 안에 분산 식별자(DID)를 사용한 신원을 증명으로 탈중앙화 신원 확인시스템이다.

> ☑ 시험에서는 이렇게 물어본다!
> 모바일 신분증의 주요 기능은?

2022 · 2021 · 2020 · 2019 | 농협은행 2019 | 농협중앙회

가상화폐의 거래내역을 여러 대의 컴퓨터에 저장하는 분산형 데이터 저장기술

블록에 데이터를 넣어서 체인의 형태로 연결하고 연결된 블록을 여러 대의 컴퓨터에 동시에 복제 · 저장하는 기술이다. 사용자에게 거래내역이 투명하게 공개되고 공유되면서 데이터 위 · 변조를 할 수 없다. 비트코인 등 가상화폐 결제뿐만 아니라 현재는 전자결제, 디지털 인증, 의료기록 관리, 모바일 신분증 발급 등 다양한 분야에서 사용된다.

> **상식PLUS⁺ 블록체인의 종류**
> ㉠ **개방형 블록체인** : 모두에게 개방되어 누구나 참여할 수 있는 형태로 비트코인 같은 가상 화폐가 대표적이다.
> ㉡ **전용 블록체인** : 기관 또는 기업이 운영하며 사전에 허가를 받은 사람만 사용할 수 있어 상대적으로 속도가 빠르다.
> ㉢ **허가형 블록체인** : 허가가 있어야만 사용과 운영이 가능한 시스템으로 지정된 사람들만 사용이 허가되는 블록체인이다. 전용 블록체인이 허가형 블록체인과 같다.
> ㉣ **비허가형 블록체인** : 허가 없이 사용과 운영이 가능한 시스템으로 누구나 어디에서든 인터넷으로 연결하여 운영할 수 있다.
> ㉤ **서비스형 블록체인(Baas)** : 블록체인 응용서비스 개발 및 관리를 편리하게 하기 위해서 클라우드 기반으로 서비스를 지원하는 것으로 스마트 계약 코드 개발, 시험 환경을 제공하여 편리하게 제공 가능하다.

> ☑ 시험에서는 이렇게 물어본다!
> 1. 블록체인을 활용한 농업사례에 대해 약술하시오.
> 2. 블록체인에서 블록의 역할은?

2020 · 2019 | 농협은행 2024 | 지역농협 2019 | 농협중앙회

2009년에 개발된 블록체인 기반 가상화폐

블록체인을 기반으로, 기존 화폐와 달리 다른 금융기관을 거치지 않고 인터넷의 프로그램을 통해 인터넷 뱅킹으로 계좌이체를 하듯 주고받을 수 있는 화폐를 말한다. 개인정보가 필요하지 않고 국가나 발행 주체의 관리도 받지 않으므로 자유로운 거래가 가능하나 이런 익명성 때문에 기업의 불법 비자금, 불법 정치 자금 등에 악용될 우려가 있다.

> ☑ 시험에서는 이렇게 물어본다!
> 비트코인의 특징은?

72 ■■■▨
알트코인
Altcoin

비트코인을 제외하는 모든 가상화폐

비트코인을 대안으로 하여 도입한 가상화폐로 이더리움, 리플, 라이트코인을 대표적으로 의미한다.

73 ■■■▨
스테이블 코인
Stable Coin

가격변동성을 최소화하여 설계한 가상화폐

1코인에 1달러의 가치를 갖도록 설계된 가상화폐이다. 대표적으로 테더(Tether, USDT) 코인이 있다. 비변동성 암호화폐로 안정성이 떨어지는 기존의 암호화폐의 단점을 보완한다. 가격변동성이 적고 법정화폐와 같이 가치를 저장할 수 있다.

74 ■■■■
이더리움
Ethereum

러시아 이민자 출신 캐나다인 비탈리크 부테린이 2014년 개발한 가상화폐

거래명세가 담긴 블록이 사슬처럼 이어져 있는 블록체인 기술을 기반으로 하며 인터넷만 연결되어 있으면 어디서든 전송이 가능하다. 거래소에서 비트코인으로 구입하거나 비트코인처럼 컴퓨터 프로그램으로 채굴해 얻을 수 있다.

> **상식PLUS⁺ 대표적인 가상화폐(암호화폐)**
> ㉠ 이오스(EOS.IO) : 2018년 6월 런칭되었으며 빠른 트랜잭션이 가능하고 수수료를 지불하지 않는다.
> ㉡ 비트코인 캐시(Bitcoin Cash) : 2017년 8월 비트코인에서 분화된 알트코인이다.
> ㉢ 라이트코인(Litecoin) : 2011년 10월 찰리 리가 개발한 가상화폐이다.
> ㉣ 네오(NEO) : 2014년 다홍페이가 개발한 가상화폐이다.
> ㉤ 모네로(Monero) : 2014년 4월 개발한 가상화폐로 익명성을 완벽히 보장한다.
> ㉥ 대시(Dash) : 2014년 1월 개발된 가상화폐이다.
> ㉦ 비트코인 골드(Bitcoin Gold) : 2017년 10월 두 번째로 비트코인이 분화된 형태이다.
> ㉧ 리플(Ripple) : 2012년 설립된 리플에서 만든 코인으로 금융거래를 위한 리플 프로토콜에서 사용되는 기초 화폐로 XRP코인이라고 한다.

75 ■■■■
가상화폐 공개
ICO :
Initial Coin Offering

신규 가상화폐를 발행하고 판매하여 투자금을 확보하는 것

가상화폐를 판매하여 사업자금을 조달하는 것으로 기업공개(IPO)와 개념이 비슷하다. 가상화폐로 일반 대중이나 기업을 대상으로 판매할 수 있다. ICO는 블록체인 기반 프로젝트나 스타트업이 투자자들로부터 자금을 모집하는 방법으로, 암호화폐를 만든 동기·목적 등의 정보를 담은 백서를 공개한다. 그렇기 때문에 초기 자금 확보가 원활하고, 글로벌 투자 및 중개자 없이 직접 투자가 가능하다는 장점이 있으나, 투자 리스크가 크고, 규제가 미비하여 스캠 사례가 많아, 2017년 9월 국내 금융당국은 전면 금지하였다.

76 ■■■
가상화폐
Crypto Currency

네트워크로 연결된 가상공간에서 사용되는 디지털화폐 또는 전자화폐

실물의 지폐나 동전이 없어도 온라인에서 거래를 할 수 있는 화폐이다. 정부나 중앙은행이 화폐의 가치 · 지급을 보장하지 않는다. 블록체인 기술을 활용한 분산형 시스템 방식으로 처리된다. 분산형 시스템의 구조는 채굴자라 칭하는 참여자가 있고 블록체인 처리의 보상으로 코인 수수료를 받는다. 가상화폐의 거래 기록을 분산 저장하여 데이터의 투명성과 보안을 보장하기 때문에 생산비용, 이체비용, 거래비용 등이 일체 들지 않고 하드디스크에 저장되어 보관비용, 이중 지불(중복 결제), 도난 · 분실의 위험도 적다. 단, 보안이 뛰어나 범죄에 악용될 수 있다.

> **상식PLUS⁺** 미카(MiCA, Markets in Crypto − Asset Regulation)
> ㉠ 정의 : 유럽연합의 가상자산 기본법으로 '가장자산 포괄적 규제법안'에 해당한다.
> ㉡ 목표 : 가상자산 및 관련 서비스에 대한 포괄적 프레임워크 구축, 소비자 보호, 공정한 시장 경쟁 촉진이다.
> ㉢ 특징 : 세계 최초로 의결한 가상자산 포괄적 규제법안(MiCA)이다.

> ☑ 시험에서는 이렇게 물어본다!
> 가상화폐에서의 블록체인 역할을 말해보시오.

77 ■■■
증권형 토큰
STO :
Security Token Offering

블록체인 기반으로 회사의 자산을 가상화폐로 발행하는 것

증권시장에서 판매되는 주식이나 채권, 부동산과 같은 실물자산을 디지털화 하여 블록체인 토큰에 넣은 가상자산을 의미한다. 해당 토큰을 발행해서 사용하면 증권 거래 디지털화 하여 공개가 가능하다.

78 ■■■
포크
Fork

블록체인을 업그레이드하는 기술

포크는 호환성 여부에 따라 두 가지로 나눌 수 있다. 소프트 포크는 이전 버전과 호환 가능한 업그레이드를, 하드 포크는 불가능한 업그레이드를 말한다. 하드 포크를 적용하면 이전 버전의 블록체인을 사용할 수 없기 때문에 이전 버전에서 개발, 채굴하던 사용자의 대다수가 업그레이드에 찬성해야 적용할 수 있다.

블록체인 기술을 통해 디지털 콘텐츠에 별도의 인식값을 부여한 토큰

비트코인과 같은 가상자산과 달리 인터넷에서 영상 · 그림 · 음악 · 게임 등의 기존자산을 복제가 불가능한 창작물에 고유한 인식값을 부여하여 디지털 토큰화하는 수단이다. 블록체인 기술을 기반으로 하여 관련 정보는 블록체인에 저장되면서 위조가 불가능하다. 가상자산에 희소성과 유일성과 같은 가치를 부여하는 신종 디지털 자산이다.

2021 | 농협은행
중앙은행에서 블록체인 기술을 활용하여 발행하는 화폐

현물 화폐 대신 사용할 것을 제안한 화폐이다. 중앙은행을 의미하는 'Central Bank'와 디지털 화폐가 합쳐진 용어로 중앙은행에서 발행한다. 법화와 일대일 교환이 보장된다는 점에서 내재가치를 규정하기 어려운 민간 암호자산과 구분된다. 전자적인 형태로 단일원장방식과 분산원장방식을 기반으로 발행이 가능하다. 이용목적에 따라서 모든 경제주체가 이용할 수 있는 소액결제용, 금융기관들만 이용할 수 있는 거액결제용으로 구분된다. CBDC가 발행되면 신용리스크가 감축되고 현금에 비해 거래 투명성이 높아지며 통화정책의 여력이 확충되는 등의 장점이 있을 수 있으나, 은행의 자금중개기능이 약화되고 금융시장의 신용배분기능이 축소되는 부작용이 발생할 수 있다. 우리나라의 한국은행은 경제의 디지털 전환 가속화, 현금 이용 감소 등에 대응하고자 2020년 이후부터 디지털화폐 연구 · 개발을 진행해 왔으며, 2025년 4월부터 6월까지 활용성과 실거래 테스트를 실시한 바 있다. 실제 도입 여부 및 시기는 아직 미정이다.

> **상식PLUS⁺ CBDC 분류**
> ㉠ 단일원장방식 : 개인 · 기업에게 허용한 CBDC계좌 및 관련 거래정보를 신뢰할 수 있는 중앙관리자(예 : 중앙은행)가 보관 · 관리한다.
> ㉡ 복수원장방식 : 거래참가자 또는 일부 제한된 참가자 각자가 원장을 갖고 신규 거래 발생시 합의절차를 거쳐 각자가 관리하는 원장에 해당 거래를 기록함으로써, 동일한 거래기록을 가진 복수의 원장을 관리한다.

> ☑ 시험에서는 이렇게 물어본다!
> CBDC로 생기는 부작용에 대해 약술하시오.

81 ■■■
태그리스
Tagless

버스 또는 지하철을 승차할 때 효율성을 높이기 위한 비접촉식 결제시스템

고속도로 하이패스와 같이 탑승을 할 때 카드를 접촉하지 않고 결제가 가능하도록 하는 것이다. 지하철 게이트에서 블루투스를 통해 고객의 정보를 인식하여 자동으로 요금을 지불하는 것으로, 접촉식의 불편함을 개선하였다. NFC 기술을 기반으로 하여 결제하는 현재의 결제시스템과 달리, 태그리스 시스템은 모바일 센서장치와 BLE(저전력 블루투스 기술) 등을 활용하여 비접촉식으로 사용자 정보를 인식할 수 있다.

82 ■■■
디지털 지갑
Digital Wallet

전자상거래를 할 때 지갑의 기능을 하는 소프트웨어

모바일 기기에서 사용되는 전자지불 시스템의 일종이다. E – Wallet이나 Digital Wallet으로 부르기도 한다. 신용 결제를 포함하여 포인트 적립 등 다양한 결제 방식을 사용할 수 있다. 현금을 대체하는 전자화폐와 비슷하며 온라인 금융 및 증권거래 등 다양한 기능으로 사용할 수 있다.

83 ■■■
디지털 치료제
DTX :
Digital Therapeutics

질병치료를 도와 건강향상에 도움을 주는 소프트웨어

애플리케이션, 게임, 가상현실 등에 사용되는 디지털 치료제는 3세대 치료제(1세대 알약과 같은 합성의약품, 2세대 항체나 단백질 같은 바이오의약품)로 분류된다. 알약, 항체 등과 같이 미국식품의약국(FDA)의 심사를 받아야 한다. 디지털 치료제는 질방 치료·예방목적과 건강증진에 도움이 된다는 근거가 확실해야 한다는 요건들이 필요하다. 최초의 디지털 치료제는 '리셋'이라는 약물중독치료를 위한 제품이다.

84 ■■■
디지털 워터마크
Digital Watermark

파일에 대한 저작권 정보(저자 및 권리 등)를 식별할 수 있도록 디지털 이미지나 오디오 및 비디오 파일에 삽입한 비트 패턴

워터마크는 편지지의 제작 회사를 나타내기 위하여 희미하게 프린트한 투명무늬를 말한다. 따라서 디지털 워터마크는 디지털 형식으로 되어 있는 지적 재산에 대한 저작권 보호를 제공하기 위한 목적으로 삽입한다. 의도적으로 어느 정도까지는 볼 수 있도록 만든 프린트 워터마크와는 달리, 디지털 워터마크는 완전히 안 보이게(저작물이 오디오인 경우에는 안 들리게) 설계된다. 게다가 워터마크를 나타내는 실제 비트들은 확인할 수 있거나 조작되지 않도록 파일 전체에 걸쳐 퍼져 있어야 한다.

85

디지털 치매
Digital Dementia

디지털 기기에 의존도가 높아져 기억력과 연산능력이 하락하는 상태

독일의 뇌신경 의사이자 정신분석학자인 만프레드 슈피처가 출간한 책에서부터 사용되기 시작한 용어이다. 디지털 기기에 대한 의존도가 높아지면서 디지털 치매가 빈번하게 나타나고 있다. 가족의 전화번호를 외우지 못하고 네비게이션이 없이는 길을 헤매는 것, 인터넷에 찾은 정보를 즐겨찾기로 저장만 해놓고 기억하려 하지 않는 행위가 포함된다.

디지털 디톡스
Digital Detox

디지털 기기의 사용을 멈추고 쉬는 것

스마트폰을 이용하여 각종 정보를 취득하고 영상을 보는 등 특별한 이유가 없어도 스마트폰을 확인하는 중독증상이 증가하고 있다. 디지털 디톡스는 디지털 중독으로 인해 불안감이 높아진 사람들을 위해 심신을 회복하기 위한 것으로 디지털과 이별하는 연습을 하고, 남는 시간에는 할 일과 목표를 설정하며, 무엇을 할지 스케줄을 정하고, SNS 글을 올리고 싶을 때는 공책에 작성하는 제안이 있다.

87

디지털 디바이드
Digital Divide

2022 | 농협계열사

디지털 사회에서 정보 불균형을 나타내는 용어

정보의 격차를 의미한다. 디지털이 보편화되면서 이를 제대로 활용하는 계층과 이용하지 못하는 사람들 사이의 정보격차가 생기는 것이 소득격차까지 영향을 주어 계층 간의 갈등을 유발하고 사회 안정을 해친다.

관련기사 세대 간 디지털 격차로 오는 양극화

고령층의 디지털 정보화 수순이 가장 낮은 수준으로 계층 간에 간극이 발생하고 있다. 디지털 차별을 받는 노인을 배려하기 위해 디지털 전환에 속도를 조절해야 한다는 말이 나오고 있다. 야구 경기의 티켓을 구입하지 못해 경기장 밖을 서성이거나, 인터넷뱅킹의 사용이 어려워 은행 창구로 가서 업무를 보는 등 빠른 속도의 디지털 전환이 노인을 일상에서 소외시키고 있다. 전문가들은 디지털과 아날로그를 병행하여 사용하며, 디지털에 미숙한 노인을 지원하는 방안을 마련해야 한다고 밝혔다. 또한 매장 내에 키오스크나 디지털 기기를 사용할 때에는 근처에 노인을 돕는 직원을 대기시키는 것이 필요하다고 했다.

> ☑ 시험에서는 이렇게 물어본다!
> 디지털 디바이드로 인해 시니어 고객을 잃게 되는 문제에 대한 해결방안을 약술하시오.

88 ■■■■

디지털 전환

DT :
Digital Transformation

2022 | 농협은행

디지털 기술을 전통적인 사회 구조에 적용하여 사회 전반의 구조를 전환시키는 것

사물인터넷, 클라우드 컴퓨팅, 인공지능, 빅데이터 등의 디지털 기술을 활용하여 운영방식을 혁신하는 것이다. 디지털 기술을 통해 성과를 만들고 새로운 비즈니스 모델을 만드는 것을 목표로 한다. 디지털 전환을 위해서 아날로그 형태를 디지털화하는 전산화 단계가 필요하다.

> ☑ 시험에서는 이렇게 물어본다!
> 금융권에서 디지털 전환을 고도화하기 위해 해야 하는 것을 약술하시오.

---

89 ■■■■

디지털 네이티브

Digital Native

태어날 때부터 디지털 기기에 둘러싸여 성장한 세대

1980년에서 2000년 사이에 태어난 세대를 일컫는다. 특정 지역 원주민들이 그곳 언어와 문화를 태어나면서 배우듯이 현재 아이들은 디지털 습성을 타고난다는 의미를 가진다. 반면에 이전 세대는 아무리 애써도 아날로그 취향을 없애지 못하여 이주민으로 전락한다는 뜻을 가진 '디지털 이주민'이라는 용어도 함께 등장하였다.

---

90 ■■■■

디지털 쿼터족

Digital Quarter族

디지털을 자유롭게 사용하는 10 ~ 30대

디지털에 익숙하지 않은 40 ~ 60대 처리시간보다 4분의 1시간 이내로 사용하는 세대를 일컫는다. 디지털 기기를 활용한 멀티태스킹 능력이 우수한 세대이다. 이들은 어린 시절부터 디지털 기기 사용에 익숙한 것과 관련이 깊다.

---

91 ■■■

디지털 사이니지

Digital Signage

네트워크로 제어가 가능한 디스플레이를 통한 디지털 미디어 광고

디지털 기술을 활용하여 스크린에 영상과 정보를 보여주는 광고이다. 디지털 정보 디스플레이(DID)를 이용하여 네트워크로 원격으로 광고를 내보내며 관리한다. 건물 외벽이나 전광판으로 광고하는 아웃도어 디지털 사이니지와 대형 쇼핑몰 내부에 위치하는 인도어 디지털 사이니지가 있다. 최근에는 얼굴을 인식하여 성별과 연령에 맞는 광고를 보여주는 디지털 사이니지를 개발 중이다.

---

92 ■■■■

디지털 유목민

Digital Nomad

원격 통신기술을 활용하며 단일한 고정 사무실 없이 근무하고 살아가는 인간형

인터넷과 업무에 필요한 각종 기기, 제한되지 않은 작업공간만 있으면 시간과 장소에 구애받지 않고 일을 할 수 있는 사람들을 말한다. 이는 한 곳에 정착하기를 거부하는 자유로운 기질의 유목민에 비유한 말이다.

93

디지털 마케팅
Digital Marketing

인터넷상에서 진행되는 온라인 광고

온라인에서 소비자에게 광고를 보여주는 것을 의미한다. 시간과 공간의 제약 없이 기업과 고객이 연결되는 네트워크 마케팅이다. 검색광고, 디지털 쿠폰, 이메일, 뉴스피드 광고, 블로그 광고 등 디지털 기술을 사용한 모든 광고활동이 포함된다.

> **상식PLUS⁺ 디지털 마케팅 용어**
> ㉠ CTR(Click Through Rate) : 광고 클릭율
> ㉡ CVR(Conversion Rate) : 구매 전환율
> ㉢ CPI(Cost Per Install) : 기기 수에 따른 광고비용 지불방식
> ㉣ ROI(Return To Investment) : 투자대비 수익률
> ㉤ SEM(Search Engine Marketing) : 검색 엔진 마케팅
> ㉥ SEO(Search Engine Optimization) : 검색 엔진 최적화
> ㉦ Bounce Rate : 이탈률
> ㉧ ATL(Above The Line) : TV, 라디오, 잡지, 뉴스 등 한방향 소통
> ㉨ BTL(Below The Line) : 양방향 소통

94

디지털 변조
Digital Modulation

디지털 데이터를 반송파로 변조하여 전송하는 것

아날로그 신호 데이터를 디지털 신호로 전송하기 위해서 변조를 하는 방식을 의미한다. 디지털 변조로는 다치변조, 협대역 변조, 다반송파 변조, 스펙트럼 확산변조 등 4종류가 대표적이다.

디지털 포렌식
Digital Forensic

범죄를 밝혀내기 위해 수사에 쓰이는 과학적 수단 · 방법 · 기술 등을 포괄하는 개념

포렌식이란 공청회를 뜻하는 라틴어 'Forensis'에서 유래한 만큼 공개적인 자리에서 누구나 인정할 수 있는 객관성을 가지는 것이 목적이다. 국내에선 '범죄과학'으로 알려져 있으며, 범죄를 밝혀내기 위한 모든 과학적 수단 또는 방법이라 할 수 있다.

디지털 발자국
Digital Footprint

인터넷 이용자들의 디지털 기록

온라인 사용자들이 온라인 활동을 하면서 남긴 구매 패턴, 검색어 기록, 홈페이지 방문 기록 등을 디지털 발자국이라고 하며 디지털 흔적이라고도 한다. 기업들은 이를 분석하여 광고 마케팅에 활용하기도 한다.

디지털 장의사
Digital Undertaker

개인이 원하지 않는 인터넷 기록이나 사망한 사람의 디지털 흔적을 찾아 지워 주는 전문 업체

인터넷에 존재하는 개인의 인생을 지운다고 하여 디지털 장의사라고 불린다. 개인 혹은 유족들이 인터넷에 남은 흔적의 완전 제거를 의뢰하면 디지털 장의사는 삭제 대상 정보들의 위치(URL)를 파악한 뒤 찾아낸다. 정보들 중 명예훼손이나 사생활 침해 소지가 있다고 판단되는 정보를 의뢰인 대신 삭제 요청을 한다.

사이버 불링
Cyber Bullying

사이버상에서 집단적으로 괴롭히는 행위

특정인을 네트워크상에서 괴롭히고 따돌리는 행위이다. 단체 채팅방에 초대하여 욕을 하거나, 인터넷에 굴욕적인 사진을 올리거나, 스토킹, 허위사실 유포 등 네트워크상에서 수치심과 고통을 유발하는 모든 행위이다. 가상의 공간에서 시간과 공간의 제약이 없이 이뤄지는 행위로 24시간 내내 무차별 폭력에 시달릴 수 있다.

인포데믹
Infodemic

잘못된 정보나 악성루머 등이 미디어와 인터넷 등에서 빠르게 확산되는 현상

21세기의 새로운 흑사병이라 불리는 인포데믹은 '정보(Information)'와 '전염병(Epidemic)'의 합성어로, 잘못된 정보가 미디어·인터넷 등의 매체를 통해 급속하게 퍼져나가는 것이 전염병과 유사하다는 데서 생겨난 용어이다. 인포데믹은 단순히 소문이 퍼지는 것이 아니라 전문적이고 공식적인 매체와 전화나 메시지 등 비공식 매체 등을 통해 확산된다. 전파되는 속도가 매우 빠르기 때문에 잘못을 바로잡기가 어렵고, 이에 경제 위기나 금융시장의 혼란을 키워 문제가 되고 있다. 속칭 '찌라시'라고 불리는 금융시장에 도는 출처 불명의 소문 등이 인포데믹에 속힌다.

FAST 서비스

광고 기반으로 무료로 스트리밍을 제공하는 TV서비스

광고를 기반으로 하여 무료로 스트리밍을 제공하는 TV 서비스이다. 월·연 구독료를 지불하고 영상을 스트리밍 하는 기존의 OTT 구독료가 상승함에 따라 소비자들은 무료로 영상을 볼 수 있는 서비스를 찾아 나서면서 주류 미디어로 각광받고 있다. 인터넷과 연결된 스마트 TV를 통해서 광고를 보고 무료로 콘텐츠를 이용할 수 있는 서비스이다. 기존의 TV처럼 편성채널에 따라 시청을 해야 하는 단점에도 불구하고 무료로 제공하는 것에 많은 관심을 얻으면서 성장하고 있다.

사이버 슬래킹
Cyber Slacking

업무시간에 인터넷과 이메일 등 업무를 위해 설치한 정보 인프라를 개인적 용도로 이용하면서 업무를 등한시하는 행위

인터넷을 업무에 활용하는 것이 보편화되면서 업무 이외의 용도로 사용하는 사례가 크게 늘고 있다. 특히, 최근에는 음악파일과 동영상 중심의 멀티미디어 콘텐츠가 크게 증가하는 등 대용량 정보가 많아지면서 사이버 슬래킹이 단순히 개인의 업무공백 차원을 넘어 조직 내 전체업무에 차질을 주는 사태로까지 발전하고 있다. 이에 따라 기업과 공공기관을 중심으로 특정 사이트 접속을 제한하는 사이버 슬래킹 방지 소프트웨어 도입이 관심을 끌고 있다.

사이버 콘드리아
Cyberchondria

웹에서 얻은 부정확한 정보로 자신의 건강에 대해 스스로 진단을 내리는 것

건강과 관련된 정보를 전문적인 판단 없이 스스로 판단하고 진단하는 것을 의미한다. 부정확한 정보로 자신의 건강상태와 질병에 반응하는 것으로 인터넷에 있는 수많은 정보들로 인해 나타나는 현상이다.

빅브라더
Big Brother

영국의 소설가 조지 오웰의 소설 「1984년」에 나오는 독재자 빅브라더를 인용한 용어

빅브라더는 긍정적 의미로는 선의의 목적을 가지고 사회를 돌보는 보호적 감시를 뜻하며, 부정적 의미로는 정보의 독점을 통해 권력자들이 행하는 사회통제의 수단을 말한다.

상식PLUS+ 스마트 감시

범죄 예방을 위해 설치된 CCTV로 일상을 감시하는 것을 의미한다. 첨단 도청장치, CCTV, 위성 추적기 등을 감시의 도구로 사용하여 일상을 통제할 수 있는 가능성이 높아지는 것이다. 2013년 미국에서 NSA 직원이었던 에드워드 스노든이 무차별적으로 정보를 수집한 행위를 폭로한 사건인 '스노든 사건'으로 정부의 민간 감시에 대한 우려가 나타났다.

DAS
Domain Awareness System

뉴욕경찰청과 마이크로소프트사가 공동 개발한 범죄감시시스템

빅데이터 기술을 통해 범죄 예방을 하기 위한 시스템이다. 2012년 8월 뉴욕에서 폭발물 의심신고가 접수되자 곧바로 지도 위에 신고위치 부근이 나타나고 경찰관이 주변 모든 CCTV를 한꺼번에 확인하여 즉각적으로 범인을 잡은 활용사례가 있었다. 뛰어난 성능에 사생활 침해 논란이 나타나고 있으나 범죄예방에 탁월한 성능이 있다.

105 ■■■

캡차
CAPTCHA :
Completely Automated
Public Turing Test
to Tell Computers
and Humans Apart

사람과 컴퓨터를 구별하기 위해 만든 테스트

웹 페이지에서 악의적으로 사용되는 프로그램인 '봇(Bot)'을 구별하는 역할을 한다. 봇은 스팸 메시지 등을 반복적으로 보내는 등 악의적으로 이용되는 경우가 많다. 이러한 악의적인 봇을 차단하기 위해 찌그러진 문자, 왜곡된 숫자 등을 활용해 문자를 만들어 사람은 구별할 수 있게 하고 봇은 정확히 인지하지 못하게 한다.

106 ■■■

OCR
Optical Character
Reader/Recognition

광학적 문자 판독장치로 빛을 이용하여 문자를 컴퓨터에 입력하는 장치

현재는 세금이나 영수증에 많이 사용되는 기술로 광 스캐너를 이용하여 문자를 판독하고 전용 소프트웨어를 통해 문자가 컴퓨터에 나타난다.

107 ■■■

HDR
High Dynamic Range

디지털 영상의 계조도 신호 표현 범위가 넓은 명암 영역에 대응되도록 하여 밝은 부분은 더 밝게 어두운 부분은 더 어둡게 표현할 수 있는 기술

가장 밝은 부분과 어두운 부분의 범위를 나타내는 DR(Dynamic Range)에 High가 붙어 범위를 확장시킨 단어이다. 보편적인 HDR 10, 특정 기업의 독자 방식인 VP9 – Profile 2, 등 다양한 HDR 규격이 존재한다.

108 ■■■

캄테크
Calm Tech

2020 | 농협은행
사용자가 필요한 순간에만 제공하는 기술

'조용하다(Calm)'과 '기술(Technology)'의 합성어로 '자동 편의 기술'이라고도 한다. 필요한 정보를 알려주지만 주의를 기울이거나 집중할 필요가 없는 기술을 뜻한다. 센서와 컴퓨터, 네트워크 장비 등을 보이지 않게 탑재하여 평소에는 존재를 드러내지 않고 있다가 사용자가 필요한 순간에 각종 편리한 서비스를 제공하는 기술이다. 예를 들어 현관 아래에 서면 불이 들어오는 자동 센서, 자율주행차, 스마트 홈 등이 있다.

> ☑ 시험에서는 이렇게 물어본다!
> 캄테크가 활용되고 있는 사례를 말해보시오.

109 ■□□

OTP
One Time Password

일회용 비밀번호를 생성하여 사용자 인증을 하는 방식

고정된 비밀번호가 아닌 무작위로 생성되는 일회용 비밀번호를 통해 보안을 강화하기 위해 도입된 시스템이다. 주로 전자금융거래에서 사용된다.

전자서명
Digital Signature

2021 | 농협계열사 2022 | 농협은행

문서에 서명자가 개인의 키를 이용하여 서명을 하는 것

전자서명은 서명자만이 서명문을 생성·확인을 하여 위조가 불가한 인증방식이다. 한 번 생성된 서명은 재사용이 불가하고 이전으로 돌아가 변경이 불가하다. 이러한 점으로 서명한 사실을 부인하는 것을 방지할 수 있다. 전자서명법에 의해 전자서명은 인감도장과 동일한 법적 효력을 가진다. 기밀성을 보장하지는 않지만 위조가 불가능하고 서명자만이 인증을 할 수 있다. 또한 서명한 문서는 변경을 할 수 없어 차후에 서명사실을 부인할 수 없다.

> **상식PLUS**⁺ 전자서명의 원리
> 원본 문서의 해시값을 구하고 공개키 방법을 사용하여 부인 방지 기능을 부여하여 암호화한다. 문서를 받은 곳에서는 암호화된 해시값을 복호화해서 원본 문서 해시값과 비교해서 위·변조를 확인한다.

☑ 시험에서는 이렇게 물어본다!
전자서명의 인증절차에 대해서 설명하시오.

FIDO
Fast Identity Online

2021 · 2019 | 농협은행

신속한 온라인 인증

온라인 환경에서 신속하게 개인 인증을 하는 기술이다. ID나 비밀번호가 아닌 지문이나 홍채 등을 이용한 생체인식 기술을 통해서 빠르게 개인인증을 할 수 있다.

☑ 시험에서는 이렇게 물어본다!
FIDO의 의미를 설명하시오.

C−DRX
Connected Mode
Discontinuous Receotion

배터리 최적화 기술

스마트폰과 기지국 간 데이터 통신이 없을 시 절전 기능을 유지하여 배터리 소모를 줄여주는 기술이다. 최대 45%까지 배터리 소모를 절약할 수 있으며, 그와 함께 발열 현상도 줄일 수 있다는 것이 큰 장점이다.

이상금융거래 탐지시스템

FDS :
Fraud Detection System

전자금융거래 사용되는 정보를 분석하여 이상거래를 탐지하여 차단하는 시스템

사용자의 거래패턴이 기존과 다르다면 이상금융거래로 탐지하는 시스템이다. 패턴분석이 핵심적인 기능이다. 이용자의 정보를 수집·분석·탐지하고 그에 대한 정보를 통해 거래를 차단하거나 추가로 인증을 요구하여 대응한다.

> **관련기사** 금융당국, 'AI 이상거래 탐지' 본격화 … 주가조작 원천차단 될까
>
> 3일 금융권에 따르면 금융위원회는 한국거래소가 이날부터 '사이버 이상거래 탐지 AI 시스템'을 도입한다고 밝혔다. 이번 시스템은 온라인 게시판이나 SNS 등에서 허위사실을 유포하거나 선매수한 종목을 추천해 주가에 부당한 영향을 미치려는 시도가 증가하면서 고안됐다. AI 기능을 탑재한 시스템은 사이버 정보 동향을 감시하면서 지표를 기준으로 점수화해 이상 종목을 자동 탐지한다. 담당자는 이를 참고해 이상거래를 점검하고 필요시 정밀 분석 등 후속조치에 나선다.

디지털증거물 인증서비스

사진, 촬영물, 캡쳐 이미지 등을 증거물로 확보하는 서비스

스마트폰에 설치된 디지털인증서비스 앱을 활용하여 사진이나 영상을 촬영하면 해시값이 자동 추출되어 촬영자의 위치 및 기기정보를 국과서 서버로 전송한다. 국과수 자체 개발 앱으로, 취득한 데이터의 위·변조 가능성을 없애고, 무결성과 증명력을 확보하기 위한 인증체계이다.

> **상식PLUS** 해시값
>
> 디지털증거의 지문으로 전자지문으로 부른다. 디지털데이터를 해시함수로 계산하면 고정된 문자열을 확인할 수 있다.

디지털 저작권 관리

DRM :
Digital Rights Management

디지털 저작권을 관리·보호하는 기술

불법복제를 막기 위해서 콘텐츠 생성·유통·사용인 모든 단계에 사용되는 보안 기술이다. 불법복제 방지기술, 사용료 부과 등 방대한 개념이다. 커머스 DRM과 엔터프라이즈 DRM이 있다. 커머스 DRM은 비용을 지불한 이용자에게 사용 권한을 주는 것으로 음원사이트가 대표적이다. 엔터프라이즈 DRM은 기업에서 문서 보안을 위해 암호를 설정하여 기밀을 유지하는 방법이다.

소셜 블랙아웃
Social Blackout

스마트폰이나 인터넷으로부터 자신을 완전히 차단하는 행위

'소셜미디어(Social Media)'와 대규모 정전사태를 의미하는 '블랙아웃(Black Out)'의 합성어로. 직장인들이 휴가 중 단체 대화방을 나가거나 소셜미디어 어플을 삭제하는 경우가 소셜 블랙아웃에 해당한다. 또 과도한 몰입이나 타인과의 비교로 인한 SNS 피로감에서 일시적으로 벗어나고자 소셜 블랙아웃을 선택하는 사람도 있다.

데이터 커머스
Data Commerce

데이터를 정밀분석하여 개인에게 맞는 상품을 모바일 또는 TV에서 편리하게 쇼핑하도록 유도하는 것

구매이력, 상품정보, 인구통계학 데이터, 방송 시청 데이터를 분석하여 개인 라이프스타일에 맞는 단말, 시간대, 콘텐츠별로 상품을 추천하고, 기업과 연결시켜주는 중개 플랫폼으로 진화하고 있다.

> **상식PLUS⁺ 데이터 커머스의 종류**
> ㉠ M – 커머스 : 무선 데이터 장비를 이용해 정보. 서비스, 상품 등을 교환하는 것을 말한다.
> ㉡ T – 커머스 : 인터넷 TV를 이용한 전자상거래를 말한다.

에이징 테크
Aging Tech

고령층을 대상으로 하는 기술

노인의 접근과 용이성이 우선되는 기술로, 실버 기술으로도 불린다. 치매 방지를 위한 대화형 로봇, 돌봄 로봇, 스마트 워치 등이 고령자의 삶의 질을 높이기 위해 나오고 있다.

크로스 플랫폼
Cross Platform

소프트웨어나 하드웨어를 다른 환경의 운영체제에서도 공통으로 사용이 가능한 것

멀티플랫폼의 일종이다. 하나의 프로그램이 워크스테이션, PC, 모바일에서도 공통으로 사용할 수 있는 것을 의미한다. 이용자가 보유중인 플랫폼에서 원하는 것을 자유롭게 사용할 수 있다.

긱 워커
Gig Worker

고용주가 단기계약을 맺고 일회성으로 일을 의뢰하는 근로자

공유경제가 확산되면서 디지털 플랫폼에 등장한 근로 형태이다. 차량공유서비스 운전자, 배달 라이더, 원데이클래스 수업 등 각종 서비스 업체에서 일하는 1인 계약자로 임시 노동자를 의미한다.

생산성 역설
Productivity Paradox

IT에 대한 투자가 증가해도 기업, 산업 및 국가 수준의 생산성이 그에 비례해서 증가하지 않거나 오히려 감소하는 현상

디지털 혁신의 가속은 기존의 경제 구조 재편을 불러온다. 그러나 경제 구조를 디지털 기반으로 혁신하기 위해서는 충분한 기술, 인적 자본 확충, 조직 재편성 등의 요소들을 모두 포괄할 수 있는 대규모 투자가 필요하다. 즉 단순히 투자만으로는 즉각적인 효과를 볼 수 없고 상당한 시간이 소요되는데, 그 과정에서 생산성 역설이 발생하는 것이다.

5G
Fifth Generation
Mobile Communications

2021 | 농협중앙회 2021 · 2019 | 농협은행

4세대 이동 통신에서 진화된 이동 통신이라는 의미로 사용되는 마케팅 명칭

5G의 정식 명칭은 'IMT − 2020'으로 이는 국제전기통신연합(ITU)에서 정의한 5세대 통신규약이다. 5G는 최대 다운로드 속도가 20Gbps, 최저 다운로드 속도가 100Mbps인 이동통신기술이다. 이는 4G 이동통신기술인 롱텀에볼루션(LTE)과 비교하면 속도가 20배가량 빠르고, 처리 용량은 100배 많다. 5G는 초고속, 초저지연, 초연결 등의 특징을 가지며 이를 토대로 가상 · 증강현실, 자율주행, 사물인터넷 기술 등을 구현할 수 있다.

> **관련기사** LTE 없는 순수 5G 시대 ⋯ 통신 3사, 6G 주도권 경쟁 가속
>
> 국내 이동통신 업계가 기존 5G 망을 한 단계 업그레이드한 5G 단독모드(SA) 기술을 고도화하고 인공지능(AI)과 클라우드 기반 시설을 넓히며 미래 네트워크 혁신에 박차를 가하고 있다. 2026년 2월 1일 업계에 따르면 통신사들은 운영 효율을 높이는 동시에 이후 펼쳐질 6G 시대의 주도권을 잡기 위해 관련 핵심 기술 연구와 특허 확보에 집중하고 있다.

> ☑ 시험에서는 이렇게 물어본다!
> 5G 기술의 특싱을 설명하시오.

웹하드
Webhard

서비스로 구매한 저장 공간에 파일을 공유할 수 있는 인터넷에서 문서나 파일을 관리하는 서비스

인터넷에서 전용 저장 공간을 제공하여 파일을 관리해 주는 서비스이다. 웹하드 서비스로 자유롭게 파일을 저장 · 편집 · 공유가 가능하다.

플랫폼 노동

스마트폰 사용이 일상화되면서 등장한 노동 형태

앱이나 소셜 네트워크 서비스(SNS) 등의 디지털 플랫폼에 소속되어 일하는 것을 말한다. 고객이 스마트폰 앱 등 플랫폼에 서비스를 요청하면 노동 제공자가 고객에게 서비스를 제공한다. 플랫폼 노동은 노무 제공자가 사용자에게 종속된 노동자가 아닌 자영업자이므로 특수고용노동자와 유사하다는 이유로 '디지털 특고'로도 불린다. 예컨대 배달대행앱, 대리운전앱 등이 이에 속한다.

125 ■□□□

구독경제
購讀經濟

특정 상품이나 서비스를 이용하기 위해 사용자가 일정 기간 동안 구독료를 지불하는 것

신문이나 잡지, 우유 등을 배달받는 것이 구독경제의 대표적인 사례다. 그러나 최근에는 구독의 범위가 훨씬 넓어지고 있다. 사람들은 전자제품이나 자동차를 이용하기 위해 구독료를 지불하는 것을 넘어 컴퓨터 프로그램, 음악 스트리밍, 게임, OTT 등 디지털 플랫폼을 통해 제공되는 구독 서비스를 이용하기도 한다. 소비자는 매번 구매하여 소유할 필요 없이 비교적 낮은 비용으로 서비스를 공급받을 수 있고, 기업은 구독료를 통해 정기적이고 안정적인 매출을 낼 수 있다는 것이 구독경제의 장점이다.

126 ■■□□

낸드플래시
Nand Flash

전원이 없는 상태에서도 저장한 정보가 사라지지 않는 메모리 반도체

전원을 끄면 자료가 사라지는 D램이나 S램과 달리 자료가 계속 저장이 되는 플래시메모리의 일종이다. 비휘발성 메모리라고도 말한다. D램보다 속도는 느리지만 저렴하여 용량을 더 크게 만들 수 있다. 사물인터넷, 빅데이터, 인공지능의 발전으로 사용량이 늘어나고 있다.

127 ■■■□

업무 처리
자동화
RPA :
Robotic Prosess
Automation

단순반복 업무를 알고리즘화 한 소프트웨어로 자동화하는 기술

기업의 재무, 회계, 제조, 구매, 고객 관리 분야 데이터를 수집하여 입력하고 비교하는 업무를 자동화해서 빠르고 정밀하게 수행하는 자동화 소프트웨어 프로그램을 말한다. 인공지능과 결합하여 빠르게 발전하는 분야이다.

인터넷을 통한 TV서비스

'Over The X'는 기존 영역의 경계를 넘나드는 서비스나 상품을 의미한다. 방송, 통신 영역에서 사용하는 OTT(Over The Top) 서비스에서 'Top'은 셋톱박스(Set Top Box)를 뜻한다. 즉, '셋톱박스를 넘어서(통하여)' 제공되는 서비스라는 것이다. 따라서 전파나 케이블이 아닌 범용 인터넷 망으로 영상콘텐츠를 제공하는 것으로 셋톱박스가 있고 없음을 떠나 인터넷 기반의 동영상 서비스 모두를 포괄하는 의미로 쓰인다.

> **상식PLUS⁺** 영역의 경계를 넘나드는 서비스
> ㉠ OTC 마켓(Over The Counter Market) : 증권거래소 밖에서 이루어지는 금융 장외시장
> ㉡ OTC 드럭(Over The Counter Drug) : 처방전 없이 약국이나 슈퍼마켓에서 살 수 있는 일반 의약품

사람 혹은 동물의 시각 능력을 컴퓨터로 구현하는 기술

사람은 눈은 망막에 맺히는 상을 2차원 이미지에서 3차원 모델이나 구조를 추론하고, 물체를 탐지하는 등을 통해 여러 정보를 받아들인다. 이러한 시각 능력을 컴퓨터로 구현한 것이 컴퓨터 시각이다. 보통 자율주행자동차, 로봇 구현에 사용되며 번호판이나 위성사진 분석, 얼굴 인식 기술에도 이용된다.

과학기술정보통신부와 정보통신정책연구원이 마련한 사람 중심의 인공지능 윤리 기준

AI 기술이 발달하고 보편화되면서 AI 기술의 오남용, 범죄, 개인정보 침해 등이 발생하여 사회적 문제로 떠올랐다. 이에 따라 2020년 12월 23일 사람이 중심이 되는 '인공지능(AI 윤리 기준'이 심의 · 의결되었다. 기준은 인간성(Humanity)을 최고 가치로 두면서 '인간 존엄성 원칙, 사회의 공공선 원칙, 기술의 합목적성 원칙' 세 가지를 3대 기본원칙으로 규정하였다. 이와 더불어 기본원칙을 이행할 수 있도록 인공지능 전체 생명주기에 걸쳐 충족되어야 하는 10대 핵심요건을 제시하였다. '인권보장, 프라이버시 보호, 다양성 존중, 침해금지, 공공성, 연대성, 데이터 관리, 책임성, 안정성, 투명성'이 그 내용이다.

협업필터링

2021 | 농협은행

이용자의 행동을 분석하여 맞춤정보를 제공하면서 클릭과 구매율을 높이는 광고 전략

알고리즘을 통해서 고객의 정보를 분석하여 다음에 선택하는 것을 미리 예측하여 맞춤형 자료를 제공하는 것이다. 추천 알고리즘을 통해 소비자의 개인에 맞춘 정보를 제공하면서 소비자 충성도를 제고하기 위함이다. 초개인화를 목표로 하는 것이며 스트리밍 플랫폼이나 OTT에서 추천하는 알고리즘 서비스가 대표적이다.

> ☑ 시험에서는 이렇게 물어본다!
> 협업필터링의 대표적인 사례는?

132 ■■■■

스파이앱
Spy App

스마트 기기 사용자의 전화 통화 내용, 메시지, 위치 등을 실시간으로 모니터링할 수 있는 앱

스마트폰 사용이 증가하면서 등장한 어플리케이션이다. 앱 사용자의 행동을 모니터링하는 것을 목적으로 하며, 부모가 자녀를 살필 때 사용하기도 하지만, 주로 범죄에 많이 사용된다. 이벤트 광고인 척 URL이 포함된 메시지를 보내고, 사용자가 URL을 누르면 스파이앱과 같은 악성앱이 자동으로 설치되는 등의 보이스피싱 수법도 존재한다.

133 ■■■■

적대적 공격
Adversarial Attack

AI가 잘못된 판단이나 동작을 수행하도록 입력한 데이터 혹은 공격

AI 시스템의 오작동을 유도하기 위해 입력된 데이터나 모델 자체를 조작하는 공격 기법이다. 이는 공격자가 직접적으로 개입하여 AI를 교란시키는 것으로 그 종류는 '입력 조작 공격, 학습 데이터 조작 공격, 모델 공격' 세 가지로 나눌 수 있다. 적대적 공격은 AI 모델의 성능을 저하시킬 뿐만 아니라 보안, 안전, 윤리적 문제를 일으킬 수 있다. 예컨대 자율주행자동차가 적대적 공격을 받아 신호를 인식하지 못하는 등의 주행 문제가 생기면 큰 사고로 이어질 수 있는 것이다.

134 ■■■■

디지털 휴먼
Digital Human

컴퓨터 그래픽(Computer Graphic) 기술로 제작된 가상 인간

정교한 CG 기술을 활용하여 외형적으로는 실제 인간과 구별이 힘들게 제작된다. 특징적인 얼굴형, 자연스러운 움직임 등을 구현하여 사실성을 높게 만들면서도 실제 사람의 단점을 보완하고, 수요에 따라 수정할 수도 있다는 것이 장점이다. 또한 시공간의 제약이 없기 때문에 다양하게 활용할 수 있다. 최근에는 AI 기술의 발달로 디지털 인간의 제작이 빠르고 간편해진 추세이다.

베이퍼웨어
Vaporware

개발되지 않은 가상의 제품을 지칭

베이퍼웨어는 증발품이라는 의미로 수증기처럼 사라질 수 있는 제품을 의미한다. 홍보책자에만 존재한다고 하여 브로슈어 웨어라고 칭하기도 한다. 경쟁회사 제품 구매 시기를 미루기 위해 발표하거나 이유가 있어 배송이 지연되는 소프트웨어나 하드웨어를 의미한다. 미래에는 출시가 가능하다는 환상으로 경쟁업체의 제품을 막는 효과가 있다. 마케팅 기법 중 하나이기도 하다.

무어의 법칙
Moore's Law

마이크로칩 밀도는 1.5년마다 2배로 늘어난다는 인터넷의 경제 3원칙

1965년 고든 무어가 예측한 마이크로칩 용량이 매년 2배가 된다는 법칙을 1975년에 24개월로 수정하고 다시 18개월로 정의했다. 데이터 양이 1.5년마다 2배씩 증가한다는 결과로 멧칼프의 법칙, 가치사슬을 지배하는 법칙과 함께 3원칙 중에 하나이다.

> **상식PLUS** 인터넷경제 3원칙
> ㉠ 무어의 법칙 : 마이크로칩의 처리능력은 해마다 2배로 증가한다.
> ㉡ 멧칼프의 법칙 : 네트워크의 가치는 참여자의 제곱에 비례한다.
> ㉢ 가치사슬 지배 법칙 : 조직은 거래비용이 적게드는 방향으로 변화한다.

멧칼프의 법칙
Metcalfe's Law

네트워크의 유용성의 정도는 네트워크 사용자의 제곱과 비례하며, 네트워크 기술을 활용하는 사용자의 증가율이 어느 임계값에 도달하면 그 시점부터 기하급수적으로 가치(유용성)가 증가하는 법칙

사용자 환경이 PC에서 네트워크 중심으로 이동되었고 네트워크 성장속도와 이를 전달하는 인터넷의 중요성을 잘 설명하고 있는 법칙으로 네트워크가 확장되어 갈수록 비용절감 효과는 등비급수적으로 늘어난다. 초기 마케팅 비용을 들이더라도 회원을 모집하려는 노력을 하는 이유가 여기에 있는 것이다. 생산량이 증가할수록 평균비용은 등비급수적으로 줄어들게 되므로 그 가치는 급격하게 증가하고 그 차이는 사용자 수가 늘어날수록 등비급수적으로 점점 더 벌어지게 된다. 하지만 인터넷 가입자 및 회원수가 많다고 하여 바로 수익으로 이어지는 것은 아니며, 그보다 비즈니스모델이 더 중요한 요소로 작용한다.

138 ■■■
퍼지 컴퓨터
Fuzzy Computer

인간 두뇌와 비슷하게 제어할 수 있는 컴퓨터

현재의 디지털 컴퓨터는 모든 정보를 2개의 값으로만 처리하기 때문에 모호성이 없다. 직감과 경험에 의해 융통성(퍼지) 있는 사람의 행동과 동작을 컴퓨터에 적용하고자 하는 것이 퍼지 컴퓨터이다. 기존의 컴퓨터가 인간의 뇌 중에서 계산능력이 뛰어난 왼쪽 뇌를 모방하여 개발되었다면, 퍼지 컴퓨터는 이미지 묘사, 상상, 판단기능을 수행하는 오른쪽 뇌를 모방하여 인간적인 사고나 판단 기능을 특화시킨 것이다.

139 ■■■
온디맨드
On Demand

플랫폼과 기술력을 가진 회사가 수요자의 요구에 즉각 대응하여 제품 및 서비스를 제공하는 것

기존의 거래처럼 고객이 직접 재화와 서비스가 있는 곳을 찾아가는 것이 아니라 고객이 원할 때 서비스가 바로 제공되는 것으로 수요가 모든 것을 결정하는 체계를 갖는다. 비즈니스의 성공과 실패가 모두 고객의 손끝에서 이루어질 수 있는 시대가 온 것이다. 온디맨드는 모바일을 중심으로 고객과 근처에 있는 서비스 제공자를 연결해 준다. 모바일을 통해 주문을 받은 서비스 제공자는 고객이 원하는 시간에 맞춰 서비스를 제공한다. 따라서 어디서나 원하는 상품을 주문하고 원하는 방식으로 즉각적인 서비스를 제공받을 수 있으며 오프라인에 집중되는 사업에게는 모바일, 온라인 플랫폼 등 판매 유통을 넓힐 수 있는 계기가 되고 있다.

140 ■■■
스마트 팩토리
Smart Factory

설계·제조·유통 등 생산과정에 정보통신기술(ICT)을 접목한 지능형 공장

모든 생산 과정이 무선통신으로 연결되어 자동으로 움직이는 공장이다. 모든 설비와 장치가 무선으로 연결되어 모든 공정을 편리하게 확인할 수 있다. 공장에 사물인터넷과 카메라를 통해 불량품이나 설비 노후화 등을 확인할 수 있다.

141 ■■■
등대공장
Lighthouse Fact

4차 산업혁명의 핵심 기술을 도입하여 제조업의 미래를 이끌고 있는 공장

사물인터넷(IoT)과 인공지능(AI), 빅데이터 등 4차 산업혁명의 핵심기술을 적극적으로 도입하여 제조업의 미래를 혁신적으로 이끌고 있는 공장을 의미한다. 등대공장은 세계경제포럼(WEF)이 매년 두 차례 선정한다.

알약 형태로 섭취하여 몸속에서 수치를 측정하는 웨어러블 기기 장치

알약을 섭취하면 심장과 방광 등의 신체 내부의 온도인 심부체온을 측정할 수 있다. 몸속으로 섭취하는 스마트 알약은 블루투스로 연동하여 데이터를 모니터링 할 수 있다. 대략 16시간가량 심부체온을 측정하고 역할이 끝나면 체외로 배출된다.

> **관련기사** 가축 건강관리 시스템 스마트 알약
>
> 축산업에서 발정과 분만을 모니터링 하는 것은 매우 중요하다. 축산 농민들의 원격 모니터링을 지원하기 위해 농촌진흥청은 가축 건강관리 시스템 '스마트 알약'을 개발하였다. 소가 섭취한 스마트 알약은 소의 위 속에서 체온과 활동량을 무선으로 전송한다. 스마트 알약에 부착된 센서는 소의 해부학적 특성을 고려하여 체외 배출 방지 설계가 적용되어 쉽게 배출되지 않는다. 스마트 알약은 10분마다 체온과 2.5초 간격으로 활동량을 측정한다.

에너지 효율을 최적화 하는 지능형 전력망

전력산업과 정보기술(IT), 그리고 통신기술을 접목하여 전력 공급자와 소비자가 양방향으로 실시간 정보를 교환한다. 에너지 효율성 향상과 신재생에너지 공급의 확대를 통한 온실가스 감축을 목적으로 하는 차세대 지능형 전력망이다. 전력 공급자는 전력 사용 현황을 실시간으로 파악하여 공급량을 탄력적으로 조절할 수 있고, 전력 소비자는 전력 사용 현황을 실시간으로 파악함으로써 요금이 비싼 시간대를 피하여 사용 시간과 사용량을 조절한다. 태양광발전 · 연료전지 · 전기자동차의 전기에너지 등 가정에서 생산되는 전기를 판매할 수도 있다. 전력 공급자와 소비자가 직접 연결되는 분산형 전원체제로 전환되면서 풍량과 일조량 등에 따라 전력 생산이 불규칙한 한계를 지닌 신재생에너지 활용도가 높아져 온실가스와 오염물질을 줄여 환경문제를 해소할 수 있는 등이 장점이 있다.

> ☑ 시험에서는 이렇게 물어본다!
> 스마트 그리드를 사용하는 서비스에 대해 약술하시오.

사물 간의 관계와 개념을 컴퓨터에서 활용 가능한 형태로 표현하는 것

존재론(Ontology)과 실재(Reality)에 대한 철학에서 유래한 용어이다. 인공지능, 시멘틱 웹, 자연어 처리(NLP) 등에 사용된다. 클래스, 인스턴스, 속성, 관계 등으로 구성된다. 온톨로지 작성에 대표언어로는 웹 온톨로지 언어(OWL), 형태제약언어(SHACL) 등이 있다.

145 ■■■■

에너지 저장 시스템

ESS :
Energy Storage System

에너지를 효율적으로 사용하도록 저장 및 관리하는 시스템

잉여전력을 모아 보관하였다가 적절할 때 공급하는 저장장치이다. 날씨에 영향이 큰 태양광이나 풍력 등의 신재생에너지를 안정적으로 공급하기 위한 유망 사업 중의 하나이다. 전기 생산 발전 영역과 전기 이송하는 송배전 영역, 소비자 영역 전 분야에 적용이 가능하고 발전소, 송배전시설, 공장, 가정, 기업 등에 다방면에서 활용이 가능한 기술이다. 스마트 그리드의 핵심 설비 중 하나로 주목받고 있으며 리튬이나 니켈 등의 화학에너지를 저장하는 배터리 방식과 압축공기저장과 양수발전 등의 물리적 에너지를 저장하는 비배터리 방식이 있다.

146 ■■■■

앰비언트 컴퓨팅

Ambient Computing

컴퓨터의 명령이 없어도 자동으로 목적과 의도를 감지하여 움직이는 기능

사용자의 행동을 읽어 명령 없이도 움직이는 기능을 의미한다. 식사를 끝내고 일어나면 테이블 센서가 감지되어 신용카드가 자동으로 결제된다거나 주변 소음에 따라 음악 음량을 조절하는 등의 이어폰 기술 등이 그 예이다.

147 ■■■■

알고리즘 매매

Algorithmic Trading

컴퓨터 프로그래밍을 통해 자동으로 주식을 매수·매도 주문을 하는 거래 방식

주가의 등락에 따라 자동으로 주식을 매수·매도하는 기술이다. 단시간에 매매를 할 때 주로 사용되는 기능이나 프로그램 오류가 발생하면 위험할 수 있다. 빅데이터와 인공지능 등의 기술에도 자주 사용된다.

148 ■■■■

라이파이

Li – Fi

새로운 무선통신기술로 LED에서 나오는 가시광선으로 1초에 10기가바이트 속도로 데이터를 전달하는 방식

2011년 영국 해럴드 하스 교수가 와이파이(Wi – Fi)를 대적하는 새로운 근거리 통신기술로 제안한 기술이다. 가시광선으로 정보를 전달하는 것으로 대량의 정보를 빠르게 보낼 수 있다는 장점이 있다. 하지만 빛이 닿는 곳에만 통신이 되는 단점이 있어 조명이 늘 켜져 있어야 한다.

149 ■■■■

토르 네트워크

Tor Network

인터넷 이용자의 흔적을 추적할 수 없도록 하는 서비스

가상 컴퓨터와 네트워크를 여러 번에 걸쳐 경유하여 인터넷 이용자의 접속 흔적을 추적할 수 없도록 하는 서비스이다. 네트워크 감시나 위치 추적, 인터넷 검열 등을 피할 수 있다.

150 ■■■

미러링크
Mirror Linke

유 · 무선 통신으로 스마트폰의 기능을 큰 화면에서 볼 수 있는 기술

스마트폰에서 나오는 화면을 거울에 비추듯이 큰 화면에 연결하여 볼 수 있는 것으로, 화면 모사로 이해할 수 있다. 커넥티드 카(Connected Car) 기술의 일종이다.

151 ■■■

다크 데이터
Dark Data

분석에 활용되지 않으나 수집되어 있는 다량의 데이터

냄새, 몸짓, 목소리 등 분석이 어려운 비정형 데이터로 정보를 수집하고 저장만 하고 사용하지 않는 특별한 목적이 없는 데이터이다. 로그 파일, 오래된 파일, 오래 전에 수신 받은 이메일 등이 이에 해당한다. 대부분의 다크 데이터는 오디오, 비디오 등으로 저장 비용을 발생시켜 필요한 정보를 검색하는 데 시간을 소요하게 만드는 요소이기도 하다.

152 ■■■

커넥티드 카
Connected Car

자동차를 정보통신기술과 연결하여 쌍방향으로 소통을 할 수 있는 차량

커넥티드 카는 다른 차량이나 교통 및 통신 기반 시설과 무선으로 연결하여 위험 경고, 실시간 네비게이션, 원격 차량 제어 및 관리 서비스뿐만 아니라 전자 우편, 멀티미디어 스트리밍, SNS까지 제공한다. 향후에는 자율주행이나 자동차의 자동 충전, 그리고 운전자의 건강 상태나 혈중 알코올 농도를 파악하여 운전 가능 여부를 점검하는 서비스를 추가하는 방향으로 진화될 전망이다.

153 ■■■

V2X
Vehicle to Everything

차량사물통신

차량과 사물 간의 대화가 가능하도록 만드는 기술로 다른 차량, 모바일 기기, 도로 등의 다양한 사물과 차량이 징보를 자유롭게 교환하는 기술이다. 차량 – 차량 간 통신 V2V(Vehicle to Vehicle), 차량 – 인프라 간 통신 V2I(Vehicle to Infrastructure), 차량 – 모바일 기기 간 통신 V2N(Vehicle to Nomadic Device), 차량 – 보행자 간 통신 V2P(Vehicle to Pedestrian) 등이 있다.

154 ■■■

인터넷 연동
IX : Internet eXchange

인터넷 서비스 제공자 간에 원활하게 트래픽을 송수신할 수 있도록 연동하는 서비스 시스템

인터넷 서비스 제공자인 ISP들 간의 원활한 소통을 위해 설립된 NOC(Network Operations Center, 네트워크 운영센터)에 회선을 공동으로 이용하면서 트래픽을 줄이기 위해 설치된 것이다. 콘텐츠 전송망(CDN) 서버와 포털 서버를 직접적으로 연결하여 트래픽 송수신 비용 절감과 품질 향상의 효과를 얻을 수 있다.

초고속 인터넷을 이동하면서 이용할 수 있는 무선 인터넷

처음에는 고속 데이터 통신기술을 가리키는 용어로 만들어졌지만 이동통신업체에서 기술이름을 서비스 이름으로 사용하며 우리에게는 서비스 이름으로 친숙하게 알려져 있다. 2.3Ghz 주파를 사용하며 기존의 무선 인터넷인 CDMA와 무선 랜의 장점만을 이용하여 새롭게 만들어졌다. 이동이 가능하고 전파의 송수신거리가 와이파이에 비해 훨씬 넓다. 2004년 우리나라가 세계 최초로 개발한 무선 통신 기술이나, LTE에 밀려 2013년에 철수하였다.

정보를 이해한 컴퓨터가 논리적 추론을 하는 지능형 웹

사람이 직접 구동하여 정보를 찾는 웹이 아닌 컴퓨터가 이해할 수 있는 웹으로 기계끼리 소통이 가능한 지능형 웹을 의미한다. 자연어 위주로 된 웹 문서와 달리 컴퓨터가 이해할 수 있는 형태의 언어로 구성되어 기계들 간의 정보교류로 필요한 일을 처리할 수 있다. RDF 기반의 온톨로지 기술과 국제표준화기구(ISO) 중심의 토픽 맵, 에이전트 기술, OWL, 마이크로 포맷 등이 있다.

특정한 웹 브라우저를 통해서 접근이 가능한 웹

익명성이 보장되고 IP 추적이 불가능하여 범죄에 빈번하게 이용되는 서버이다. 2013년 미국 FBI에서 실크로드라는 온라인 마약거래사이트를 적발하면서 알려지게 되었다. 토르(TOR)라는 특수한 웹 브라우저를 통해서만 접근이 가능하다.

> **상식PLUS⁺** 웹의 종류
>
> ㉠ 서피스 웹(Surface Web) : 표면 웹이라는 의미로 검색 엔진을 통해 합법적으로 색인된 콘텐츠로 구성된 웹 페이지
> ㉡ 딥 웹(Deep Web) : 검색되지 않는 인터넷 공간을 의미한다. 접근이 어려운 웹 사이트로 의료 기록, 회사 내부 망 등이 있다.

2021 | 농협은행
정보기술과 결합한 부동산 서비스 기술

부동산 산업에 첨단 정보기술인 빅데이터, 인공지능, VR 등을 결합한 기술이다. 중개 · 임대, 부동산 관리 등 분야가 있다. 블록체인과 부동산을 접목하여 거래정보를 공유하거나, 빅데이터를 통한 부동산 가치평가 프로그램, 일조량 확인, 3D 인테리어를 통해 모바일에서 가구배치를 하는 등의 서비스가 있다.

> ☑ 시험에서는 이렇게 물어본다!
> 프롭테크의 대표적인 사례는?

스플로그
Splog

광고를 목적으로 운영되는 블로그

인터넷 인기검색어를 이용하여 소비자를 블로그로 유인한 뒤 내용 없이 검색어만 나열한 블로그 게시글이다. 검색 결과를 믿고 들어간 블로그에서 광고성 글이나 음란물을 보게 되는 것이다. 일부는 스파이웨어를 배포하여 사용자 컴퓨터에 설치하여 피해를 준다. 스팸메일과 달리 사용자가 직접 블로그에 접근한다.

BYOD
Bring Your Own Device

개인용 전자기기를 업무에 활용하는 것

인용 PC나 스마트폰, 노트북 등의 정보통신 기기로 회사 업무를 하는 것이다. BYOD 업무환경으로 업무용과 개인용을 따로 구비하여 많은 기기를 가져야 하는 불편을 줄일 수 있다. 하지만 기업의 보안 유지가 어렵고 프라이버시 침해 등의 단점이 있다.

빅테크
Big Tech

대형 정보기술 기업을 의미하는 단어

국내 금융업계에서는 플랫폼 사업이 금융시장으로 진출한 업체를 말한다. 빅테크가 금융권에 다가가면서 금융업계가 빅테크에 잡힐 수 있다는 금융권의 위기감을 나타내는 단어이다.

마이크로 모먼츠
Micro Moments

스마트폰을 통해 배움, 검색, 활동, 여행 욕구 등을 충족시키는 현상

원하는 정보를 스마트폰으로 검색하여 그 즉시 욕구를 충족시키는 것을 의미한다. 짧은 시간 동안 콘텐츠를 소비하는 이용자의 찰나의 순간을 의미한다. 알고 싶은 순간, 사고 싶은 순간, 하고 싶은 순간, 가고 싶은 수가을 마이크로 모먼츠로 구분한 수 있다. 스마트폰을 통해 쇼핑을 하는 행위를 마이크로 모먼츠를 구매한다고 표현하기도 한다.

필터버블
Filter Bubble

알고리즘으로 특정 정보만을 소비하는 현상

이용자의 관심사에 맞춰져서 맞춤형 정보만이 제공되어 편향적인 정보만 보는 현상을 의미한다. 협업 필터링이 사용자의 경험을 개선하고 관심사에 맞는 콘테츠를 제공, 즉 데이터를 분석에 맞춤 추천을 제공한다면, 필터버블은 알고리즘 추천으로 인해 특정 정보만 소비하게 되는 현상이다. 즉, 협업 필터링은 추천 기술이고 필터 버블은 그 기술이 초래하는 문제점으로, 다양한 정보 노출을 제한하여 편향된 관점을 형성한다.

팝콘 브레인
Popcorn Brain

뇌가 첨단 기기에 익숙해져 현실에 무감각해지는 현상

즉각적으로 반응이 나타나는 첨단기기에 익숙해지면서 천천히 흐르는 현실에 적응하는 것이 어려워지는 변형된 뇌 구조를 의미한다. MRI를 촬영한 결과에 따르면 인간의 뇌에서 중추를 담당하는 회백질의 크기가 줄어든 것으로 나타났다. 자극적이고 화려한 첨단 기기의 노출되면서 현실 세계에 적응하지 못하도록 실제 뇌 구조가 변화한 것을 의미한다.

베타 테스트
Beta Test

하드웨어나 소프트웨어를 공식적으로 발표하기 전에 오류가 있는지를 발견하기 위해 미리 정해진 사용자 계층들이 써 보도록 하는 테스트

하드웨어나 소프트웨어의 개발 단계에서 상용화하기 전에 실시하는 제품 검사 작업을 말하며 제품의 결함 여부, 제품으로서의 가치 등을 평가하기 위해 실시하는 것이다. 선발된 잠재 고객에게 일정 기간 무료로 사용하게 한 후에 나타난 여러 가지 오류를 수정하고 보완한다. 공식적인 제품으로 발매하기 이전에 최종적으로 실시하는 검사 작업이다.

화이트박스 테스트
White Box Test

구조적 · 코드기반 테스트로 내부 소스 코드를 테스트하는 기법

구현 기반 테스트로 프로그램 내부에 오류를 찾기 위해 프로그램 코드의 내부구조를 테스트 설계 기반으로 사용하는 것이다. 화이트박스의 테스트 기법으로는 프로그램 복잡도 측정 · 평가를 위한 구조적 기법과 프로그램 루프 구조에서 실시하는 루프 테스트가 있다.

> **상식PLUS** 블랙박스 테스트(Black Box Test)
> 기능 · 명세 기반 테스트로 코드가 아닌 요구 분석 명세서나 설계 사양서에서 테스트 케이스를 추출하여 오류를 찾아내는 것이다. 테스트 기법으로는 다양한 조건에서 테스트 사례를 선정하는 동등 분할 기법, 경계값 기준으로 테스트하는 경계값 분석 기법, 입력값과 출력값에 따라서 오류를 찾아내는 원인 · 결과 그래프기법, 경험으로 오류를 찾아내는 오류예측 기법이 있다.

가상랜
VLAN :
Virtual Local Area Network

가상으로 구성이 된 근거리 통신망(LAN)

스위치를 이용하여 배선이 없어도 방송 패킷이 전달되는 범위를 의미한다. 사용자가 원하는 최대한의 네트워크 구성이 가능하도록 하고 접속 포트나 MAC 주소 등으로 가상랜을 구상할 수 있도록 한다.

IP주소를 사용하여 인터넷에 음성을 송수신하는 인터넷 전화

음성을 디지털 패킷으로 변환하여 전송하는 기술이다. 유선전화는 회선 교환방식인 PSTN(Public Switched Telephone Network) 방식을 사용하여 일대일로 통신을 한다. VoIP는 인터넷 망을 사용하여 다대다 통신이 가능하나 트래픽이 증가하면 통화 품질이 떨어진다. 전화번호를 입력하면 소프트 스위치 시스템으로 상대방에게 VoIP로 통화가 연결되어 통신비용이 발생하지 않는다.

2022 · 2021 | 농협은행
스마트폰이나 통신 기지국 등 통신 말단에서 데이터를 자체 처리하는 기술

중앙집중서버가 모든 데이터를 처리하는 클라우드 컴퓨팅과 다르게 분산된 소형 서버를 통해 실시간으로 처리하는 기술을 일컫는다. 사물인터넷 기기의 확산으로 데이터의 양이 폭증하면서 이를 처리하기 위해 개발되었다.

> ☑ 시험에서는 이렇게 물어본다!
> 클라우드 컴퓨팅과 에지 컴퓨팅의 차이에 대해 약술하시오.

명령어와 프로그램이 기억되어 있는 버퍼로 된 고속 기억 장치

주기억장치와 중앙 처리 장치 사이에 설치된 메모리로 고속 버퍼메모리이다. 데이터나 명령어를 반복하여 설정하지 않고 즉시 사용하도록 일시적으로 저장하는 영역으로 컴퓨터 성능 향상을 위해 사용되는 부분이다. CPU에 내장된 캐시를 주캐시(Primary Cache)라 하고 컴퓨터 본체에 탑재된 것은 보조캐시라 한다.

> **상식PLUS** 쿠키(Cookie)
> 인터넷에 접속할 때 이용자가 본 내용, 구매내역, 비밀번호 등의 정보를 담고 있는 임시 파일이다. 사이트 이용자가 과자를 먹고 남긴 부스러기와 같아 붙여진 단어이다.

무선통신을 이용한 기계 사이의 통신

기계가 중심이 되어 연결되는 환경이다. 전기 · 가스 등을 원격으로 검침을 하거나 온도 · 습도 조절, 신용카드를 무선으로 조회하는 등의 부호 분할 다중접속(CDMA), GSM 등의 통신망을 이용한다.

근거리망

LAN :
Local Area Network

특정 구내 또는 건물 안에 설치된 네트워크

구분	LAN	MAN	WAN
지역적 범위	빌딩 또는 캠퍼스	도시지역	전국적
토폴로지	공통 버스·링크	공통 버스 또는 Regular Mesh	Irregular Mesh
속도	매우 높음	높음	낮음
에러율	낮음	중간정도	높음
Flow Control	간단	중간정도	복잡
라우팅 알고리즘	간단	중간정도	복잡
매체 접근	불규칙 스케줄	스케줄	없음
소유권	Private	Private 또는 Public	Public

**근거리
무선통신**

NFC :
Near Field Communication

2021 | 농협계열사

가까운 거리에서 무선으로 데이터를 주고받는 기술

무선으로 13.56MHz 대역의 주파수를 이용하여 데이터를 약 10cm 이내에서 교환하는 비접촉식 통신기술이다. 통신거리가 짧기 때문에 보안이 우수하고 비용이 낮다. 특별한 설정이 없이도 사용이 가능하고 NFC기능이 있는 스마트폰에서 신용카드, 교통카드, 신분증 등의 기능을 이용할 수 있다.

> **관련기사** 비접촉 카드 사용 확산
>
> 비접촉식 카드 도입이 본격적으로 진행되고 있다. NFC기술을 활용한 기술의 사용이 늘어나면서 카드사에서 그에 맞는 상품 도입에 나서고 있다. 최근 대부분 카드사의 카드는 비접촉 결제를 지원한다.

☑ 시험에서는 이렇게 물어본다!
근거리에서 비접촉 방식으로 신용카드를 결제할 수 있는 기술은?

양자컴퓨터

Quantum Computer

양자역학의 원리에 따라 작동되는 미래형 첨단 컴퓨터

양자역학의 특징을 살려 병렬처리가 가능해지면 기존의 방식으로 해결할 수 없었던 다양한 문제를 해결할 수 있게 된다. 2001년 국내연구팀이 병렬처리 3비트 양자컴퓨터 개발에 성공하였고, 2003년에는 일본 IT기업과 연구팀이 공동으로 양자비트 2개를 결합한 고체 논리연산회로로 동작하는 양자컴퓨터의 제작에 성공하였다.

175 ■■■

초광대역
UWB : Ultra Wide Band

낮은 전력으로 단거리 구간에서 데이터를 많은 양 전송하는 무선 기술

GHz대의 주파수를 사용한다. 대용량의 데이터를 0.5m/W 정도의 낮은 전력량으로 70m의 거리까지 전송할 수 있다. 또한 땅 속이나 벽면 뒤로도 전송이 가능하여 레이더 기능, 전파탐지기 등 광범위하게 사용이 가능하다. 최소 100Mbps ~ 1Gbps급 속도로, 안정적인 100Mbps급 데이터를 전송할 수 있다. 1950년대 미국 국방부에서 군사적 목적으로 사용되면서 상업적으로 이용하는 것을 금지하였으나 2002년 2월에 상업용도가 승인되면서 상용화되었다.

176 ■■■

사물인터넷
IoT : Internet of Things

2021 · 2020 | 농협은행

인터넷으로 연결된 기기가 사람의 개입 없이 서로 정보를 주고받아 가전제품, 전자기기 등을 언제 어디서나 제어할 수 있는 신개념 인터넷

사물인터넷은 가전에서 자동차, 물류, 유통, 헬스케어까지 활용범위가 다양하다. 사물의 센서에서 수집된 정보는 분석 · 공유되어 다양한 서비스를 제공할 수 있는데, 온도 · 습도 · 초음파 등 다양한 센서가 내장된 사물에 장착되어 제어할 수 있다. 예를 들어 가전제품에 IoT 기능을 접목시키면 스마트폰으로 세탁기, 냉장고, 조명 등을 제어할 수 있다.

> ☑ 시험에서는 이렇게 물어본다!
> 농업분야에 적용된 IoT 기술의 구체적인 사례를 말해보시오.

177 ■■■

Mbps
Mega Bit per second

2023 | 농협은행

1초당 1백만 비트를 보내는 데이터 전송 속도 단위

bps는 1초 동안 전송 가능한 모든 비트의 수를 의미한다. gbps는 초당 보낼 수 있는 정보의 양을 나타나는 단위로 1초에 약 10억 비트의 데이터의 전송속도를 나타낸다. 변조속도(Baud)는 신호의 변환과정에서 초당 전송되는 신호변화의 횟수로 초당 전송할 수 있는 최단 펄스의 수를 말한다.

상식PLUS⁺ 데이터 표현 단위

㉠ 비트(Bit) : 데이터(정보) 표현의 최소 단위로 1비트는 0 또는 1의 값을 표현한다.

㉡ 니블(Nibble) : 4Bit로 구성된 값으로 통신에서는 Quad Bit로 사용하기도 한다.

㉢ 바이트(Byte) : 하나의 문자, 숫자, 기호단위의 8Bit의 모임으로 주소 · 문자표현의 최소 단위이다.

㉣ 워드(Word) : CPU내부에서 명령을 처리하는 기본 단위로 연산의 기본 단위가 된다.

㉤ 필드(Field) : 항목(Item)이라고도 하며, 하나의 수치 또는 일련의 문자열로 구성되는 자료처리의 최소단위이다.

㉥ 레코드(Record) : 하나 이상의 필드가 모여 구성되는 프로그램 처리의 기본 단위이다.

> ☑ 시험에서는 이렇게 물어본다!
> 비트(bit)의 의미는?

컴퓨터
Computer

2023 | 농협은행

기억 장치에 담긴 명령어들에 의해 조작되며, 주어진 자료를 입력받아 정해진 과정에 따라 처리하여 그 결과를 생산하고 저장할 수 있도록 해주는 전자장치

자료를 처리하기 위해서 필요한 자료를 받아들이는 입력기능, 처리대상으로 입력된 자료와 처리결과로 출력된 정보를 기억하는 기억기능, 주기억 장치에 저장되어 있는 자료들에 대하여 산술 및 논리연산을 행하는 연산기능, 주기억 장치에 저장되어 있는 명령을 해독하고, 필요한 장치에 신호를 보내어 자료처리가 이루어지도록 하는 제어기능, 정보를 활용할 수 있도록 나타내 주는 출력기능 5가지의 기능이 있다.

상식PLUS⁺ 컴퓨터 단위

㉠ 컴퓨터의 처리속도 단위

- ms(milli second) : 10^{-3} sec(1/1,000)
- μs(micro second) : 10^{-6} sec(1/1,000,000)
- ns(nano second) : 10^{-9} sec(1/1,000,000,000)
- ps(pico second) : 10^{-12} sec(1/1,000,000,000,000)
- fs(femto second) : 10^{-15} sec(1/1,000,000,000,000,000)
- as(atto second) : 10^{-18} sec(1/1,000,000,000,000,000,000)

㉡ 컴퓨터 기억용량 단위

- 킬로 바이트(KB) : 2^{10} byte
- 메가 바이트(MB) : 2^{20} byte(1024 KB)
- 기가 바이트(GB) : 2^{30} byte(1024 MB)
- 테라 바이트(TB) : 2^{40} byte(1024 GB)
- 페타 바이트(PB) : 2^{50} byte(1024 TB)
- 엑사 바이트(EB) : 2^{60} byte(1024 PB)
- 제타 바이트(ZB) : 2^{70} byte(1024 EB)
- 요타 바이트(YB) : 2^{80} byte(1024 ZB)

☑ 시험에서는 이렇게 물어본다!
킬로 바이트의 단위는?

중앙처리장치
CPU :
Central Processing Unit

컴퓨터 시스템 전체를 제어하고 자료의 모든 연산을 수행하고 명령어를 실행하는 데 필요한 데이터를 보관하는 장치

레지스터에 의해 기억기능이 수행된다. 산술연산과 논리연산을 위해 사용하며 연산장치에 의해 처리된다. 레지스터와 연산장치 간의 인터페이스인 버스를 통해 동작하고 PC(Program Center)에 의한 CPU의 주상태에 의해 제어된다.

6비트를 사용하는 기본적인 코드이다.

6비트로 2^6(64)가지의 문자표현이 가능하나 영문자 대·소문자를 구별 못하는 문제점이 있다.

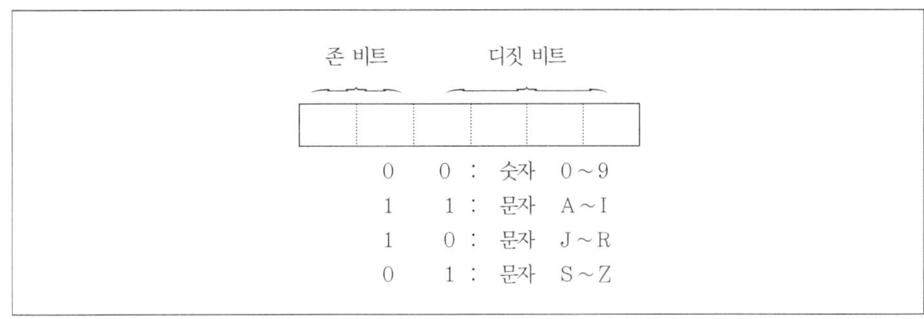

상식PLUS⁺ 코드의 종류

㉠ ASCII 코드(American Standard Code For Information Interchange) : BCD코드와 EBCDIC코드의 중간 형태로 미국표준협회(ISO) 가 제안한 코드로 7비트로 2^7(128)가지의 문자표현이 가능하다. 일반 PC용 및 데이터 통신용 코드이다.

㉡ EBCDIC 코드(Extended Binary Coded Decimal Interchange Code) : BCD코드의 확장코드로 8비트로 2^8(256)가지의 문자표현이 가능하고 주로 대형 컴퓨터에서 사용되는 범용코드이다.

오류 수정 및 컴퓨터 프로그램의 잘못을 찾아내고 고치는 작업

일단 작성된 프로그램들이 정확한가, 즉 잘못 작성된 부분이 없는가를 조사하는 과정이다. 이 작업은 데스크상의 검사와 컴퓨터를 사용한 검사가 있다. 데스크상의 검사는 주어진 문제를 수동으로 프로그램 직성을 하고, 그것이 제대로 된 것인지 획인하기 위해 실제 데이터를 메모리의 작업 영역표에 넣어 검사하는 것이다. 컴퓨터를 사용한 검사는 표준적 데이터로 메인 루틴을 조사하는 것이며, 이때 예외 사항이 포함된 데이터와 오류가 있는 데이터도 포함된다. 실제 데이터를 사용하는 조사 등 세 단계로 나누어 진행된다. 또한 이 작업은 프로그램의 한 스텝 한 스텝씩을 추적해가는 추적(Trace) 기능을 이용해도 좋지만, 프로그램 처리 내용이나 기억장치의 내용을 덤프하여 디버그 보조기(Debugging Aid)를 이용하는 것이 바람직하다.

상식PLUS⁺ 관련 용어

㉠ 디버그(Debug) : 프로그램 개발 마지막에서 프로그램 오류를 밝혀내는 작업을 의미한다.

㉡ 디버거(Debugger) : 오류를 수정하는 소프트웨어를 의미한다.

불대수
Boolean Algebra

2020 | 농협은행

두 가지의 요소에 대하여 하나를 택하는 것과 같은 연산을 수행하는 논리

영국의 수학자 불에 의해 창안되었다. 불대수는 참과 거짓 또는 이것을 숫자로 바꾼 1과 0으로 연산을 하는데, 이것을 논리상수라 한다. 이들 값을 기억하는 변수는 논리변수 또는 2진변수라 한다. 불대수를 사용하면 컴퓨터 내부의 회로에 대한 것을 연산식으로 나타내어 설계와 분석을 쉽게 할 수 있고, 그 결과를 회로에 대응시킬 수 있으므로 논리회로를 다루는 데 편리하다. 기본연산으로 논리곱(AND), 논리합(OR), 논리부정(NOT), 배타적 논리합(XOR)이 있다.

> **상식PLUS** 불함수(Boolean Function)
> 불대수에 의하여 표현된 식으로 불 변수와 기본연산인 논리곱(AND), 논리합(OR), 논리부정(NOT)으로 표현한 식이다. 불대수를 논리대수라고 하듯이 불 함수를 논리함수 또는 논리식이라고 한다.

> ☑ 시험에서는 이렇게 물어본다!
> 불대수 기본연산은?

논리 게이트
Logic Gate

게이트를 통해 2진 입력정보를 처리하여 0 또는 1의 신호를 만드는 기본적인 논리회로

반가산기는 두 개의 변수에서 입력되는 2진수 한 자리의 비트를 덧셈하는 회로이며, 전가산기는 2자리 2진수와 반가산기에서 발생한 자리올림(Cin)을 함께 덧셈하는 회로이다.

> **상식PLUS** 조합 논리회로(Combinational Logic Circuit)
> 출력값이 입력값에 의해서만 결정되는 논리 게이트(Logic Gate)로 구성된 회로이다.

해독기라는 의미로 코드형식의 2진 정보를 다른 형식의 단일신호로 바꾸어 주는 회로

2비트로 코드화된 정보는 네 가지 조합을 만들 수 있으므로, 이때에 출력되는 신호를 D0 ~ D3이라 한다면 아래와 같은 진리표와 회로도를 이용하여 2 × 4 해독기를 설계할 수 있다.

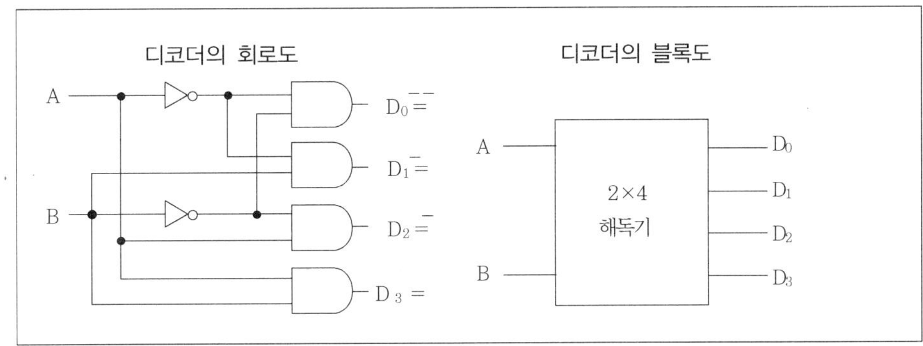

상식PLUS⁺ 인코더(Encoder)
부호기라는 의미로 해독기와 정반대의 기능을 수행하는 조합 논리회로로서 여러 개의 입력단자 중 어느 하나에 나타난 정보를 여러 자리의 2진수로 코드화하여 전달하는 것이다. 4 × 2 부호기는 4개의 입력단자 D_0 ~ D_3 중 어느 하나에 나타난 입력정보를 2진수로 부호화하여 출력한다.

정상적인 명령어 인출단계로 진행하지 못할 때에 실행을 중단하지 않고 특별히 부여된 작업을 수행한 후 원래의 인출단계로 진행하도록 하는 것

인터럽트는 정전이나 기계적 고장, 프로그램상의 문제, 프로그램 조작자에 의한 의도적인 중단, 입·출력조직에 CPU의 기능이 요청되는 경우, 프로그램에서 오버플로나 언더플로 인터럽트 요청에 의해서 발생한다. 중앙처리장치와 주변장치의 차이에 따른 효율적인 시스템 자원의 활용과 기계적 장애로 인하여 실행하던 프로그램을 완료하지 못하였을 때, 처음부터 다시 하지 않아도 되도록 할 수 있기 때문에 필요하다.

멀티플렉서

MUX : Multiplexer

여러 회선의 입력이 한 곳으로 집중될 때 특정회선을 선택하는 선택기

어느 회선에서 전송해야 하는지 결정하기 위하여 선택신호가 함께 주어져야 한다. 이 회로를 이용하면 여러 입출력 장치에서 일정한 회선을 통하여 중앙처리장치로 전해 줄 수 있고, 하나의 입력회선에 여러 터미널을 접속하여 사용할 수 있다.

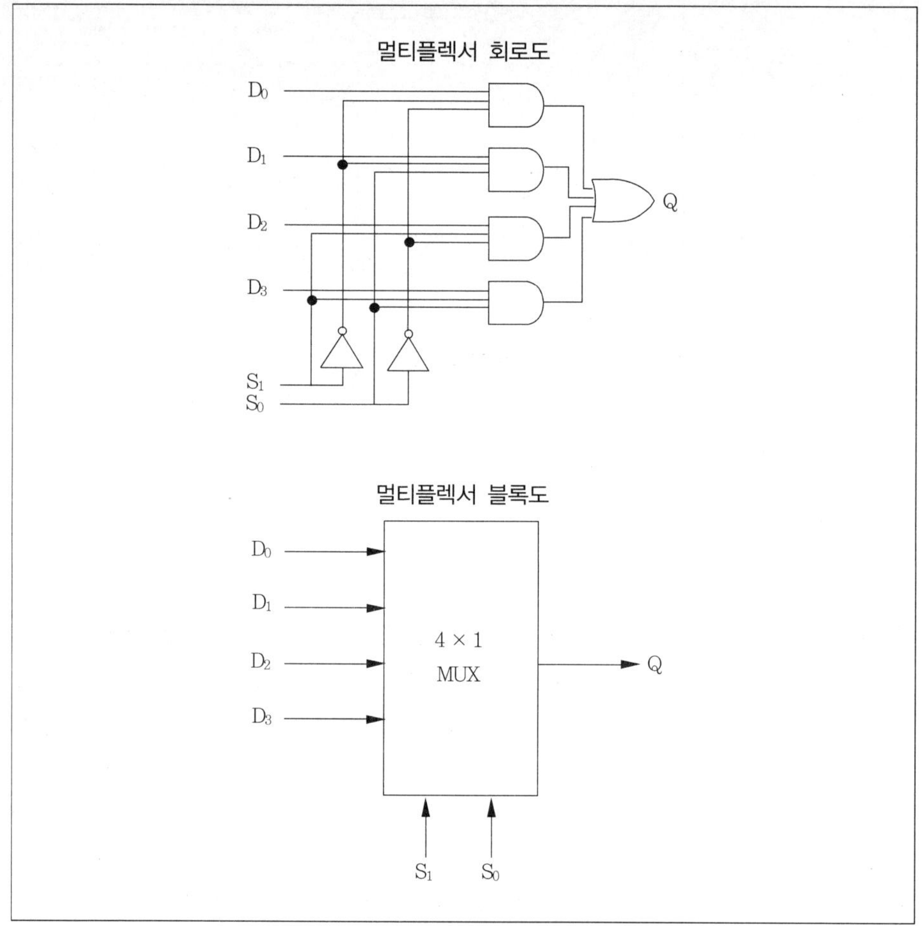

상식PLUS⁺ 디멀티플렉서(DMUX : Demultiplexer)

멀티플렉서와 반대기능을 수행하며 하나의 입력 회선을 여러 개의 출력회선으로 연결하여 선택신호에서 지정하는 하나의 회선에 출력하므로 분배기라고도 한다.

플립플롭

FF :
Flip Flop

두 가지 상태 중 어느 하나를 안정된 상태로 유지하는 쌍안정 멀티바이브레이터 (Bistable Multivibrator)로 각 상태를 1과 0으로 대응시키면 1비트를 기억한 것과 같은 형태

플립플롭은 입력이 변하지 않는 한, 현재 기억하고 있는 값을 유지하고 서로 보수관계에 있는 2개의 출력이 나오고, Q, $\overline{Q}$로 나타낸다.

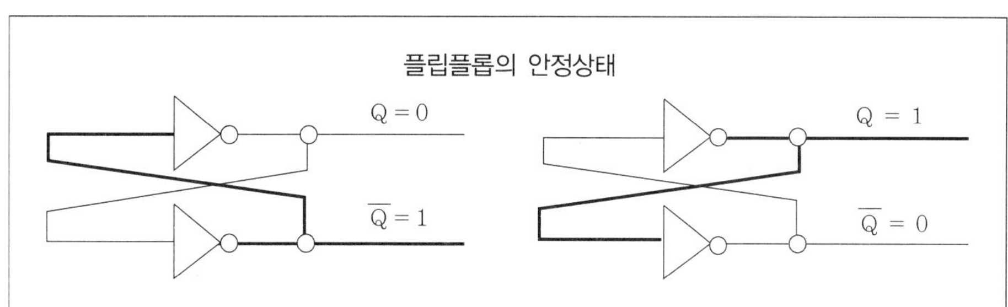

그림은 NOT 게이트를 Q와 $\overline{Q}$의 안정된 상태를 유지할 수 있도록 구성한 것이다. Q가 1인 경우 되먹임 되는 $\overline{Q}$는 0이 되고, $\overline{Q}$가 1인 경우 되먹임 되는 Q가 0이 된다. 이러한 상태는 외부의 어떤 작용이 없으면 현재의 상태를 계속해서 유지할 수 있지만, Q와 $\overline{Q}$가 모두 1이거나 모두 0인 경우는 불안정상태가 된다.

> **상식PLUS⁺ 플립플롭의 종류**
>
> ㉠ **RS(Set / Reset) 플립플롭** : S(Set)와 R(Reset)인 두 개의 상태 중 하나를 안정된 상태로 유지시키는 회로로서, 외부에서 입력되는 펄스가 1인 경우를 S, 0인 경우를 R로 하여 어느 펄스가 입력되었는지 그 상태를 보존시킨다.
>
> ㉡ **JK(Jack / King) 플립플롭** : RS 플립플롭을 개량하여 S와 R이 동시에 입력되더라도 현재 상태의 반대인 출력으로 바뀌어 안정된 상태를 유지할 수 있도록 한 것이다.
>
> ㉢ **D(Delay) 플립플롭** : RS 플립플롭을 변형시킨 것으로 하나의 입력단자를 가지며, 입력된 것과 동일한 결과를 출력한다.
>
> ㉣ **T(Toggle) 플립플롭** : 펄스가 입력되면 현재와 반대의 상태로 바뀌게 하는 토글(Toggle)상태를 만드는 회로이다.

레지스터
Register

2025 · 2024 · 2022 | 농협은행

연산된 데이터가 이동될 때까지 대기하고, 이동된 내용이 연산될 때까지 대기시키는 역할을 수행하는 곳

비트 정보를 일시적으로 저장하거나 입출력 정보를 바꾸거나, 저장된 정보를 다시 꺼내 쓰기 위한 용도로 프로그램 수행 도중에 데이터의 요구가 있을 때까지 또는 버스나 다른 장치가 데이터를 받을 준비가 될 때까지 일시적으로 데이터를 기억하는 임시기억 장치이다. 플립플롭이나 래치로 구성되며, n비트 레지스터는 n개의 플립플롭으로 구성된다.

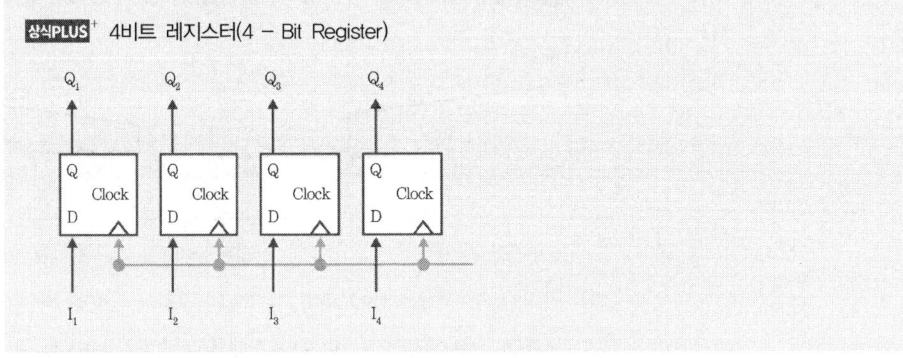

> ☑ 시험에서는 이렇게 물어본다!
> 레지스터의 특징 및 역할은?

카운터
Counter

입력펄스에 따라 미리 정해진 순서대로 상태가 변화하는 레지스터

어떤 사건의 발생 횟수를 세거나 동작순서를 제어할 때 사용한다. 모든 플립플롭이 같은 클럭펄스를 입력받아 동기되고 정해진 순서대로 상태가 변하는 동기 카운터(Synchronous Counter)와 연속된 플립플롭에서 한 플립플롭의 출력이 다음 플립플롭의 클록으로 연속적으로 전달되는 비동기 카운터(Asynchronous Counter)가 있다.

펌웨어
Firmware

속도가 빠르고 반영구적인 ROM에 기록된 마이크로 프로그램의 집합

대부분의 컴퓨터 주변기기에는 하드웨어와 소프트웨어 사이를 궁합이 잘 맞도록 조정해 주는 부분이 있는데, 그것은 소프트웨어를 하드웨어화시킨 것으로서 소프트웨어와 하드웨어의 중간에 해당하는 것이다.

오픈소스 SW
Open Source SW

라이선스 비용 지불 없이 무료로 공개된 소스코드

누구나 사용·복제·수정이 가능한 소프트웨어이다. 소프트웨어 사용제한을 막기 위해 리처드 스톨만이 자유소프트웨어 재단을 설립하여 자유소프트웨어 운동을 전개하면서 오픈소스 SW를 사용할 수 있게 되었다.

> **상식PLUS⁺ 오픈소스 SW 라이선스(Open Source Software License)**
>
> 오픈 소스 SW 개발자와 이용자 간의 조건을 명시한 계약이다. 무료 이용, 배포, 소스코드 취득·수정 등의 특징이 있다. GPL(General Public License), LGPL(Lesser General Public License) 등이 있다.

마이크로 프로세서
Micro Processor

제어장치와 연산장치의 주요 기능을 하나의 칩에 저장한 일종의 중앙처리장치

마이크로 컴퓨터는 마이크로 프로세서와 기억 장치 및 주변장치 사이를 연결하는 입·출력 장치, 그리고 이들 사이에 신호를 전달하는 버스(Bus)로 구성된다. 마이크로 프로세서가 개발됨으로써 컴퓨터는 급진적으로 소형화되고, 가격이 저렴해지면서 개인용, 업무용으로 널리 보급되기 시작했다.

> **상식PLUS⁺ 프로세서 종류**
>
> ㉠ CISC(Complex Instruction Set Computer) : 복잡한 명령어 집합 컴퓨터로 고급언어의 모든 명령이 기계어로 대응되도록 설계하여 컴파일 동작을 간소화하고 컴퓨터의 성능을 향상시킨다.
> ㉡ RISC(Reduced Instruction Set Computer) : 간소화된 명령어 집합을 가지고 있어 실행시간이 줄고, 적은 회로영역을 차지하여 여분의 영역은 CPU의 다른 기능을 수행할 수 있다.

마이크로 동작
Micro Operation

마이크로 동작은 CPU 내에서 하나의 명령어를 수행하기 위한 기본적인 동작

레지스터에서 레지스터로의 2진 정보를 전송하는 레지스터 전송 마이크로 동작, 레지스터에 저장된 숫자 또는 데이터에 대해 산술동작을 수행하는 산술 마이크로 동작, 레지스터에 저장된 숫자가 아닌 데이터의 비트스트링 사이에 이루어지는 2진 연산인 논리 마이크로 동작, 레지스터 내용에 대한 시프트 동작을 실행하는 것이다. 직렬 컴퓨터에서는 레지스터 간에 2진 정보를 전송하기 위하여 사용되고, 병렬 컴퓨터에서는 산술, 논리연산을 수행하기 위하여 사용되는 시프트 마이크로 동작이 있다.

2024 · 2022 · 2020 · 2018 | 농협은행

하드웨어 각 장치들의 동작을 지시하는 제어신호를 만들어서 보내주는 기능과 사용자가 컴퓨터를 사용하는 기술

시스템 소프트웨어와 응용 소프트웨어로 나뉜다. 시스템 소프트웨어는 사용자가 컴퓨터에 지시하는 명령을 지시 신호로 바꿈으로써 하드웨어와 사용자를 연결하여 사용자가 하드웨어를 사용할 수 있도록 하는 것이고 응용 소프트웨어는 단독으로 동작하지 못하고 시스템 소프트웨어의 제어에 의하여 동작하는 것이다.

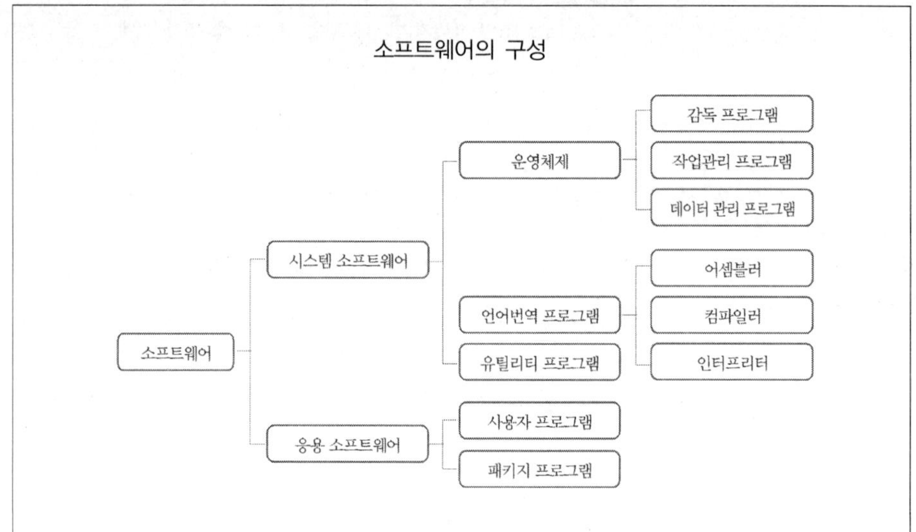

상식PLUS 하드웨어(Hardware)

㉠ 정의 : 컴퓨터 시스템을 구성하고 있는 모든 전자 · 기계적 장치를 말한다.

㉡ 하드웨어 시스템 구성

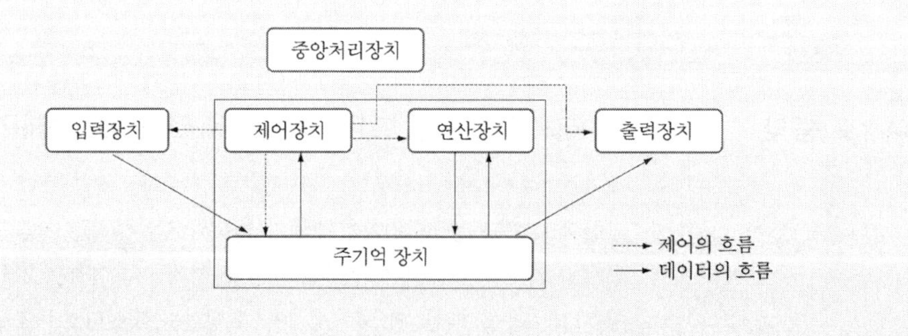

> ☑ 시험에서는 이렇게 물어본다!
> 시스템 소프트웨어의 구성은?

195 ■■□
스케줄링
Scheduling

처리해야 하는 순서를 CPU가 처리하는 과정

정적 스케줄링과 동적 스케줄링이 있다. 정적 스케줄링은 각 태스크를 프로세서에게 할당하고 실행되는 순서가 사용자의 알고리즘에 따르거나 컴파일할 때에 컴파일러에 의해 결정되는 스케줄링이다. 동적 스케줄링은 프로그램이 실행될 때 각 태스크를 처리기에게 할당하는 방법이다.

196 ■■■
버스
Bus

중앙처리장치 내부 또는 외부의 자료, 주소, 제어신호를 전달하는 역할

CPU에서는 주소(번지)버스(Address Bus)와 데이터버스(Data Bus)가 주로 사용된다. 주소(번지)버스는 주기억 장치의 주소를 지정하기 위한 신호선이다. 데이터버스는 CPU와 주기억 장치에서 데이터를 송수신하기 위한 신호선, 제어버스(Control Bus)는 시스템 동작을 제어하기 위한 신호선이다.

> **상식PLUS⁺** 설계방식에 따른 버스의 발달과정
> ㉠ ISA : 한 번에 16비트를 이동하는 버스로 호환성은 좋으나 처리속도가 느려 병목현상이 발생한다.
> ㉡ EISA : ISA를 개선하여 32비트를 이동한다.
> ㉢ VESA : 병목현상을 개선하기 위해 등장한 버스로 32비트를 이동한다.
> ㉣ PCI : 최대 64비트까지 이동가능하고 표준화된 클럭속도와 커넥터를 가진다.
> ㉤ AGP : 팬티엄에서 그래픽카드의 인터페이스로 이용한다.

197 ■■■
스트로브 제어
Strobe 制御

데이터를 전송할 때 실제로 전송하는 것을 알려주기 위해 보내는 신호

두 개 이상의 장치가 비동기적일 경우에 데이터 전송을 알리는 신호를 보내 데이터가 전송될 시간을 알려주어야 한다. 스트로브 신호를 보내기 위한 회선이 필요하며 송신 쪽에서 수신 쪽으로 보내는 방법과, 수신 쪽에서 송신 쪽으로 보내는 두 가지 방법이 있다. 전송한 데이터를 수신 쪽에서 확실하게 수신하였는지를 알 수 없다는 단점이 있다.

198 ■■■
프로토콜
Protocol

2024 · 2023 · 2021 | 농협은행
두 개의 시스템 간에서 정보를 교환하기 위한 규정 또는 약속

프로토콜의 요소로는 메시지의 서식, 부호화, 신호 레벨에 대한 방법인 메시지의 표현, 메시지를 송 · 수신 시스템 간에 올바르게 전달하기 위한 제어법, 통신로를 효율적으로 이용하는 방법, 서로가 보조를 맞추어서 통신의 진행을 하는 방법이 있다.

> ☑ 시험에서는 이렇게 물어본다!
> 네트워크에서 프로토콜 방법은?

제어장치
Control Unit

명령어를 기억 장치로부터 하나씩 가져와서 해독하는 것

명령어 해독과 연산을 위하여 제어신호를 만들어 내는 레지스터의 종류이다.

상식PLUS 제어장치의 종류 및 기능

장치명	장치의 기능
프로그램 카운터 (Program Counter)	• 명령계수기라고도 한다. • 다음에 실행할 명령이 들어 있는 번지를 기억하는 레지스터 명령이 주기억 장치로부터 판독되어 실행단계에 들어가면 프로그램 카운터의 내용에 1이 더해진다. • CPU는 프로그램 카운터가 나타내는 번지의 명령을 주기억 장치로부터 순차 판독하여 실행할 수 있다. • 이 레지스터로부터 프로그램의 수행순서가 결정되기 때문에 컴퓨터의 실행순서를 제어하는 역할을 수행한다.
명령 레지스터 (Instruction Register)	• 현재 실행중인 명령을 기억한다. • 제어장치로 하여금 그 명령이 올바르게 수행되도록 제어정보를 제공한다. • 명령 레지스터에 있는 명령어는 명령해독기에 의해서 명령의 의미가 해독되어 타이밍이 조정된 후 제어신호로써 각 구성 요소에 전달된다.
누산기 (ACC : Accumulator)	연산장치를 구성하는 중심이 되는 레지스터로서 사칙연산, 논리연산 등 결과를 임시로 기억한다.
메모리 주소 레지스터 (Instruction Register)	프로그램 카운터가 지정한 주소를 일시 저장하는 레지스터이다.
메모리 버퍼 레지스터 (Memory Buffer Register)	주소 레지스터가 지정하는 해당 번지의 기억 장치에 있는 내용을 임시로 보관한다.
명령 해독기 (Instruction Decoder)	명령 레지스터의 명령을 해독하여 부호기로 전송하는 장치로 AND 회로로 구성되어 있다.
부호기 (Encoder)	명령 해독기에서 보내온 명령을 실행하는 데 필요한 제어신호를 발생시켜 명령실행을 지시하는 장치라 할 수 있다. OR회로로 구성되어 있다.
번지 해독기 (Address Decoder)	• 명령 레지스터의 번지부로부터 보내온 번지를 해독하고 해독된 번지에 기억된 내용을 데이터 레지스터로 불러내는데 필요한 신호를 보내주는 장치이다. • 수치로 된 주소값을 메모리상의 실제 주소로 변환하는 장치이며 데이터가 주기억 장치에 기억될 때나 인출될 때에는 반드시 데이터 레지스터를 거쳐야 한다. • 데이터 레지스터는 데이터가 이동하는 경우에 데이터의 이동을 중계하는 역할을 하는 레지스터이다.
범용 레지스터 (General Register)	• 기능을 정해 놓지 않은 레지스터로 주소지정, 연산을 위한 데이터 보관용, 제어용 정보의 보관하는 레지스터이다. • 누산기(ACC : Accumulator), 베이스레지스터, 계수기 레지스터가 있다.

컴퓨터가 어떻게 동작해야 하는지를 나타내는 것

제어장치에서 해독되어 동작이 이루어진다. 명령어는 모드 필드(Mode)에서 0(직접명령) 또는 1(간접명령)이 저장된다. 연산자(OP Code)에서 컴퓨터에게 명령을 지시하고 번지부(Address)에서 처리해야 할 데이터가 어디에 있는지 표현한다.

Mode	Operation Code	Address(Operand)

> **상식PLUS⁺ 명령어 형식**
>
> ㉠ 0 - 주소명령형식 : 번지부를 사용하지 않고 스택(Stack) 메모리를 사용한다. 계산하기 위해 후위식으로 바꾸어 주어야 한다.
> ㉡ 1 - 주소명령형식 : 데이터처리는 누산기(Accumulator)에 의해 처리된다.
> ㉢ 2 - 주소명령형식 : 가장 흔히 사용하는 방식으로 주소는 메모리나 레지스터의 번지이다. 주소1과 주소2를 연산하여 주소1에 기억시킨다.
> ㉣ 3 - 주소명령형식 : 주소1과 주소2를 연산하여 주소3에 기억시킨다. 프로그램의 길이는 줄일 수 있으나 명령어의 길이가 길어진다.

2021 | 농협계열사

전송매체에 컴퓨터를 연결하는 부분

블록체인은 중앙 집중형 서버에 거래 기록을 보관·관리하지 않고 거래에 참여하는 개개인의 서버들이 모여 네트워크를 유지 및 관리한다. 이 개개인의 서버, 즉 참여자를 노드라고 한다. 중앙 관리자가 없기 때문에 블록을 배포하는 노드의 역할이 중요하며, 참여하는 노드들 가운데 절반 이상의 동의가 있어야 새 블록이 생성된다. 노드들은 블록체인을 컴퓨터에 저장해 놓고 있는데, 일부 노드가 해킹을 당해 기존 내용이 틀어져도 다수의 노드에게 데이터가 남아 있어 계속적으로 데이터를 보존할 수 있다. LAN에서는 노드가 아주 간단한 대신에 매체접근 제어방식이 필요하고, WAN에서는 노드에 교환기를 사용하기 때문에 매체접근 제어방식을 사용하지 않아도 된다.

> ☑ 시험에서는 이렇게 물어본다!
> 블록체인에서 노드(Node)의 역할은?

채널
Channel

중앙처리기능을 가진 소형처리기를 DMA 위치에 두고 입·출력에 관한 제어사항을 전담하도록 하는 전용 프로세서

채널의 주요 기능으로는 입·출력 명령의 해독, 입·출력장치에 입·출력 명령지시, 지시된 명령의 실행제어가 있다. 채널명령어(CCW), 채널상태어(CSW), 채널번지워드(CAW) 등의 워드가 채널동작을 수행할 때 필요하다.

사용자 인터페이스
UI : User Interface

2021 | 농협은행

사용자와 시스템 간에 원활한 의사소통을 위한 소프트웨어

정보제공·전달하는 물리적 제어의 분야, 콘텐츠의 상세표현과 전체 구성과 관련된 분야, 모든 사용자가 쉽고 편리하게 사용하는 기능에 관련한 분야가 있다. 사용자가 제일 자주 보는 영역으로 만족도에 큰 영향을 주므로 자주 변경된다. 직관성, 유효성, 학습성, 유연성을 기본 원칙으로 삼는다. 설계를 할 때에는 사용자가 사용할 때 이해하기 편리해야 하며 일관성 있고 단순하게 제공되어야 한다.

상식PLUS⁺ UX(User Experience)
사용자가 서비스를 이용하면서 느끼는 경험을 의미한다. 기능의 효용성뿐만이 아니라 사용자와 소통과 상호 교감을 통해서 일어나는 경험이다. 주관성, 정황성, 총제성의 특징을 가진다.

☑ 시험에서는 이렇게 물어본다!
UI와 UX의 차이는?

DMA
Direct Memory Access

입·출력에 관한 모든 동작을 자율적으로 수행하는 방식

DMA는 중앙처리장치로부터 입·출력에 관한 사항을 모두 위임받아 입·출력동작을 수행하며, 자기드럼이나 자기디스크와 같이 속도가 빠른 장치에서 원하는 만큼의 데이터를 입·출력시켜 준다. 하나의 버스를 통하여 여러 개의 인터페이스와 함께 연결된 입·출력장치를 제어한다. DMA 전송을 수행하기 위해 주기억 장치에 접근을 요청하는 기능, 입력과 출력 중 어느 동작을 수행할 것인지를 나타내는 기능, 어디의 데이터를 얼마만큼 입·출력할 것인지를 나타내는 기능, 데이터의 입·출력이 완료되었을 때 그 사실을 중앙처리장치에 보고하는 기능을 필요로 한다.

각 단계를 분업화하여 차례대로 진행시키는 과정

하나의 프로세서를 서로 다른 기능을 가진 여러 개의 서브 프로세서로 나누어 각 프로세서가 동시에 서로 다른 데이터를 처리하도록 하는 기법이다. 각 세그먼트에서 수행된 연산결과는 다음 세그먼트에 연속적으로 넘어가게 되어 데이터가 마지막 세그먼트를 통과하면 최종 연산결과를 얻게 된다. 하나의 연산에서 연산을 중복시키는 것은 각 세그먼트마다 레지스터를 둠으로써 가능하다. 매 클록펄스마다 각 세그먼트의 결과가 레지스터에 보관된다.

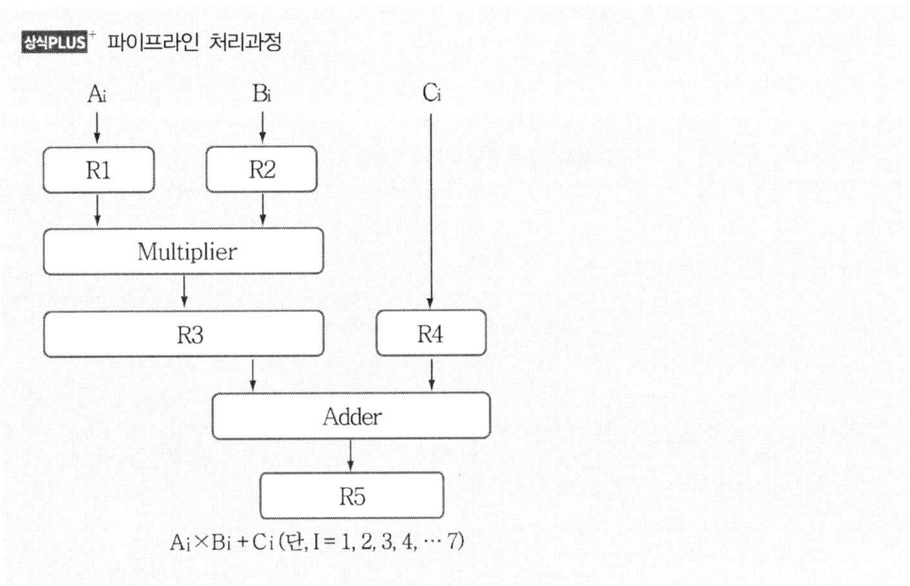

$$A_i \times B_i + C_i \, (단, I = 1, 2, 3, 4, \cdots 7)$$

방대한 조직 내 데이터베이스를 효과적으로 관리하는 공간

1980년대 IBM이 자사 하드웨어를 판매하기 위해 도입한 것으로, 정보(Data)와 창고(Warehouse)의 합성어이다. 기업이 정보를 효율적으로 관리하기 위해 만들어진 것이다. 조직에서 분산되어 있는 데이터베이스를 데이터를 추출 · 저장 · 조회한다. 주제별로 구성하고 일관적인 형태로 변환하여 통합성이 유지된다. 정해진 기간 동안 시계열성을 유지하며 한번 보관된 정보는 변경이 수행되지 않는 일관성이 유지된다.

> **상식PLUS⁺ 데이터 마트(Data Mart)**
> 하나의 부서 중심으로 이뤄진 비교적 작은 규모의 데이터 웨어하우스와 같다.

2019| 농협중앙회

정보수요를 충족하기 위한 정보전달기능과 전달된 정보의 처리기능을 상호결합하여 가장 경제적이고 효율적으로 실현하기 위한 시스템

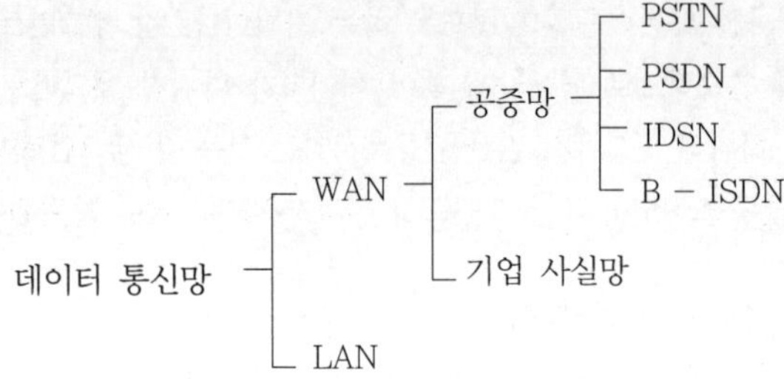

> **상식PLUS⁺** 데이터 통신 네트워크(Data Communication Network)
> ㉠ WAN(Wide Area Network) : 전국 규모의 광범위한 지역에 설치되는 광역망이다.
> ㉡ LAN(Local Area Network) : 특정 구내 또는 건물 안에 설치된 네트워크이다.
> ㉢ 공중망(Public Carrier Network) : 전기통신 사업자가 공익사업으로 설치한 망이다.
> ㉣ 기업 사설망(Enterprise Wide Private Network) : 기업체가 전용회선을 전기통신사업자로부터 빌리고 사설교환기를 설치하여 각 지점간의 데이터 통신을 가능하게 한 망이다.
> ㉤ 전화망(PSTN : Public Switched Telephone Network) : 전화망은 데이터 통신용으로 설계된 것이 아니므로 모뎀을 이용해야 데이터 통신을 할 수 있다.
> ㉥ 공중 데이터 교환망(PSDN : Public Switched Data Network) : 정보를 부호화하여 전달하는 망이다.
> ㉦ 종합 서비스 디지털망(ISDN : Integrated Service Digital Network) : 전화망에서 모뎀 없이 데이터 전송이 가능하게 변화시킨 것이다.
> ㉧ B - ISDN(Broadband - ISDN) : 음성이나 문자, 수치 등의 데이터뿐만 아니라 고품질 정지화상과 동화상, 즉 멀티미디어(Multimedia)를 전송할 수 있는 망이다.

> ☑ 시험에서는 이렇게 물어본다!
> 데이터 통신 네트워크의 특징은?

반이중과 전이중의 두 통신 형태 기능을 가진 프로토콜

Point to Point 또는 Multipoint 링크상에서 사용한다. 주스테이션 – 부스테이션(호스트 – 터미널)과 Peer(컴퓨터 – 컴퓨터) 사이에서 사용한다. 에러를 제어하기 위해 Continuous RQ를 사용한다. ISO의 국제표준의 데이터 링크 프로토콜이다. 정규 응답모드(NRM), 비동기 평형모드(ABM), 비동기 응답모드(ARM)가 있다.

IETF

Internet Engineering
Task Force

국제 인터넷 표준화기구

인터넷의 운영·관리·개발과 프로토콜을 분석하는 인터넷 표준화 작업을 하는 국제기구이다.
인터넷아키텍처위원회(IAB)의 산하기관이다.

> **상식PLUS** 국내외 기관
>
> ㉠ 국외
> - 미국 규격협회(ANS) : 민간인에 의한 임의의 국가규격 제정기관이다.
> - 국제 표준화 기구(ISO) : OSI 참조 모델을 개발한 국제기구로 산업체 전 분야의 표준화 발표 및 인정을 하는 기관이다.
> - 국제 전기통신연합(ITU) : 국제연합(UN)의 전기통신 전문기관이다.
> - 전기통신 표준화 분과회(ITU - T) : 국제 전신전화 자문위원회(CCITT)의 바뀐 명칭이다.
> - 미국 전자공업협회(EIA) : 데이터 통신 관련 규격을 다루는 기술위원회로 RS - 232C 인터페이스 규격 등을 제정했다.
> - 미국 전기전자공학회(IEEE) : 데이터 통신 부분에서 LAN 표준을 규정한다.
> - 전자산업협회(EIA) : 미국의 전자공학회로 전자기기의 규격통일을 규정한다.
> - 월드와이드웹 컨소시엄(W3C) : 웹 표준을 제정하는 국제 컨소시엄이다.
> - 개방형 모바일 연합(OMA) : 모바일 데이터 서비스를 검증하기 위한 포럼이다.
>
> ㉡ 국내
> - 한국정보통신기술협회 : 우리나라의 정보통신 관련 표준화 업무를 효율적으로 추진하기 위한 기관이다.
> - 한국전자통신연구원 : 전기통신 분야를 연구·개발하고 이를 보급하기 위한 법인이다.
> - 한국전산원 : 정보화 촉진과 정보화 관련 정책개발을 지원하기 위한 기관이다.

아키텍처

Architecture

하드웨어, 소프트웨어, 컴퓨터 시스템의 전체를 설계방식

컴퓨터 아키텍처라고도 부르며 컴퓨터 시스템 전체를 기능적으로 제작하는 것을 의미한다. 하드웨어의 경우 CPU, 내부 기억 장치, 레지스터, 제어장치 등이 포함되고 구성 요소를 배치 및 결합하여 컴퓨터를 구성하는 것을 의미한다.

> **상식PLUS** 아키텍처 유형
>
> ㉠ 소프트웨어 아키텍처(Software Architecture) : 소프트웨어를 개발할 때 복잡도가 높은 요소를 원활하게 다루기 위한 구성요소이다. 소프트웨어 설계는 요구사항을 분석하고, 아키텍처를 분석·설계한 뒤 검증·승인하는 절차로 진행된다. 저장소 구조, MVC(Model View Controller)구조, 클라이언트 - 서버 모델, 계층구조 등이 대표적인 유형이다.
> ㉡ 네트워크 아키텍처(Network Architecture) : 프로토콜의 방대화와 복잡화에 대응하기 위하여 프로토콜의 구성 요소의 논리기능을 정리하여 계층화해서 프로토콜을 체계화한 것이다.
> ㉢ 데이터 아키텍처(Data Architecture) : 데이터, 데이터베이스, 데이터표준, 데이터 보안 등의 기준을 체계적이고 구조적으로 관리·설계하는 과정이다.

오픈 아키텍처
Open Architecture

하드웨어 사양과 규격 등을 공개하여 추가 시스템이 개발이 가능하도록 하는 것

개방형 구조라는 의미로 하드웨어 제조업체가 규격을 공개하여 시스템용 어댑터나 소프트웨어, 애플리케이션 등의 개발에 이용이 가능한 것을 의미한다.

패킷교환
Packet Switching

전체 데이터 블록을 패킷(Packet)이라고 부르는 일정한 크기 이하의 데이터 단위로 나누어 처리하는 방식

전송 시스템들이 패킷 단위로 전송선로를 공유하므로 전송선 점유의 공평성이 제공된다. 스위치는 하나의 패킷만 축적되면 바로 다음 스위치로 재전송할 수 있으므로 전체 메시지의 전송시간을 줄이게 되어 대화형 방식의 통신지원이 가능하다. 패킷 단위로 상황에 맞는 경로를 선택하므로 교환기 또는 회선에 장애가 발생하더라도 정상적인 다른 회선으로 우회전송이 가능하다. 디지털 전송을 기본으로 하고 있고 교환기에서 에러검출기능을 행할 수 있으므로 재전송을 실시할 수 있다. 네트워크 접속으로 많은 수의 사용자가 사용할 수 있다. 기본적으로 다중화처리이므로 회선의 사용효율이 높다. 축적기능이 갖는 기본적인 성질로서 전송속도, 전송제어절차 등의 프로토콜은 단지 교환기에만 의존하므로 어떤 단말기기 사이에도 손쉬운 전송이 가능하다. 현재의 패킷전송기술로는 전송속도가 64Kbps 정도이므로 근거리통신망(LAN)에서의 통신속도 1 ~ 10Mbps에 비해 매우 낮아 병목현상을 일으킨다. 서로 다른 경로를 선택하면 패킷의 도착순서가 다를 수 있으므로 송신 순서대로 재정리하는 기능이 필요하다.

대역폭
Bandwidth, 帶域幅

신호가 포함하는 주파수의 범위인 스펙트럼의 폭

신호의 대역폭은 신호가 포함하는 주파수의 범위이고 전송매체의 대역폭은 전송매체가 지원할 수 있는 주파수의 범위이다.

> **상식PLUS⁺ 전송매체 대역폭**
>
> 전송매체를 통해 전송할 수 있는 신호 주파수의 범위(Analog)가 전송매체의 대역폭이다. 전송선로의 대역폭에 의한 전송속도(Data Rate)를 제한한다. 8비트로 구성된 ASCII 문자가 300bps의 전송속도로 전송하는 경우, 주기 T의 값은 26.67msec이며 기본 주파수 f_0는 37.5Hz(＝1／26.67)이다. 따라서 3,100Hz의 대역폭을 지원하는 전화선을 사용할 경우 80여 개의 고조파(Harmonics) 성분을 전송할 수 있다.

네트워크
Network

어떤 공동의 목적을 위해 다수의 지점을 상호 연결시킨 통신형태

분산된 여러 단말장치를 전송장치, 교환장치, 그리고 이들 사이를 연결하는 통신선로로 구성하여 정보를 송·수신할 수 있는 통신시스템을 말한다. 송·수신기인 단말장치와 전송장치, 교환장치의 요소를 가지고 있다.

네트워크
준비지수
NRI :
Networked
Readiness Index

ICT 발전 및 활용도와 경쟁력 등을 평가한 지표

세계경제포럼이 국제적인 경영대학인 인시아드(INSEAD)와 공동으로 개인과 정부, 기업의 정보통신기술의 발전도와 경쟁력을 국가별로 평가한 지수이다.

OSI 7계층
Open System
Interconnection 7 Layer

모든 네트워크에 생기는 충돌을 완화하기 위해 제시된 표준 네트워크 구조

응용 X에서 응용 Y로 전송할 데이터가 있을 때 응용 X는 이용자 데이터를 응용계층에 있는 응용실체(Entity)에 보낸다. 응용실체는 헤더(Header)를 이용자 데이터에 부착하여(캡슐화) 표현계층으로 전달한다. 표현계층은 이것을 하나의 데이터로 간주하고 여기에 표현계층의 헤더를 붙인다. 이 과정이 계층 2까지 계속되고, 계층 2에서는 헤더뿐만 아니라 트레일러(Trailer)를 붙인다. 물리 계층은 전송매체를 통해서 전송시킨다. 수신측 시스템에서는 이것의 역과정이 일어난다.

OSI 참조모델 7계층		TCP / IP 프로토콜 계층	
7계층	응용 계층	4계층	응용 계층[HTTP, TELNET, FTP(SMTP)]
6계층	표현 계층		
5계층	세션 계층		
4계층	선송(트랜스포트) 계층	3계층	전송 계층(TCP, UDP)
3계층	네트워크 계층	2계층	네트워크 계층(IP, ICMP, IGMP)
2계층	데이터링크 계층	1계층	링크 계층(이더넷, 토큰링, 토큰버스, FDDI)
1계층	물리 계층		

토폴리지
Topology

근거리망을 나타내는 요소

1개의 통신회선에 여러 개의 단말기 접속하는 버스형, 이웃하는 노드끼리만 연결하는 링형, 중앙 노드에 의해 모든 통신제어가 이루어지는 중앙집중형인 별(Star)형(성형), 노드를 트리구조로 연결하는 트리형, 모든 노드와 노드를 통신회선으로 연결하는 망형이 있다. 전송속도와 전송거리를 결정하는 요소로 광섬유, 트위스티드 페어(Twisted Pair), 동축케이블 등이 있다.

토큰링
Token Ring

링형 토폴로지에 사용되는 근거리망의 방식

토큰패싱 방식을 사용하고 토큰과 데이터 패킷은 전송링에서 한 방향으로 4Mbps, 16Mbps의 전송속도로 전송된다. 연구소나 사무환경에서 사용한다. 전송할 데이터가 있는 각 DTE들이 빈 토큰(Free Token)을 기다리고, 빈 토큰을 가진 DTE는 전송로에 자신의 데이터를 전송할 수 있는 권한을 가진다. 전송이 끝난 DTE는 다른 DTE가 전송할 수 있도록 토큰을 빈 상태로 만들어 다시 링에 돌아다니게 한다.

> **상식PLUS** 토큰 버스(Token Bus)
> 버스구조에 토큰 패싱을 사용한다. 토큰을 사용하여 정해진 순서대로 송신권을 준다. 우선권 메커니즘에 의한 우선적인 송신권의 부여가 가능하다. 공장환경에서 사용한다. 동축(75ohm)케이블을 사용한다.

이더넷
Ethernet

버스형으로 연결된 LAN

DEC, INTEL, XEROX 3개 사에 의해 개발된 근거리 통신망이다. ISO의 7계층 구조의 1계층이 물리 계층과 2계층인 데이터링크 계층을 구성한다. 동축케이블에 송·수신하기 위한 송·수신기와 케이블을 이용하고 이더넷 제어기를 사용한다.

종합정보통신망
ISDN :
Integrated Services
Digital Network

종합정보통신망, 디지털 전송방식, 여러 통신서비스를 하나의 회선으로 종합적으로 이용하는 고속·고품질·멀티미디어 통신

가입자선을 디지털화한다. 사용자정보 전송채널과 제어신호용 채널을 따로 둔다. 동일채널을 회선교환(Circuit Switching) 및 패킷교환(Packet Switching)의 양쪽에서 사용한다. 계층화된 프로토콜 구조를 가진다. 음성 및 데이터를 포함한 다양한 서비스를 제공한다. 대규모의 전송용량(1.5Mbps까지 전송 가능)을 가진다. 트위스티드 페어 케이블을 사용한다.

> **상식PLUS** ISDN 사용자 서비스
> ㉠ 베어러 서비스(Bearer Service) : 가입자간의 정보의 전달기능을 제공한다.
> ㉡ 텔레 서비스(Tele Service) : 상위계층(OSI 계층 4, 5, 6, 7)의 기능을 포함하는 모든 계층의 표준화된 서비스를 제공한다.
> ㉢ 부가서비스(Supplementary Service) : 음성, 영상 등의 기본 서비스에 추가된 새로운 서비스를 제공한다.

**광대역
종합정보통신망**

B - ISDN :
Broadband Integrated
Services Digital Network

광범위한 서비스를 제공하는 공중 광역망(WAN)

음성 및 데이터뿐만 아니라 이미지(Image)도 전송 가능한 고속 통신망으로, 광섬유를 사용한다. 고정크기의 셀(Cell) 단위로 정보를 분할하여 전송한다. 제공되는 서비스는 광대역 화상전화 서비스, 화상회의 서비스, 의료영상정보 · 예술작품 및 광고영상의 고속전송 서비스, 고속 고해상도의 팩시밀리 서비스, 칼라 팩시밀리 서비스, 화상 · 문서 탐색 서비스, 텔레비전 영상(기존의 TV 및 HDTV)의 분배 서비스, LAN의 상호접속 서비스, HiFi 오디오분배 서비스 등이 있다.

222 ■■■

**가상이동망
사업자**

MVNO :
Mobile Virtual
Network Operator

주파수를 보유하고 있는 이동통신망 사업자의 망을 통해 독자적인 이동통신서비스를 제공하는 사업자

MVNO는 고객의 가입 서비스에 대해 완전한 지배권을 갖는다. 또 자체 상표로 독자적인 요금체계를 설정할 수 있으며, 이용자 측면에서 마치 새로운 서비스 사업자가 생긴 것처럼 보이는 효과가 있다. MVNO가 도입될 경우 기대되는 장점은 고객의 선택권 확대, 서비스 종류의 다양화, 요금인하 효과 등 세 가지를 들 수 있다.

223 ■■■

**비동기
전송 모드**

ATM :
Asynchronous
Transfer Mode

가상 회선 셀 릴레이(Virtual Circuit Cell Relay)방식으로 통신하는 프로토콜 방식

고정길이의 셀(53 Octets의 길이)을 전송단위로 사용한다. 셀은 5 Octets의 헤더필드와 48 Octets의 정보필드로 구성된다. 고속의 패킷(셀)교환 및 다중화 기능을 제공한다. 연결형(Connection Oriented) 모드를 사용한다.

> **상식PLUS** ATM 스위치의 3가지 기본기능
> ㉠ Routing : 셀을 출력단(Outlets)으로 경로를 배정하는 기능이다. 경로배정은 Translation Table에 준하여 이루어진다.
> ㉡ Queuing : 셀 충돌 시 저장기능을 제공한다. 같은 출력단을 향하는 셀이 동시에 여러 입력단으로부터 들어올 때 셀의 충돌이 발생할 수 있다. 서비스되지 않는 셀을 임시로 저장함으로써 셀의 손실을 방지한다.
> ㉢ 셀 헤더의 번역 : Translation Table에 준하여 셀의 헤더값을 변환한다.

동기식 광 통신망

SONET :
Synchronous
Optical Network

WAN시스템의 광케이블로 동기식으로 데이터 전송을 하기 위한 표준 기술

미국에서 ANSI에 의하여 표준화되었다. CCITT에서는 SONET을 기본으로 SDH(동기식 디지털 계위)를 국제표준으로 권고하였다. 다중 디지털 전송속도의 계층(Hierarchy)을 제공한다. 155.52Mbps를 기본속도로 하여 n배(n=1, 4, 8, 16)의 속도가 가능하다. SDH에서는 이들의 각 속도 단위를 STM − n이라 부른다. 장치의 상호 연결을 위한 광신호 표준을 규정하였다. 155.52Mbps의 SDH 전송 시스템에서는 270 × 9Octet의 묶음이 한 프레임 형식으로 규정된다.

인트라넷

Intranet

인터넷 웹기술을 그대로 사내 정보시스템에 이용한 것

기업체·연구소 등의 조직 내부의 모든 업무를 인터넷으로 처리할 수 있는 새로운 개념의 네트워크 환경을 말한다. 인터넷 기술과 통신규약을 이용하여 업무를 통합한 정보시스템으로 어디에서든 정보에 편리하게 접근이 가능하고 자료 교환도 수월하며 내·외부에서 정보교류가 편리하다는 장점이 있다.

> **상식PLUS** 엑스트라넷(Extranet)
> 인터넷 기술을 사용하여 기업과 고객, 공급업체 및 사업파트너 등을 네트워크로 연결하여 정보를 공유하는 기업간 정보시스템을 말한다.

방화벽

Firewall

네트워크 내부 또는 네트워크 간의 보안을 담당하기 위해서 특정 네트워크를 격리시키는 데 사용되는 시스템

효과적인 방화벽은 네트워크 안팎의 모든 통신 내용을 점검하여 허용된 통신만 가능하도록 한다. 방화벽은 외부로부터의 침입방지와 내부정보의 불법적인 유출을 방지하는 기능을 담당한다. 방화벽의 종류로는 네트워크 차원의 방화벽과 스크린 서브넷 게이트웨이가 있다. 네트워크 차원의 방화벽(스크린 호스트 게이트웨이)의 경우 외부로부터 들어오는 모든 패킷은 스크린 라우터를 거치고, 스크린 라우터는 외부 패킷이 바로 사내 네트워크로 돌아오는 것을 차단한다. 스크린 서브넷 게이트웨이는 인터넷과 내부 네트워크 사이에 DMZ이라는 중립지역을 설정하고, 외부에 공개하여 사용하는 모든 서버들을 이 서브넷에 위치시킨다. DMZ은 외부에서 비교적 자유롭게 접근할 수 있는 영역이며, 여기서 네트워크 내부로 들어가기 위해서는 다시 라우터를 거쳐야 한다.

침입 탐지 시스템
IDS :
Intrusion Detection
System

2021 | 농협계열사

방화벽에 기본적인 시스템으로 해킹을 탐지하는 시스템

다양한 해킹 수법을 내장하여 해킹을 실시간으로 탐지할 수 있다. 침입이 발생할 경우 관리자에게 침입상황을 전송하여 보안상태를 유지한다. 수동적으로 대처하는 방화벽과 달리 적극적으로 침입을 탐지하여 대처한다.

> ☑ 시험에서는 이렇게 물어본다!
> 침입 탐지 시스템(IDS)과 침입 방지 시스템(IPS)의 차이는?

228 ■■■

SMTP
Simple Mail
Transfer Protocol

전자메일을 전송할 때 사용하는 표준 프로토콜

인터넷 메일 호스트 사이에 메시지를 주고받기 위해 사용하는 하위레벨 프로토콜로 메일 메시지를 ASCII파일로 한정한다.

상식PLUS POP(Post Office Protocol)
전자우편 수신담당, 즉 사용자가 쉘 계정이 있는 호스트에 직접 접속하여 메일을 읽지 않고 자신의 PC에서 바로 유도라나 넷스케이프 메일을 이용하여 자신의 메일을 다운로드 받아서 보여주는 것을 정의한 프로토콜이다.

229 ■■■■

시큐어 코딩
Secure Coding

소프트웨어 보안의 취약점을 보완하는 프로그래밍

소프트웨어의 소스코드에 존재하는 위험을 제거하고 보안 위한 프로그래밍 활동이다. 일정 규모 이상의 기업에서는 시큐어 코딩을 의무화하고 있다. 시규어 코딩의 규칙으로는 입력 데이터 검증, 보안기능, 에러처리기능, API오용, 캡슐화, 시간 및 상태, 코드 오류 등이 있다.

230 ■■■■

미들웨어
Middleware

분산되어 있는 서로 다른 기종의 하드웨어나 프로토콜 등을 연결하여 응용 프로그램과 운영환경의 중간에서 원활한 통신을 도와주는 소프트웨어

하드웨어, 네트워크 프로토콜, 응용 프로그램, 운영체제 등에 존재하는 차이를 연결해 주는 소프트웨어로 통신이나 트랜잭션 관리를 주로 실행한다. 분산 컴퓨터 환경에서 발생되는 문제를 해결하기 위한 것으로 TCP/IP, 분산컴포넌트객체기술(DCOM), 코바(CORBA) 등이 해당된다.

인터넷 동작의 중심이 되는 프로토콜

TCP는 데이터의 흐름을 관리하고 데이터가 정확한지 확인하는 역할을 하며, IP는 네트워크를 통해 데이터를 한 장소에서 다른 장소로 옮기는 역할을 한다. 서브네트워크, 다중네트워크에서 전체를 구성하는 한 요소로 존재하는 네트워크이다. 토큰링과 같은 네트워크 접속 프로토콜을 이용하여 서브네트워크에 연결한다. 이 프로토콜은 한 호스트에서 같은 서브네트워크에 있는 다른 호스트로 데이터를 보내거나, 다른 서브네트워크에 있는 호스트의 경우 라우터로 데이터 전달을 가능하게 한다.

> **상식PLUS** 인터넷 프로토콜의 4계층
> ㉠ 링크 계층(Link Layer) : 데이터링크 계층, 네트워크 인터페이스계층 등을 포함한 계층이다.
> ㉡ 네트워크계층(Network Layer) : 네트워크에서 패킷을 이동시키기 위해서 호스트 간의 데이터 이동 경로를 구하는 계층(IP, ICMP, IGMP)이다.
> ㉢ 전달계층(Transport Layer) : 호스트 간의 데이터 흐름을 가능하게 하는 계층(TCP, UDP)이다.
> ㉣ 응용계층(Application Layer) : 사용자에게 각종 서비스를 제공하기 위한 계층으로 이메일 전송을 위한 SMTP, 파일전송과 관련된 FTP, 원격컴퓨터 접속을 위한 TELNET, 웹 서비스를 위한 HTTP 등이 있다.

232 ■■■

게이트웨이
Gateway

사용자가 다른 네트워크로 접속하기 전에 지나가는 프로토콜 변환장치

두 개의 완전히 다른 프로토콜 구조를 가지는 7계층 사이를 결합하는 데 사용한다. 즉, 서로 다른 LAN 사이, 동일 LAN상의 서로 다른 프로토콜을 가지는 기기들 사이, LAN과 다른 구조를 갖는 장거리 통신망 사이를 연결하는 장비이다.

233 ■■□

UDP
User Datagram Protocol

정보를 교류할 때 한쪽에서 일방적으로 데이터 흐름을 가능하게 하는 프로토콜

TCP와는 상대되는 개념으로 데이터를 받는 이용자가 확인을 하는 것과 상관없이 오직 전달만 하는 방식을 의미한다. 수신에 대한 책임이 없고 안정성이 떨어지나 TCP에 비해 속도가 빠르다.

> **상식PLUS** SCTP(Stream Control Transmission Protocol)
> 스트림 제어 전송 프로토콜로 TCP와 UDP와 비슷하나 이 둘이 가진 단점을 개선하여 설계된 프로토콜이다. 메시지 지향적인 특성과 연결 지향적인 특성을 조합하여 만들어진 프로토콜로 멀티스트리밍과 멀티호밍의 특성을 제공한다. VoIP 신호전달이나 실시간 다중미디어를 전송하는 등 다양하게 응용이 가능하다.

MIME(다목적 인터넷 우편)
Multipurpose Internet Mail Extensions

인터넷 전자메일을 통하여 여러 다른 종류의 파일들을 전송 가능하게 하기 위해 개발된 것

보통의 텍스트 데이터 이외의 확장코드, 화상, 음성 등을 인터넷 메일로 보내기 위한 방법이다. 인터넷 통신에서 여러 포맷의 문서를 전송하기 위해 사용된다. 이 프로토콜은 원래 문서 내용의 포맷과 컴퓨터상에 나타나는 문서포맷 간의 관계를 설정하는 것으로 복잡한 파일포맷을 관리한다. 사용하는 응용프로그램은 전송된 문서의 내용을 처리하기 위해 필요한 소프트웨어의 유형을 설정한다. 적절한 보조 프로그램 설정을 하고 소프트웨어의 도움을 받으려면 넷스케이프는 자동적으로 여러 가지의 포맷으로 전송되는 내용과 접속할 수 있도록 필요한 업무를 수행한다.

235 ■■■

MAC 주소
Media Access Control Address

모든 기기가 네트워크에서 사용하는 고유의 번호

네트워크상에서 컴퓨터나 모바일기기를 식별하기 위해서 사용하는 주소로 고유 번호이다. 국제전기전자기술자협회(IEEE)에 의해서 관리되고 있다. 사용자가 임의로 변경이 가능한 IP주소와 달리 MAC 주소는 쉽게 변경할 수 없다.

236 ■■■

IP주소
Internet Protocol Address

TCP/IP 프로토콜로 통신할 때 송·수신자를 구별하기 위한 고유주소

인터넷에 연결된 컴퓨터를 숫자로 표현한 주소이며, 도메인 주소와 달리 숫자를 사용하여 실질적으로 컴퓨터가 인식하게 되는 주소이다. 이는 반드시 한 컴퓨터에 하나의 주소만 가져야 한다. 관리기관은 NIC이고, 지역별로 미국은 InterNIC, 아시아·태평양은 APNIC, 유럽은 RIPE, 한국은 KRNIC, 일본은 JPNIC 이다. 인터넷은 IP(Internet Protocol) 주소체계를 따른다. IP주소는 범위 및 등록 가능한 호스트 수를 나타낸다.

237 ■■■

IPv6
Internet Protocol Version 6

2023 | 농협계열사
IP주소 표현 방식의 차세대 버전

128비트의 주소체계를 가진 인터넷 프로토콜(IP) 버전 6(Internet Protocol Version 6)의 줄임말이다. 주소유형은 유니캐스트, 애니캐스트, 멀티캐스트이 있다.

> **상식PLUS** IPv4
>
> 인터넷 프로토콜의 4번째 버전에 해당하며, 첫 번째로 사용된 인터넷 프로토콜에 해당한다. 32비트로 이루어져있으며, 주소체계는 네 개로 이뤄지고 최대 12자리의 번호이다.

☑ 시험에서는 이렇게 물어본다!
IPv4와 IPv6의 차이점을 말해보시오.

인터네트워킹
Internetworking

개개의 LAN을 연결하여 WAN, 또는 WAN에서 더 큰 WAN으로 연결시키는 이론이나 기술

다른 컴퓨터들에 있는 자원에 접근할 필요가 있고 단일네트워크로 모두를 결합하는 것은 불가능하므로, 다른 네트워크들을 상호 연결할 필요성이 존재한다. 사용자에게 상호 연결된 네트워크의 집합은 하나의 커다란 네트워크로 보인다. 인터네트워킹에 요구되는 사항은 네트워크 간의 링크를 제공한다. 적어도 물리적이고 링크를 제어하는 연결이 필요하다. 서로 다른 네트워크상의 프로세스 간에 정보의 경로배정과 전달에 대한 것을 제공한다. 여러 종류의 네트워크들과 게이트웨이의 사용에 대한 트랙을 보존하며, 상태정보를 유지하고 요금 서비스를 제공한다. 임의로 구성된 네트워크들의 네트워크를 이루는 구조에 수정이 필요하지 않은 방법을 통하여 위에 설명되어 있는 서비스를 제공하며, 이것은 인터네트워킹 설비가 네트워크들 사이에서 다소의 차이점을 조정해야 한다는 것을 의미한다.

상식PLUS⁺ 인터네트워킹 용어

㉠ Communication Network(통신망) : 네트워크에 연결된 Station들 사이에 데이터 전송서비스를 제공하는 설비이다.
㉡ Internet : 브릿지나 경로에 의해 상호 연결된 통신망들의 모임이다.
㉢ Subnetwork : 인터네트의 네트워크 구성 요소로 Local Network라고도 일컫는다.
㉣ End System(ES) : 사용자 응용을 지원하는 서브네트워크에 부착된 Device(컴퓨터, 터미널)이다.
㉤ Intermediate System(IS) : 두 개의 서브네트워크를 연결하기 위해 사용하며, 서로 다른 서브네트워크에 부착된 ES사이에 통신을 허용한다.
㉥ Bridge : 같은 LAN Protocol을 사용하는 두 LAN을 연결하기 위하여 사용되는 IS, OSI 2계층 기능을 수행한다.
㉦ Router : 경로배정기로 유사하거나 그렇지 않은 두개의 네트워크를 연결하기 위하여 사용되는 IS, OSI 3계층 기능을 수행한다.
㉧ Port : 모뎀과 컴퓨터 사이에 데이터를 주고받을 수 있는 통로이다.

WAIS
Wide Area
Information Service

네트워크상의 분산된 데이터베이스를 대상으로 자료를 색인(Index)하여 정보를 검색하는 서비스

프로토콜은 Z39.50으로 도서관 자료검색 표준이다. Client / Server 구조이고 Wais에서 각 데이터베이스, 즉 서버에 관한 정보를 소유한 데이터베이스이다.

상식PLUS⁺ MBONE(Multicast Bone)

인터넷상에서 화상회의와 같이 여러 참가자가 있고, 이들 간에 오디오나 비디오같은 멀티미디어 데이터를 전송하는 애플리케이션을 가동하기 위해 만들어진 '가상 네트워크' 혹은 '시범 네트워크'이다.

라우터
Router

네트워크 트래픽을 메트릭으로 포워딩하여 최적의 경로를 결정하는 장치

프로토콜의 전환이 없거나 프로토콜이 다른 세 개 이상의 네트워크를 연결하여 데이터 전달통로를 제공해 주는 Host LAN을 WAN에 접속시킬 때 유용한 장비이다. OSI 3계층(네트워크 계층)에서 동작한다.

상식PLUS⁺ 네트워크 관련 장비

장비명	설명
네트워크 인터페이스카드 (NIC)	• 컴퓨터와 컴퓨터 또는 컴퓨터와 네트워크를 연결하는 장치 • 정보 전송 시 정보가 케이블을 통해 전송될 수 있도록 정보 형태를 변경 • 이더넷 카드(LAN 카드) 혹은 어댑터라고 함
허브(Hub)	네트워크를 구성할 때 한꺼번에 여러 대의 컴퓨터를 연결하는 장치로, 각 회선을 통합적으로 관리
리피터 (Repeater)	거리가 증가할수록 감쇠하는 디지털 신호의 장거리 전송을 위해서 수신한 신호를 재생시키거나 출력전압을 높여 전송하는 장치
브리지 (Bridge)	단순 신호 증폭뿐만 아니라 네트워크 분할을 통해 트래픽을 감소시키며, 물리적으로 다른 네트워크를 연결할 때 사용
라우터 (Router)	• 인터넷에 접속할 때 반드시 필요한 장비로, 최적의 경로를 설정하여 전송 • 각 데이터들이 효율적인 속도로 전송될 수 있도록 데이터의 흐름을 제어
게이트웨이 (Gateway)	주로 LAN에서 다른 네트워크에 데이터를 보내거나 다른 네트워크로부터 데이터를 받아들이는 출입구 역할

프록시 서버
Proxy Server

클라이언트와 서버 사이에서 데이터를 중계해 주는 서버

시스템에 방화벽을 가지고 있는 경우 외부와의 통신을 위해 만든 서버이다. 방화벽 안쪽에 있는 서버들의 외부 연결은 프록시 서버를 통해 이루어지며 연결 속도를 올리기 위해서 다른 서버로부터 목록을 캐시하는 시스템이다. 웹에서 프록시는 우선 가까운 지역에서 데이터를 찾고, 만일 그곳에 데이터가 없으면 멀리 떨어진 서버로부터 영구 보존된 데이터를 가져온다.

애니메트로닉스
Animatronics

사람 또는 동물을 본떠 실물과 흡사한 캐릭터를 원격조정으로 움직이는 기술

애니메이션(Animation)과 일렉트로닉스(Electronics)를 합친 말로 영화에서 컴퓨터 그래픽 (CG)를 대신하여 사용되었다. 실제 공간에 존재하기 때문에 실물과 흡사하면서도 미세한 움직임을 만들어낼 수 있어 사실감이 뛰어나다.

DNS
Domain Name System

인터넷에 연결된 특정 컴퓨터의 도메인 네임을 IP Address로 바꾸어 주거나 또는 그 반대의 작업을 처리해주는 시스템

TCP/IP 네트워크에서 사용되는 서비스 구조이다. 한글이나 영문으로 구성되어 인터넷 주소를 숫자로 해석해 주는 네트워크 서비스이다. 인터넷 주소는 기억하기 쉽도록 영문으로 구성되는데 컴퓨터가 이해할 수 있는 숫자 언어로 변경하여 인터넷에 접속이 편리하도록 도와주는 서버이다.

> **상식PLUS** 인터넷 관련 조직
> ㉠ ISOC(Intenet Society) : 인터넷 운영의 통일성과 표준유지를 위해 1983년에 조직하였으며, 인터넷의 최종적인 일을 담당한다.
> ㉡ NIC(Network Information Center) : IP주소의 할당, 네트워크와 도메인 이름의 등록, 국가별로 분산하는 일을 한다.
> ㉢ IAB(Intenet Architecture Board) : 인터넷의 구조발전에 관련된 기술적이고 정책적인 문제를 다루는 위원회로, RFC 문서의 출판과정을 관리(IETF가 실제적인 관리)하고 IETF의 활동을 검토한다.
> ㉣ IETF(Inernet Engineering Task Force) : 누구나 가입이 가능하다. 10개의 분야로 나누어지며 이 분야 안에 다양한 워킹그룹(필요에 의한 조직)들이 있다.
> ㉤ IRTF(Internet Reseach Task Force) : 컴퓨터 통신망에 대한 연구 또는 기술개발 등을 위한 조직으로 주로 이론적인 관점의 연구조직이다.
> ㉥ KNC(Korea Networking Cound) : 한국전산망협의회로 전산망간의 상호 연동 및 조정을 한다.
> ㉦ ANC(Academic Network Cound) : 학술전산망 협의회이다.
> ㉧ KRNIC(Korea Network Center) : 한국망정보센터로 국내 IP주소 할당, 도메인 등록망 정비 관리 등을 한다.
> ㉨ CERT – Korea(Computer Emergency Response Team) : 전산 관련 보안위원회이다.

스풀링
Spooling

입출력 장치가 독립적으로 작동하는 것

입력장치를 통해 가능한 많은 입력을 저장하거나 출력장치가 인쇄할 수 있는 상태가 될 때까지 출력을 저장할 수 있는 대용량 버퍼로, 디스크를 이용한 것이다. 버퍼링은 하나의 일을 계산처리하고 입·출력을 중복시킬 수 있으나 여러 일을 모아 순차적으로 처리할 수 있다.

> **상식PLUS** 버퍼링(Buffering)
> 입·출력장치의 낮은 처리속도와 CPU의 처리속도의 차이를 조화시켜 최대한 유효시간을 없애기 위한 임시 기억 장치이다.

사용자에게 최대의 편리성을 제공하도록 하기 위한 사용자와 컴퓨터 하드웨어 간의 인터페이스를 담당하는 시스템 소프트웨어

사용자가 프로그램을 편리하고 효율적으로 수행할 수 있는 인터페이스 환경을 제공한다. 시스템 측면에서는 제한된 컴퓨터 하드웨어를 효율적으로 관리하여 시스템 성능을 극대화한다. 이를 위해 처리량 증대, 반응시간 단축, 사용가능성 증대, 신뢰성 향상 등을 목표로 설계되어야 한다. 동기화 및 프로세서 스케줄링을 관리하는 CPU관리, 메모리 할당 및 회수기능을 관리하는 기억장치 관리, 입·출력장치의 활용과 입·출력수행을 관리하는 주변장치 관리, 파일의 생성 및 소멸 등을 유지하고 파일 관리 기능이 있다.

> **상식PLUS** 운영체제 종류
> ㉠ PC운영체제 : 윈도우(Windows), 맥(MAC)
> ㉡ 모바일 운영체제 : 안드로이드(Android), IOS(Iphone Operating System)
> ㉢ 서버 운영체제 : 유닉스(UNIX), 리눅스(LINUX), 윈도우서버(Windows Server)

WWW 정보의 주소지정방식

WWW은 하이퍼텍스트 문서뿐만 아니라 FTP, Gopher, Usenet 등 인터넷에 존재하는 어떠한 형태의 정보라도 가져올 수 있다. '프로토콜 ://도메인 네임[:포트번호] / 경로명 / 파일명'의 형식이다.

> **상식PLUS** 프로토콜별 URL

서비스 종류	프로토콜 및 포트번호	형식 예
www	프로토콜 : http:// 기본 포트번호 : 80	http://www.dacom.net
telnet	프로토콜 : telnet:// 기본 포트번호 : 23	telnet://chollian.net
ftp	프로토콜 : ftp:// 기본 포트번호 : 21 사용자 ID와 비밀번호가 필요한 경우 : ftp://사용자ID : 비밀번호@서버주소	ftp://ftp.netscape.com
gopher	프로토콜 : gopher:// 기본 포트번호 : 70	gopher://gopher.kormet.net
news group	프로토콜 : news 기본 포트번호 : 119	news://news.kornet.net
e - mail	프로토콜 : mailto: 기본 포트번호 : 25	mailto:user_id@domain.name
file	file:///또는 없음	file:///c:/infor/index.htm

분산 멀티미디어 하이퍼 시스템

인터넷에 존재하는 각종 형태의 문서 및 데이터를 통합적으로 연결하여 사용하는 시스템이다.

> **상식PLUS⁺ WWW 용어**
> ㉠ 하이퍼미디어(Hypermedia) : 웹페이지에서 문서뿐만 아니라 사운드, 그래픽, 동영상 등 다른 형식의 데이터를 포함하고 있는 것이다.
> ㉡ 하이퍼텍스트(Hypertext) : 특정 데이터 항목이 다른 문서와 링크관계를 가지고 있는 문서이다.
> ㉢ 하이퍼링크(Hyperlink) : 하이퍼텍스트 문서 중 반전되어 있는 단어로 URL에 의해서 다른 문서로 지정해 놓은 것이다.
> ㉣ HTML(Hypertext Markup Language) : 하이퍼텍스트 문서의 형태를 만들기 위해 태그 등을 이용하여 명령을 주는 언어이다.
> ㉤ 북마크(Bookmark) : 인터넷상의 여러 사이트를 돌아다니다가 기억해 놓고 싶은 사이트를 보관하여 나중에 리스트에서 선택만 하면 바로 접속할 수 있게 하는 기능이다.
> ㉥ 미러사이트(Mirror Site) : 거울이 되는 사이트로, 좋은 프로그램과 자료가 있는 사이트의 공개자료를 다른 호스트에 복사해 두는 것이다.

2020 | 농협은행

하이퍼텍스트 문서의 형태를 만들기 위해 태그(TAG) 등을 이용하여 명령을 주는 언어

웹에서 사용되는 각각의 하이퍼텍스트 문서를 작성하는 데 사용되며, 우리가 인터넷에서 볼 수 있는 수많은 홈페이지들은 기본적으로 HTML이라는 언어를 사용하여 구현된 것이다.

> **상식PLUS⁺ HTML의 기본구성**

```
<HTML>
      <HEAD>
              <TITLE> 문서 제목 </TITLE>
      </HEAD>
      <BODY>
              실제로 표시되는 문서의 내용
      </BODY>
</HTML>
```

> ☑ 시험에서는 이렇게 물어본다!
> HTML 특징은?

249 ■■□

그래픽 사용자 인터페이스

GUI :
Graphical User Interface

컴퓨터와 사용자 사이에 정보교환을 할 때 그래픽으로 작업하는 환경

시각적 이미지로 이해가 잘 되는 아이콘으로 지정하여 사용자 명령으로 프로그램을 가동하거나 파일을 확인하는 환경을 의미한다. 사용자가 직관적으로 조작하는 방법을 이해할 수 있다.

250 ■■□

유닉스

UNIX

TCP/IP 프로토콜을 기본으로 하는 네트워크 시스템

사용자와의 인터페이스가 간단한 대화형의 시분할 시스템이다. 복수의 프로세스를 동시에 수행할 수 있는 다중 사용자, 다중 프로세스 시스템이다. 계층적 파일구조를 사용하여 사용자간 또는 그룹 간 디렉토리 및 파일 운용이 효과적이다. 대부분 고급언어인 C언어로 구성되어 높은 이식성과 확장성을 가지며, 모든 코드가 공개되어 있다. 시스템 구조로는 운영체제와 사용자 간의 인터페이스를 제공하는 부분으로, 명령을 입력받아 해석해 주는 명령어 해석기 쉘(Shell)과 운영체제에서 가장 핵심적인 기능을 담당하는 커널(Kernel), 유틸리티 프로그램(Utility Program)으로 구성되어있다. 파일구조는 부트 블록(Boot Block), 슈퍼 블록(Super B1ock), Inode 블록이 있다.

> **상식PLUS** 운영체제
> ㉠ 도스(DOS) 운영체제 : Tree 구조를 갖춘 디렉토리를 관리한다. 바이트 단위로의 파일을 관리한다. 입·출력 방향을 전환(I/O Redirection)한다. Pipe를 처리한다. Batch 처리명령을 실행한다. UNIX 호환 시스템을 호출한다. 디바이스 드라이버를 조합한다.
> ㉡ 윈도(Window) 운영체제 : 단일 사용자의 다중작업이 가능하다. GUI(Graphic User Interface) 환경을 제공한다. P&P를 지원하여 주변장치 인식이 용이하다. 긴 파일이름을 지원한다. OLE(개체 연결 및 포함) 기능을 지원한다.

251 ■■□

리눅스

LINUX

1991년 리누스 토발즈가 공개한 운영체제

개인 컴퓨터용 공개 운영체제로 대형 기종에서만 작동하는 운영체제인 유닉스를 개인용 컴퓨터에서도 작동할 수 있도록 만든 무료 운영체계이다. 사용자가 원하는 방식으로 기능을 추가할 수 있고, 다양한 플랫폼에서 사용이 가능하다.

252 ■■□

MAC OS

Macintosh Operating
System

애플에서 1980년에 유닉스 기반으로 개발한 운영체제

애플에서 생산하는 아이맥, 맥북 등에서만 사용되는 운영체제이다. 매킨토시 OS로도 불렸고 그래픽 사용자 인터페이스를 제일 먼저 사용하여 주목을 받았다.

프로세스제어 블록

PCB :
Process Control Block

프로세스에 대한 중요한 정보를 포함하고 있는 자료 구조

태스크제어 블록(Task Control Block), 작업제어 블록(Job Control Block), 프로세스 기술자(Process Descriptor)로 부르기도 한다. 프로세스에 대한 PCB의 정보는 보류 · 준비 · 실행 · 대기 · 중지 등의 프로세스의 현재 상태, 프로세스의 고유 식별자, 부모와 자식 프로세스에 대한 포인터. 프로세스가 다음에 실행할 명령어의 주소인 프로그램 카운터, 프로세스 스케줄링 시 실행될 우선 순위, 프로세스가 적재된 기억 장치의 주소에 대한 포인터, 프로세스에 할당된 자원에 대한 포인터, 누산기 · 인덱스 레지스터 · 스택 레지스터 등 범용 레지스터와 상태코드 정보, 경계 레지스터나 페이지 테이블 정보, CPU가 사용된 시간량, 시간의 범위, 계정번호, 작업 또는 프로세스 번호 등의 계정정보(회계정보), 입 · 출력 요구들, 입 · 출력장치들과 개방된 파일목록 등이 있다.

트랜잭션

Transaction

2025 · 2021 | 농협은행

데이터베이스의 상태를 일관적 상태로 유지하기 위한 동시성 제어 및 회복의 기본 단위

어느 한 사용자가 제기하는 조작명령의 집단을 하나의 트랜잭션이라고 부른다. SQL(Structured Query Language)로 표현된다. 작업을 수행하기 위해서 필요한 데이터베이스의 연산을 수집한 것으로, 논리적인 작업단위이다. 장애가 발생하면 데이터를 복구하는 작업도 진행한다.

> ☑ 시험에서는 이렇게 물어본다!
> 트랜잭션이 성공적으로 완료되지 않았을 경우 변경된 데이터를 원래의 상태로 되돌리는 기능은?

컴파일러

Compiler

고급언어로 쓰인 프로그램을 즉시 실행될 수 있는 형태의 프로그램으로 바꾸어 주는 번역 프로그램

고급언어로 쓰인 프로그램이 컴퓨터에서 수행되기 위해서는 컴퓨터가 직접 이해할 수 있는 언어로 바꾸어 주어야 하는데 이러한 일을 하는 프로그램을 컴파일러라고 한다. 예를 들어, 원시언어가 파스칼(Pascal)이나 코볼(Cobol)과 같은 고급언어이고 목적언어가 어셈블리 언어나 기계어일 경우, 이를 번역해 주는 프로그램을 컴파일러라고 한다.

신택스

Syntax

언어의 구성 요소들을 결합하여 다른 요소를 만드는 방법을 설명한 것

언어의 신택스는 대부분 문맥무관형 문법으로써 정의한다. 단어, 토큰(예약서, 상수, 특수기호, 식별자로 구성)의 구조를 뜻한다. 자유포맷언어, 고정포맷언어가 있다.

**프로그래밍
언어**
Programing Language

컴퓨터와 사람이 원활하게 소통할 수 있도록 만들어진 언어

하드웨어가 이해할 수 있도록 0과 1로 작성되는 기계어이다. 작성한 언어를 컴파일러나 인터프리터 등으로 기계어로 번역하여 컴퓨터가 이해할 수 있는 언어이다. 기계중심적인 언어인 저급언어로 기계어와 어셈블리어가 있고, 사람이 이해하기 쉬운 언어인 고급언어로는 파이선, 자바, C언어, 포트란, 베이식 등이 있다.

종류	예시
인공지능 언어	LISP, PROLOG, SNOBOL 등
구조적 언어	PASCAL, Ada 등
객체지향 언어	Smalltalk, C++, JAVA 등
비주얼 프로그래밍언어	Visual BASIC, Visual C++, Delphi, Power Builder 등

상식PLUS⁺ 프로그래밍 언어의 종류

㉠ 자바(Java) : 객체지향의 프로그래밍 언어로 썬 마이크로시스템즈 연구원들에 의해 개발되었으며 간략하고 네트워크 기능 구현이 용이한 객체지향 프로그래밍 언어이다. 객체지향 프로그래밍은 프로그램 작성 시, 각각의 역할을 가진 객체가 프로그램을 구성하는 것으로 비슷한 역할의 다른 프로그램을 할 경우 이전의 객체를 활용할 수 있다. 자바는 보안이 높고, 여러 기계에서 사용할 수 있다는 장점을 가진다.

㉡ 자바스크립트(JavaScript) : 객체 기반의 스크립트 프로그래밍 언어이다. 웹 브라우저에 자주 사용되며 간단한 코딩을 짜는 것에 편리하나 보안에 취약하다. 오픈 소스가 다양하게 공유되어 있으며 별도의 컴파일 과정이 없어 처음에 배우기 좋다.

㉢ 파이선(Python) : 네덜란드 개발자가 개발한 프로그래밍 언어로 문법이 간결하고 표현구조와 사람의 사고체계와 유사하여 초보자도 쉽게 배울 수 있다. 독립적인 플랫폼으로 다양한 플랫폼에서 사용이 가능하다.

㉣ C언어 : 시스템 기술용 프로그래밍 언어로 벨 연구소에서 개발한 시스템 언어이다. 컴퓨터 구조에 맞는 기초 기술이 가능하며 간결한 표기를 가지는 것이 특징이다. 안드로이드나 IOS의 운영체제에 사용되었다.

㉤ C++언어 : C언어를 객체지향 프로그래밍 언어로 지원하기 위한 언어로 자료 은닉과 재사용성, 다양성 등의 특징이 있다.

주석문
Annotation

프로그래밍 언어를 작성할 때 정보 제공을 위해 사용하는 문장

코딩을 작성하다가 존재하는 난해하거나 어려운 문장을 쉽게 풀어서 쓴 설명이다. 복잡한 프로그램에 들어가는 다양한 변수와 함수를 혼동하지 않게 하기 위해서 주석문을 작성한다. 실제 프로그램을 주지 않고 코드를 설명하는 목적만을 가진 것으로 C언어 프로그램에서는 '/*'와 '*/' 사이에 문장을 쓰고, 한 줄일 경우에는 '//' 뒤에 글을 써주면 주석문으로 인식한다.

통합개발환경
IDE : Integrated
Development
Environment

프로그램 개발에 관련된 코딩, 디버깅, 컴파일, 배포 등과 같은 모든 작업을 한 번에 처리하도록 만든 개발용 소프트웨어

별도의 소프트웨어 환경을 하나로 묶어 제공하는 대화형 인터페이스 기반 소프트웨어이다. 비주얼 스튜디오, 이클립스, Xcode 등이 있다. 통합개발환경의 구성 요소로는 코드 입력·편집을 하는 편집기, 작성코드를 기계가 인식 가능한 코드로 변환하기 위한 빌드도구, 프로그램 실행오류를 찾아내는 디버거, 협업을 위한 프로젝트 관리가 있다.

로킹기법
Locking

직렬성 보장의 한 방법으로 데이터 항목의 액세스를 상호 배타적으로 하는 기법

한 트랜잭션이 액세스하는 동안 다른 트랜잭션이 데이터 항목에 대한 로크를 소유한 경우에만 액세스가 가능하다. 공유 형태로는 트랜잭션 T가 항목 Q에 공유 형태의 로크를 얻으면(S로 표기), T는 항목 Q를 읽을 수는 있으나 쓸 수는 없다. 배타 형태로는 트랜잭션 T가 항목 Q에 배타 형태의 로크를 얻으면(X로 표기), T는 항목 Q를 읽고 쓸 수 있다.

> **상식PLUS⁺ 두 단계 로킹규약**
> ㉠ 요청 단계 : 로크를 얻을 수 있으나 반납될 수 없다.
> ㉡ 반납 단계 : 로크를 반납할 수 있으나 얻을 수 없다.

객체지향 설계 5원칙(SOLID)

객체지향적으로 설계하기 위한 다섯 가지 원칙

㉠ 단일 책임원칙(SRP) : 하나의 클래스는 하나의 방법만을 가지므로 수정의 이유는 한가지라는 원칙이다.

㉡ 개방 폐쇄원칙(OCP) : 수정할 때는 폐쇄하고 확장할 때는 개방해야 하는 원칙이다.

㉢ 리스코프 치환원칙(LSP) : 상속을 할 때 ISA 관계 성립을 지켜야 하는 원칙이다.

㉣ 인터페이스 분리원칙(ISP) : 노출된 인터페이스가 사용자에 따라 다르게 제공되어야 하는 원칙이다.

㉤ 의존성 역전원칙(DIP) : 사용되고 있는 인터페이스가 변경되면 사용하는 인터페이스의 변경 부분도 확인이 필요한 의존성을 가진다는 원칙이다.

프레임워크
Framework

개발을 수월하게 하기 위한 협업 형태로 제공되는 소프트웨어 플랫폼

소프트웨어 애플리케이션을 개발할 때 기능의 설계와 구현이 수월하게 가능하도록 한 소프트웨어이다. 개발·실행·테스트·운영 환경을 지원하여 개발기간을 단축할 수 있다. 소프트웨어의 프레임워크는 프로그램, 코드 라이브러리, 컴파일러, API 등이 있다.

CI
Continuous Integration

지속적인 코드 통합

지속적으로 코드를 통합하여 애플리케이션 품질을 유지하는 것을 의미한다. 새로운 코드 변경 사항이 중앙 저장소에 주기적으로 병합하는 방식으로 여러 명의 개발자가 동시에 애플리케이션 개발을 할 때 충돌문제를 해결할 수 있다. CI를 수행하기 위해서 CI서버, 소스코드 저장소, 빌드 스크립트 세트, 빌드된 아티팩트용 테스트 스위트가 있어야 한다.

> **상식PLUS⁺ CD(Continuous Delivery)**
> 지속적인 서비스 제공·배포를 의미한다. 소프트웨어 신뢰도 유지를 위해서 지속적으로 서비스를 제공하며 관리하는 것을 의미한다.

264 ■■■

리팩토링
Refactoring

결과를 변경하지 않고 프로그램 내부의 코드의 구조를 새로 개선하는 것

외부 기능 수정 없이 내부구조를 단순화하여 소프트웨어의 품질을 높이는 것으로 외부 프로그램 동작 변화 없이 내부구조가 개선되는 것을 의미한다. 오류 발견과 디버깅을 용이하게 하고 복잡한 코드를 가독성 높게 할 수 있다.

> **상식PLUS⁺ 리팩토링 기법(Refactoring)**
> 메소드 정리(Extract Method, Replace Parameter with Method), 메소드 추출(Extract Class, Extract Subclass, Extract Interface), 이름변경(Rename Method), 추측성 일반화(Inline Method, Collapse Hierarchy), 중복(Replace Magic Number with Symbolic Constant, Pull Up Field, Pull Up Method)

265 ■■■

코드스멜
Code Smell

가독성이 떨어지는 코드

중복적으로 코드가 있는 경우, 메소드 내부가 긴 경우, 매개변수 개수가 많은 경우, 2가지 이유로 클래스가 수정되는 경우, 동시에 여러 클래스를 수정하는 경우, 데이터가 합쳐지지 않은 경우, 클래스를 만들지 않고 기본 타입만 사용한 경우, Switch문을 사용한 경우, 클래스의 역할이 없는 경우, 확장을 예상하고 사용하지 않는 클래스가 있는 경우, 클래스 인터페이스가 일치하지 않는 경우, 기존 라이브러리 클래스가 불완전하여 사용이 어려운 경우, 하위클래스가 평행상속을 하지 않는 경우, 코드의 주석이 자세한 경우 등이 코드스멜의 종류이다.

형상관리
Configuration Management

시스템의 형상요소를 기능적 · 물리적으로 변경사항을 관리하기 위해 기록 · 보고하고 검정하는 것

형상(Configuration)은 개발 과정에서 프로그램 설명 문서, 데이터 등을 의미한다. 개발된 형상을 체계적으로 관리하는 기법이다. 형상을 식별, 컨트롤, 감사, 기록하여 운영자는 효과적인 관리의 기준을 얻고 개발자는 관리가 용이하다.

> **상식PLUS**⁺ TFS(Team Foundation Server)
> 유명한 것은 마이크로소프트 제품의 비주얼 스튜디오로 C++와 C# 언어로 되어있다. 소스 코드 관리, 보고, 요구사항 관리 등의 다양한 관리기능을 가지고 있다.

데이터처리 시스템
Data(Document)
Processing System

데이터를 처리해주는 시스템

데이터를 편리하게 접근하기 위해 입력, 처리, 출력, 통신 등의 업무를 수행하는 것을 의미한다. 데이터처리 유형작업 준비시간을 줄이기 위해 처리할 여러 개의 작업들을 일정 기간 또는 일정량이 될 때까지 모아 두었다가 한꺼번에 처리하는 방식의 시스템이다.

> **상식PLUS**⁺ 데이터처리 시스템 종류
> ㉠ 온라인처리시스템 : 사용자가 운영체제나 프로그램에 직접 명령을 주고 즉시 응답을 받을 수 있는 시스템이다.
> ㉡ 분산처리시스템 : 지역적으로 분산된 여러 컴퓨터에 기능을 분담시킨 후, 통신망을 통하여 상호 간에 교신하여 처리하는 방식의 시스템이다.
> ㉢ 다중 프로그래밍 시스템 : 하나의 CPU를 이용하여 여러 개의 프로그램을 실행 시킴으로써 짧은 시간에 많은 작업을 수행할 수 있게 하여 시스템의 효율을 높여 주는 방식의 시스템이다.
> ㉣ 시분할 시스템 : 다중 프로그래밍의 변형된 형태로, 각 작업에 CPU에 대한 일정 시간을 할당하여 주어진 시간 동안 직접 컴퓨터와 대화형식으로 프로그램을 수행할 수 있도록 개발된 시스템이다.
> ㉤ 분산처리시스템 : 여러 개의 CPU를 사용하여 기억 장치를 공유하며, 다중작업을 구현한 시스템이다.
> ㉥ 실시간 시스템 : 단말기나 제어대상으로부터 처리요구자료가 발생할 때마다 즉시 처리하여 그 요구에 응답하는 방식의 시스템이다.

음성 또는 영상의 신호를 디지털 신호로 변환하는 코더와 그 반대로 변환시켜 주는 디코더의 기능을 함께 갖춘 기술

음성이나 비디오 데이터를 컴퓨터가 처리할 수 있게 디지털로 바꿔 주고, 그 데이터를 컴퓨터 사용자가 알 수 있게 모니터에 본래대로 재생시켜 주는 소프트웨어이다. 동영상처럼 용량이 큰 파일을 작게 묶어주고 이를 다시 본래대로 재생할 수 있게 해준다. 파일을 작게 해주는 것을 인코딩(Encoding), 본래대로 재생하는 것을 디코딩(Decoding)이라고 한다. 또 데이터 압축 기능을 사용하여 압축하거나 압축을 푸는 소프트웨어도 코덱에 포함된다.

> **상식PLUS⁺ 코덱 종류**
> ㉠ 동영상 코덱 : MPEG(MPEG1, MPEG2, MPEg4)을 비롯하여 인텔의 Indeo, DivX, Xvid, H.264, WMV, RM, Cinepak, MOV, ASF, RA, XDM, RLE 등
> ㉡ 오디오 코덱 : MP3, AC3, AAC, OGG, WMA, FLAC, DTS 등
> ㉢ 압축 코덱 : 알집, 반디집, Filzip, 7 – Zip, WinRAR, WinZIP 등

2018 | 농협은행

문제해결을 위한 단계적으로 처리하는 절차 · 방법 · 명령어

알고리즘 수행을 위해 자료를 입력(Input)하면 업무가 수행되어 출력(Output)이 된다. 알고리즘을 처리할 때 명령어를 명확하게 입력해야 하는 명확성과 수행 후 종료되어야 하는 유한성, 실행이 가능해야 하는 효과성의 조건을 가진다. 데이터를 상태에 맞게 정렬하는 정렬 알고리즘과 데이터 집합에서 원하는 것을 찾는 검색 알고리즘, 그래프 정점에 들어가 처리하는 그래프 탐색 알고리즘이 있다.

> **상식PLUS 알고리즘 수행**
> ㉠ 알고리즘 분석 기준 : 정확성, 작업량, 기억장소 사용량, 최적성, 단순성
> ㉡ 알고리즘 표현 방법 : 자연어, 순서도, 가상 코드, 프로그래밍 언어
> ㉢ 알고리즘 주요 특징
> • 입력 : 최소 0개 이상의 입력이 존재한다.
> • 출력 : 최소 1개 이상의 출력이 존재한다.
> • 명확성 : 각 단계는 명확해야 한다.
> • 유한성 : 유한한 단계 내에 반드시 종료되어야 한다.
> • 효율성 : 수행되는 과정이 논리적이고 최적화되어야 한다.

> ☑ 시험에서는 이렇게 물어본다!
> 알고리즘의 분석 기준은?

스택 방식 언어
Stack Based Language

메모리 사용형태가 예측가능한 후입선출방식

실행시간 스택(Run Time Stack)으로 메모리를 할당한다. 메모리 필요량을 계산할 수 없는 프로그램도 사용이 가능하다. ALGOL60형 언어가 있다.

> **상식PLUS** 정적 언어와 동적 언어
> ㉠ 정적 언어(Static Language) : 메모리 할당이 실행 이전에 이루어진다. 환(Recursion)을 사용할 수 없다. FORTRAN, COBOL이 있다.
> ㉡ 동적 언어(Dynamic Language) : 메모리 사용형태를 미리 예측할 수 없다. 스택에 의한 메모리 할당이 불가능하다. LISP, PROLOG, APL, SNOBOL 4가 있다.

플로차트
Flowchart

컴퓨터로 처리해야 하는 작업 절차를 약속된 기호로 표시한 그림으로 알기 쉽게 나타낸 것

기 호	의 미	기 호	의 미
	터미널		정의된 처리
	처리기호		조 합
	판단기호		정 렬
	준비기호		발 췌
	입·출력기호		병 합
	콘 솔		자기테이프
	온라인기억		자기디스크
	서 류		자기드럼
	영상표시		결합자

1차원 배열 STACK(1 : n)에 나타낼 수 있는 순서리스트 또는 선형리스트의 형태로서 가장 나중에 저장한 데이터를 먼저 꺼내는 후입선출(LIFO : Last In First Out) 알고리즘을 갖는 주기억 장치나 레지스터 일부를 할당하여 사용하는 임시기억 장치

프로그램 실행 시 함수호출을 처리하기 위한 특별한 스택이다. 함수호출 시 프로그램은 활성레코드 또는 스택프레임이라는 구조를 생성하고 이것을 시스템스택의 톱(TOP)에 둔다. 초기에 호출된 함수의 활성레코드는 이전의 스택프레임에 포인터와 복귀주소를 가지고 있는데, 스택프레임 포인터는 호출한 함수의 스택프레임을 가리키고, 복귀주소는 함수가 종료된 후에 실행되어야 할 문장위치를 가리키고 있다.

오픈소스 클라우드 기술로 IaaS에 초점이 맞춰진 기술

2010년에 개발된 오픈스택 기술은 나사와 랙스페이스 기업에서 제작한 표준화된 하드웨어에서 사용이 가능한 오픈소스 클라우드 기술이다. 오픈스택 파운데이션에서 관리하고 있는 이 기술은 IaaS를 구축하기 쉬운 플랫폼 중에 하나이다. 가상화 컴퓨팅 기술, 개인 데이터 저장 기술, 통신 기술 등을 제공하여 확장성과 모듈성의 장점을 지니고 있다. 다만, 업데이트 주기가 잦아 안정성이 떨어진다.

한쪽 끝에서 삭제가 일어나고 한쪽 끝에서 삽입이 되는 선입선출(FIFO : First In First Out) 알고리즘을 가지는 선형 리스트

큐의 항목(Item) 삽입 · 삭제 알고리즘을 수행하면 큐가 오른쪽으로 움직이는 것을 알 수 있는 순차큐의 연산과 삽입, 삭제를 위해 모듈로 연산자를 사용하며 순차큐의 단점을 보완한 효과적인 큐의 표현방법으로 1차원 배열 $Q(1 : n)$을 원형으로 생각하는 원형큐가 있다. 큐의 적용분야는 작업 스케줄링(디스크의 일정 영역을 큐로 정하고 입력된 순서대로 프로그램을 실행하도록 하는 것), 버퍼 등 QUEUE FULL의 최악의 경우의 연산시간은 O(n)이다.

소프트웨어를 칩에 담아 기기에 내장 시킨 형태의 장치

전자장치의 두뇌 역할을 하는 마이크로프로세서를 장착하여 시스템이 기기를 효과적으로 제어하는 시스템이다. 디지털 홈 시대를 맞이하여 세탁기나 냉장고 등의 가전기기에 다양하게 사용되고 있는 기술이다. 세제량을 조절하는 세탁기 등 다른 제품과 결합되어 부수적인 기능을 수행하는 시스템이다.

배열하기 위해서 사용하는 숫자, 문자 또는 기호로서 분류, 배열 등이 용이하도록 사용하는 기능

데이터의 체계화, 정보처리시스템의 효율성 증대, 데이터의 호환성을 위한 표준화를 위해 필요하며 식별·배열·분류 3대 기능을 가지고 있다. 코드를 작성할 때는 최소의 자릿수를 지켜야 한다. 하나의 코드화 대상 항목에는 하나의 코드를 부여하는 고유성과 어느 하나의 분류기준에 따라 처리되는 경우 그 분류기준을 적용하여 분류의 편리성을 가져야 한다. 데이터가 증감하는 경우 이것의 추가나 삭제가 용이해야 한다. 기계 처리의 용이성을 위해 입·출력이 쉬워야 하고, 컴퓨터 처리가 쉬워야 한다. 쉽게 이해할 수 있고, 기억하기 편리해야 한다.

> **상식PLUS⁺ 코드의 종류**
> ㉠ 순차코드(Sequential Code) : 코드대상에 대하여 데이터의 발생 순으로 코드를 부여하는 방식으로 변동 사항의 항목이나 다른 코드의 보조항목으로 사용된다.
> ㉡ 블록코드(Block Code) : 공통적인 특성이 있는 것끼리 묶어 임의의 블록으로 구분하여 블록 내에서 차례대로 일련번호를 부여한다.
> ㉢ 그룹분류코드(Group Classification Code) : 코드화 대상 항목을 각각 독립시켜 분류하여 각 집단 내에서 차례대로 일련번호를 부여한다. 분류기준을 명확하게 하여 기계처리에 용이하다.
> ㉣ 유효숫자코드(Significant Digit Code) : 코드화 대상항목의 속성 등을 숫자 그대로 사용하여 코드화한다. 코드의 판독과 추가가 용이하다.
> ㉤ 10진 코드(Decimal Code) : 도서정리의 목적에서 발달한 것으로 왼쪽과 오른쪽 부분으로 분리되어 있다.
> ㉥ 연상기호코드(Mnemonic Code) : 코드화 대상 항목과 관계있는 문자 또는 숫자를 조합하여 표현하는 코드로 항목의 수가 각각 다른 경우에 적합하다.
> ㉦ 약자식코드(略字式 Code) : 관습이나 제도상 널리 사용되고 있는 문자를 약자로 코드화한 것이다.

HTML을 개선하여 만든 확장성 생성 언어

장애자가 사용하기 불편하다는 HTML의 단점과 SGML의 복잡함을 해결하기 위해 만들어진 인터넷 언어이다. HTML과 SGML가 장점을 최대한 수용하여 간편하게 만들어졌다. 웹과 애플리케이션에서 개방적으로 사용이 가능하다. 자신만의 태그를 다양하게 생성하는 확장성이 있고 데이터가 사람과 기계가 쉽게 이해할 수 있는 구조로 되어 있다. 다양한 포맷으로 변환이 가능하여 전자상거래, EDI(전자문서교환) 등에 활발하게 사용된다. 유니코드로 여러 국가의 언어를 지원한다.

> **상식PLUS⁺ SGML(Standard Generalized Markup Language)**
> 전자문서가 다양한 시스템 환경에서 사용할 수 있도록 한 문서처리의 표준이다. 국제표준화기구(ISO)에서 정한 문서처리표준이며 1986년 최초 공개되었다.

트리
Tree

기억장소 할당, 정렬, 검색에 응용하는 비선형 구조

트리는 각 노드 사이에 사이클이 형성되지 않고, 루트 노드라고 하는 한 정점에서 계속 가지를 치는 형식을 갖고 있다. T의 원소 가운데 루트 노드라고 하는 특정한 한 개의 노드가 존재하거나 루트 노드를 제외한 나머지 노드들은 n개(n≥0)의 서로 분리된 부분집합 T1, T2, T3, …, Tn으로 나누어지며, 각 Ti는 트리가 되는 한 개 이상의 노드를 갖는 유한집합 T이다.

> **상식PLUS⁺ 트리의 용어**
>
> ㉠ 노드(Node) : 한 정보 아이템과 이것으로부터 다른 아이템으로 뻗어진 가지의 합이다.
> ㉡ 차수(Degree) : 한 노드에서 분기되는 노드의 가지수이다.
> ㉢ 트리의 차수(Degree of Tree) : 트리 내 노드 차수 중 최대 차수이다.
> ㉣ 노드의 레벨(Level of Node) : 루트의 레벨을 1로 가정한 후 자식 노드에서 1씩 증가한다.
> ㉤ 단말 노드(리프, Terminal Node) : 차수가 0인 노드이다.

> ☑ 시험에서는 이렇게 물어본다!
> 완전 이진 트리의 높이가 h일 때, 이 트리에 포함될 수 있는 최대 노드 개수 공식은?

SQL
Structured
Query Language

데이터베이스로부터 정보를 요청할 때 사용하는 구조화된 질의 언어

데이터 정의·조작·제작 기능에 관련된 명령을 모두 포함한 언어로 IBM 산호세 연구소에서 개발하였다. 1986년 11월 RDB에서 표준으로 규격화되고 있다. 관계 매핑을 기초로 한 대표언어로 입력한 테이블에서 원하는 출력을 매핑시키는 언어이다. SQL은 SELECT, UPDATE, DELETE, INSERT의 4개의 DML문장을 제공한다. 'SELECT(필드들) FROM(테이블) WHERE(명시된 조건 만족)'의 형식으로 작성하는 단순질의와 조건이 반드시 동등(=)일 필요는 없지만 연산자가 동등일 때, 이퀴조인(Equi Join)이라고하는 조인질의가 있다.

스키마
Schema

데이터 개체, 속성, 이들 간의 관계, 데이터 값들이 갖는 제약조건에 관한 정의 총칭

스키마는 세 가지로 분류할 수 있다. 외부스키마는 서브스키마, 뷰라고도 한다. 데이터베이스의 외적인 한 단면을 표현하며, 전체 데이터베이스의 한 논리적 부분이다. 개념스키마는 기관이나 조직 입장에서 본 데이터베이스 전체적 구조이며 내부스키마는 물리적 저장장치의 면에서 본 데이터베이스 전체 구조이다.

데이터베이스
Data Base

데이터를 통합 · 운영 · 저장 · 공유를 하는 데이터 집합을 의미

중복적으로 공유가 되는 데이터를 한 곳에 모아 최소한의 중복을 위해 관리하는 상태이다. 여러 명의 사용자가 동시에 데이터 내용에 접근 · 확인하여 계속해서 변화할 수 있는 특징이 있다.

> **상식PLUS** 데이터베이스 유형
> ㉠ 관계형 데이터베이스(RDB : Relational Data Base) : 1970년대 E.F Codd에 의해서 만들어진 관계형 데이터 모델을 기반으로 한 데이터베이스이다. Oracle, SQL 등이 있다. 간단하게 정보를 저장할 수 있고 질의어만 익히면 누구나 쉽게 검색이 가능하다.
> ㉡ 객체지향 데이터베이스(OODB : Object Database) : 정보를 객체지향 프로그래밍(OOP) 기술로 저장한 데이터베이스로 ObjectStore, O2, Uni – SQL 등이 있다. 비정형된 복합적인 정보들의 모델링이 가능하다.
> ㉢ 계층형 데이터베이스(Hierarchical Database) : 상하 종속적인 관계의 트리 형태로 계층적으로 데이터베이스를 저장하는 것으로 가장 오래된 데이터베이스이다.
> ㉣ 네트워크형(망형) 데이터베이스(Network – Type Data Base) : 계층형 데이터베이스의 트리형태를 네트워크 형태로 저장하는 데이터베이스이다.

데이터 정의 언어
DDL :
Data Definition Language

데이터베이스 스키마를 정의하는 언어

컴파일 결과는 데이터 사전 파일에 저장한다. 데이터에 관한 데이터인 메타데이터를 포함한 파일로서, 실제의 데이터가 데이터베이스 시스템에서 읽혀지거나 수정 전에 참조된다.

데이터 조작 언어
DML :
Data Manipulation
Language

사용자로 하여금 데이터를 액세스하거나 조작하는 언어

절차식은 필요한 데이터를 어떻게 구하는지를 명시한다. 비절차식은 필요한 데이터만을 명시하고 어떻게 구하는지는 명시하지 않는다. 비절차식은 절차식보다 배우고 사용하기는 쉽지만 비효율적인 코드를 만들 수 있다. 질의어는 데이터 조작 언어에서 정보의 검색에 관여하는 부분으로 질의어와 데이터 조작언어를 같은 의미로 사용하는 것이 보통이다.

데이터베이스 관리자
DBA :
Data Base Administrator

DBA는 데이터베이스를 여러 사람이 사용할 수 있도록 관리하고 제어하는 관리자

여러 사용자(응용 프로그램)가 필요로 하는 정보에 대한 요건을 결정하며, 그들이 필요로 하는 뷰를 제공하는 일을 한다. 사용자(응용 프로그램)와 대화를 하며 사용자와 시스템 분석가나 프로그래머 사이의 중재자 역할을 담당한다. DBA의 특정 임무는 설계, 관리, 운용 및 통제, 성능측정 등으로 나눌 수 있다.

285 ■■■■
DBMS
Data Base
Management System

데이터를 저장(정의), 조작, 제어하는 기능을 갖고 데이터베이스에 대한 일반적인 데이터 모델을 제공하는 기능

DBMS는 외부스키마 → 대응하는 외부와 개념스키마의 접속 → 개념스키마 → 개념과 내부접속 → 기억장소의 구성·정의 순으로 검토한다. 저장된 데이터베이스에 필수적인 연산을 수행한다. 관계 데이터베이스를 액세스할 수 있고 갱신 연산을 수행하는 관리시스템을 관계DBMS라 한다. DBMS의 표준 구성 요소는 데이터 정의언어(DDL), 데이터 조작언어(DML), 질의어와 보고서 작성기 및 그래픽 생성기, 주 언어 접속(Host Language Interface), 데이터 사전이 있다.

286 ■■■■
ASP
Application Service Provider

개인이나 기업에게 네트워크를 통해 응용 프로그램을 임대·관리하는 사업자

응용 프로그램 제공자, 네트워크 제공자, 보안관리 사업자, 데이터베이스 사업자, 포털 사업자 등으로 구성되어 있는 것으로 개인정보나 기업의 기밀을 안전하게 관리하는 보안관리 사업자 역할비중이 크다. 기업이 전문 기술 인력을 유치하는 대신 직접 기술을 구축하고 관리해 주는 IT서비스이다. 높은 비용을 주고 구입하는 대신 일정 서비스 비용을 지불하고 사용할 수 있다.

287 ■■■■
ORM
Object Relational Mapping

객체지향 프로그래밍의 객체와 데이터베이스 간의 데이터를 매핑하는 기술

가상의 객체지향 데이터베이스를 데이터와 연결하는 것으로 재사용과 유지 보수에 용이하다. SQL을 직접 입력하지 않아도 되어 간단하게 조작이 가능한 편이다. ORM을 구현하기 위한 프레임워크는 JAVA, C++, 파이선, iOS, PHP, .net 등이 있다.

288 ■■■■
하이퍼바이저
Hypervisor

여러 개의 운영체제를 동시에 효과적으로 실행하기 위한 플랫폼

인터넷에서 여러 운영체제를 통제하기 위한 소프트웨어로 다수의 운영체제를 동시에 작동시킨다. 가상화 엔진의 한 종류로 가상화 머신 모니터(Virtual Machine Monitor)의 약자인 VMM라고도 부른다. CPU와 운영체제의 중간웨어로 사용된다.

289 ■■■■
고가용성
HA : High Availability

끊임없이 정보시스템에서 서비스를 제공하는 것

오랜 시간 동안 지속적으로 사용할 수 있는 가용성을 의미한다. 고가용성의 기준은 1년에 서비스 중단기간이 5분 15초 이하를 나타내는 99.999%(파이프 나인)이다. 장애를 대비하기 위해 클러스터링을 이용하여 시스템을 두 개 이상으로 작업한다.

일반적으로 릴레이션이 갖고 있는 어떤 속성의 부분집합의 값은 그 릴레이션의 튜플을 유일하게 식별

하나의 키값으로 하나의 튜플을 유일하게 식별한다. 키를 구성하는 속성 하나를 제거하면 유일한 식별성이 파괴된다. 기본키는 한 릴레이션의 튜플에서 정의되지 않은 값을 가질 수 없으나 다른 키나 속성들은 정의되지 않은 값을 가질 수 있다. 파일과 레코드를 릴레이션으로 표현할 수 있으나 일반적인 파일과 릴레이션은 실행되는 연산이 다르기 때문에 구별해야 한다. 릴레이션은 영역에 대한 교차곱의 부분집합이며, 수학적 관계와는 달리 시간에 따라 변한다.

> **상식PLUS⁺ 릴레이션의 구성**
> ㉠ 릴레이션 스킴(릴레이션 타입) : 릴레이션 이름과 애트리뷰트 이름으로 구성된 R의 내포이다. 시간에 무관한 정적 성질을 가지고 있다.
> ㉡ 릴레이션 인스턴스(릴레이션 값) : R의 외연, 즉 어느 한 시점에 릴레이션 R이 포함하고 있는 튜플들의 집합이다. 삽입, 삭제, 갱신 연산을 통해 시간에 따라 변화하는 동적 성질을 가지고 있다.

HIPO는 입력 처리 출력관계를 시각적으로 기술하고 문서화의 도구 및 설계도구방법을 제공하는 기법

문서가 체계화되며 구상에 도움을 주기 쉽고 알기 쉬워 변경 유지 보수를 용이하게 한다. 소규모 시스템 개발에만 유용하다.

> **상식PLUS⁺ IPT(Improved Programming Technologies)**
> IPT는 향상된 프로그래밍 기법을 의미한다. 효율적이고 신뢰성이 높은 프로그램 개발을 위해 사용되는 각종 기법을 총칭한다. 소프트웨어 개발시 생산성 향상과 품질개선을 위한 공학적 기법이다.

시스템 분석·설계·구현 등 개발과정에 사용되는 객체지향 모델링 언어

개발자들 사이에서 요구 분석, 시스템 설계 및 구현하는 과정에서 생기는 의사소통의 어려움을 해결할 수 있다. Booch, Rumbaugh, Jacobson이 주장하는 각각의 객체지향방법론의 장점만으로 다양한 방법론을 표현할 수 있다. UML의 모델을 구성하는 중요한 기본요소인 사물은 구조사물, 행동사물, 그룹사물, 주해사물이 있다.

클라우드 컴퓨팅
Cloud Computing

2023 · 2020 · 2019 | 농협은행

서로 다른 물리적인 위치에 존재하는 컴퓨터들의 리소스를 가상화 기술로 통합 · 제공하는 기술

소프트웨어(Software) 등의 IT자원을 필요한 때 필요한 만큼 빌려 쓰고 이에 대한 사용요금을 지급하는 방식의 서비스이다. 높은 이용편리성으로 산업적 파급효과가 크기 때문에 차세대 인터넷 서비스로 두각을 나타내고 있다.

> **상식PLUS**[+] 클라우드 컴퓨팅 필요기술
>
> 가상화 기술, 대규모 분산처리, 오픈 인터페이스, 서비스 프로비저닝, 자원 유틸리티, 서비스 수준 관리(SLA), 보안 · 프라이버시, 다중 공유모델

> ☑ 시험에서는 이렇게 물어본다!
> 클라우드 컴퓨팅에 필요한 기술은?

클라우드 서비스
SaaS, IaaS, PaaP

2025 · 2020 | 농협은행 2018 | 기업은행

각종 자료를 내부 저장공간이 아닌 외부 클라우드 서버에 저장한 뒤 다운로드 받는 서비스

인터넷으로 연결된 초대형 고성능 컴퓨터에 소프트웨어와 콘텐츠를 저장해 두고 필요할 때마다 꺼내어 쓸 수 있는 서비스다. 사용자가 스마트폰이나 PC등을 통해 문서, 음악, 동영상 등 다양한 콘텐츠를 편리하게 이용할 수 있지만 인터넷 케이블이 끊어지면 국가적 '정보 블랙아웃' 상태가 올 우려가 있다.

> **상식PLUS**[+] 클라우드 서비스 모델
>
> ㉠ SaaS(Software as a Service) : 제공자가 소유하고 운영하는 소프트웨어를 웹 브라우저 등으로 통해 사용하는 서비스이다.
> ㉡ IaaS(Infrastructure as a Service) : 응용서버, 웹 서버 등을 운영하기 위해서는 기존의 하드웨어 서버, 네트워크, 저장장치, 전력 등의 여러 가지 인프라가 필요하다.
> ㉢ PaaP(Platform as a Service) : 개발자가 개발환경을 위한 별도의 하드웨어, 소프트웨어 등의 구축 비용이 들지 않도록 개발 및 구축하고 실행하는 데 필요한 환경을 제공하는 서비스이다.
> ㉣ AIaaS(AI as a Service) : 인공지능(AI)을 클라우드에서 구현하여 재현되는 서비스이다. 중앙서버에서 플랫폼을 구현할 수 있고 사용자에게 편의성을 제공한다. 사용한만큼 지급하는 운영 효율성과 쉽게 접근할 수 있다.

> ☑ 시험에서는 이렇게 물어본다!
> 클라우드 서비스 모델의 차이점을 설명하시오.

295 ■■■
무결성
Integrity

데이터베이스에 저장된 데이터 값이 정확하고 일관성 있게 유지되어 일치함을 보증하는 것

데이터를 보호하기 위해 항상 정확한 데이터를 보호하는 것을 의미한다. 여러 가지 제한을 설정하여 데이터의 정확성을 보증하는 것이다.

> **상식PLUS** 무결성 종류
> ㉠ 개체 무결성(Entity Integrity) : 기본키 값은 NULL 값을 가질 수 없다
> ㉡ 도메인 무결성(Domain Integrity) : 애트리뷰트가 가질 수 있는 값은 범위가 존재한다.
> ㉢ 참조 무결성(Referential Integrity) : 외래키 값은 NULL이거나 참조 릴레이션에 있는 기본키 값과 같아야 한다.
> ㉣ 사용자 정의 무결성(User Defined Integrity) : 속성 값이 사용자가 정의한 규칙에 만족해야 한다.

296 ■■■
아두이노
Arduino

마이크로 컨트롤러 보드를 기반으로 인터랙티브 객체들과 디지털 장치를 개발하기 위한 도구

2005년 이탈리아에서 마시모 반지 교수와 데이비드 쿠아르디에스 교수가 만든 것으로 스위치나 센서를 통해 들어온 입력값을 출력하여 상호작용이 가능한 물건을 만들어낼 수 있다. 마이크로 컨트롤러 플랫폼에 비해 저렴하며 다양한 운영체제에서 작동이 가능하고, 초보자 사용이 쉬우며, 다양한 시도가 가능한 유연성이 있다. 오픈 소스로 2013년에는 70만 개 이상의 공식 보드를 사용할 수 있었다. 아두이노 통합 개발 환경에서 소스 코드를 작성·편집·업로드 기능이 가능하다.

297 ■■■
웹 어셈블리
Web Assembly

웹을 네이티브 애플리케이션처럼 빠르게 실행할 수 있도록 하는 차세대 바이너리 포맷 표준

개발자가 자바스크립트 대신 C언어 등으로 어느 브라우저에서든 돌아가는 프로그램을 만들어 배포할 수 있게 된다는 장점을 가진다.

298 ■■■
다크패턴
Dark Patten

사용자가 원하지 않는 행동을 하도록 유도하는 기만적인 사용자 인터페이스(UI)

눈속임 설계라고도 한다. 이는 혼란을 유발하거나 심리적 압박을 가해 사용자의 동의를 이끌어내며, 불필요한 지출, 개인정보 제공, 원치 않는 서비스 가입 등의 결과를 초래할 수 있다.

하둡
HADOOP

2019 농협은행

대용량 데이터처리 기술

HADOOP(High Availability Distributed Object Oriented Platform)은 빅데이터를 효율적으로 다루기 위한 분산시스템으로 여러 개의 서버를 하나에 연결하여 처리하는 자바 기반의 프레임워크이다.

상식PLUS⁺ 하둡의 주요 구성 요소

㉠ HDFS(Hadoop Distributed File System)
- 하둡의 분산 파일 시스템으로, 데이터를 여러 노드에 분산 저장하여 대용량 데이터를 효율적으로 관리한다.
- NameNode(메타데이터 관리)와 DataNode(실제 데이터 저장)로 구성된다.

㉡ YARN(Yet Another Resource Negotiator)
- 클러스터의 자원(Resource)을 관리하고, 여러 애플리케이션이 실행될 수 있도록 스케줄링하는 역할을 한다.
- ResourceManager(전체 자원 관리)와 NodeManager(개별 노드 자원 관리)로 구성된다.

㉢ MapReduce
- 대량의 데이터를 분산 처리하기 위한 프로그래밍 모델로, Map과 Reduce 단계로 나뉜다.
- 현재는 Spark 등 대체 기술이 많이 사용되지만, 하둡의 핵심적인 연산 모델이다.

㉣ Hadoop Common
- 하둡의 기본 라이브러리 및 공통 유틸리티 모음이다.
- HDFS, YARN, MapReduce 등이 원활히 동작할 수 있도록 지원한다.

상식PLUS⁺ 하둡 지원프로그램

㉠ 스트리밍 데이터 수집 : Flume, Scribe, Chuckwa
㉡ 정형 데이터 수집 : Sqoop, Hiho
㉢ 분산 데이터베이스 : Hbase, Cassandra
㉣ 실시간 SQL 질의 : Impala

> ☑ 시험에서는 이렇게 물어본다!
> 하둡의 주요 구성요소는?

유전 알고리즘
Genetic Algorithm

자연 선택과 유전자의 개념을 이용한 최적화 기법

주어진 문제에 대한 답을 특정한 규칙 없이 생성한 뒤 그것들을 자연 선택의 원리를 이용해 진화시킴으로써 최적의 답을 만들어 내는 방식이다. 즉 더 좋은 답이 선택되고, 그 답들이 섞이거나 일부가 무작위로 바뀌는 과정을 반복적으로 거치게 되는 것이다. 이 방식에서 해답은 보통 고정된 길이의 문자열로 표현된다. 또한 해답의 좋고 나쁨 정도는 최적화 문제의 목적 함수가 평가하여 점수를 매긴다.

초고속 디지털 가입자 회선

VDSL :
Very High – Data
Rate Digital
Subscriber Line

초고속 디지털 전송기술의 일종

ADSL(비대칭디지털가입자 회선)에 이어 등장한 디지털 전송기술 중에 하나이다. 한국에서는 2002년부터 상용화되었다. 전화선을 이용하여 초고속으로 다량의 데이터를 양방향으로 전송하는 인터넷 서비스를 의미한다. 기존 전화선을 이용하는 특징이 있고 비대칭형과 대칭형 종류가 있다. 대칭형은 양방향으로 13Mbps, 26Mbps의 속도이다. 비대칭형 서비스의 경우 수신속도는 13 ~ 52Mbps이고 송신속도는 1.6 ~ 6.4Mbps이다.

> **상식PLUS⁺** 비대칭 디지털 가입자 회선(ADSL : Asymmetric Digital Subscriber Line)
>
> 1989년 미국 벨코아 회사가 개발한 기술로 기존 전화 회선을 이용하여 데이터 통신이 가능하도록 하는 수단이다. 별도로 회선을 설치하지 않아도 된다는 장점이 있다. 가정과 전화국 사이에 상향/하향의 속도가 다르다. 하향은 9Mbps가 가능하나 상향은 640Kbps으로 대칭을 이루지 않는다.

공개키 기반구조

PKI :
Public Key Infrastructure

2022 | 농협은행

안전거래를 위해 암호화 · 인증 등이 필수인 공개키 관리 기반구조

안전이 보장되지 않는 공중망에서 신뢰도를 높이기 위해 검증을 진행하는데 이것이 공개키 기반구조로 진행된다. 정책승인기관(PAA), 정책인증기관(PCA), 인증기관(CA), 등록기관(RA), 인증서 소유자 등으로 구성된다.

> ☑ 시험에서는 이렇게 물어본다!
> 공개키 기반구조의 구성요소는?

대칭키 암호

Symmetric Key Algorithm

2021 | 농협은행

암호화와 복호화와 암호키를 사용하는 알고리즘의 한 종류

암호화키와 복호화키가 동일하게 사용되는 방식이다. 일반적으로 사용되어 관용암호라고도 하고 비밀키 암호라고도 부른다. 대표적인 방식으로는 데이터 암호화 표준(DES)와 IDEA가 있다.

> ☑ 시험에서는 이렇게 물어본다!
> 하둡의 주요 구성요소는?

대체키
Alternate Key

2021 | 농협계열사

기본키를 제외한 후보키들

R에 대한 애트리뷰트 집합 A의 부분집합을 후보키라 한다. 후보키 중에서 선정한 키로서 언제 어느 때고 널이 될 수 없는 키는 기본키이고 유일성을 갖는 애트리뷰트 집합은 슈퍼키이다. 릴레이션 R1에 속한 애트리뷰트의 외래키가 참조 릴레이션 R2의 기본키인 것을 외래키라 한다. 기본키와 외래키는 무결성의 제약이 있다. 기본키 값은 NULL 값을 가질 수 없는 개체무결성, 외래키 값은 널이거나 참조 릴레이션에 있는 기본키 값과 같아야 하는 참조무결성, 애트리뷰트가 가질 수 있는 값은 범위가 존재하는 도메인 무결성이 있다.

> ☑ 시험에서는 이렇게 물어본다!
> 대체키의 정의는?

복호화
Decryption

2025 · 2022 | 농협은행

암호화의 역과정

암호화된 데이터를 다시 읽을 수 있는 평문으로 되돌리는 과정이다.

상식PLUS 암호화(Encryption)
의미를 이해할 수 없는 형식의 암호문으로 변환하는 것으로 정보를 보호할 수 있다.

> ☑ 시험에서는 이렇게 물어본다!
> 암호화된 데이터를 원래 평문으로 변환하는 과정은?

해시함수
Hash Function

2022 | 농협은행

다양한 크기의 데이터를 고정된 길이의 해시 값으로 출력하는 함수

암호화 기술 중에 하나로 현재 표준 해시함수는 160 ~ 256비트의 해시값을 출력한다. 암호 알고리즘에는 키를 사용한다. 하지만 해시함수는 키를 사용하지 않아 항상 동일한 출력값이 나오는 특성에 따라 무결성을 검증할 수 있다. 동작 알고리즘이 간단하여 상대적으로 시스템 자원 소모량이 적은 편이다. MD5, SHA 등의 해시함수가 있다.

> ☑ 시험에서는 이렇게 물어본다!
> 해시함수의 장점은?

디지털 캐비넷
Digital Cabinet

서류, 파일, 문서, 사진, 그림 등을 전자파일 형식으로 보관 및 관리하는 시스템

문서 검색의 편리성, 보안 강화, 공간 절약, 협업 지원 등 다양한 이점이 있는 반면, 초기 구축과 유지 보수에 시간과 비용이 소요되며, 해킹이나 시스템 오류 등의 위험이 존재한다. 디지털 캐비넷은 정부 기관, 기업, 학교 등 다양한 분야에서 널리 활용되고 있다.

308 ■■■■
리얼리티 마이닝
Reality Mining

데이터 마이닝의 일종

고객의 정보를 바탕으로 향후 구매행태 예측 및 의사결정에 이용하는 마케팅 기법인 데이터 마이닝의 일종으로, 모바일 기기를 통해 사용자의 사회적 관계망, 소비패턴, 행동방식, 라이프 스타일 등을 분석하는 기술이다.

309 ■■■□
인공지능 반도체
AI Semiconductor

인공지능 구현에 특화된 대규모 연산을 저전력 · 초고속으로 수행하는 비메모리 반도체

AI의 핵심 장치에 해당하며, AI 연산에 특화된 시스템 반도체이다. AI 산업의 발전과 초거대 인공지능의 등장으로 수요가 늘어났다. 대량 연산에 유리한 GPU를 사용하여 인공지능 알고리즘을 운영할 수 있으나, 비용이 많이 발생하고 전력 사용이 크다. 반면 AI 반도체는 GPU보다 가격이 저렴한 편이고 데이터 처리 성능도 우수하다. 또한 각 AI의 기능에 맞는 맞춤형 반도체를 개발할 수 있어 여러 종류의 소량 생산에 특화되어 있다.

310 ■■■■
지도학습
Supervised Learning

2024 · 2022 | 농협은행
입력 데이터와 그에 해당하는 레이블이 주어진 상태에서 모델을 학습하는 방식

인공지능(AI)과 머신러닝(ML)에서 사용되는 학습 방법 중 하나이다. 모델은 입력 데이터를 바탕으로 출력값을 예측하는 방법을 학습한다. 학습이 완료되면 새로운 입력 데이터가 주어졌을 때 올바른 출력을 예측할 수 있도록 모델이 동작한다. 지도학습은 데이터를 수집한 후 데이터 전처리, 모델 학습, 모델 평가, 모델 개선의 과정을 거친다. 지도학습 유형에는 연속적인 숫자의 값을 예측하는 회귀(온도 예측이나 주가 예측 등)와 데이터를 특정 카테고리로 분류하는 분류(스팸 메일 분류, 질병 진단 등)가 있다. 높은 정확도를 기대할 수 있으나 많은 양의 데이터가 필요하며 새로운 데이터에 대한 일반화 능력이 부족하면 과적합 문제가 발생할 수 있다.

> ☑ 시험에서는 이렇게 물어본다!
> 지도학습(Supervised Learning)의 예시는?

2025 | 농협은행

클라이언트(브라우저)와 서버 간의 통신 규약

1989년 팀 버너스 리가 월드 와이드 웹(WWW)과 함께 설계한 프로토콜이다. 웹 브라우저에서 HTTP를 통해 웹 페이지 등을 요청하면 웹 서버는 요청에 응답하는 구조로 통신이 이루어진다. http://로 시작되는 주소는 이러한 구조로 하이퍼텍스트를 제공한다는 의미이다.

> **상식PLUS⁺** HTTPS(hyper text transfer protocol secure)
> HTTP에 보안 프로토콜을 결합한 통신 규약으로 웹 브라우저와 서버 간 전달되는 정보를 불법적으로 도청하거나 조작하는 중간자 공격을 막기 위한 것이다. 주요 웹 서비스 기업들은 HTTPS로의 전환을 끝낸 상태이다.

> ☑ 시험에서는 이렇게 물어본다!
> HTTP보다 HTTPS를 사용하는 주된 이유는?

2025 | 농협은행

시간의 연속적 함수로 표현된 모든 신호의 값을 사용하지 않고 이산적(離散的)으로 취한 값을 사용하는 것

컴퓨터는 이산적인 데이터, 즉 명확하게 인식할 수 있는 값으로 표현된 데이터만 처리할 수 있다. 따라서 무수히 많은 값을 가지는 연속 신호를 표본화하는 과정이 필수적이다. 표본화는 아날로그 신호를 디지털화하는 과정의 첫출발이라고 할 수 있다.

> **상식PLUS⁺** 양자화
> 표본화된 신호를 진폭 영역에서 진폭값을 이산적인 값으로 변환시키는 과정이다. 표본화가 끝났더라도 진폭의 값은 연속적인 실수이므로 그 값을 명확한 데이터 값으로 바꾸는 양자화가 필요하다.

> ☑ 시험에서는 이렇게 물어본다!
> 표본화와 양자화에 대한 설명으로 옳지 않은 것은?

2025 | 농협은행

인터넷 전체를 연결하는 핵심 네트워크

일반적으로 백본(backbone)은 각 네트워크를 연결시켜주는 대규모 전송회로로, 소형 회선들의 데이터를 모아 빠른 속도로 전송한다. 인터넷에서의 백본은 장거리 접속을 하기 위해 연결된 근거리 및 지역망 선로들의 모음이다.

> ☑ 시험에서는 이렇게 물어본다!
> 인터넷 백본의 장점으로 옳지 않은 것은?

디지털·IT 예상문제

1 컴퓨터를 유지하고 있는 두 가지 구성요소는?

① 시스템, 정보
② 시스템, 자료
③ 기억 장치, 제어장치
④ 하드웨어, 소프트웨어
⑤ 기억 장치, 소프트웨어

2 프로그램을 실행에 적합한 기계어로 번역하고 목적코드를 만들어 실행하는 언어 번역기는?

① 컴파일러
② 인터프리터
③ 코볼
④ LISP
⑤ 트랜잭션

3 조합 논리회로에 대한 설명으로 옳지 않은 것은?

① 반가산기 : 두 비트를 더해서 합(S)과 자리올림수(C)를 구하는 회로
② 전가산기 : 두 비트와 하위 비트의 자리올림수(Cin)를 더해서 합(S)과 상위로 올리는 자리올림수(Cout)을 구하는 회로
③ 디코더 : 사람이 사용하는 문자 체계를 컴퓨터에 맞게 변환시키는 회로
④ 멀티플렉서 : 여러 곳의 입력선(2n개)으로부터 들어오는 데이터 중 하나를 선택하여 한 곳으로 출력시키는 회로
⑤ 인코더 : 여러 개의 입력단자 중에 나타난 정보를 2진수로 코드화하여 전달시키는 회로

4 다음 중 컴퓨터의 구조에 대한 설명으로 용어와 내용이 가장 적절하게 연결된 것은?

① CPU : 중앙처리장치로 제어장치, 연산장치, 기억장치, 실행장치로 구성된다.
② 컴퓨터의 분류 : 하드웨어, 소프트웨어로 분류하거나 여기에 펌웨어를 추가하는 학자도 있다.
③ 제어장치 : 명령계수기와 명령해독기로만 구성되어 있으며, 명령인출단계와 실행단계만을 반복한다.
④ 기억장치 : 전자계산기에서 기억장치는 별 문제가 되지 않으며 보조기억 장치의 필요성이 그다지 크지 않다.
⑤ 연산장치 : 외부데이터를 주기억 장치에 입력시킨다.

빠른답CHECK 1.④ 2.① 3.③ 4.①

5 다음 중 프로그래밍 언어의 설계 원칙으로 옳지 않은 것은?

① 프로그래밍 언어의 개념이 분명하고 단순해야 한다.
② 신택스가 분명해야 한다.
③ 자연스럽게 응용할 수 있어야 한다.
④ 프로그램 검증을 복잡하게 다각도로 해야 한다.
⑤ 효율적으로 작성해야 한다.

6 〈보기〉에서 설명하는 언어는?

보기

C에 Simula식의 클래스를 추가하고자 하여 개발된 언어로, 사용자의 필요에 의해 개발된 효율적이고 실용적인 언어이다.

---

① C++　　　　② Smalltalk
③ Eiffel　　　④ C
⑤ JAVA

7 〈보기〉에서 설명하는 임시기억 장치는?

보기

1차원 배열 STACK(1:n)에 나타낼 수 있는 순서리스트 또는 선형리스트의 형태로서 가장 나중에 저장한 데이터를 먼저 꺼내는 후입선출(LIFO) 알고리즘을 갖는 주기억장치나 레지스터를 사용하는 임시 기억장치를 말한다.

---

① 스택　　　　② 큐
③ 데크　　　　④ 트리
⑤ 카운터

8 객체기반 언어에 해당하지 않는 것은?

① Ada
② LISP
③ Modula － 2
④ Smalltalk
⑤ C++

9 데이터베이스에서 데이터의 중복을 통제하지 않을 때 단점이 아닌 것은?

① 일관성 문제
② 공유성 문제
③ 보안성 문제
④ 경제성 문제
⑤ 무결성 문제

10 1970년대 IBM에서 만든 관계대수와 관계해석을 갖춘 데이터베이스 언어는?

① Prolog
② SQL
③ Java
④ C
⑤ APL

빠른답CHECK 5.④　6.①　7.①　8.②　9.②　10.②

11 다음은 DBMS를 구성할 때 고려해야 할 사항이다. 옳지 않은 것은?

① DATA의 중복성을 최소화해야 한다.
② 최신 DATA를 보유해야 한다.
③ DATA의 일관성을 유지해야 한다.
④ 모두가 DATA를 자유롭게 탐색할 수 있어야 한다.
⑤ DATA의 보안을 유지해야 한다.

12 데이터베이스의 특성에 대한 설명으로 옳지 않은 것은?

① 어느 한 조직의 여러 개의 응용시스템들이 공유할 수 있도록 통합·저장된 운영데이터의 집합이다.
② 실시간 접근, 계속적인 변화, 동시공유, 내용에 의한 참조가 있다.
③ 관계는 개체의 특성이나 상태를 기술하는 것으로 데이터의 가장 작은 논리적 단위이다.
④ 개체는 표현하려는 유형·무형 정보의 대상으로 '존재'하면서 서로 구별이 될 수 있는 것을 말한다.
⑤ 동적이기 때문에 삽입·수정·삭제 등의 변화를 거치며 현재의 정확한 데이터를 유지해야 한다.

13 다음 〈보기〉에서 운영체제의 발달 순서로 옳은 것은?

보기
㉠ 일괄처리 시스템
㉡ 시분할처리 시스템
㉢ 다중처리 시스템
㉣ 분산처리 시스템

① ㉠ - ㉡ - ㉢ - ㉣
② ㉠ - ㉢ - ㉡ - ㉣
③ ㉡ - ㉢ - ㉣ - ㉠
④ ㉢ - ㉠ - ㉣ - ㉡
⑤ ㉣ - ㉠ - ㉡ - ㉢

14 컴퓨터에서 데이터 송·수신 시 일반적으로 많이 사용되는 속도는?

① MIPS
② BPS
③ CPS
④ PPM
⑤ Gbps

15 TCP/IP 프로토콜에 대한 설명으로 옳지 않은 것은?

① ARP는 IP주소를 물리주소로 변환한다.

② RARP는 호스트의 논리주소를 이용하여 물리주소인 IP주소를 얻어 오기 위해 사용되는 프로토콜이다.

③ TCP는 패킷 손실을 이용하여 혼잡정도를 측정하여 제어하는 기능이 있다.

④ IGMP는 인터넷 그룹 관리 프로토콜이라 하며, 멀티캐스트를 지원하는 호스트나 라우터 사이에서 멀티캐스터 그룹 유지를 위해 사용된다.

⑤ TCP는 데이터의 흐름을 관리하고 데이터가 정확한지 확인하고 IP는 데이터를 네트워크를 통해 한 장소에서 다른 장소로 옮기는 역할이다.

16 네트워크에서 도메인이나 호스트 이름을 숫자로 된 IP주소로 해석해 주는 TCP/IP 네트워크 서비스의 명칭으로 알맞은 것은?

① 라우터　　　　② 모블로그
③ CGI　　　　　④ DNS
⑤ FTP

17 모뎀과 컴퓨터 사이에 데이터를 주고받을 수 있는 통로는?

① 포트

② 프로토콜

③ 라우터

④ 플러그 인

⑤ 파이프라인

18 하드웨어의 효율적 관리와 사용자의 컴퓨터 이용을 돕는 프로그램은?

① 컴파일러

② 인터프리터

③ 서비스 프로그램

④ 운영체제

⑤ LAN

19 플립플롭(Flip – Flop)의 설명으로 옳지 않은 것은?

① 플립플롭(Flip – Flop)은 이진수 한 비트 기억 소자이다.

② 레지스터 상호 간 공통선들의 집합을 버스(Bus)라 한다.

③ 병렬전송에서 버스(Bus) 내의 선의 개수는 레지스터를 구성하는 플립플롭의 개수와 일치하지 않는다.

④ M비트 레지스터는 M개의 플립플롭으로 구성된다.

⑤ 입력이 변하지 않으면 현재 기억하고 있는 값을 유지한다.

20 다음 중 진공관을 주요소자로 사용한 최초의 전자계산기는?

① EDSAC

② PCS

③ ENIAC

④ IBM 701

⑤ UNIVAC – 1

빠른답CHECK　15.②　16.④　17.①　18.④　19.③　20.③

21 HTML에 대한 설명으로 옳지 않은 것은?

① UL은 순서가 있는 목록의 시작과 종료를 알려
주는 태그이다.
② BACKGROUND는 웹 페이지의 배경그림을 나
타낸다.
③ FONT는 문자의 크기나 색상 등을 지정한다.
④ TABLE은 표를 만들 때 사용한다.
⑤ TAG는 문서를 작성하기 위해서 쓰는 명령어이다.

22 정보통신망의 형태에 해당하지 않는 것은?

① 패킷형
② 성형
③ 망형
④ 버스형
⑤ 링형

23 ISDN의 사용자 서비스로 옳게 고른 것은?

┌─────── 보기 ───────┐
ㄱ 교환서비스
ㄴ 베어러 서비스
ㄷ 부가서비스
ㄹ 텔레서비스
└───────────────────┘

① ㉠, ㉡
② ㉠, ㉢, ㉣
③ ㉡, ㉢
④ ㉡, ㉢, ㉣
⑤ ㉢, ㉣

24 동일 빌딩 또는 구내, 기업 내의 비교적 좁은
지역에 분산 배치된 각종 단말장치는?

① WAN   ② LAN
③ MAN   ④ VAN
⑤ ISDN

25 컴퓨터 용어에 대한 설명으로 옳지 않은 것은?

① 데이터는 현실세계로부터 관찰 · 측정을 통하여
수집된 사실이나 값으로 정리되지 않은 자료를
말한다.
② 정보는 어떤 기준에 의해 정리되고 기록된 자료
로서 의사결정을 위해 데이터를 처리 가공한 결
과이다.
③ 정보처리는 데이터의 수집 · 처리 · 가공 등 컴퓨
터가 수행하는 일련의 과정으로 데이터를 처리
하여 정보를 만들어 낸다.
④ 정보산업이란 컴퓨터와 정보통신이 결합하여 정
보의 수집 · 가공 · 유통능력이 획기적으로 증대되
면서, 정보의 가치가 산업사회에서의 물질이나 에
너지 못지않게 중요시되는 사회이다.
⑤ 정보산업은 하드웨어, 소프트웨어, 정보통신 부문
으로 나누어져 있다.

26 잔고가 100,000원에서 3,000,000원 사이인 고객계좌 테이블에서 고객들의 등급을 '우대고객'으로 변경하고자 〈보기〉와 같은 SQL문을 작성하였다. ㉠과 ㉡의 내용으로 옳은 것은?

보기

UPDATE 고객계좌
(㉠) 등급 = '우대고객'
WHERE 잔고 (㉡) 100000 AND 3000000

	㉠	㉡
①	SET	IN
②	SET	BETWEEN
③	VALUES	AND
④	VALUES	BETWEEN
⑤	VALUES	IN

27 다음 〈보기〉에서 설명하는 입·출력 장치로 옳은 것은?

보기

- 중앙처리장치로부터 입·출력을 지시받고 자신의 명령어를 실행시켜 입·출력을 수행하는 녹립된 프로세서이다.
- 하나의 명령어로 여러 개의 블록을 입·출력할 수 있다.

---

① 버스(Bus)
② 채널(Channel)
③ 스풀링(Spooling)
④ DMA(Direct Memory Access)
⑤ 벡터 처리기(Vector Processor)

28 암호 방식에 대한 설명으로 옳은 것을 〈보기〉에서 모두 고른 것은?

보기

㉠ 대칭키 암호 방식은 암호화키와 복호화키가 동일하다.
㉡ 공개키 암호 방식은 사용자 수가 증가하면 관리해야 할 키의 수가 증가하여 키 변화의 빈도가 높다.
㉢ 대칭키 암호 방식은 공개키 암호 방식에 비하여 암호화 속도가 빠르다.
㉣ 공개키 암호 방식은 송신자와 발신자가 같은 키를 사용하여 통신을 수행한다.

---

① ㉠, ㉡   ② ㉠, ㉢
③ ㉡, ㉢   ④ ㉡, ㉣
⑤ ㉠, ㉣

29 JAVA 프로그램의 실행 결과로 옳은 것은?

보기

```java
class Test {
    public static void main(String[] args)
    {
        int a = 101:
        System.out.println((a>>2)    <<3):
    }
}
```

---

① 0   ② 200
③ 404   ④ 600
⑤ 705

30 C 프로그램의 실행 결과로 옳은 것은?


```c
#include<stdio.h>
int main( )
{
    int i, sum=0:
    for(i=1: i<=10 : i+=2) {
        if(i%2 && i%3) continue:
        sum += i:
    }
    printf("%d \n", sum):
    return 0:
}
```

① 6

② 12

③ 25

④ 55

⑤ 75

31 다음 〈보기〉에서 설명하는 용어로 가장 옳은 것은?

프랭크 로젠블라트(Frank Rosenblatt)가 고안한 것으로 인공 신경망 및 딥러닝의 기반이 되는 알고리즘이다.

① 빠른 정렬(Quick Sort)

② 맵리듀스(MapReduce)

③ 퍼셉트론(Perceptron)

④ 디지털 포렌식(Digital Forensics)

⑤ 하둡(Hadoop)

32 〈보기〉는 공개키 암호 방식을 전자서명(Digital Signature)에 적용하여 A가 B에게 메시지를 전송하는 과정에 대한 설명이다. ㉠, ㉡에 들어갈 내용으로 옳은 것은?

- A와 B는 개인키와 공개키 쌍을 각각 생성한다.
- A는 (㉠)를 사용하여 암호화한 메시지를 B에게 전송한다.
- B는 (㉡)를 사용하여 수신된 메시지를 해독한다.

	㉠	㉡
①	A의 개인키	A의 공개키
②	A의 개인키	B의 공개키
③	A의 공개키	B의 개인키
④	B의 공개키	B의 개인키
⑤	B의 개인키	B의 공개키

33 프로그래밍 언어에 대한 설명으로 옳지 않은 것은?

① Objective - C, Java, C#은 객체지향 언어이다.

② Python은 정적 타이핑을 지원하는 컴파일러 방식의 언어이다.

③ ASP, JSP, PHP는 서버 측에서 실행되는 스크립트 언어이다.

④ XML은 전자문서를 표현하는 확장가능한 표준 마크업 언어이다.

⑤ LISP, PROLOG, SNOBOL는 인공지능 언어이다.

34 네트워크 장치에 대한 설명으로 옳지 않은 것은?

① 허브(Hub)는 여러 대의 단말 장치가 하나의 근거리 통신망(LAN)에 접속할 수 있도록 지원하는 중계 장치이다.

② 리피터(Repeater)는 물리 계층에서 동작하면서 전송 신호를 재생·중계해 주는 증폭 장치이다.

③ 브리지(Bridge)는 데이터 링크 계층에서 동작하며 같은 MAC 프로토콜을 사용하는 근거리 통신망 사이를 연결하는 통신 장치이다.

④ 게이트웨이(Gateway)는 네트워크 계층에서 동작하며 동일 전송 프로토콜을 사용하는 분리된 2개 이상의 네트워크를 연결해 주는 통신 장치이다.

⑤ 라우터(Router)는 인터넷에 접속할 때 반드시 필요한 장비로, 최적의 경로를 설정하여 전송한다.

35 코드 작성상의 유의점이 아닌 것은?

① 자릿수는 짧을수록 좋다.

② 데이터 분류기준이 코드에 적용되어야 한다.

③ 데이터 증감을 고려하지 않아도 된다.

④ 컴퓨터 처리가 용이하여야 한다.

⑤ 단순명료하게 코드가 작성되어야 한다.

36 마이데이터에 대한 설명으로 옳지 않은 것은?

① 개인이 개인신용정보전송요구권을 행사할 수 있다.

② 안전한 통신을 위해 TLS 기반 상호인증과 전송구간 암호화를 사용한다.

③ 마이데이터 사업자와 정보제공자는 안정성을 위해 표준 API 규격을 준수한다.

④ 스크린 스크래핑 기반의 방식으로 데이터를 수집하고 추출한다.

⑤ 무결성 보장을 위해서 JWS 표준 규격을 사용한다.

37 다음 FDS에 대한 설명으로 옳지 않은 것은?

① 전자금융거래의 로그인 절차에도 FDS를 적용한다.

② 의심거래 탐지 후에 이를 분석한다.

③ 이상금융거래 탐지시스템에 해당한다.

④ 금융거래 지시 및 승인과정에 대해서는 탐지하지 않는다.

⑤ 금융소비자를 보호가 목표이다.

38 P2P 금융에 대한 설명으로 옳지 않은 것은?

① 온투업 등록이 되지 않은 P2P 업체는 영업이 불가능하다.

② 은행에서 신용평가를 받고 나서 진행할 수 있다.

③ 개인과 개인을 연결해주는 금융서비스로 탈중앙화 금융이다.

④ P2P 대출은 원금 보장이 불가능하다.

⑤ 개인신용평가시스템(CSS)을 통해 대출 신청자의 금융기록을 분석한다.

39 다음 중 LAN의 특징이 아닌 것은?

① 속도가 매우 빠른 편에 해당한다.

② 에러 발생율이 다른 네트워크에 비해 낮은 편이다.

③ Flow Control이 간단하다.

④ 전국적 범위에 사용이 가능하다.

⑤ 라우팅 알고리즘이 간단한 편에 해당한다.

빠른답CHECK 34.④ 35.③ 36.④ 37.④ 38.② 39.④

40 다음 중 NFC 기술이 사용되는 있는 것이 아닌 것은?

① 중거리 무선 데이터 공유
② 비접촉 카드결제
③ 미러링
④ 무선 프린터 연결
⑤ 교통카드

41 사업자가 투자금을 확보하기 위해 블록체인 기반의 암호화 화폐를 발행하고 투자자에게 판매하여 가상화폐로 자금을 확보하는 것을 의미하는 것은?

① IPO(Initial Public Offering)
② FDS(Fraud Detection System)
③ POW(Proof of Work)
④ STO(Security Token Offering)
⑤ ICO(Initial Coin Offering)

42 데이터 3법을 설명한 것으로 옳지 않은 것은?

① 개인정보는 가명 · 익명으로 구분한 후 공익목적으로 사용할 수 있다.
② 정보통신망에서 개인정보와 관련된 사항은 개인정보보호법으로 이관한다.
③ 개인정보보호 관련 규제는 방송통신위원회에서 하고 감독은 개인정보보호위원회에서 한다.
④ 가명정보를 이용할 때에는 신용정보 주체에게 동의를 받지 않아도 된다.
⑤ 가명정보 개념을 도입하여 빅데이터 분석 · 이용과 관련한 법적 근거를 마련한다.

43 비트코인, NFT, 디지털 인증, P2P대출, 디파이 등 다양한 분야에서 공통적으로 사용되는 분산형 데이터 저장 기술은?

① 5G
② 데이터 마이닝
③ OLAP
④ 블록체인
⑤ 머신러닝

44 인기 검색어를 위해 의도적으로 조회수를 조작하는 현상은?

① 파밍
② 어뷰징
③ 바이럴마케팅
④ 그레셤의 법칙
⑤ 스파이웨어

45 마치 공격당하는 것처럼 컴퓨터 프로그램 침입자를 속여 크래커를 추적하고 정보를 수집하는 침입탐지기법은?

① 화이트 해커
② 엘리트 해커
③ 허니팟
④ 해커톤
⑤ 컴파일러

빠른답CHECK 40.① 41.⑤ 42.③ 43.④ 44.② 45.③

46 디지털세에 대한 설명으로 옳지 않은 것은?

① 조세 회피 발생 가능성으로 논의되었다.

② 글로벌 조세제도를 새롭게 도입하기 위한 목적 에서 시작되었다.

③ OECD IF 총회에서 140개국 중 136개국의 동의를 얻어 최종 합의되었다.

④ 디지털 매출 세금과 동일한 세금이다.

⑤ 중소기업이나 소비자의 세금 부담이 높아질 수 도 있다는 우려가 있다.

47 4차 산업시대의 원유로 불리며 5V(Volume, Variety, Velocity, Value, Veracity)의 특징을 가지고 있는 것은 무엇인가?

① 인공지능

② 사물인터넷

③ 빅데이터

④ 빅 브라더

⑤ 클라우드

48 프로그래밍에 집중한 유연한 개발 방식으로 상호 작용, 소프트웨어, 협력, 변화 대응에 가치를 두는 것은?

① 스크럼

② 애자일

③ 백로그

④ 린스타트업

⑤ 위키

49 CBDC에 대한 설명으로 옳지 않은 것은?

① CBDC는 중앙은행이 발행한 전자적 명목화폐 로, 자체 블록체인 기술을 통해 개발하고 직접 통제하고 관리한다.

② 중앙은행 디지털 화폐는 중앙은행에서 발행하여 '자금 세탁 및 탈세방지' 등 정부차원의 통제가 가능하다.

③ 시장의 수요와 공급에 따라 교환가치가 달라지 므로 중앙은행의 역할이 중요하다.

④ 중앙은행이 현금 유통을 추적할 수 있어 지하경 제의 양성화 효과를 기대할 수 있다.

⑤ 금융자원이 중앙은행으로 집중되어 금융자원배 분 효율성이 저하되면서 시중은행의 수익성은 약화될 수밖에 없다.

50 블록체인에 대한 설명으로 적절하지 않은 것은?

① 탈중앙화하여 분산 · 저장하는 기술이기 때문에 참여사들이 모든 거래 정보에 접근할 수 없다.

② 특정 참여자에 의해 정보가 변경되거나 삭제되 는 것은 사실상 불가능하다.

③ 거래 상대방에게 거래 당사자의 신원을 공개하 지 않고도 거래가 가능하다.

④ 고객의 디지털 자산을 안전하게 보관할 수 있는 디지털 자산 보관 서비스를 제공할 수 있다.

⑤ 블록체인을 기반으로 디지털 지역화폐 플랫폼 을 지원할 수 있다.

51 다음 중 증강현실(AR) 기술을 이용 혹은 활용할 수 있는 국내외 사례로 가장 적절하지 않은 것은?

① 스마트폰 카메라로 신용 · 직불 카드를 비추면 결제 금액 및 거래 내역을 제시해주는 서비스

② 절차를 간소화하고 자동화하기 위해 스마트 계약 등을 활용하여 자회사 간, 국가 간 운영되는 청산결제 시스템을 대체하는 서비스

③ 자동차 대출 앱을 사용하여 관심 있는 자동차를 스캔하면 동일 모델에 대한 가격, 대출한도, 대출금리, 월 상환 금액 등의 정보를 제공하는 서비스

④ 자회사 회원이 관계사 영업점이나 쿠폰 제휴사 매장 근처에서 앱을 실행하면, 스마트폰 화면에 다양한 쿠폰 아이콘이 자동으로 나타나고 이를 터치하면 쿠폰이 지급되는 서비스

⑤ 실제 매장에서 고객이 구매하고자 하는 제품을 기기에 비추면 가격 및 원산지 등 다양한 정보가 제공되는 쇼핑 서비스

52 현실에 존재하지 않은 컴퓨터를 컴퓨터 안에서 가상으로 만든다는 것을 의미하며 인터넷을 통해서 개인 PC에 자유롭게 접근할 수 있는 기술은?

① VDI

② VM

③ VPN

④ PaaS

⑤ JDBC

53 다음 중 전자화폐 및 가상화폐에 대한 설명으로 옳지 않은 것은?

① 전자화폐는 물품 및 서비스 구매 시 활용하는 결제 수단이며, 가상화폐는 전자화폐의 일종으로 볼 수 있다.

② 전자화폐는 절차에 관하여 법률에서 규정하고 있으나, 가상화폐는 별도로 규정하고 있지 않다.

③ 가상화폐인 비트코인과 분산원장기술로 알려진 블록체인을 이용한다.

④ 가상화폐인 비트코인은 전자화폐는 이중지불(Double Spending)문제가 발생하지 않는다.

⑤ 비트코인은 P2P로 파일을 내려받는 방식으로 작동한다.

54 사용자 생활환경 안에서 자연스럽게 요구사항을 인지하여 필요한 서비스를 제공하며 인터페이스를 최소화하는 것은?

① NUI　　② NUX

③ GUI　　④ SMI

⑤ 제로 UI

55 다오(DAO)에 대한 설명으로 옳지 않은 것은?

① 탈중앙화 자율조직으로 사람이 개입하지 않고 자율적으로 운영되는 조직이다.

② 국내에서 한국의 문화유산 보호를 취지로 국보 다오(DAO)를 결성하였다.

③ 계층구조가 없는 조직으로 참여자 익명성과 투명성이 보장된다.

④ 기업이 투자자를 찾아 자금을 모으는 방식으로 하향식 투자로 운영된다.

⑤ 블록체인을 기반으로 운영되는 조직이다.

빠른답CHECK 51.② 52.① 53.④ 54.⑤ 55.④

56 차량사물통신인 V2X의 통신으로 적절하지 않은 것은?

① V2V(Vehicle to Vehicle)
② V2I(Vehicle to Infrastructure)
③ V2R(Vehicle to Road)
④ V2P(Vehicle to Pedestrian)
⑤ V2N(Vehicle to Nomadic Device)

57 다량의 데이터를 이용하여 스스로 학습하는 인공 신경망으로 구축된 기계학습 기술을 의미하는 것은?

① ANN(Artificial Neural Network)
② 딥러닝(Deep Learning)
③ VR(Virtual Reality)
④ GAN(Generative Adversarial Network)
⑤ BCI(Brain Computer Interface)

58 블록체인 기술을 활용하여 만드는 디지털 신분인 DID(Decentralized Identifiers)에 대한 실명으로 적절하지 않은 것은?

① 모바일 신분증에 활용될 수 있다.
② 개인정보를 중앙기관에서 저장하여 관리한다.
③ 공동인증서 없이 휴대폰 인증만으로 전자상거래를 할 수 있다.
④ 발급자, 소유자, 검증자, 저장소가 필요하다.
⑤ 사용자가 자신의 신원정보를 관리할 수 있다.

59 5G에 대한 설명으로 적절하지 않은 것은?

① 주파수 효율을 높이기 위해서 Massive MIMO이 5G 표준에 도입되었다.
② 5G는 최대 20Gbps의 속도로 데이터 전송이 가능하다.
③ 초고주파수를 활용하기 위해 빔포밍 기술을 사용한다.
④ 국제 표준화단체(3GPP)에서 5G 기술표준을 개발한다.
⑤ 음성서비스에서 별도의 QoS 보장 기능을 제공한다.

60 불법으로 이미지 형식을 변환한 스캔 웹툰이나 만화를 식별하는 서비스는?

① SCOBIS
② Argos
③ Random Stow
④ Cross Ply
⑤ RPA

03 금융·경제·보험

✖ 금융 · 경제 · 보험 직무상식 필기시험 분석

연도별 출제키워드	**2025년** 물가 상승률, GDP, 코즈의 정리, 중앙은행 통화정책, 구조적 실업, 경기적 실업, 금리, 관세, 수요견인 인플레이션, CMA, MMF **2024년** 도덕적 해이, 경제활동인구, 보통주, 채권, J커브, 립진스키 정리, CDS, 먼델 플레밍 모델, 콜옵션, 독점시장, 지니계수, 레온티에프 역설, 적대적 인수합병, 차등의결권, 지주회사 **2023년** BIS, 소비자잉여/생산자잉여, 분수효과/낙수효과, 한계소비성향, 주택청약, 한국은행, 조세정책, ATM, 펌뱅킹, 모바일뱅크, 사이버증권, 리볼빙 카드론, 외부경제, 불경제, 신탁, DSR, 유동성함정, 경상수지, 여신, 보험법 **2022년** 유동성 함정, 예금자보호제도, 한계소비성향, 출구전략, 인덱스 펀드, 특수은행, 보험법, 신파일러
이것만은 알고가자	물가, 관세, 기준금리, 인플레이션, 중앙은행, 코즈의 정리, 필립스 곡선, 실업의 종류, GDP, 화폐환상, 통화정책
최근 출제경향	직무상식 평가에서 중요하게 꼽히는 과목인 만큼 점점 난이도가 상향되는 추세다. 가벼운 개념 위주 공부만으로는 문제를 풀기가 쉽지 않다. 특히 경제 관련 문제의 경우 제법 깊은 상식을 요구하는 서술식 선지들이 나오기 때문에 해당 개념에 대한 이해와 더불어 어떻게 활용되는지 또한 알고 있는 것이 중요하다. GDP, 수요 · 공급 탄력성 관련 문제는 물론, 최근 이슈와 관련된 문제가 출제되는 편이다. 따라서 관세, 실업 관련 개념들은 반드시 알아두는 것이 좋다.
2026년 예상리포트	보험과 관련된 문제는 보통 논술형으로 출제되며, 기본적인 보험 용어 개념과 더불어 보험 상품, 보험법을 익혀야 한다. 경제와 금융 분야의 경우 일반 상식 수준보다 더 높게 출제되는 경향을 그대로 이어갈 것으로 보인다. 따라서 최근 경제 이슈와 연계하여 공부하는 것이 유리하다.

1 ■■■
먼델−플레밍 모델
Mundell−Fleming Model

2024 · 2020 | 농협은행
국제수지를 고려한 IS−LM 모형의 확장판

로버트 먼델과 마커스 플레밍이 독립적으로 제시한 경제이론이다. 기존의 IS−LM 모형이 폐쇄경제에서의 생산물 시장과 화폐 시장의 균형을 설명하는 반면에 먼델−플레밍 모델은 개방경제를 고려하여 국제수지를 포함한 거시경제 분석을 가능하게 한다. 환율과 국제수지 관계를 설명하고 다양한 거시경제 변수가 통합적으로 작용하는 방식을 규명하기 위해 개발하였다. 먼델−플레밍 모델은 브레튼우즈 체제 붕괴 후 각국이 변동환율제를 채택하는 과정에서 금융 및 재정 정책이 경제에 미치는 영향을 분석하는 데 활용되었다.

> ☑ 시험에서는 이렇게 물어본다!
> 먼델−플레밍 모델(Mundell−Fleming Model)과 IS−LM모형의 차이는?

2 ■■■
레온티에프 역설
Leontief Paradox

2024 | 농협은행
헥셔−올린 정리를 반박하는 실증적 연구 결과

헥셔−올린 정리에 따르면 자본이 풍부한 미국은 자본집약적인 재화를 수출하고 노동집약적인 재화를 수입해야 하나, 레온티에프는 미국의 수출 품목이 오히려 노동집약적인 제품이라는 사실을 발견하여 기존의 전통적 무역이론과 모순된다는 점을 밝혔다. 이후 일부 학자들은 헥셔−올린 정리에 대해 이론적 신뢰성을 의심했으나 대부분의 주류 경제학자들은 레온티에프 역설을 해명하는 데 주력하고 있다.

> ☑ 시험에서는 이렇게 물어본다!
> 레온티에프 역설이 반박한 경제 이론은?

3 ■■■
투어플레이션
Tourflation

인기 있는 가수의 콘서트 투어로 콘서트장 일대의 물가가 상승하는 현상

'콘서트 투어(Tour)'와 '인플레이션(Inflation)'의 합성어이다. 유명한 가수의 공연 전후로 주변 호텔, 식당 등에 수요가 급증하면서 물가가 치솟는 것을 의미한다.

2023 | 농협은행

목적에 따라서 재산의 관리와 처분을 맡기는 것

「신탁법」 제2조(정의)에 따라 "신탁"이란 신탁을 설정하는 자(위탁자)와 신탁을 인수하는 자(수탁자) 간의 신임관계에 기하여 위탁자가 수탁자에게 특정의 재산(영업이나 저작재산권의 일부를 포함한다)을 이전하거나 담보권의 설정 또는 그 밖의 처분을 하고 수탁자로 하여금 일정한 자(수익자)의 이익 또는 특정의 목적을 위하여 그 재산의 관리, 처분, 운용, 개발, 그 밖에 신탁목적의 달성을 위하여 필요한 행위를 하게 하는 법률관계를 말한다.

상식PLUS⁺ 수탁을 받는 자가 지켜야 하는 의무사항
㉠ 수탁자의 선관의무
㉡ 수탁자의 충실의무
㉢ 이익에 반하는 행위의 금지
㉣ 공평의무
㉤ 수탁자의 이익향수금지
㉥ 수탁자의 분별관리의무
㉦ 신탁사무에 대한 법원의 감독
㉧ 장부 등 서류를 작성·보존 및 비치의 의무
㉨ 신탁행위로 정한 방법이 없으면, 국채나 지방채 등 안전자산을 매입하는 방법으로 관리
㉩ 신탁에서 정하는 의무위반에 대한 책임을 부담
㉪ 신탁사무를 타인에게 위임할 수 있고, 신탁사무 처리자도 수탁자와 동일한 책임
㉫ 신탁행위로 발생한 채무에 대해 신탁재산만으로 책임을 지는 유한책임신탁을 설정이 가능

☑ 시험에서는 이렇게 물어본다!
신탁의 개념은?

2023 | 농협은행

결제금액을 다음 달로 이월하는 제도

카드대금의 결제금액을 10 ~ 100%까지 자유롭게 결제비율을 정할 수 있는 제도에 해당한다. 10 ~ 30%의 최소 결제비율만큼 결제를 하면 미납 없이 다음 달로 결제금액이 이월된다. 연체가 되지 않는 반면에 이자율이 카드사마다 상이하며, 4.9 ~ 26.9%로 높게 적용이 된다. 수수료율은 기준금리에 조정금리가 합해져 적용되며, 연체를 하는 경우에는 이용상품별 약정이율에서 최대 3%, 법정 최고금리 이내로 적용을 받는다. 미국이나 유럽에서 흔하게 사용하고 있는 결제제도에 해당하며 카드 수수료보다 리볼빙의 수수료가 더 높기 때문에 카드사에서 적극 활용하고 있다.

☑ 시험에서는 이렇게 물어본다!
신용카드 리볼빙 서비스의 특징은?

6 ■■■□
잭슨홀 미팅
ackson Hole
Economic Policy
Symposium

2023 | 농협계열사

잭슨홀에서 주최되는 경제정책 토론회

미국 휴양지에 해당하는 잭슨홀에서 캔자스시티 연방은행이 주최하여 개최하는 경제정책 토론회로 연례 경제정책 심포지엄에 해당한다. 1986년부터 경제 정책과 금융시장에 관련하여 토론회를 운영하였다. 미국 연방준비제도 의장 및 세계 중앙은행이 모여서 경제 현안에 대한 논의를 한다.

> ☑ 시험에서는 이렇게 물어본다!
> 잭슨홀 미팅의 목적은?

7 ■■□□
레인지 포워드

유리한 방향의 옵션 매도로 기회이익을 포기하는 전략

불리한 방향의 리스크를 헤지하기 위해 옵션을 매입하고 그에 따른 지급 프리미엄을 얻기 위해 유리한 방향의 옵션을 매도하여 환율변동에 따른 기회이익을 포기하는 전략이다. 환율 변동으로 인해 발생할 수 있는 이익과 손실을 모두 일정 수준으로 제한함으로써 환 리스크는 일정 범위 내로 제한된다.

8 ■■■□
주택청약
종합저축

2024 · 2018 | 농협은행

주택마련을 위해 저축을 하는 종합저축 통장

매월 정해진 날짜에 2만 원 이상에서 50만 원 이하의 금액을 자유롭게 납입하는 것으로 국민의 개인 또는 외국인거주자가 가입대상이다. 저축기간은 가입한 날로부터 입주자로 선정되는 날까지에 해당한다. 기간에 따라서 금리가 상이하며 연말정산 소득공제를 제공한다. 거주지역별로 민영주택 청약 예치기준에 따른 금액이 상이하다. 가입기간과 이체 회치에 띠리서 순위가 다르다. 한번 당첨된 주택청약통장은 계약체결여부와 관계없이 재사용이 불가능하다. 하지만 분양전환이 되지 않는 임대주택의 경우에는 재사용할 수 있다. 해당 금융상품은 예금보험공사가 보호하지 않고 주택도시기금의 조성재원이기 때문에 정부에서 관리를 한다.

상식PLUS⁺ 청년 주택드림 청약통장
정부의 정년정책 중 하나로 무주택 청년의 주택구입과 자산형성을 지원한다. 만19 ~ 34세, 연 소득 5,000만 원 이하의 청년들을 대상으로 하며, 매월 2만 원 이상에서 100만 원 이하의 금액을 자유롭게 납입한다.

> ☑ 시험에서는 이렇게 물어본다!
> 청약 통장의 주요 기능 및 가입 후 혜택은?

9 ■■■

신파일러
Thin Filer

금융이력 부족자

개인 신용을 평가할 금융정보가 부족하여 금융거래에서 소외되는 계층을 의미한다. 금융 이력이 부족하다는 이유로 대출과 신용카드 발급에 제재를 받는데, 소득과 상환능력이 있더라도 신용점수에 불리하게 작용하는 것이다.

10 ■■■

파킹 통장

잠시 주차를 하듯 짧은 시간 여유자금을 보관하는 통장

일반 자유입출금 통장처럼 수시입출금이 가능하면서 비교적 높은 수준의 금리를 제공하는 게 특징이다. 정기예금이나 적금과 달리 상당 기간 자금이 묶이지 않기 때문에 최근 각광받고 있다. 파킹 통장은 불안한 투자환경과 시장 변동성 속에서 잠시 자금의 휴식처가 필요하거나 당장 목돈을 사용할 계획이 없는 투자자들에게 유용하다. 특히 하루만 맡겨도 금리 수익을 거둘 수 있다는 게 장점으로 꼽힌다. 일반적인 자유입출금 통장이 연 0.1 ~ 0.2%(세전) 수준의 이자를 주는 반면 파킹 통장은 일정 금액 이상이 통장에 '파킹'되어 있으면 연 2% 이상의 높은 금리를 지급한다.

11 ■■■

토빈세
Tobin's Tax

2020 | 농협은행 2015 | 지역농협

단기성 외환거래에 부과하는 세금

노벨경제학상 수상자인 제임스 토빈이 주장한 개념이다. 국제 투기자본의 급격한 자금 유·출입으로 인해 외환시장이 불안해짐에 따라 경제위기가 발생하는 것을 방지하기 위해 단기성 외환거래에 부과하는 세금이다.

> ☑ 시험에서는 이렇게 물어본다!
> 토빈세에 대해 약술하시오.

12 ■■■

커버드 콜
Covered Call

콜 옵션을 미리 매도하여 주가지수가 하락할 때 이익을 얻는 전략

특정한 주식을 보유한 상태에서 콜 옵션을 비싼 가격에 매도하여 안정적으로 위험을 피하는 전략이다. 주식만 보유하고 있는 상태에서 주가가 하락할 경우 투자자의 손실은 커지지만 콜 옵션을 매도하는 경우 손실을 줄일 수 있으며 주가가 상승할 경우에는 콜 옵션에서 손해를 입더라도 보유 주식을 상승하므로 손실이 적다.

13

유동성 함정
Liquidity Trap

2023 | 농협은행

시장에 현금이 넘치지만, 기업의 생산이나 투자 및 가계의 소비가 늘지 않아 경제가 함정에 빠진 것과 같은 현상

미국 경제학자 케인스가 붙인 이름으로, 금리를 낮추고 화폐를 유통시켜도 경제주체들이 시장에 자금을 내놓지 않아 경기가 회복되지 못하는 현상을 유동성 함정이라고 한다. 경제주체들이 미래 경기 전망이 불투명하여 소비와 투자를 줄이기 때문에 화폐가 순환하지 못하는 상황이 발생하게 되면 이를 위해 중앙은행은 기준금리를 내리게 되고, 제로금리까지 이르게 된다.

> ☑ 시험에서는 이렇게 물어본다!
> 기업이나 가계의 소비가 늘지 않아 화폐가 순환하지 못할 때 초래되는 상황은?

골드뱅킹
Gold Banking

일반 시중은행에서 금에 관련된 상품을 사고 팔 수 있는 제도

고객들이 은행을 통하여 금에 투자하는 방식 중 하나로, 2003년에 도입된 제도이다. 금을 직접 사고파는 방식과 금을 직접 주고받지 않아도 거래한 후 투자의 이익과 원금을 현금으로 지급하는 방식이 있다. 은행마다 제공하는 상품은 상이하지만 대표적으로는 실물 금을 거래하는 금 현물 거래 서비스, 일정 금액을 매월 납입하여 금으로 전환하는 골드 적금, 금으로 예금하고 이자를 금으로 지급받는 골드 예금, 금 가격에 연동된 펀드에 투자하는 골드 펀드, 금의 가격 변동에 따라 미래의 금을 정해진 가격에 사고파는 계약을 체결하는 금 선물 등이 있다.

펌뱅킹

2023 | 농협은행

기업과 금융기관의 시스템을 연결하여 온라인으로 은행의 업무를 처리하는 것

금융자동화시스템에 해당한다. 전용회선 또는 통신망(VAN)으로 기업과 금융기관을 연결하여 기업이 직접 은행에 방문하지 않고 직접 온라인으로 금융업무를 처리할 수 있다. 홈뱅킹(또는 인터넷뱅킹)과의 차이점은 펌뱅킹의 주된 사용자가 법인기업인 것이다. 또한 인증서나 OTP와 같은 번거로운 절차 없이 전자문서 교환으로 거래를 진행한다. 입금통지, 잔액조회, 급여계산 등과 같은 업무 등을 통해 기업자금관리를 편리하게 할 수 있도록 제공하는 금융서비스이다.

> ☑ 시험에서는 이렇게 물어본다!
> 홈뱅킹과 펌뱅킹의 차이는?

재정지출

義務支出

정부 부문의 지출

국가나 지방자치단체, 공공단체 등 정부 관련 기관이 직무를 수행하는 데 지출하는 경비를 일컫는다. 이는 공공지출이라고도 한다. 크게 의무지출과 재량지출로 나눌 수 있는데, 의무지출은 법령에 근거하여 결정되는 지출 규모로 교부금, 법정부담금, 이자지출 등 기준이 정해져 있어 축소가 어려운 지출을 말한다. 재량지출은 정부의 정책 의지에 따라 대상과 규모를 조정할 수 있다.

17

국민행복기금

國民幸福基金

채무불이행자의 신용회복 및 과다채무부담 완화 기금

2013년에 기존 신용회복기금을 전환하여 출범한 사업으로 금융 소외자가 경제적 회생을 할 수 있도록 연체채권 채무조정, 햇살론 15(고금리 대출의 저금리 전환 대출), 자활프로그램 제공 및 복지지원을 위한 종합 신용회복 지원기관이다.

한계소비성향

MPC :

Marginal Propensity

to Consume

2023 · 2022 | 농협은행

추가 소득 중 저축되지 않는 금액의 비율

새로 발생한 소득 가운데 소비되는 금액의 비율로 저소득층일수록 높은 경향을 띤다. 소득의 증가분을 Y, 소비의 증가분을 C라고 할 때 다음과 같이 나타낼 수 있다.

$$MPC = \frac{소비의 증가분}{소득의 증가분} = \frac{\triangle C}{\triangle Y} = 1 - 한계저축성향$$

☑ 시험에서는 이렇게 물어본다!
한계소비성향과 한계저축성향의 차이에 대해 약술하시오.

한계저축성향

MPS :

Marginal Propensity

to Save

추가 소득 중 이루어지는 저축 금액의 비율

새로 발생한 소득 가운데 저축되는 금액의 비율로, 일반적으로 소득이 많은 계층일수록 높다. 저축 증가분을 S, 소득증가분은 Y라고 할 때 다음과 같이 나타낼 수 있다.

$$MPS = \frac{저축의 증가분}{소득의 증가분} = \frac{\triangle S}{\triangle Y}$$

스토킹 호스
Stalking Horse

회생기업과 인수기업이 가계약을 한 후 공개입찰을 맺는 방식

위장을 의미하는 용어로 회생기업이 인수하려는 기업을 미리 확보한 상태에서 공개입찰을 맺는 방식이다.

21 ■■■□

기대
인플레이션
Expected Inflation

경기주체들이 예상하는 미래 물가 상승률

물가가 장기간 상승하는 인플레이션이 지속되면 경제주체들은 앞으로도 물가가 계속 상승할 것이라는 예상을 하게 된다. 이와 같이 경제주체들이 예상하고 있는 미래의 인플레이션을 기대 인플레이션이라 한다. 기대 인플레이션이 높다는 것은 사람들이 앞으로도 물가가 오를 것으로 내다보고 있다는 것이다. 기대 인플레이션은 경제주체들의 의사결정에 상당한 영향을 주고 있다.

22 ■■■□

요구불예금
Demand Deposit

예금주가 원하면 언제든지 지급되는 예금

다른 조건 없이 예금주가 지급을 원하면 지급하는 예금이다. 현금과 유사한 유동성을 가지고 있으며 예금인출이 자유롭기 때문에 금융기관이 조달자금으로 운용이 불안정하다. 따라서 저축성예금에 비해 이자가 거의 없거나 매우 낮다. 요구불예금에는 보통예금, 당좌예금, 어린이예금 등이 있다.

23 ■■■■

헥셔 – 올린의
정리
Heckscher – Ohlin
Theorem

2024 · 2020 | 농협은행

비교우위 원인을 각국의 생산요소 부존량의 차이로 설명하는 이론

양국이 갖는 재화의 생산 함수가 동일하지만 요소집약도가 상이하여 양국의 요소부존비율도 상이한 경우, 각국은 타국에 비하여 상대적으로 풍부하게 갖고 있는 생산요소를 집약적으로 사용하는 재화의 생산에 비교우위성을 갖게 된다는 이론이다.

> ☑ 시험에서는 이렇게 물어본다!
> 타국에 비해 자본이 풍부한 A국과 타국에 비해 노동력이 풍부한 B국은 최근에서야 자유무역이 이루어졌다. 헥셔 – 올린 정리에 입각했을 때, A국의 임금의 변화를 서술하시오.

24 ■■□□

시뇨리지
(화폐주조차익)
Seigniorage

중앙은행이나 국가가 화폐발행을 통하여 얻는 이익

화폐의 액면가에서 제조비용을 뺀 이익으로 예를 들어 1만 원짜리 지폐를 한 장 만드는 데 1천 원의 비용이 발생한다고 하면 9,000원이 화폐 주조 차익, 즉 시뇨리지가 된다. 중앙은행의 재무적 독립의 중요성이 강조되면서 통화정책 운영에 필요한 재원이라는 인식이 있다.

25 ■■■■
무차별 곡선
Indifference Curve

2024 · 2022 · 2020 | 농협은행

소비자에게 동일한 만족을 주는 재화 묶음을 연결한 곡선

총효용을 일정하게 했을 때 재화의 조합을 나타내는 것으로 무차별 곡선상의 어떤 조합을 선택하더라도 총효용은 일정하다. 무차별 곡선상의 한 점에서 기울기는 그 점에서 소비자가 만족수준을 일정하게 유지하면서 한 재화를 다른 재화로 대체할 경우 교환되는 두 재화의 비율을 나타낸다.

> **상식PLUS⁺ 무차별 곡선 가정**
> ㉠ 완전성 : 선호는 완전하며 소비자는 선택 가능한 재화 바스켓을 서로 비교하며 순위를 매길 수 없다.
> ㉡ 전이성 : 선호는 전이성을 가진다. 즉, 만약 A재화를 B재화보다 선호하고 B재화를 C재화보다 선호한다면 이는 소비자가 A보다 C를 더 선호한다는 것을 의미한다.
> ㉢ 불포화성 : 아무리 소비를 증가시켜도 한계효용은 마이너스 값을 갖지 않는다.

> ☑ 시험에서는 이렇게 물어본다!
> 무차별곡선의 진이성 의미는?

26 ■■■■
가격규제
Price Control

2022 · 2021 · 2020 | 농협은행

기업이 생산하는 제품의 가격이나 서비스의 요금을 정부가 직접적으로 규제하는 제도

기업이 생산하는 제품이나 상품의 가격뿐만 아니라 공공요금, 협정요금, 임대료, 사용료, 입장료, 임금, 이자 등 생산요소의 가격을 정부가 직접적으로 규제하는 것을 말한다. 특정 재화나 서비스의 가격이 일정 수준 이상으로 오르지 못하도록 통제하는 것을 최고가격제(가격상한제)라고 하며 지나친 가격 상승으로 인한 피해로부터 소비자를 보호하기 위한 조치이다. 이때, 상한선은 시장가격보다 낮아야 한다. 특정 재화나 서비스의 가격이 일정 수준 이하로 내려가지 못하도록 통제하는 것을 최저가격제(가격하한제)라고 하는데, 가격 하락으로 인한 피해로부터 생산자들을 보호하기 위한 조치이다. 이때, 하한선은 시장가격보다 높아야 한다.

> ☑ 시험에서는 이렇게 물어본다!
> 최고가격제 시행 시 암시장이 형성되는 과정을 말해보시오.

27 ■■□□
환 포지션
Exchange Position

2021 · 2020 | 농협은행 2020 | 농협중앙회

환율에 의한 매매거래 후 파악하는 외화채권의 재고량

외화채권 합계액에서 외화채무액을 감한다. 기업이나 은행의 환위험관리에 중요한 기준이 된다.

> ☑ 시험에서는 이렇게 물어본다!
> 환 포지션의 역할은?

28 ■■■□
독점적 경쟁시장
獨占的競爭市場

2024 · 2020 | 농협은행

불완전경쟁시장의 한 형태로 독점적 경쟁이 이루어지는 시장

완전경쟁시장과 독과점시장의 성격을 함께 지니고 있어서 다수의 기업이 존재하고, 시장 진입과 퇴출이 자유롭다는 점에서 경쟁은 필연적이지만, 생산하는 재화가 질적으로 차별화되어 있으므로 저마다 제한된 범위의 시장을 독점한다. 차별화된 상품을 공급하기 때문에 시장 지배력을 가진다. 단기적으로는 초과이윤을 얻을 수 있지만, 장기적으로는 새로운 기업이 진입하여 유사 제품을 공급하게 됨으로써 초과이윤은 사라진다.

> ☑ 시험에서는 이렇게 물어본다!
> 독점적 경쟁시장의 성격에 대해 약술하시오.

29 ■■■□
내쉬균형
Nash Equilibrium

2023 · 2020 | 농협은행

상대의 전략을 예상할 수 있을 때 자신의 이익을 최대화하는 전략을 선택하여 형성된 균형 상태

각자가 상대방의 대응에 따라 최선의 선택을 하고, 자신의 선택을 바꾸지 않는 균형 상태를 말한다. 이는 상대방이 현재 전략을 유지한다는 전제하에 자신도 현재 전략을 바꿀 유인이 존재하지 않는 상태를 말하는 것이다.

> ☑ 시험에서는 이렇게 물어본다!
> 내쉬균형에 대해 말해보시오.

30 ■□□□
홀로그램
Hologram

은행권 위조 방지를 위한 장치 중 하나

두 개의 레이저광이 서로 만나 일으키는 빛의 간섭을 통하여 화상이나 색상의 변화를 보여주는데, 이는 복사할 경우 그 효과가 나타나지 않아 은행권의 위조 방지에 활용되고 있다.

상식PLUS⁺ 우리나라 은행권 홀로그램
- ㉠ 오만 원권(띠형 홀로그램) : 보는 각도에 따라 세 곳에서 우리나라 지도, 태극, 4괘 무늬가 같은 위치에 번갈아 나타나며 숫자 "50000"이 세로로 쓰여 있다.
- ㉡ 만 원 · 오천 원권(패치형 홀로그램) : 만 원권에는 사각형 모양의 홀로그램, 오천 원권에는 원형의 홀로그램이 부착되어 있는데 보는 각도에 따라 우리나라 지도, 액면숫자와 태극, 4괘 무늬가 같은 위치에 번갈아 나타난다.

2022 | 농협은행

저소득에서 고소득 순으로 10등분한 지표

최하위 40%(1 ~ 4분위) 계층의 최상위 20%(9, 10분위)의 소득점유율로 나눈 것으로 국가 전체 가구를 소득의 크기에 따라 저소득에서 고소득 순으로 10등분한 지표이다. 10분위 분배율의 최 솟값은 0이 되고, 최댓값은 2가 된다. 2에 가까울수록 소득이 평등하게 분배되는 것이다.

$$10분위\ 분배율 = \frac{최하위\,40\%의\,소득점유율}{최상위\,20\%의\,소득점유율} = 0 \sim 2$$

☑ 시험에서는 이렇게 물어본다!
10분위 분배율이 2에 가까울수록 의미하는 것은?

2022 · 2020 | 농협은행

여성의 경제활동 참가율을 나타내는 곡선

20 ~ 30대 여성들이 육아부담으로 경제활동을 포기하고 가정에 머물러야 하는 상황을 단적 으로 보여주는 곡선이다. 여성 인력 선진국은 U를 뒤집어 놓은 형태를 보이고 있는 반면에 우리나라는 M자 형태를 보이며 여성경력단절 현실을 나타내고 있다.

관련기사 M커브

국가데이터처가 지난해 11월에 발표한 '기혼 여성의 고용 현황'을 보면, M 커브는 완만한 모습을 보였다. 지난해 4월 기준 만 18세 미만의 자녀와 함께 사는 15~54세 기혼 여성의 고용률(인구 대비 취업자 수 비율)이 64.3%로 역대 최대치를 기록한 것이다. 직전 최고치였 던 2024년의 62.4%보다 1.9%p 높다. 다만 M 커브의 완화를 고용시장의 성차별 해소로 보 기 어렵다는 시각도 있다. 여전히 성차별적인 노동시장에서 생존하기 위해 30대 여성이 비 혼·비출산을 선택했을 것이라는 분석 때문이다.

☑ 시험에서는 이렇게 물어본다!
M커브가 나타내는 것은?

2020 | 농협은행 2020 | 지역농협 2020 | 농협중앙회

33 ■■■■
국민총소득
GNI :
Gross National Income

한 국가의 국민이 일정 기간 동안 생산 활동에 참여한 대가로 벌어들인 소득의 합

국외에 거주하는 국민이 벌어들인 소득은 포함하나, 국내에 거주하는 외국인이 벌어들인 소득은 제외한다. 그러므로 국민총소득(GNI)은 국민을 기준으로 국내에서든 해외에서든 그 나라 국민이 발생시킨 소득을 알 수 있다. 명목국민총소득은 물가변동을 반영해 실질적인 경제규모를 나타내는 것에 비해, 실질국민총소득은 생산 활동을 통해 벌어들인 명목국민총소득으로 구매할 수 있는 실질구매력의 척도다. 국민총소득은 국민소득의 세 가지 측면 중 지출측면을 강조한 것으로, 국민총생산(GNP)이 국내총생산(GDP)에다 해외로부터의 순요소소득을 합산한 것이라면, 국민총소득(GNI)은 불변 가격기준 국내총생산(GDP)에다 교역조건변동에 따른 무역손익을 더한 후, 실질 대외 순수취요소소득을 합한 것이다.

> ☑ 시험에서는 이렇게 물어본다!
> GNI에 포함되는 항목은?

34 ■■■□
장단기 금리 역전
IYC :
Inverted Yield Curve

장기채권 수익률이 단기채권보다 낮은 보기 드문 현상

장단기 금리란 보통 10년 만기 국채 금리와 2년(혹은 3개월 만기) 국채 금리 차이를 말한다. 장단기 금리 역전 현상은 보통 경기침체의 전조로 해석하는데, 2019년 8월, 12년 만에 처음으로 미국 채권시장에서 장단기 금리 역전현상이 나타나더니 그 횟수가 반복되고 있다.

35 ■■■□
버핏세
Buffet Rule

2020 | 농협은행 2015 · 2020 | 지역농협 2020 | 농협중앙회
워런 버핏이 주장한 부유세

워런 비핏은 뉴욕 타임스의 길림을 통해 연소득 100만 달러 이상을 버는 고소득자들이 낮은 세율로 세금을 내고 있다며 부자 증세를 통해 그 세금을 복지 분야에 사용하여 부의 재분배를 추구하자고 주장하였다. 우리나라 역시 2011년 12월 31일 소득세 최고 과세표준 구간(3억 원 초과)을 신설해 최고 세율을 35%에서 38%로 높이는 한국판 버핏세안을 통과시켰고 2014년 고소득자 과세 범위 확대를 위해 3억 원 초과에서 1억 5천만 원으로 하향조정하는 세법을 개정하였다.

> ☑ 시험에서는 이렇게 물어본다!
> 버핏세 도입이 농업 금융에 미치는 영향을 약술하시오.

2021 · 2019 | 농협은행

소유하지 않았거나 차입한 증권을 매도하는 것

채권이나 주식을 소유하지 않은 상태에서 매도주문을 내는 것이다. 향후 주가가 하락할 것을 예상하고, 한국예탁결제원 등에서 주식을 빌려서 팔고, 주가가 하락하면 같은 종목을 싼값에 사서 갚는 대차거래를 말한다. 예상대로 주가가 떨어지면 시세차익을 얻을 수 있지만, 반대로 주가가 올라가면 손해를 볼 수도 있다. 금융위원회는 공정한 가격 형성 저해를 우려하여 공매도를 제한하고 있으며, 2025년 공매도 제도개선을 위해 「자본시장과 금융투자업에 관한 법률」 개정 추진을 완료하였다.

> **상식PLUS** 공매도 구분
>
> 공매도는 제3자로부터 주식을 빌려 매도하는 커버드쇼트셀링(Covered Short Selling)과 주식을 전혀 갖고 있지 않은 상태에서 매도 주문을 내는 네이키드쇼트셀링(Naked Short Selling)으로 구분되는데, 우리나라에서는 커버드쇼트셀링만 허용된다. 이와 함께 빌린 주식을 되갚기 위해 해당 종목을 재매수하는 것을 쇼트커버링(Short Covering)이라고 부르는데, 쇼트커버링은 하락장이 일단락되고, 반등장이 예상될 때 차익실현이나 손절매 전략으로도 활용된다.

☑ 시험에서는 이렇게 물어본다!
우리나라에서 허용되는 공매도는?

예금자보호제도
預金者保護制度

예금 지급 불능사태를 방지하기 위해 도입된 제도

금융기관이 경영부실로 영업정지 혹은 파산하고 예금자에게 예금을 지급하지 못하면 뱅크 런 (Bank Run)이 일어나는데 이런 경우를 막고자 예금보험공사가 해당 금융기관을 대신하여 예금자에게 원리금의 전부 또는 일부를 지급한다. 2025년부터 예금자 보호한도가 5,000만 원에서 1억 원으로 상향조정되었다.

상식PLUS⁺ 예금자보호 대상 기관 및 상품

구분	보호금융상품	비보호금융상품
은행	• 보통예금, 기업자유예금, 별단예금, 당좌예금 등 요구불예금 • 정기예금, 저축예금, 주택청약예금, 표지어음 등 저축성예금 • 정기적금, 주택청약부금, 상호부금 등 적립식예금 • 외화예금 • 예금보호대상 금융 상품으로 운용되는 확정기여형 퇴직연금제도 및 개인형 퇴직연금제도의 적립금 • 개인종합자산관리계좌(ISA)에 편입된 금융 상품 중 예금보호 대상으로 운용되는 금융 상품 • 원본이 보전되는 금전신탁 등	• 양도성예금증서(CD), 환매조건부채권(RP) • 금융투자 상품(수익증권, 뮤추얼펀드, MMF 등) • 은행 발행채권 • 주택청약저축, 주택청약종합저축 등 • 확정급여형 퇴직연금제도의 적립금 • 특정금전신탁 등 실적배당형 신탁개발신탁 • 개발신탁
투자매매업자, 투자중개업자	• 증권의 매수 등에 사용되지 않고 고객계좌에 현금으로 남아 있는 금액 • 자기신용대주담보금, 신용거래계좌 설정보증금, 신용공여담보금 등의 현금 잔액 • 예금보호대상 금융상품으로 운용되는 확정기여형 퇴직연금제도 및 개인형퇴직연금제도의 적립금 • 개인종합자산관리계좌(ISA)에 편입된 금융상품 중 예금보호 대상으로 운용되는 금융상품 • 원본이 보전되는 금전신탁 등 • 증권금융회사가 「자본시장과 금융투자업에 관한 법률」 제330조 제1항에 따라 예탁 받은 금전	• 금융투자 상품(수익증권, 뮤추얼펀드, MMF 등) • 청약자예수금, 제세금예수금, 유통금융대주담보금 • 환매조건부채권(RP) • 금현물거래예탁금 등 • 확정급여형 퇴직연금제도의 적립금 • 랩어카운트, 주가지수연계증권(ELS), 주가연계 파생결합사채(ELB), 주식워런트증권(ELW) • 증권사 종합자산관리계좌(CMA) • 증권사 발행채권 • 「자본시장과 금융투자업에 관한 법률」 제117조의8에 따라 증권금융회사에 예탁되어 있는 금전 • 자본시장과 금융투자업에 관한 법률 시행령」 제137조 제1항 제3호의2에 따라 증권금융회사에 예탁되어 있는 금전 • 종합금융투자사업자(초대형IB) 발행어음
보험회사	• 개인이 가입한 보험계약 • 퇴직보험 • 변액보험계약 특약 • 변액보험계약 최저사망보험금 · 최저연금적립금 · 최저중도인출금 · 최저종신중도인출금 등 최저보증 • 예금보호대상 금융 상품으로 운용되는 확정기여형 퇴직연금제도 및 개인형 퇴직연금제도의 적립금 • 개인종합자산관리계좌(ISA)에 편입된 금융 상품 중 예금보호 대상으로 운용되는 금융 상품 • 원본이 보전되는 금전신탁 등	• 보험계약자 및 보험료납부자가 법인인 보험계약 • 보증보험계약, 재보험계약 • 변액보험계약 주계약(최저사망보험금 · 최저연금적립금 · 최저중도인출금 · 최저종신중도인출금 등 최저보증 제외) 등 • 확정급여형 퇴직연금제도의 적립금
종합금융회사	발행어음, 표지어음, 어음관리계좌(CMA) 등	• 금융투자상품(수익증권, 뮤추얼펀드, MMF 등) • 환매조건부채권(RP), 양도성예금증서(CD), 기업어음(CP), 종금사 발행채권 등
상호저축은행 상호저축은행 중앙회	• 보통예금, 저축예금, 정기예금, 정기적금, 신용부금, 표지어음 • 예금보호대상 금융상품으로 운용되는 확정기여형 퇴직연금제도 및 개인형 퇴직연금제도의 적립금 • 개인종합자산관리계좌(ISA)에 편입된 금융상품 중 예금보호 대상으로 운용되는 금융 상품 • 상호저축은행중앙회 발행 자기앞수표 등	• 저축은행 발행채권(후순위채권 등) 등 • 확정급여형 퇴직연금제도의 적립금

☑ 시험에서는 이렇게 물어본다!
예금자보호제도의 최대한도는?

코즈의 정리
Coase's Theorem

미국 경제학자 로널드 코즈의 정부 개입 반대 주장

재산권이 확립되어 있는 경우에는 거래 비용 없이도 협상이 가능하다면 외부 효과로 인해 발생할 수 있는 비효율성은 시장에서 스스로 해결할 수 있다는 이론이다. 정부 개입을 반대하는 입장으로 소유권 확립이 되어 있다는 전제 하에서 거래를 통하여 효율적인 해결책을 찾을 수 있으므로 환경오염 등 외부성이 야기하는 문제 등을 바로잡기 위해 정부가 나설 필요가 없다는 것이다. 그러나 코즈의 정리가 가진 약점은 바로 실현 가능성이다.

> ☑ 시험에서는 이렇게 물어본다!
> 코즈의 정리가 가지는 약점에 대해 구체적으로 말해보시오.

39 ■■■

디플레이션
Deflation

물가가 지속적으로 하락하는 현상

생산물의 과잉공급, 자산거품의 붕괴, 과도한 통화 긴축정책 등으로 발생하는데, 궁극적으로는 유통되는 통화의 양이 재화 및 서비스의 양보다 적기 때문에 화폐가치는 상승하고 물가는 하락하게 된다. 실질임금 상승에 따른 고용 및 생산 감소, 경제활동 위축, 디플레이션 악순환 가능성 등의 문제를 야기한다.

> **관련기사** 中, 경제성장률 5% 달성에도 '기업 4곳 중 1곳 적자' … 디플레이션 공포 확산
>
> 베트남 통신사(VNA) 산하 매체 베트남플러스(VietnamPlus)는 보도를 통해 지난해 중국 경제가 외형상 성장 목표를 달성했음에도 내부적으로는 심각한 침체 국면에 진입했다고 전했다. 중국 경제를 위협하는 가장 큰 '공포'는 물가가 지속해서 하락하는 디플레이션이다. 물가 수준을 나타내는 GDP 디플레이터는 2023년부터 마이너스 행진을 지속하고 있다. 이는 물건은 쏟아져 나오는데 살 사람이 없다는 의미다. 중국 가계는 소득의 3분의 1을 저축하며 지갑을 굳게 닫았다. 세계은행(WB) 조사에 따르면 2024년 기준 중국의 국내총생산(GDP) 대비 가계 지출 비중은 40%에 그쳤다.

> ☑ 시험에서는 이렇게 물어본다!
> 중국의 디플레이션, 미국의 인플레이션 국제 정세 사이에서 농협이 취해야 하는 자세에 대해서 약술하시오.

40 ■■■
한계비용
MC : Marginal Cost

2024 · 2022 · 2020 | 농협은행 2020 | 지역농협 2020 | 농협중앙회

필요한 총비용 증가분

총비용 증가분의 생산량 증가분에 대한 비율로 표시하며 한계생산비라고도 한다. 한계비용함수는 U자형을 취하며, 생산량 0에서 출발하여 생산량이 증가함에 따라 한계비용이 점차 감소하다가 어느 생산량을 지나면 점차 증가하기 시작하는데, 이는 한계생산물의 감소와 증가를 반영하는 것이다.

> ☑ 시험에서는 이렇게 물어본다!
> 한계비용이 감소하는 이유는?

41 ■■■
베이시스
Basis

2020 | 농협은행 2020 | 지역농협 2020 | 농협중앙회

선물가격과 현물 가격의 차이

선물가격은 선물의 인수도가 현물상품보다 늦게 이루어지므로 해당 기간 동안의 보관료, 보험료, 투자금액의 이자 등이 반영되어 현물가격보다 높은 것이 일반적이다. 하지만 일시적인 공급물량부족 등으로 인해 수급불균형이 발생하여 현물가격이 선물가격보다 높게 형성되는 현상이 발생하는 경우도 있다. 정상적인 시장에서는 현물가격이 선물가격보다 낮게 형성되므로 베이시스는 양(+)의 값을 갖게 된다. 또한 동종 상품에 대한 근월물 또는 원월물 간의 가격 차이를 베이시스로 나타내기도 한다.

> ☑ 시험에서는 이렇게 물어본다!
> 선물 가격이 150달러이고 현물 가격이 135달러일 때 베이시스는?

42

P2P 대출
Peer to Peer Lending

2020 | 농협은행 2020 | 지역농협 2020 | 농협중앙회

금융회사의 중개 없이 이루어지는 온라인에서의 자금중개

대출자가 플랫폼 업체에 대출을 신청하면 플랫폼 업체는 온라인에서 투자자들을 모아 대출하는 방식이다. 초기에는 개인 사이의 대출 중개에 집중하였으나 최근에는 기업과 다른 금융 서비스 제공까지 확장하고 있다. 온라인으로 모든 과정을 자동화하여 지점 운영비용이나 인건비, 대출영업 비용 등의 경비 지출을 최소화하고 그 수익으로 대출자에게는 낮은 금리를 투자자에게는 높은 수익을 제공한다.

> **관련기사** 농 · 축협도 '온라인투자연계금융업' 참여 길 열려
>
> 금융위원회는 최근 새로 의결된 혁신금융서비스 34건을 알리며 "고양축협 외 9개사가 신청한 '온투업 연계투자 서비스' 등을 신규 지정했다"고 설명했다. 참여 대상으로 지정된 농축협은 온라인투자연계금융업자가 모집 · 심사한 개인신용대출 상품에 투자자로 참여할 수 있게 됐다. 과거 개인간거래(P2P)로 불렸던 온투업은 지점 운영 비용, 인건비, 영업 비용 등을 최소화해 중 · 저신용자에게 기존보다 낮은 금리로 대출을 하는 사업이다. 2021년부터 온투업법이 시행돼 제도권 내에서 운영되고 있다. 향후 참여 농 · 축협 10곳은 기존 고객층이 아니었던 중 · 저신용자에게 중금리대출(10% 중후반)을 공급할 수 있다.

> ☑ 시험에서는 이렇게 물어본다!
> P2P 대출의 단점은?

43

본원통화
RB : Reserve Base

2021 · 2020 | 농협은행

독점적 권한을 통해 공급한 통화

통화는 일차적으로 중앙은행의 창구를 통하여 공급되는데, 이를 통화량의 원천이 되는 통화라 하여 본원통화라고 한다. 즉, 중앙은행인 한국은행이 지폐와 동전 등 화폐 발행의 독점적 권한을 통해 공급한 통화를 말한다.

> ☑ 시험에서는 이렇게 물어본다!
> 본원통화의 주요 구성 요소는?

44 ■■■ 비교우위론
Comparative Advantage

2020 | 농협은행

다른 나라에 비해 더 작은 기회비용으로 재화를 생산할 수 있는 능력

영국의 경제학자 데이비드 리카도가 제시한 이론으로, 비교우위를 가진 상품 생산을 전문화하여 국가 간 무역을 하는 것이 유리하다는 내용이다. 한 국가가 다른 국가에 비교우위를 가진다는 것은 동일한 물건을 생산할 때 상대 국가보다 들어가는 기회비용이 낮다는 것을 의미한다.

> ☑ 시험에서는 이렇게 물어본다!
> 절대우위론과 비교우위론을 비교하여 약술하시오.

45 ■■■ 절대우위론
Absolute Advantage

2020 | 농협은행

생산에 들어가는 노동량을 기준으로 국가 간 무역 발생의 원리를 설명한 이론

영국의 경제학자 애덤 스미스가 제시한 이론으로, 양국이 동일한 양의 생산요소를 투입했을 때 한쪽이 더 많은 결과물을 생산해냈을 때 다른 국가에 절대우위를 가진다고 정의한다. 이를 통해 각국이 절대우위를 지니지 않은 물건을 교환하는 무역이 필요하다고 설명하였으나, 한 국가가 여러 물건에 대해 절대우위를 가질 경우 교역이 필요하지 않다는 결론으로 도달한다는 한계가 있다.

46 ■■■ 회사채
Corporate Bond

일반 주식회사에서 발행하는 채권

일반 주식회사가 자금을 조달하기 위하여 발행하는 채권으로 사채라고도 하며, 대부분 국채보다 금리가 높다. 보증사채, 무보증사채, 전환사채, 신주인수권부사채, 교환사채, 이익참가사채로 분류된다. 기업 사정에 따라 원리금 상환능력에 차이가 있으며 이를 표시하는 것이 회사채 신용등급이다. 기업이 회사채나 기업어음(CP)을 발행할 때 발행 금리에 영향을 미치는 중요한 요인으로 작용한다.

47 ■■■ 직접 금융
Direct Financing

2024 · 2022 | 농협은행

자금 수요자가 직접 자금을 조달하는 방식

자금 공급자와 수요자 사이에 금융기관이 개입하는 방식의 간접금융과는 반대로 주식, 채권 발행같이 자금 수요자가 금융기관을 통하지 않고 금융시장에서 직접 필요자금을 조달하는 방식이다.

> ☑ 시험에서는 이렇게 물어본다!
> 직접금융의 자금 조달 방식은?

48

그림자 금융
Shadow Banking System

일반적인 은행 시스템 밖에서 이루어지는 금융기관 거래

구조화 채권과 같은 고수익, 고위험 채권을 매매하는 과정에서 새로운 유동성이 창출되는 시스템을 말하는 것으로, 손익이 투명하게 드러나지 않는다는 점에서 그림자라는 말이 붙었다. 그림자 금융의 개념은 서브프라임 모기지 위기가 수면 위로 드러나면서 영국의 「이코노미스트지」를 통해 유행하기 시작했다.

서킷 브레이커
Circuit Breakers

2019 | 농협은행
주식거래 시 주가가 급격하게 하락할 때 매매를 일시적으로 중단하는 제도

주가가 폭락하는 경우 거래를 정지시켜 시장을 진정시키는 목적으로 주가지수가 전일종가 대비 10% 이상 하락한 상태로 1분 이상 지속될 경우 발동된다. 서킷 브레이커가 발동되면 처음 20분 동안 모든 종목의 호가 접수 및 매매거래가 정지되며, 향후 10분 동안 새로 동시호가만 접수된다. 하루 한 번만 발동할 수 있으며, 장 종료 40분 전에는 발동할 수 없다.

> ☑ 시험에서는 이렇게 물어본다!
> 서킷 브레이커에 대해 약술하시오.

50

도덕적 해이
Moral Hazard

2024 · 2019 | 농협은행
이해당사자들이 상대를 배려하지 않는 태도

보험시장에서 처음 사용되었던 용어이며, 모럴 해저드라고도 불린다. 정보를 가진 측과 정보를 가지지 못하여 정보의 불균형 상황이 되었을 때, 정보를 가진 쪽이 불투명하여 행동을 예측할 수 없을 때 도덕적 해이가 발생한다.

> ☑ 시험에서는 이렇게 물어본다!
> 도덕적 해이의 정의를 말해보시오.

공개시장 운영
Open Market Operation

2021 | 농협은행
중앙은행이 공개시장(단기금융시장, 채권시장 등)에서 금융기관을 상대로 국공채 등 증권을 매매하는 정책

금융기관의 자금사정을 변화시키고 이를 통해 통화나 금리를 조절하는 중앙은행의 가장 기본적인 금융정책 수단이다. 중앙은행이 국채를 매입하면 통화량이 증가하고 이자율은 하락하며, 반대로 국채를 매각하면 통화량이 감소하고 이자율은 상승한다.

> ☑ 시험에서는 이렇게 물어본다!
> 공개시장 운영의 주요 목적 및 효과는?

역내경제 감시기구

AMRO :
ASEAN+3
Macroeconomic
Research Office

통화안정증권

通貨安定證券

국가신인도

國家信認度

교부금

交付金

CMI 다자화 기금이 역내 금융안전망으로 안착하도록 하기 위한 기구

아세안 국가와 한 · 중 · 일 3개국이 치앙마이이니셔티브(CMI) 다자화 기금체제하에서 역내 각 국의 경제 상황을 모니터링하고 신속한 자금지원 결정을 지원하기 위해 설립한 기구이다. 아 시아 지역의 거시경제 움직임을 감시, 분석하고 유동성 위기가 찾아올 경우 자금지원을 통해 자체적으로 위기를 극복하는 데 활용된다.

2019 | 농협은행

유동성 조절을 목적으로 발행되는 유가증권

한국은행법 및 한국은행 통화안정증권법에 따라 유동성 조절을 목적으로 발행되는 유가증권으 로, 공개시장 운영 수단 중 하나이다. 공개시장에서 통화안정증권을 매입 · 매각하는 방법으로 시중의 화폐 유통을 감소시키거나 증가시키면서 통화량을 안정시키려고 하는 것이며 통화안전 증권을 발행할 수 있는 권리는 한국은행만 가지고 있다.

> ☑ 시험에서는 이렇게 물어본다!
> 통화안정증권의 발행권리를 가지고 있는 금융기관은?

한 국가의 신용도를 측정한 지표

한 국가의 국가위험도, 국가신용도, 국가경쟁력, 국가부패지수, 경제자유도, 정치권리자유도 등을 평가한 지표이다. 무디스, 스탠다드앤푸어스(S&P), 피치 등 국제신용 평가기관들은 특정 국가의신인도를 주기적으로 측정 및 발표하고 있다. 국가 신용 등급은 해외차입, 외국인 투자 등 국제금융 거래에 큰 영향을 미친다. 국가 신용등급에 따라 국제 금융시장에서 외자 조달 금리가 영향을 받기 때문이다. 투자 부적격 평가를 받는 경우, 고금리로도 돈을 빌릴 수가 없 게 된다. 따라서 국가신용등급은 투자자들에게 중요한 투자 기준인 동시에 투자 대상국에게는 대외적 신인도를 나타낸다. 국가신용등급이 악화되면 기존 채무의 조기상환 요구, 만기 축소, 만기연장 거부 등의 압력을 받게 된다.

국가 또는 지방자치단체가 특정한 목적을 위하여 교부하는 금전

교부세(交付稅)라고도 한다. 교부금은 국가가 지방자치단체의 재정을 지원하기 위한 것, 국가 또는 지방자치단체가 그 사무의 일부를 위임하고 이에 소요되는 비용을 충당해 주기 위한 것, 국가 등이 특정한 행정목적을 위해 지급하는 것 등으로 구분할 수 있다. 지방교 부세는 국가가 지방교부세법의 규정에 의하여 지방자치단체의 행정 운영에 필요한 재정지 원을 위하여 지급하는 교부금으로서 지방교부금이라고도 한다.

경제심리지수
Economic
Sentiment Index

2019 | 농협은행

기업과 소비자 모두를 포함해 민간이 경제 상황에 대해 어떻게 생각하는지를 종합적으로 파악하는 지표

기업경기실사지수(BSI)와 소비자동향지수(CSI)를 합성한 종합심리지수로 100을 기준으로 하는 상대 지수이다. 100보다 높으면 소비자와 기업이 경제 상황을 이전보다 나아졌다고, 낮으면 그렇지 않다고 여긴다는 뜻이다.

> ☑ 시험에서는 이렇게 물어본다!
> 경제심리지수가 상승하는 이유는?

57

간접세
Indirect Tax

2019 | 농협계열사

납세자와 담세자가 구분되는 조세

간접세는 조세를 부담하는 사람과 납세하는 사람이 구분되는 조세를 말한다. 상품에 조세를 추가로 징수하는 경우가 많으며, 상품의 단위당 과세하기 때문에 비례세율이 적용된다. 소비자 입장에서 상품 가격이 증가하므로 물가 상승으로 이어진다. 간접세는 조세 저항이 약하고 규모와 대상이 확실하다는 장점이 있지만, 소비규모에 따른 제세이므로 저소득자일수록 소득 대비 세금 부담이 상대적으로 높아지고 조세의 목적 중 하나인 소득 재분배가 적절하게 이루어지지 않는다는 단점이 있다. 간접세의 종류에는 부가가치세, 개별소비세, 주세, 인지세, 증권거래세 등이 있다.

> ☑ 시험에서는 이렇게 물어본다!
> 직접세와 간접세의 차이를 약술하시오.

증여세

타인(증여자)으로부터 재산을 증여받은 경우에 그 재산을 증여받은 자(수증자)가 부담 하는 세금

증여란 그 행위 또는 거래의 명칭·형식·목적 등과 관계없이 직접 또는 간접적인 방법으로 타인에게 무상으로 유형·무형의 재산 또는 이익을 이전(현저히 낮은 대가를 받고 이전하는 경우를 포함)하거나 타인의 재산 가치를 증가시키는 것이다. 증여에서는 유증과 사인증여는 제외된다. 타인으로부터 재산을 무상으로 받은 수증자(개인 또는 비영리법인)는 그 재산에 대한 증여세를 신고·납부하여야 한다. 수증자가 영리법인인 경우에는 영리법인이 증여받은 재산은 법인세 과세대상에 포함되므로 그 영리법인에게 증여세를 부과하지 않는다.

상속세

사망으로 그 재산이 가족이나 친족 등에게 무상으로 이전되는 경우에 당해 상속재산에 대하여 부과하는 세금

상속세 신고 · 납부의무가 있는 납세의무자에는 상속을 원인으로 재산을 물려받는 상속인과 유언이나 증여계약 후 증여자의 사망으로 재산을 취득하는 수유자가 있다. 상속인이란 혈족인 법정상속인과 대습상속인, 사망자(피상속인)의 배우자 등을 말하며, 납세의무가 있는 상속포기자, 특별연고자도 포함된다. 민법에서는 상속이 개시되면 유언 등에 의한 지정상속분을 제외하고 피상속인의 유산은 그의 직계비속 · 직계존속 · 형제자매 · 4촌 이내의 방계혈족 및 배우자에게 상속권을 부여된다.

60

부가가치세

상품(재화)의 거래나 서비스(용역)의 제공과정에서 얻어지는 부가가치(이윤)에 대하여 과세하는 세금

부가가치세는 '매출세액 – 매입세액'로 계산한다. 부가가치세는 물건값에 포함되어 있기 때문에 실제로는 최종소비자가 부담하는 것이며, 사업자는 최종소비자가 부담한 부가가치세를 세무서에 납부한다. 부가가치세 과세대상 사업자는 상품을 판매하거나 서비스를 제공할 때 거래금액에 일정금액의 부가가치세를 징수하여 납부해야 한다. 영리목적의 유무에 상관없이 사업상 상품(재화)의 판매나 서비스(용역)를 제공하는 모든 사업자는 부가가치세를 신고 · 납부할 의무가 있다. 다만, 미가공식료품 등 생필품 판매, 의료 · 교육 관련 용역 제공 등 법령에 열거된 규정에 따라 부가가치세가 면제되는 사업만을 영위하는 경우에는 부가가치세 신고 · 납부 의무가 없다. 일반과세자는 10%의 세율이 적용되는 반면, 물건 등을 구입하면서 받은 매입세금계산서상의 세액을 전액 공제 받을 수 있고 세금계산서를 발급할 수 있다. 연간 매출액이 8천만 원 이상으로 예상되거나, 간이과세가 배제되는 업종 또는 지역에서 사업을 하고자 하는 경우에는 일반과세자로 등록한다. 간이과세자는 1.5% ~ 4%의 낮은 세율이 적용되지만, 매입액(공급대가)의 0.5%만 공제받을 수 있으며, 신규사업자 또는 직전연도 매출액이 4천 8백만 원 미만인 사업자는 세금계산서를 발급할 수 없다. 주로 소비자를 상대하는 업종으로서 연간 매출액이 8천만 원(과세유흥장소 및 부동산임대업 사업자는 4천 8백만 원)에 미달할 것으로 예상되는 소규모 사업자의 경우에는 간이과세자로 등록하는 것이 유리하다. 부가가치세는 6개월을 과세기간으로 하여 신고 · 납부하게 되며 각 과세기간을 다시 3개월로 나누어 중간에 예정신고 기간을 두고 있다.

소득자가 자신의 세금을 직접 납부하지 아니하고, 원천징수 대상소득을 지급하는 원천징수 의무자(국가, 법인, 개인사업자, 비사업자 포함)가 소득자로부터 세금을 미리 징수하여 국가(국세청)에 납부하는 제도

이자 · 근로 · 퇴직 · 기타소득을 지급하는 자가 사업자등록번호 또는 고유번호가 없는 개인인 경우에도 원천징수의무자에 해당되며, 원천징수한 세금을 신고 · 납부 및 지급명세서 제출의무가 있다. 사업소득을 지급하는 자가 사업자가 아닌 개인인 경우 원천징수의무는 없다. 소득세(법인세)가 과세되지 아니하거나 면제되는 소득이나 과세최저한(건별 기타소득금액 5만 원 이하 등) 적용 기타소득금액은 원천징수에서 배제된다. 또한 소득세나 법인세의 원천징수에 있어서 당해 세액이 1,000원 미만인 때에는 원천징수를 하지 않는다. 다만, 거주자에게 지급되는 이자소득의 경우 당해 소득에 대한 원천징수세액이 1,000원 미만이더라도 원천징수한다. 일용근로자에게 일당을 한꺼번에 지급하는 경우 소득자별 지급액에 대한 원천징수 세액 합계액을 기준으로 소액부징수 대상 여부를 판단한다.

적용대상		대상소득
소득세법	거주자	이자소득, 배당소득, 사업소득, 근로소득, 연금소득, 기타소득(종교인소득 포함), 퇴직소득
	비거주자	국내원천소득 중 원천징수 대상 소득(이자소득, 배당소득, 부동산소득, 선박 등의 임대소득, 사업소득, 인적용역소득, 근로소득, 퇴직소득, 연금소득, 토지건물의 양도소득, 사용료소득, 유가증권양도소득, 기타소득)
법인세법	내국법인	이자소득 배당소득(집합투자기구로부터의 이익 중 투자신탁의 이익에 한정)
	외국법인	국내원천소득 중 원천징수 대상 소득(이자소득, 배당소득, 부동산소득, 선박 등의 임대소득, 사업소득, 인적용역소득, 토지건물의 양도소득, 사용료소득, 유가증권양도소득, 기타소득)

국내에 소재한 재산세 과세대상인 주택 및 토지를 유형별로 구분하여 인별로 합산한 결과, 그 공시가격 합계액이 각 유형별로 공제금액을 초과하는 경우 그 초과분에 대하여 과세되는 세금

1차로 부동산 소재지 관할 시 · 군 · 구에서 관내 부동산을 과세유형별로 구분하여 재산세를 부과하고, 2차로 각 유형별 공제액을 초과하는 부분에 대하여 주소지(본점 소재지) 관할세무서에서 종합부동산세를 부과한다. 일정한 요건을 갖춘 임대주택, 미분양주택 등과 주택건설사업자의 주택신축용토지는 기한 내 합산배제신고를 하는 경우 종합부동산세에서 과세가 제외된다.

63

종합소득세

이자 · 배당 · 사업(부동산임대) · 근로 · 연금 · 기타소득 등의 종합소득에 부과하는 세금

「소득세법」에 따라서 당해 과세기간에 종합소득금액이 있는 자는 다음해 5월 1일부터 5월 31일(성실신고확인서 제출자는 6월 30일)까지 종합소득세를 신고 · 납부하여야 한다. 근로소득만 있는 자로서 연말정산을 한 경우, 직전 과세기간의 수입금액이 7,500만 원 미만이고, 다른 소득이 없는 보험모집인 · 방문판매원 계약배달 판매원의 사업소득으로서 소속회사에서 연말정산을 한 경우, 퇴직소득과 연말정산대상 사업소득만 있는 경우, 비과세 또는 분리과세되는 소득만 있는 경우, 연 300만 원 이하인 기타소득이 있는 자로서 분리과세를 원하는 경우 등에는 종합소득세를 확정신고를 하지 않아도 된다. 하지만 2인 이상으로부터 받는 근로소득 · 공적연금소득 · 퇴직소득 또는 연말정산대상 사업소득이 있는 경우(주된 근무지에서 종된 근무지 소득을 합산하여 연말정산에 의하여 소득세를 납부함으로써 확정신고 납부할 세액이 없는 경우 제외), 원천징수의무가 없는 근로소득 또는 퇴직소득이 있는 경우(납세조합이 연말정산에 의하여 소득세를 납부한 자와 비거주연예인 등의 용역제공과 관련된 원천징수절차특례 규정에 따라 소득세를 납부한 경우 제외), 연말정산을 하지 아니한 경우에는 확정신고를 해야 한다. 개인지방소득세는 귀속연도와 무관하게 지방자치단체의 장(시 · 군 · 구청장)에게 신고(과세표준확정신고, 수정신고, 경정청구)해야 한다.

양도소득세

개인이 토지, 건물 등 부동산이나 주식 등과 파생상품의 양도 또는 분양권과 같은 부동산에 관한 권리를 양도함으로 인하여 발생하는 이익(소득)을 과세대상으로 하여 부과하는 세금

양도소득세는 과세대상 부동산 등의 취득일부터 양도일까지 보유기간 동안 발생된 이익(소득)에 대하여 일시에 양두시점에 과세한다. 부동사 등의 양도로 인하여 소득이 발생하지 않았거나 오히려 손해를 본 경우에는 양도소득세가 과세되지 않는다. 양도소득세 과세대상이 되는 자산에는 부동산(토지, 건물), 부동산에 관한 권리(부동산을 취득할 수 있는 권리, 지상권, 전세권, 등기된 부동산임차권), 주식 등(주식 또는 출자지분, 신주인수권, 증권예탁증권 등), 기타자산(사업용 고정자산과 함께 양도하는 영업권, 특정시설물 이용권 · 회원권, 특정주식, 부동산과다보유법인 주식등, 부동산과 함께 양도하는 이축권), 파생상품(국내외 주가지수를 기초자산으로 하는 파생상품, 차액결제거래 파생상품(CFD), 주식워런증권(ELW), 국외 장내 파생상품, 경제적 실질이 주가지수를 기초자산으로 하는 장내파생상품과 동일한 장외파생상품), 신탁수익권이 있다.

보통주
Common Stocks

2024 · 2020 | 농협은행

주식회사의 가장 일반적인 주식

주식회사는 다른 주식은 발행하지 않아도 보통주는 반드시 발행해야 한다. 우선주, 후배주, 혼합주 등 특별주식과 상반된 일반적인 주식이다. 보통주를 가진 주주는 주주총회에서 의결권을 행사할 수 있다.

> ☑ 시험에서는 이렇게 물어본다!
> 보통주의 권리는?

66 ■■□

우선주
Preferred Stock

보통주보다 이익이나 이자배당, 잔여재산의 분배 등에 있어서 우선적 지위가 인정된 주식

대주주가 경영권을 침해받지 않고 기업자금을 조달하기 위해 의결권을 주지 않는 대신 배당을 우선적으로 부여하는 주식이다. 우선주는 우선권의 내용에 따라 우선권의 존속기간이 한정되어 있는 것이 있고, 우선배당의 참가방법에 따라 소정비율의 우선배당을 받고도 이익이 남는 경우에 우선주주가 다시 보통주주와 함께 배당에 참가할 수 있는 참가적 우선주와 소정비율의 우선배당을 받는 데 그치는 비참가적 우선주, 당해 영업연도에 소정비율의 우선배당을 받지 못한 경우에 그 미지급배당액을 다음 영업연도 이후에도 우선하여 보충 배당받는 누적적 우선주(보증주), 그리고 당해 영업연도에 우선배당을 받지 못하고, 그 미지급 배당액을 다음 영업연도에도 보충 배당받지 못하는 비누적적 우선주 등이 있다. 우리나라에서의 우선주는 배당에 우선권을 주는 대신 경영참가 수단인 의결권을 제한하는 무의결권 주식이 대부분이다.

67 ■■□

경제성장률
經濟成長率

일정 기간 중 한 국가의 경제규모(국민소득 규모)가 늘어난 정도를 백분율로 표시한 것

경제 성장률을 계산하는 데 가장 일반적으로 쓰이는 국민소득은 각 경제활동부문에서 창출해낸 실질국내총생산(실질GDP)이다. 따라서 경제 성장은 대부분의 경우 실질GDP 증가율을 의미한다.

68

트리핀의 딜레마
Triffin's Dilemma

신뢰도를 유지하기 위해 긴축 정책을 시행하는 경우 경기침체를 야기해 기축통화에 대한 신뢰도가 떨어질 수밖에 없는 딜레마에 빠지게 되는 이론

1950년대 미국에서 수년간 경상수지 적자가 이어지자 이 상태가 얼마나 지속될지, 또 미국이 경상흑자로 돌아서면 누가 국제 유동성을 공급할지에 대한 문제가 대두되었다. 당시 예일대 교수였던 로버트 트리핀은 이에 대해 "미국이 경상적자를 허용하지 않고 국제 유동성 공급을 중단하면 세계 경제는 크게 위축될 것이나, 적자상태가 지속돼 미 달러화가 과잉 공급되면 달러화 가치가 하락해 준비자산으로서 신뢰도가 저하되고 고정환율제도 붕괴될 것"이라 했다. 즉, 기축통화 발행국은 기축통화의 국제 유동성을 유지하기 위해 국제수지(경상수지) 적자를 지속해야 하는데 이는 기축통화에 대한 신뢰도 하락으로 연결될 수밖에 없다는 것이다.

69

스캘퍼
Scalper

2021 | 농협은행

빈번이 주식을 매매하는 초단기 투자자

포지션 보유 기간이 1 ~ 2분에 불과하여 주식시장에서 초박리를 취하는 사람들로도 불린다. 기관투자자들은 그들이 포지션을 보유하고 있는 시간의 길이에 따라 스캘퍼, 일일거래자, 포지션거래자로 나눈다. 스캘퍼가 포지션을 보유한 이후 수분 동안 자기가 예상한 방향으로 가격이 움직이지 않으면 그는 포지션을 정리하고 새로운 포지션 기회를 찾는다. 스캘퍼는 많은 양의 거래를 함으로써 시장의 유동성을 제공하며 그들의 거래활동은 다른 시장 참여자들의 매매를 용이하게 해준다.

> ☑ 시험에서는 이렇게 물어본다!
> 스캘퍼의 거래 방식은?

재무상태표
貸借對照表

2022 | 농협은행

일정 시점에서 기업의 재정상태를 알기 위해 작성하는 표

기업의 재정상태란 자산의 정도, 부채 · 자본의 규모는 어떠한가를 말하는 것이다. 이러한 항목을 정리한 것이 대차대조표로서 차변(왼편)에는 모든 자산을 기재하고 대변(오른편)에는 모든 부채와 자본을 기재한다. 대차대조표는 복식부기로서 모든 거래행위는 대차 양변에 기록되므로 언제나 양변의 합계는 일치한다. 즉, 자산 = 부채 + (자기)자본이다. 흔히 신문 등에서 볼 수 있었던 주총 결산 공고가 바로 대차대조표이다. 현재는 2011년 본격적으로 시행된 한국채택 국제회계기준(K − IFRS)의 도입으로 기존의 '대차대조표'는 '재무상태표'로 명칭이 변경되었다.

> ☑ 시험에서는 이렇게 물어본다!
> 재무상태표에서 자산과 부채의 관계를 나타내는 식은?

J커브 효과
J – Curve Effect

2024 · 2022 | 농협은행

일정 기간이 지난 후 경상수지 개선으로 나타나는 현상

환율이 오르면 경상수지가 개선되고, 환율이 내리면 경상수지도 악화되는데, 실질경제에서는 환율 상승이 금방 경상수지 개선으로 나타나지 않고 오히려 경상수지가 악화되는 경우가 발생한다. J커브 효과가 나타나는 이유는 두 가지로 들 수 있는데, 하나는 시간차이 때문으로 환율이 오르더라도 오르기 전 가격으로 체결된 계약이 남아 있기 때문에 시장에 즉각 반영되지 않으며, 또 하나는 소비자의 반응속도로 환율 상승으로 인한 가격변화가 소비습관을 바꾸는 데는 시간이 걸리기 때문이다.

> ☑ 시험에서는 이렇게 물어본다!
> 환율 상승 직후 무역수지 흑자가 나타나지 않고 시간이 어느 정도 경과한 다음 나타나는 효과와 근거를 말해 보시오.

72

그레셤의 법칙
Gresham's Law

2024 · 2018 | 농협계열사

영국의 재정가 그레셤이 발표한 화폐유통에 관한 법칙

영국의 재정가 그레셤이 "악화(惡貨)가 양화(良貨)를 구축(驅逐)한다."고 표현하여 그레셤의 법칙이라고 한다. 나쁜 돈이 좋은 돈을 몰아낸다는 뜻인데, 그레셤의 법칙은 소재의 가치가 서로 다른 화폐가 동일한 명목 가치를 가진 화폐로 통용되면 소재 가치가 높은 화폐(양화)는 유통시장에서 사라지고 소재 가치가 낮은 화폐(악화)만 유통되는 것을 뜻한다.

> ☑ 시험에서는 이렇게 물어본다!
> 그레셤 법칙이 적용되는 사례에 대해 약술하시오.

피셔 효과
Fisher Effect

2022 · 2019 | 농협은행

시중금리와 인플레이션 기대 심리의 관계를 말해주는 이론

시중의 명목금리는 실질금리와 예상 인플레이션율의 합계와 같다고 표현한다. 통화긴축을 할 경우 유동성 부족으로 금리가 상승하는 유동성 효과는 단기에 그치고 중장기적으로 물가하락을 가져와 명목금리도 하락하기 때문이다. 즉, 물가상승률이 예상보다 높아지면 명목금리도 이에 맞춰 상승한다는 것으로 사람들이 예상물가상승률에 맞춰 금리를 조정한다는 전제하에 인플레이션과 금리의 관계를 설명한다.

> ☑ 시험에서는 이렇게 물어본다!
> 피셔효과 이론의 근거는?

2024 · 2021 · 2018 | 농협은행

기업의 인수와 합병

두 개 이상의 회사가 계약에 의하여 청산절차를 거치지 않고 하나로 합병하는 것을 말한다. 기업합병과 경영권을 획득하는 기업인수가 결합된 개념이다. 기업의 자산과 부채를 포함한 모든 권리와 의무가 합병법인에게 이전되고 대가로 합병법인은 주주들에게 합병법인의 주식과 합병교부금을 지급한다. 기업분할은 회사가 독립된 사업부문의 자산과 부채를 포괄적으로 이전하여 한 개 이상의 회사를 설립함으로써 한 개 회사가 두 개 이상의 회사로 나누어지는 것을 의미하는데, 자산과 부채를 포괄적으로 이전하는 회사를 분할회사, 자산과 부채를 이전받는 회사를 분할신설회사라 한다. M&A의 방법으로는 주식인수와 기업합병, 기업분할, 영업양수도 등이 있다.

> ☑ 시험에서는 이렇게 물어본다!
> M&A가 기업 경영에서 이루어지는 이유는?

2024 | 농협은행 2013 | 지역농협

경영권을 담보로 보유 주식을 비싸게 파는 행위

M&A 용어로, 보유 주식을 팔기 위한 목적으로 대주주에게 편지를 보낼 때 초록색인 달러화를 요구한다는 의미에서 그린메일이라는 이름이 붙여졌다. 그린메일은 경영권을 위협하는 수준까지 특정 회사의 주식을 대량으로 매입해 놓고 기존 대주주에게 M&A를 포기하는 조건으로 일정한 프리미엄을 얻어 주식을 매입하도록 요구하는 행위를 말한다. 경영권 탈취의 목적보다는 주식의 시세차익을 노리는 것이 보통이며, 그린메일이 성사되고 나면, 일정 기간 동안 적대적 M&A를 시도하지 않겠다는 약정을 맺을 수 있는데, 이를 불가침 협정이라고 한다.

> ☑ 시험에서는 이렇게 물어본다!
> 곰의 포옹, 공개매수와 같이 적대적 M&A 기법으로, 보유 주식을 팔기 위한 목적으로 대주주에게 편지를 보낼 때 초록색인 달러화를 요구한다는 의미의 적대적 M&A는?

2024 | 농협은행 2013 | 지역농협

M&A 후 일정 기간 동안 기존 주주들이 보유한 주식을 매도할 수 없도록 하는 제한

주식 시장의 안정성 확보, 시장 신뢰도 유지, 투자자 보호 등의 목적으로 주로 IPO(상장) 후 또는 M&A(인수합병) 후에 적용된다. 이 기간 동안에는 기존 주주들이 주식을 매도할 수 없기 때문에 주식 시장에서의 급격한 가격 변동을 방지할 수 있다. 보통 6개월에서 12개월 사이로 설정되며 이 기간이 끝난 후에는 주식을 자유롭게 매도할 수 있다.

> ☑ 시험에서는 이렇게 물어본다!
> 록업(Lock-Up)의 주목적은?

77 ■■■■
적대적 인수합병

2024 │ 농협은행

상대 기업의 동의를 구하지 않고 강행하는 기업의 인수합병(M&A)

기업소유지분의 인수합병 중 기존 대주주의 협의 없이 이루어지는 기업지배권 탈취이다. 매수자와 피매수기업 간의 합의로 이루어지는 우호적 M&A와 달리 피매수 측의 의사에 반하여 이루어진다.

> ☑ 시험에서는 이렇게 물어본다!
> 적대적 인수합병의 방어행위는?

78 ■■■
곰의 포옹
Bear's Hug

2020 │ 농협계열사

사전예고 없이 경영진에게 매수를 제의하고 빠른 의사결정을 요구하는 기법

적대적 M&A를 시도하는 측이 활용하는 수단 중 하나로, 사전 경고 없이 매수자가 목표 기업의 이사들에게 편지를 보내어 매수 제의를 하고 신속한 의사결정을 요구하는 기법이다. 인수 대상 기업의 경영자에게 경영권을 넘기거나 협상에 응하지 않으면 회사를 통째로 인수하겠다는 일종의 협박으로, 마치 곰이 다가와 포옹하는 것 같다 하여 곰의 포옹이라고 한다. 예컨대 시간적 여유가 없는 주말에 인수 의사를 대상기업 경영자에게 전달하여 인수 대상 기업의 경영자가 수용 여부를 빨리 결정토록 요구하는 것이다.

> ☑ 시험에서는 이렇게 물어본다!
> 적재적 M&A인 곰의 포옹의 기법은?

79 ■■■
포이즌 필
Poison Pill

2018 │ 농협은행

독약을 삼킨다는 의미의 적대적 M&A의 방어 수단

기존의 주주들에게 시가보다 저렴하게 주식을 살 수 있는 권리를 주거나, 회사에 주식을 비싼 값에 팔 수 있는 권리를 줌으로써, 적대적 M&A에 나선 기업이 부담을 갖게 되어 M&A를 방어할 수 있다.

상식PLUS⁺ 포이즌 필 방식

㉠ 플립 인 필(Flip in Pill) : 적대적 M&A의 목표기업 주식을 일정비율 이상 취득하는 경우 해당 기업의 주주들에게 콜 옵션(주식을 낮은 가격에 매수할 권리)을 부여한다.

㉡ 플립 오버 필(Flip over Pill) : 적대적 M&A의 목표기업을 인수한 다음 이를 합병할 때 해당 기업 주주들에게 합병 후 존속회사의 주식을 콜 옵션 배당형태로 부여한다.

㉢ 백 엔드 필(Back and Pill) : 적대적 M&A의 목표기업 주식을 일정비율 이상 취득하면 해당 기업 주주들이 보유 주식을 우선주로 전환하여 청구하거나 현금으로 상환 또는 교환해 줄 것을 청구한다.

> ☑ 시험에서는 이렇게 물어본다!
> 포이즌 필의 주요 목적은?

80

차등의결권
差等議決權

2024 | 농협은행

적대적 M&A로부터 경영권을 방어하는 방어 수단 가운데 하나

일반 주식이 가지는 의결권보다 몇 배 더 높은 주식을 말하며 차등의결권주식, 복수의결권(주식)이라고도 부른다. 예를 들면, 최대주주 소유의 보통주가 주당 1표의 의결권을 갖는 대신 일반인에게 2등급 주식을 발행하여 배당을 늘려주어 10주당 의결권 1표를 갖게 하는 것이다. 따라서 대주주의 지배권을 강화하고 안정적으로 경영권을 행사할 수 있어 적대적 인수합병의 경영권 방어 수단으로 이용하는 것이다. 우리나라는 1주당 1의결권을 갖는 것이 원칙이며 차등의결권 제도가 없다. 시행 중인 나라는 미국, 유럽 등이 있다. 차등의결권은 적은 지분으로 적대적 인수합병으로부터 경영권을 방어하는 효과를 가지지만, 무능한 경영자가 있을 경우 교체하기가 어렵고 경영진의 소수 지분이 다수의 의사인 것처럼 왜곡될 수 있다. 또한, 소수의 경영진들이 개인 이익만을 좇을 수 있는 단점을 가진다.

> ☑ 시험에서는 이렇게 물어본다!
> 적대적 M&A의 방어수단인 차등결권의 단점은?

81

후순위채권
Subordinated Debt

채무 변제 순위가 일반 채권보다 나중되는 채권

발행기관이 파산할 경우 다른 채권자들의 부채가 청산된 다음 상환받을 수 있는 채권이다. 대신 일반 채권보다는 금리가 높아 발행기관이 파산하지 않으면 장기간 동안 고금리 혜택을 누릴 수 있다.

국제증권 감독기구
IOSCO

국제적으로 거래되는 증권에 대한 규제 및 감독과 관련하여 검토하는 국제기구

효율적으로 시장을 규제하고, 탈법거래를 방지하고 적발하기 위한 관리방안을 모색하는 금융감독기구 중의 하나에 해당한다. 1983년에 창설되었고 우리나라 금융감독원은 1984년에 가입하였다.

국제보험 감독자협의회
IAIS

국제적으로 보험원칙 및 보험감독과 관련하여 긴밀한 회의를 하는 국제기구

보험시장의 국제화와 점차 늘어나는 보험의 비중에 따라 표준보험의 감독기준을 제정하기 위해 설립되었다. 구제적인 보험원칙과 기준을 설정하고 지침서를 발행한다. 또한 보험감독과 관련하여 발생하는 문제에 대해서 회의를 하며 금융안정을 증진하기 위해 협력하는 등의 일을 한다. 1994년 설립되었고 한국은 IAIS 창립회원으로 가입·활동을 하고 있다. 보험사기 관련 위원회, 보험법·규제·실무 그리고 기준 소위원회, 소규모보험 소그룹 등의 조직구조로 되어 있다.

국가별 중앙은행 사이에 협력을 하는 국제기구

1930년 5월에 설립되었다. 초기 설립목적은 1930년 헤이그 협정 체결 후 협정 이후 독일의 전쟁 배상금을 전담하여 배분하기 위함이었다. 국제결제은행은 국제금융 안정을 위해서 중앙은행 사이에서 협력을 하며 관계를 조율하는 국제협력기구이다. 금융기관 안정성 지표인 BIS 자기자본비율을 발표하기도 한다. 경제위기를 겪고 있는 국가에 위기 극복을 위해 자금을 대출하기도 한다. 한국은행의 경우 1997년 1월 1일에 정식회원으로 가입하였다.

2023 | 농협은행

국제결제은행이 정한 은행위험자산(부실채권) 대비 자기자본비율

1988년 7월 은행의 건전성과 안정성 확보를 위해 최소 자기자본비율에 대한 국제적 기준이 마련되었다. 이 기준에 따라 적용대상 은행은 위험자산에 대하여 최소 8% 이상의 자기자본을 유지하게 함으로써, 은행이 거래기업의 도산으로 부실채권이 갑자기 늘어나 경영위험에 빠져들게 될 경우 최소 8% 정도의 자기자본을 가지고 있어야 위기 상황에 대처할 수 있다는 것이다. 따라서 BIS 비율을 높이려면 위험자산을 줄이거나 자기자본을 늘려야 하는데, 위험자산을 갑자기 줄이는 것은 불가능하므로 자기자본을 늘려 BIS 비율을 맞추는 것이 보통이다. BIS 비율이 낮아지면 은행의 신인도가 떨어져 고객 이탈이 우려될 뿐만 아니라 은행 간의 합병에서도 불리한 입장에 처할 가능성이 크기 때문에 은행들은 BIS 비율 유지에 사활을 걸고 있다.

> ☑ 시험에서는 이렇게 물어본다!
> BIS 자기자본비율이 낮아질 때 발생하는 상황은?

주요 국제 상업 은행들이 세계 외환거래의 동시결제를 구현할 목적으로 설립한 국제외환 결제전문은행

외환결제리스크 감축에 관한 BIS의 권고에 따라 설립된 결제전문은행으로, CLS그룹 지주회사의 자회사로서 1999년 미국 뉴욕에 설립되었다. 주요 국가 간 외환거래 등에 대해 결제 서비스를 제공하고 있으며 CLS 시스템을 이용하여 외환거래를 결제할 경우에 각 통화별 중앙은행에 개설된 CLS은행 계좌를 통해 양 거래통화의 동시결제(PVP)가 이루어진다. 때문에 원금 리스크를 줄일 수 있으며 다자간상계에 따른 결제유동성 절감 효과도 거둘 수 있다.

필립스 곡선
Phillips Curve

2019 | 농협은행

물가상승률과 실업률 사이에 있는 역의 상관관계를 나타낸 곡선

영국의 경제학자인 윌리엄 필립스가 1860년대부터 1950년대 사이 영국 실업률과 명목 상승률 통계자료를 분석하여 실업률과 명목임금 상승률 사이에 역의 관계가 존재한다는 것을 발견하였다. 정부가 물가상승률을 감소시키면 실업률은 증가하고, 실업률을 감소시킬 경우 물가가 상승한다. 때문에 물가안정과 완전고용이라는 두 가지 경제정책 목표는 동시에 달성될 수 없으며, 정부가 실업을 해결하기 위해서는 어느 정도의 인플레이션을 감수해야 하고, 물가를 안정시키기 위해서는 실업률 상승을 받아들여야 한다.

> ☑ 시험에서는 이렇게 물어본다!
> 필립스 곡선에 대해 약술하시오.

---

88 ■■■■

프로젝트 파이낸싱
PF : Project Financing

2021 | 농협은행

특정 프로젝트 사업의 수익성과 미래 현금창출 능력을 담보로 설립된 특수목적회사가 국제금융기관 · 일반 은행 자본주로부터 사업 자금을 모집하고 사업종료 후 일정기간에 발생하는 수익을 지분율에 따라 투자자들에게 나눠주는 금융기법

보통 토지 · 건물 등을 담보로 돈을 빌리는 기업금융과 달리, 사업의 미래 수익성이나 사업 주체의 신뢰도만을 보고 대규모 자금을 금융기관 간 협조융자 형태로 모을 수 있는 것이 특징이다. 이 기법은 1930년대 미국의 석유개발사업에서 출발하여 점차 도로 · 공항 · 항만 등 사회간접자본이나 플랜트 건설, 석유탐사 및 개발 등 대규모 사업의 자금조달 방법으로 주로 활용되었다.

> ☑ 시험에서는 이렇게 물어본다!
> 프로젝트 파이낸싱 특징은?

---

89 ■■■■

자산유동화증권
ABS :
Asset Backed Securities

2024 · 2021 | 농협은행

자산을 기반으로 발행하는 증권

기업이나 은행이 보유하고 있는 유 · 무형의 유동화 자산인 부동산, 매출채권, 유가증권 등을 기반으로 발행된 증권이다. 유동성이 떨어지지만 재산가치가 있는 자산을 담보를 증권으로 발행하여 유통시키는 것이 자산유동화이다. 자금 조달하는 다양하게 제공하고 조달비용을 낮춰주는 등으로 활용이 가능하다. 특수목적회사(Special Purpose Vehicle)가 발행한다.

> ☑ 시험에서는 이렇게 물어본다!
> 기업이 보유하고 있는 부동산을 담보로 하여 유동화증권을 발행하고자 한다. 이를 통해 기업이 얻을 수 있는 주요 장점은?

90 ■■■
파생금융상품
Derivatives

2024 · 2021 · 2020 · 2018 | 농협은행

채권, 금리, 외환, 주식 등의 금융자산을 기초로 가격이나, 가치의 움직임에 따라 값 어치가 결정되는 금융상품이나 계약

시장경제 아래에서는 환율이나 금리, 주가 등의 변동으로 자산의 가치가 떨어질 위험이 상존하고 있으나, 파생금융상품을 이용하면 미래 거래금의 단 몇 퍼센트에 불과한 위탁증거금만으로 이러한 미래의 가격 변동 위험을 피하거나 줄일 수 있다. 가격변동에 대한 헤지(hedge)와 투기 목적으로 사용된다. 파생금융상품은 미래에 대한 위험에 적절히 대처하는 데 그 목적이 있으나 고위험이 수반된다. 따라서 본래 내포된 미래의 가격 변동 예상과 작은 비용으로 대규모 거래가 가능하지만, 단기 고수익을 노리는 투기성 거래를 양산하고 있다. 대표적인 파생금융상품으로는 선물, 선물환, 옵션, 스왑 등이 있다.

> ☑ 시험에서는 이렇게 물어본다!
> A 투자자는 특정 주식의 가격 변동 위험을 줄이기 위해 선물 계약을 활용하려 한다. 그는 현재 보유한 주식이 하락할 가능성이 있다고 판단하여 선물 시장에서 매도 포지션을 취할 때 이러한 거래 전략은?

---

91 ■■■
주택저당증권
MBS :
Mortgage Backed
Securities

금융기관에서 주택을 담보로 하여 장기대출을 하고 주택을 저당채권으로 발행한 증권

자산담보부증권(ABS)의 일종으로 주택저당채권 담보부증권을 의미한다. 금융기관에서 주택을 담보로 하여 기초자산으로 발행되는 증권이다. 금융기관에서 주택담보대출을 받으면 주택에 설정되는 근저당이 설정된다. 이 주택을 담보로 주택저당채권을 소지한다. 디딤돌대출, 보금자리론 등 정책금융의 재원에 해당한다.

---

92 ■■■
풋옵션
Put Option

2024 · 2023 | 농협은행

시장가격에 관계없이 상품을 정해진 가격에 매도할 수 있는 권리

풋옵션에서 정한 가격이 시장가격보다 낮을 경우 권리를 포기할 수 있고, 옵션가격이 시장가격보다 높을 때는 권리를 행사하여 차익만큼의 이득을 얻을 수 있다. 옵션가격은 매입 당시 시장가치에 프리미엄을 덧붙인 가격으로 결정되고, 풋옵션의 본질적 가치는 풋옵션을 실현했을 때 받을 수 있는 금액이며, 시간가치는 만기일까지 가격 변동 가능성이라는 위험부담을 현재 가치로 환산한 것이다.

> ☑ 시험에서는 이렇게 물어본다!
> 동일한 행사가격을 가진 풋옵션과 콜 옵션이 결합하여 선물 포지션을 만드는 전략은?

93 ■■■■
콜 옵션
Call Option

2024 · 2023 · 2021 | 농협은행

특정 대상물을 사전에 약속한 날에 일정한 가격으로 살 수 있는 권리를 매매하는 것

특정 기본자산을 당사자들이 미리 정한 가격(행사가격)으로 미래의 특정 시점 또는 이전에 살 수 있는 권리를 매매하는 계약이다. 콜 옵션 매수자는 콜 옵션 매도자에게 프리미엄(대가)을 지급하며 그 대신 매도자는 기본자산을 사전에 정한 가격에 팔아야 할 의무를 진다.

> ☑ 시험에서는 이렇게 물어본다!
> 투자자가 행사가격 50,000원의 콜옵션을 매수했다. 옵션 프리미엄은 2,000원이며, 만기 시 기초자산의 시장가격이 55,000원이라면 투자자의 순이익은?

94 ■■■■
특수은행
Special Banks

2019 | 지역농협

은행법에 따라 설립하여 업무를 영위하는 일반 은행과 대비되는 개념

특수은행은 은행법의 적용을 받지 않으며 개별 특수은행법에 의거하여 설립 · 운영한다. 특수은행은 일반 은행이 재원, 채산성 또는 전문성 등의 제약으로 인하여 필요한 자금을 충분히 공급하지 못하는 특정 부문에 대하여 자금을 원활히 공급함으로써 일반 상업금융의 취약점을 보완하고 이를 통하여 국민 경제의 균형적 발전을 도모하기 위한 목적으로 설립되었다. 따라서 특수은행은 자금운용 면에서 상업금융의 취약점을 보완하는 금융기관으로서 기능과, 특정 부문에 대한 전문 금융기관으로 기능을 담당하도록 되어 있다. 이런 특성 때문에 재원조달 면에서도 민간으로부터의 예금 수입에 주로 의존하는 일반 은행과 달리 재정자금과 채권 발행에 많은 부분을 의존했다. 현재 영업 중인 특수은행으로는 한국산업은행, 한국수출입은행, 중소기업은행, 농업협동조합중앙회와 수산업협동조합중앙회의 신용사업 부문이 있다.

> ☑ 시험에서는 이렇게 물어본다!
> 특수은행의 설립 목적은?

95 ■■■■
추가경정예산
追加更正豫算

예산이 성립된 후에 국회를 통과하여 그 내용을 변경하는 것

사용할 용도가 정해진 국가예산이 이미 정해진 상황에서 예산 부족이나 특별한 사유로 인해 부득이하게 필요하다고 판단되는 경우 정부가 본예산을 변경해 다시 정한 예산을 국회에 제출하여 의결을 거친 후 집행하는 예산으로 줄여서 추경예산이라고도 한다. 우리나라의 경우 헌법 제56조에 따라 예산에 변경을 가할 필요가 있을 때 정부가 추가경정예산안을 편성해 국회에 제출하도록 하고 있으며, 예산안이 국회에서 의결되기 전에 그 내용을 변경하는 수정예산과 차이가 있다.

96

출구전략
Exit Strategy

경기침체나 위기로부터 경제지표가 되살아나는 경기회복의 조짐이 있는 경제 상황에서 침체기간 동안 시중에 풀린 과도한 유동성을 부작용이 생기기 전에 회수하려는 전략

서브프라임 사태 이후 미국을 비롯한 전 세계 대부분의 국가들이 이자율을 낮추고 유동성 공급을 확대해 왔으나, 경기회복에 대한 기대감이 커지면서 원자재 가격이 급등하는 등 인플레이션에 대한 우려가 커졌다. 이러한 과잉 유동성의 부작용을 견제하기 위해 이자율 인상, 채권매입 축소 등이 출구전략으로 논의되고 있으며, 2009년 4월 미국의 워싱턴에서 열린 G20 재무장관·중앙은행총재회의에서 세계금융위기 이후의 중요 대책으로 제시되었다.

> **상식PLUS⁺ 서브프라임 모기지론**
>
> 미국에서 저소득층 또는 신용등급이 낮거나 대출금액이 많은 사람들에게 주택마련 자금을 고금리로 빌려주는 비우량 주택담보대출이다. 신용평가회사인 FICO에서 대출 신청자의 과거 대출실적과 대출잔액, 거래기간, 신용대출실적과 신용 조회수, 적정수준 대출유지 여부 등 5개 부문을 기준으로 점수를 매겨 신용등급을 나눈다. 서브프라임 모기지론은 신용등급이 가장 낮은 서브프라임에게 빌려주는 주택담보대출상품이며, 대출상품의 연체율 상승이 글로벌 금융위기의 원인이 되었다.

97

미소금융
美少金融

개인 신용평점이나 소득이 낮아서 금융이용이 어려운 서민들에게 담보나 보증없이 운영 및 창업자금을 대출해 주는 것

금융소외계층을 대상으로 운영·시설자금을 대출해주는 대출사업이다. 자영업자나 무등록사업자 또는 창업(예정)자에게 대출을 해주는 것으로 2009년 12월부터 시행되었다.

경기동행지수
CCI :
Coincident Composite Index

현재의 경기 상태, 동향을 파악하고 예측하는 경기종합지수의 하나

산업생산지수, 제조업가동률지수, 생산자출하지수, 도소매판매액지수, 비내구소비재 출하지수, 수입액, 시멘트소비량, 노동투입량, 전력사용량, 수출액 등의 구성지표로 되어 있다. 동행지수는 경제 성장에 따라 증가하는 움직임과 경기의 상승 및 하강 움직임을 동시에 나타내고 있다. 동행지수는 이러한 움직임을 포함한 변동이므로 경기의 국면이나 전환점을 명확하게 파악하기가 어렵다. 따라서 이런 움직임을 제거하여 편리하고 명확하게 파악하기 위한 순환변동치를 이용한다.

2018 · 2017 | 농협계열사

99 경제고통지수
Misery Index

일반 국민들이 느끼는 경제 체감도

실업률과 물가상승률을 합산한 다음 소득증가율을 뺀 수치로, 여기에 실질 국내총생산(GDP) 증가율을 빼기도 한다. 국민들의 삶의 고통을 계량화할 수 있는 유일한 지표로 국제적으로 자주 활용되고 있다. 특히 피부로 느끼는 경제적인 삶의 질을 중시하게 되면서 최근 들어 그 사용이 늘어나는 추세에 있다. 이 용어는 미국의 브루킹스연구소의 경제학자 아서 오쿤이 고안한 경제지표로 미국 기상대가 개발한 불쾌지수를 경제학에서 빌려 만들었으며, 고통지수는 인플레이션율, 실업률, 국민소득증가율 등으로 일반 국민이 느끼는 경제적 체감도를 나타낸다. 한 나라의 1년간 경제성과를 가늠하는 척도로 활용되고 있다.

> ☑ 시험에서는 이렇게 물어본다!
> 한 국가의 실업률이 6%이고, 물가상승률이 4%, 실질소득 증가율이 2%라고 할 때 국민고통지수는?

2024 · 2021 · 2020 | 농협은행   2020 | 지역농협   2022 · 2020 | 농협중앙회

100 역선택
逆選擇

정보비대칭으로 인해 정보가 부족한 집단이 불리한 선택을 하는 상황

정보의 불균형으로 정보가 부족한 집단이 불리한 의사결정을 하는 상황을 말한다. 정보의 격차가 존재하는 시장에서 정보력을 가진 집단이 정보력을 갖지 못한 집단에게 정보의 왜곡 혹은 오류로 인한 손실을 입게 한다. 보험이나 노동, 금융시장 등에서 주로 발생하는데 특히 보험시장에 더욱 자주 발생한다. 예를 들어, 보험 회사가 자동차 보험을 판매할 때 고객은 자신의 운전 습관이나 사고 이력을 정확히 알리지 않는다. 보험 회사는 실제 위험을 정확히 평가하기 어려워지며 높은 리스크를 안고 보험료를 책정하게 된다.

> ☑ 시험에서는 이렇게 물어본다!
> 역선택의 사례는?

101 햇살론
Sunshine Loan

신용등급이나 소득이 낮아서 금융 이용이 어려운 서민에게 자금 대출해주는 제도

고금리 대출을 이용할 수밖에 없는 신용도가 낮은 사람들에게 생계자금을 지원해주는 대출제도이다. 최소한의 요건만 심사하여 연 금리 10% 이내(금융사별로 상이)최대 1,500만원까지 대출이 가능하다.

취약계층을 돕기 위해 설립된 은행

벌금형을 선고받았지만 생활고로 벌금을 낼 수 없는 형편의 취약계층을 돕기 위해 설립된 은행이다. 장발장 은행은 신용조회 없이 무담보 무이자로 벌금을 빌려준다. 대상자는 소년소녀가장, 미성년자, 기초생활보장법상 수급권자와 차상위계층이 우선 대상이며 개인과 단체의 기부로 운영되고 있다.

2021 | 농협은행

물가상승률을 차감한 실질 또는 명목금리가 0%대인 것

초저금리는 고비용 구조를 해소하고 국가경쟁력을 높이며 소비촉진을 통해 경기침체 가능성을 줄여준다는 이점이 있는 반면에, 노년층 등 이자소득자들의 장래가 불안해짐에 따라 중장년을 중심으로 소비가 위축될 수 있고 부동산투기, 주택가격 폭등 등 자산버블이 우려되며, 근로의욕을 저하시킬 수도 있다. 대표적인 국가로 일본을 들 수 있는데, 내수자극을 통한 경기회복, 엔화 강세 저지, 기업의 채무부담경감, 금융회사들의 부실채권 부담 완화 등의 효과를 겨냥하여 제로금리정책을 시행하였다.

> ☑ 시험에서는 이렇게 물어본다!
> 제로금리 정책의 이점은?

2024 · 2022 · 2018 | 농협은행

다른 회사의 주식을 소유하여 그 회사의 사업내용을 지배하는 것을 주된 사업으로 하는 회사

자회사의 주식을 전부 또는 지배가능 한도까지 매수하고 이를 자사의 주식으로 대위시켜 기업 활동에 의하지 않고 자본에 의해서만 지배하는 회사이다. 지주회사는 피라미드형 지배를 가능하게 하며 적은 자본을 가지고도 생산과 자본에 대한 독점적 지배망을 형성할 수 있다. 일종의 콘체른 형식에 의한 독점의 형태로서, 경제영역뿐만 아니라 정치에도 영향을 미친다. 현행 공정거래법에서는 '주식의 소유를 통하여 국내회사의 사업내용을 지배하는 것을 주된 사업으로 하는 회사로서, 자산총액이 1,000억 원 이상이면서 소유하고 있는 자회사의 주식가액의 합계액이 당해 회사 자산총액의 50% 이상인 회사'를 지주회사로 규정하고 있다. 지주회사는 크게 두 가지 유형이 있는데, 순수지배회사는 자회사 관리를 유일한 업무로 하는 지주회사이고, 사업지주회사는 수동적인 주식 관리에서 넘어서서 사실상 자회사를 지배하고 관리하는 회사를 일컫는다.

> ☑ 시험에서는 이렇게 물어본다!
> 지주회사와 주식회사의 차이는?

105

교환사채
EB : Exchangeable Bonds

사채권자의 의사에 따라 다른 유가증권으로 교환할 수 있는 사채

투자자가 보유한 채권을 일정시일 경과 후 발행회사가 보유 중인 다른 회사 주식으로 교환할 수 있는 권리가 붙은 사채로 주식전환이 가능한 채권이라는 점에서 전환사채와 유사하나 전환 대상 주식이 발행사가 아닌 다른 회사의 주식이라는 점에서 차이가 있다. 주식 교환권을 부여해 장래에 주식 가격상승에 따른 투자 수익을 기대할 수 있으나 통상적으로 이자율은 낮다. 교환사채를 발행할 수 있는 법인은 상장회사로 발행이율, 이자지급조건, 상환기한 및 전환기간 등은 자율화되어 있다. 교환가격은 교환대상 주식 기준 주가의 90% 이상이며, 교환비율은 100% 이내로 제한된다. 교환대상 상장주식을 신탁회사 등에 예탁한 후 교환사채를 발행해야 한다. 1995년 정부가 해외에서 주식을 쉽게 발행할 수 있게 허용한 해외증권발행 방법으로, 기업이 투자하고 싶은 곳은 많지만 국내이자율이 높아 국내에서 조달하기 힘들 때 유리한 자금동원 방법이라 할수 있고, 발행회사는 자기회사 지분율이 변하는 위험을 없애면서 보유 주식을 보다 비싼 값에 팔 수 있는 이점이 있으나 교환대상주식을 발행한 기업이 동의해야만 교환사채를 발행할 수 있나.

106

정크본드
Junk Bond

리스크가 상대적으로 큰 기업들이 자금 조달을 목적으로 발행한 고수익 · 고위험 채권

신용도가 낮은 회사가 발행한 채권으로, 원리금 상환 불이행 위험이 크기 때문에 일반 채권금리에 가산금리를 더한 이자를 지급한다. 미국의 경우 회사채는 만기 10 ~ 30년의 장기채 발행이 대부분을 차지하고 있는데, 신용등급이 높은 우량기업 발행채권이 대부분을 차지한다. 우리나라의 정크본드 시장은 자산유동화증권(ABS)과 관련이 있는데, ABS 설계 시 위험요소가 경감될 수 있도록 원리금 지급 우선순위에서 선순위와 후순위로 차등을 둔다.

스왑
Swap

금융자산이나 부채에서 파생되는 미래의 가치를 교환하는 것

스왑은 크게 통화스왑과 금리스왑이 있다. 예컨대 엔화를 저렴하게 빌릴 수 있으나 달러가 필요하고 달러를 저렴하게 빌릴 수 있으나 엔화가 필요한 두 회사가 있을 경우, 서로의 장점을 살려 돈을 빌린 다음 상대방의 원리금을 갚아주면 서로 이득이 되는 것이다. 이를 통화스왑이라고 하며, 금리스왑의 경우는 대출금의 금리상환 조건을 맞바꾸는 것으로 고정금리로 대출받은 기업과 변동금리로 대출받은 기업이 서로 유리한 방향으로 대출금을 상환해 주는 방법이다.

108 ■■■
지속가능경영
CSM :
Corporation Sustainability
Management

인류의 지속성을 확보하기 위한 보존과 발전이 어우러진 친환경적 성장을 추구하는 것

기업은 경제적 이익 창출만으로는 더 이상 지속적으로 발전할 수 없음을 전제하고, 기업의 사회적 책임이행과 환경보전 활동, 합리적인 수익추구활동을 통해 경영리스크를 최소화하고, 기업가치를 지속적으로 증대시키기 위한 경영활동을 한다. 환경적 측면에서는 글로벌 환경규제의 강화, 교토의정서 발효 등 기업의 환경보호 역할이 강조되고 있으며, 환경보호를 위한 모니터링 및 내부 환경 경영체제의 구축을 요구하고 경제적 측면에서는 금융기관들의 사회책임 투자 증가, 이해관계자들의 지속가능 경영정보 요구 증대로 지속가능 경영정보의 외부 커뮤니케이션을 위한 지속가능성 보고서의 제작 및 검증이 주요과제로 대두되고 있다.

109 ■■■
일물일가의 법칙
Law of Indifference

동일한 시점일 경우, 완전경쟁이 행해지는 시장에서 판매하는 동일 상품에 대해서는 하나의 가격만 성립하는 법칙

무차별의 법칙으로, 어떤 한 곳이 다른 곳보다 가격이 비싼 경우, 해당 상품을 싼 곳에서 사고, 비싼 곳에서 판매하는 사람들이 생겨나 가격은 결국 동일해지는 것을 말한다.

110 ■■■
인터넷
전문 은행
Internet 專門銀行

모바일과 인터넷으로만 영업하는 은행

보조적으로 활용하는 오프라인 은행의 인터넷 뱅킹과는 다르다. 오프라인 지점이 없을 뿐 시중은행과 똑같이 예·적금, 대출, 외국환, 신용카드, 수납 및 지급대행 등 모든 은행 업무를 제공한다. 오프라인 지점이 없어 비용을 줄인 만큼 더 높은 예금금리와 보다 저렴한 대출 금리를 적용할 수 있다.

111 ■■■
워크아웃
Workout

부도위기에 처한 기업 가운데 회생가치가 있는 기업을 지원하는 제도

회생가치가 있는 부실기업에 대해 채권금융기관들과 채무기업 간 협상과 조정을 거쳐 부채상환 유예 및 감면 등을 통해 회생시켜주는 재무구조 개선 제도이다. 워크아웃 종류에는 기업 워크아웃과 저신용 및 많은 빚으로 경제활동이 어려운 개인의 신용을 회복시켜 주는 개인 워크아웃, 기업이 도산하기 전에 미리 지원해주는 프리워크아웃이 있다.

공유경제
Sharing Economy

2020 · 2017 | 농협은행

집이나 자동차 등 자산 또는 지식이나 경험을 공유하며 합리적 소비 · 새로운 가치 창출을 구현하는 신개념 경제

개인 소유를 기본 개념으로 하는 전통 경제와 대비되는 개념으로 공유경제는 소유자들이 많이 이용하지 않는 물건으로부터 수익을 창출할 수 있으며, 대여하는 사람은 물건을 직접 구매하거나 전통적인 서비스업체를 이용할 때보다 적은 비용으로 서비스를 이용할 수 있다는 장점이 있다. 그러나 보험을 비롯한 법적 책임에 대한 규정이 명확하지 않는 등 이를 규제할 수 있는 법안이나 제도가 마땅치 않다는 문제점을 가진다.

> ☑ 시험에서는 이렇게 물어본다!
> 공유경제 사례는?

---

113 ■■■■

닥터 코퍼
Dr. Copper

구리 가격으로 경제 상황을 예측하는 것

구리 가격이 경기를 예측하는 특성이 있음을 지칭하는 표현이다. 구리는 원유나 금보다 지정학적 · 정치적인 영향을 덜 받으며 자동차, 건설, 해운 등 제조업 전반에 재료로 사용되므로 경기 선행지표로 활용된다.

---

114 ■■■■

외부 효과
External Effect

2022 · 2021 · 2019 | 농협은행

경제활동과 관련하여 타인에게 의도치 않은 효과를 발생 시키는 현상

시장가격과 별개로 다른 소비자에게 의도하지 않은 혜택이나 손해를 입히는 경우를 말한다. 이때, 이익을 주는 긍정적 외부 효과를 외부경제라고 하며 손해를 끼치는 부정적 외부 효과를 외부불경제라고 한다.

> ☑ 시험에서는 이렇게 물어본다!
> 부정적 외부 효과에 대해 약술하시오.

2018 | 농협계열사

총예금에 대한 총대출 비율

예대율이 1보다 작다는 것은 자체 예금 자원을 바탕으로 은행이 대출을 할 수 있음을 의미하고, 예대율이 1보다 클 때는 대출을 위해 은행이 추가적인 대출을 하고 있음을 의미한다. 따라서 예대율은 은행의 건전성을 나타내는 지표로 활용되며 은행 건전성과 반비례한다. 우리나라의 경우 경제 성장에 따른 필요자금의 상당 부분을 은행 융자에 의존하고 있기 때문에 시중은행의 예대율이 높은 편이다.

> ☑ 시험에서는 이렇게 물어본다!
> 예대율이 높은 경우와 낮은 경우 각각 은행 운영에 어떤 영향을 미치는지 말해보시오.

1971년 미국 달러방어정책

미국의 닉슨 대통령이 1971년 8월 발표한 달러방어정책으로 인해 발생한 충격을 말한다. 1960년대 말부터 미국은 베트남 전쟁을 포함해 많은 대외 원조 및 군사비 지출로 인해 경제력이 크게 낮아졌다. 이 과정에서 미국의 국제수지가 크게 악화되어 달러의 가치가 크게 떨어졌다. 게다가 미국 달러화의 금 교환 요구가 외국에서 크게 늘어나면서 미국의 금 보유고가 급격히 감소하였다. 이에 닉슨 대통령은 금과 달러의 교환 정지, 10%의 수입 과징금의 실시를 포함하는 달러방어정책을 내놓게 되었다. 닉슨 쇼크는 대미 수출 의존도가 높은 한국, 일본, 중남미 등에 큰 충격을 주었고 고정환율제에서 변동환율제로 바뀌는 전환점이 되었다. 닉슨 쇼크라는 용어는 2009년 초에 다시 등장하게 되었는데, 이는 미국이 대규모 재정적자를 겪고 있음에도 불구하고 달러 가치가 계속 강세를 보여 글로벌 달러의 가치가 약세로 돌아설 가능성이 있다는 뜻에서 제2의 닉슨 쇼크가 발생할 수도 있다는 우려 때문이다.

게임 이론 사례로, 자신의 이익만 고려하다가 자신과 상대방이 불리해진다는 이론

서로 믿고 협력하면 모두에게 이득이지만, 자신의 이익을 최대화하려 동료를 배신하면 모두에게 불행한 결과를 가져올 수 있음을 죄수의 상황에 적용하면서 '죄수의 딜레마'라는 이름을 붙였다. 두 공범자가 협력해 범죄사실을 숨기면 증거불충분으로 형량이 낮아지지만 범죄사실을 먼저 자백하면 다른 한쪽보다 가벼운 처벌을 받게 해준다는 수사관의 유혹에 빠져 어느 한쪽이 범죄사실을 털어놓으면 결국 공범자 모두 더 큰 처벌을 받는다는 이론으로 자신만의 이익을 위한 선택이 자신과 상대 모두에게 불리한 결과를 낳는 상황을 의미한다.

캐리 트레이드
Carry Trade

처음에는 보유한 주식을 담보로 자금을 차입하고 이를 보다 수익성이 높은 주식에 투자하여 차입비용의 상환은 물론 추가수익을 실현하는 투자행위

최근에는 저금리로 조달된 자금을 다른 국가의 특정 유가증권 혹은 상품에 투자하여 그 차액을 노려 수익을 얻으려는 거래를 지칭한다. 즉, 이자가 낮은 국가에서 빌린 돈으로 수익이 높은 다른 국가에 투자하는 방식으로 고수익을 노리는 것이다. 자본이 부족한 신흥국들에 투자자금을 제공하는 긍정적 측면이 있으나 단기간에 국가를 오가는 투자방식에 불과하기 때문에 투자자금의 큰 변동성에 따라 해당 국가 경제의 불안정성을 높이는 요인이 되기도 한다.

상식PLUS⁺ 화폐별 캐리 트레이드
㉠ 달러 : 스미스 부인
㉡ 유로 : 소피아 부인
㉢ 엔화 : 와타나베 부인

---

119 ■■■■
세계무역기구
WTO :
World Trade
Organization

2020 | 농협중앙회

상품, 서비스, 지적재산권 등 모든 교역 분야에서 자유무역 질서를 확대하기 위해 1995년 1월 1일 출범한 국제기구

1948년에 출범한 GATT는 잠정협정에 불과했으나, 전 세계 무역을 관장하는 유일한 다자간 수단이었다. 그러나 1980년대에 주요 선진국가들이 자국산업 보호, 국제수지 방어를 위해 보호무역 수단을 남용하였는데, 특히 GATT체제를 우회하는 반덤핑제도의 남용, 수출자율규제 및 시장질서협정 등의 회색지대조치가 성행하였다. 또한 서비스, 지적재산권 등 새로운 분야는 국제경제에서 차지하는 비중이 증대하고 있음에도 불구하고 국제법적 규율장치가 미비하였다. 이에 GATT 체제의 보완과 유지를 위해 우루과이 라운드 협상(UR)이 출범하고, 8년간의 협상을 거쳐 1995년 1월 1일 우루과이라운드 협정이 발효되어 GATT를 대체하는 항구적이고 강력한 새로운 세계무역기구(WTO)가 설립되었다. 회원국들이 GATT에 규정된 의무를 효과적으로 이행하지 못했던 점을 감안하여 WTO에서는 약속이행의 감시 등 회원국들의 의무이행을 강력히 뒷받침할 수 있는 기능을 확충하였다. UR 협정의 사법부 역할을 맡아 국가 간 경제분쟁에 대한 판결권과 그 판결의 강제집행권이 있으며 규범에 따라 국가 간 분쟁이나 마찰을 조정한다.

☑ 시험에서는 이렇게 물어본다!
WTO의 역할은?

120

베블런 효과
Veblen Effect

가격이 오름에도 불구하고 일부 계층의 과시욕이나 허영심으로 인해 수요가 증가하는 현상

미국의 경제학자 소스타인 베블런이 그의 저서 「유한계급론」에서 처음 사용했다. 가격이 비싼 물건을 소유하면 남들보다 돋보일 것이라고 생각하는 인간의 심리를 의미하기도 한다. 베블런 효과는 보유한 재산의 정도에 따라 성공을 판단하는 물질 만능주의 사회를 비판하면서 자신의 성공을 과시하고, 허영심을 만족시키기 위해 사치하는 상류계층의 소비와 이를 모방하기 위해 무리한 소비를 행하는 하위계층의 소비현상을 표현한 것이다.

프로슈머
Prosumer

제품 개발에 소비자가 참여하는 방식

1980년 앨빈 토플러가 「제3의 물결」에서 사용한 신조어이다. 제품개발과정에 소비자를 직접 또는 간접적으로 참여시킴으로서 소비자의 요구를 정확하게 반영할 수 있기 때문에 기업이 마케팅 수단으로 활용하고 있다. 프로슈머는 기존의 소비자와 달리 생산 활동 일부에 직접 참여하며, 이는 각종 셀프 서비스나 DIY(Do It Yourself) 등을 통해서 나타나고 있다. 또한 이들은 인터넷의 여러 사이트에서 자신이 새로 구매한 물건의 장단점, 구매가격 등을 다른 사람들과 비교 · 비판함으로써 제품개발과 유통과정에 직 · 간접적으로 참여할 수 있다. 프로슈머의 등장을 촉진한 요소는 전체적 소득 및 여가시간 증대와 인터넷 등의 통신매체의 발달로 정보를 획득하기 용이해진 것, 전기 · 전자기술의 발달로 인하여 각종 장비가격의 하락과 전문가만이 사용할 수 있는 제품들의 보급 등을 들 수 있다. 초기의 프로슈머들은 제품평가를 통해 생산과정에 의견을 반영하거나 간접적이고 제한적인 영향력만을 행사해 왔지만, 최근 인터넷의 보급과 함께 이들은 보다 직접적이고 폭 넓은 영향력을 행사하며, 때로는 불매운동이나 사이버 시위 등의 과격한 방법으로 자신들의 의견을 반영한다. 프로슈머는 소비자의 의견을 생산자에게 반영한다는 점에서 긍정적이지만, 인터넷 매체 등을 이용해 허위사실을 유포하거나, 무조건적인 안티문화를 형성한다는 비판을 받는다.

122

일일 거래자
Day Trader

위험을 회피하기 위하여 당일 개장시간 동안에만 보유하는 거래자

포지션을 익일까지 보유함으로써 부담하는 위험을 회피한다. 스캘퍼보다는 포지션을 장시간 보유하며 일중 가격 변동을 이용하여 매매차익을 실현하고자 하는 투기 거래자이다.

2018 | 농협계열사

123 ■■■ 역외펀드
Offshore Fund

세금이나 규제를 피해 자유롭게 각 국의 주식, 채권 등 유가증권에 투자하기 위해 세율이 비교적 낮은 세금피난지에서 운용되는 펀드

국내에서 조성된 투자금과 해외의 금융기관에서 차입한 투자금으로 전 세계 금융시장을 상대로 파생금융상품에 투자하는데, 증권사의 업무영역을 해외로 확대하려는 의도에서 만들어진 펀드이다. 펀드 내에서는 환헤지가 불가능하여 선물환 계약을 체결하여 환율 변동에 따른 위험을 분산시키며, 국내법에 따라 설정된 역외펀드의 경우에는 주식매매 차익으로 얻은 수익에 대해서는 세금이 부과되지 않지만 외국법에 의해 설정된 역외펀드는 과세 대상이다.

☑ 시험에서는 이렇게 물어본다!
역외펀드 세금 부과의 특징은?

2020 | 농협중앙회

124 ■■■ 연방준비제도
FRS :
Federal Reserve System

국가 통화금융정책을 수행하는 미국의 중앙은행제도

1913년에 제정된 「연방준비법」에 의해 창설된 미국의 중앙은행제도로 미국 내 통화정책의 관장, 은행·금융기관에 대한 감독과 규제, 금융체계의 안정성 유지, 미정부와 대중, 금융 기관 등에 대한 금융 서비스 제공 등을 목적으로 도입되었다. 금리결정, 재무부 채권의 매입과 발행, 지급준비율 결정 등을 통한 통화정책을 담당한다.

☑ 시험에서는 이렇게 물어본다!
미국의 연방준비제도(Federal Reserve System)의 주요 기능은?

2017 | 농협계열사

125 ■■■ 아시아 인프라 투자은행
AIIB :
Asian Development Bank

미국과 일본이 주도하는 세계은행과 아시아개발은행(ADB) 등에 대항하기 위해 중국의 주도로 설립된 은행

아시아·태평양지역 개발도상국의 인프라 구축을 목표로 한다. AIIB는 2016년 1월 한국을 포함하여 중국, 러시아, 인도, 독일, 영국 등 57개의 회원국으로 공식 출범하였고, 현재 회원국은 111개국으로 늘어났다.

☑ 시험에서는 이렇게 물어본다!
아시아인프라투자은행(AIIB)의 설립 목적은?

126

플라자 합의
Plaza Accord

달러화 절하에 대한 합의

1985년 9월 뉴욕의 플라자 호텔에서 미국, 독일, 일본, 영국, 프랑스의 5개국 재무장관과 중앙은행총재들이 모여 엔화(일본)와 마르크화(독일) 가치를 올리고 반대로 미국의 달러화 가치를 하락시키기로 한 합의를 말한다. 1978년 2차 석유파동을 겪은 미국은 1980년대 초 개인소득세를 대폭 삭감하고 재정지출은 유지함으로써 대규모 재정적자를 발생시켰다. 여기에 고금리 정책으로 전환, 달러 가치는 높아지면서 경상수지 적자가 심각한 양상을 띠게 되자 플라자 합의를 유도하기에 이르렀다. 이 합의로 독일 마르크화는 1주 만에 달러화에 대해 약 7%, 엔화는 8.3% 오르는 즉각적인 변화가 나타났고, 이후 2년 동안 달러 가치는 30% 이상 급락했다. 결국 이 협의는 일본의 장기불황터널의 신호탄이 되었다. 1995년 이후 일본 및 독일 등 선진국 경제가 장기불황을 겪게 되었으나 미국경제는 저물가 아래 견실한 성장세를 지속했고 이에 따라 미국 달러화는 다시 강세로 전환되었다.

환율조작국
Currency Manipulator

2020 | 농협계열사
정부나 중앙은행이 외환시장에 개입하여 환율을 조작하는 국가

자국의 수출을 늘리고 가격경쟁력을 확보하기 위해 정부나 중앙은행이 인위적으로 외환시장에 개입하여 환율을 조작하는 국가를 미국 재무부가 지정하는 것이다. '심층 분석 대상국'이라고도 하며, 미국이 매년 경제 및 환율정책 보고서를 통해 발표한다. 환율조작국은 각국의 대미 무역수지 흑자가 200억 달러 이상, 경상수지 흑자가 GDP의 3% 이상, 환율 시장에 의한 방향 개입 여부 이상 등 3개 요건에 해당하면 지정된다. 또한 환율조작국으로 지정되면 미국기업 투자 시 금융지원 금지, 미국 연방정부 조달시장 진입 금지, IMF를 통한 환율 압박 등이 가해진다.

> **관련기사** 韓 환율 관찰대상국 유지 … 美 "원화 약세, 기초여건 부합 안 해'
>
> 미국 재무부는 이날 연방 의회에 보고한 '주요 교역 상대국의 거시경제 및 환율 정책' 반기 보고서에서 통화 관행과 거시정책에서 신중한 주의가 필요하다며 한국과 중국, 일본, 대만, 싱가포르, 베트남, 독일, 아일랜드, 스위스, 태국 등 10개국을 관찰 대상국 명단에 올렸다. 한국은 2016년 4월 이후 7년여 만인 지난 2023년 11월 환율관찰 대상국에서 빠졌지만, 트럼프 행정부 출범 전인 2024년 11월 다시 환율관찰 대상국에 포함됐다. 이어 지난해 6월 발표된 보고서에서 해당 지위가 유지됐으며, 이번에도 관찰 대상국에서 빠지지 못했다.

☑ 시험에서는 이렇게 물어본다!
환율조작국으로 지정되는 기준은?

규모의 경제
Economy of Scale

2018 | 농협계열사

생산요소 투입량의 증대(생산규모의 확대)에 따른 생산비 절약 또는 수익향상의 이익

대량 생산에 의하여 1단위당 비용을 줄이고 이익을 늘리는 방법이 일반적인데, 최근에는 설비의 증강으로 생산비를 낮추고 있다. 생산 조직이나 생산의 규모가 커질수록 생산과 판매를 위한 비용이 줄어드는 경우를 규모의 경제라고 한다. 규모의 경제는 생산 효율성을 높이고 기업 경쟁력을 강화하는 데 중요한 역할을 한다. 규모의 경제는 생산규모와 관련된 것이므로 경제 규모가 커진다고 해서 반드시 규모의 경제가 발생하는 것은 아니다.

> ☑ 시험에서는 이렇게 물어본다!
> 규모의 경제 효과는?

골디락스 경제
Goldilocks Economy

경제가 높은 성장을 이루고 있더라도 물가상승이 없는 상태

골디락스는 영국 전래 동화 「골디락스와 곰 세 마리」에 나오는 여자 소녀 이름이다. 금발머리 소녀 골디락스는 어느 날 숲속에서 곰이 끓여 놓고 나간 '뜨거운 수프, 차가운 수프, 적당한 수프' 중 '적당한 온도의 수프'로 배를 채우고 기뻐한다. 골디락스 경제는 바로 이 말에서 유래되어 뜨겁지도 않고 차갑지도 않고 건실하게 성장하고 있는 이상적 경제 상황을 말한다. 경제학자 슐먼은 인플레이션을 우려할 만큼 과열되지도 않고, 경기 침체를 우려할 만큼 냉각되지도 않은 경제 상태를 골디락스에 비유했다.

상식PLUS 골디락스 경제 그래프

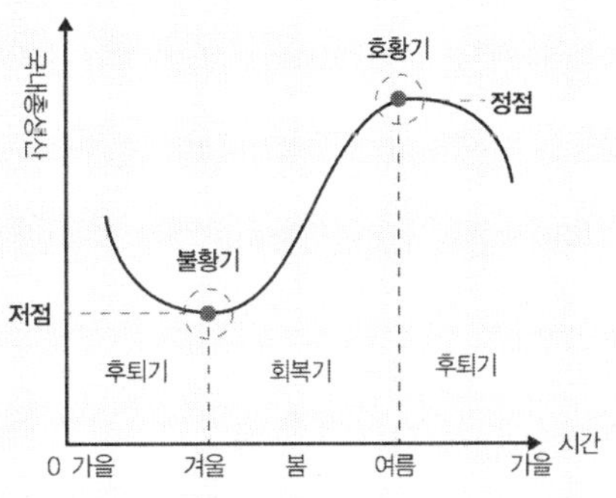

3면 등가의 법칙
三面等價原則

국민소득의 세 가지 측면은 이론적으로 모두 동액이라는 이론

국가경제는 경제주체들이 재화와 서비스를 생산하고, 소득으로 얻고, 소비하는 과정을 반복하는 순환을 이루는데, 이러한 순환에서 국민소득을 생산·지출·분배의 세 가지 측면에서 파악할 때 결과적으로 총액이 같아진다는 이론을 국민소득 3면 등가의 원칙이라고 한다.

트릴레마
Trilemma

세 가지 정책 목표 간에 상충관계가 존재하여 이들을 동시에 개선할 수 없는 상황

거시경제학에서 ‘물가안정’, ‘경기부양’, ‘국제수지 개선’ 세 가지 사이의 상충관계가 대표적이다.

좀비 경제
Zombie Economy

무력화된 경제를 회복하기 위해 금리인하 및 각종 정책을 동원했음에도 불구하고 경제주체들이 거의 반응하지 않고 침체가 계속되는 현상

일본의 경제 상황을 빗대어 국제 금융 전문가들이 붙인 용어이다. 1990년대 일본은 버블 붕괴 과정에서 20년 이상 계속된 경기 침체를 극복하기 위해 추진하였던 모든 정책이 무력화되어 좀비 경제라고 불렸다. 2003년 초부터 금리가 거의 제로 수준에 이르렀고 금융기관들의 부실채권 또한 줄어들지 않았기 때문에 외국 자본과 기업들은 일본 시장을 외면했다.

133

코리보
KORIBOR :
Korea Inter Bank
Offered Rate

은행 간에 돈을 빌릴 때 적용하는 호가금리

외국계 은행 세 곳을 포함한 국내 15개 은행이 금리 수준을 제시하면 상·하위 세 개를 제외한 9개를 산술 평균하여 매일 11시에 발표한다. 그러나 은행 간 거래를 할 때 지급할 의향이 있는 ‘호가’에 불과하다는 점에서 지표금리로는 부적절하다는 견해가 많다.

페이퍼 컴퍼니
Paper Company

서류상으로만 존재하는 기업

물리적 형태로는 존재하지 않고 서류 형태로만 존재하면서 회사기능을 수행하는 회사를 말한다. 사업 유지를 위해 소요되는 세금 및 전반적인 경비를 절감하기 위해 설립되고 있다. 회사의 존속 기단은 기관에 따라 달라지는데, 금융기관인 경우에는 지속적으로 운용되는 경우가 많지만 증권회사나 항공사 관련 페이퍼 컴퍼니는 해당 프로젝트가 완료되면 자동으로 해체된다. 법적으로 엄연한 자격을 갖추고 있으므로 유령회사와는 다르다.

평가절하
Devaluation

2022 | 농협은행 2015 | 지역농협

통화 대외가치가 하락하는 것

국가의 대외적 통화가치가 하락하는 것을 말한다. 이는 곧 환율의 상승과 달러 가치의 상승을 의미한다. 따라서 평가절하가 되면 수출은 증가하고 수입품의 가격도 증가하면서 인플레이션 상태를 야기할 수 있다. 한편 환율이 하락하여 대외가치가 상승하게 되는 경우를 평가절상이라고 한다.

> ☑ 시험에서는 이렇게 물어본다!
> 평가절하의 효과는?

포워드 가이던스
Forward Guidance

선제적 안내, 미래 지침

지난 2008년에 발생한 글로벌 금융위기 이후 미국과 유로존 등 선진국 중앙은행들이 새롭게 도입한 통화정책이다. 통화정책의 방향을 가계와 기업 등으로 정확하게 전달해 경제주체가 정책의 방향을 쉽게 이해·예측할 수 있도록 돕는다. 경제위기로 미국과 유로존에서는 양적완화와 저금리 정책을 지속하였고 중앙은행에 비해 정보가 부족한 시장에서, 안전자산에 대한 투자를 늘리자 중앙은행은 실업률, 인플레이션 등을 활용한 기준금리 변경 목표를 제시하며 경제 활성화에 대한 의지를 적극적으로 알렸고, 시장과의 원활한 의사소통을 통해 불확실성을 해소함으로써 시장의 역선택을 방지해 시장을 안정시키기 위하여 포워드 가이던스를 활용하고 있다. 이로써 가계와 기업의 차입 비용을 낮추고, 장기 시장금리 변동성을 낮춰 금융 환경 개선에 도움을 주고 있는 것으로 평가되고 있다.

상식PLUS⁺ 포워드 가이던스의 형태

㉠ 중앙은행이 향후 어떤 행태를 보일 것인지 미리 약속하는 오디세우스 방식, 중앙은행이 미래 경제 상황에 대해 전망하고 이를 공표함으로써 중앙은행의 행태를 예측할 수 있도록 하는 델포이 방식

㉡ 향후 통화정책 변경시기를 제시하거나 특정한 시기를 제시하지 않는 기간조건부, 향후 통화정책 변경을 야기할 수 있는 경제 상황을 제시하는 상황조건부

㉢ 향후 정책금리 전망을 구체적 수치나 경로로 공표하는 정량적, 의결문·의사록·기자간담회에서 특정 용어를 활용하여 통화정책의 의도와 방향을 제시

그린본드
Green Bond

발행자금을 녹색산업과 관련해서만 사용하도록 제한한 채권

친환경 및 신재생 에너지 관련 프로젝트에 투자할 자금을 마련하기 위해 발행하는 채권을 말하며 신재생에너지, 에너지 효율, 청정운송 등이 포함된다. 세계은행 등 국제금융기관의 주도로 발행되었지만 최근에는 민간기업 및 지방공공단체 등 발행주체가 다양해지고 있다. 한국 기업의 그린본드 발행은 한국수출입은행이 2013년 해외에서 찍은 5억 달러가 최초이며 이후 2018년 산업은행이 국내에서 처음으로 3,000억 원 규모의 그린본드를 발행하였다.

138

그린워시
Green Wash

2020 | 농협계열사

기업이 실제로는 환경에 악영향을 끼치는 제품을 생산하면서도 광고 등을 통해 친환경적인 이미지를 내세우는 행위

실제로 그린 마케팅이 기업의 필수 마케팅 전략 중 하나로 떠오르면서 친환경적이지 않은 제품을 생산하는 기업들이 기업 이미지를 좋게 포장하려는 시도를 한다. 이에 미국의 다국적기업 감시단체는 매년 4월 22일 지구의 날에 대표적인 그린워시 기업을 선정하여 발표하고 있다.

> ☑ 시험에서는 이렇게 물어본다!
> 그린워시(Greenwashing) 대응 방안은?

치킨게임
Chicken Game

2020 | 지역농협

타협 없이 극한 상황까지 대립하는 국면

1950년대 미국 젊은이들 사이에 유행했던 게임으로, 밤에 두 명의 경쟁자가 도로의 양쪽에서 차를 몰고 정면으로 돌진하다가 충돌 직전에 핸들을 꺾는 사람이 지는 방식이다. 핸들을 꺾은 사람은 겁쟁이로 취급받는다. 냉전시절 미국과 소련의 경쟁을 비유하는 등 국제정치학에서 사용되던 용어이다. 시장에서는 가격이 폭락하는 상황에서도 오히려 제품의 양산 경쟁을 벌여 상대가 무너질 때까지 출혈 경쟁을 하는 상황을 예로 들 수 있다.

> ☑ 시험에서는 이렇게 물어본다!
> 치킨게임이 경제시장에서 어떻게 적용되는지 약술하시오.

차익거래
差益去來

선물시장에서 선물가격과 현물 가격과의 차이를 이용한 무위험 수익거래

선물시장에서 실제 선물가격과 이론 선물가격 간의 차이가 일정 범위를 벗어날 때 이를 이용하여 선물과 현물에 반대 포지션을 취하여 무위험 확정 수익을 얻을 수 있는 거래이다. 저평가된 선물을 팔고 현물을 사는 매입차익거래, 저평가된 선물을 사고 현물을 파는 매도차익거래가 있다.

콜 시장
Call Market

금융기관들이 일시적인 자금 과부족을 조절하기 위하여 초단기로 자금을 차입하거나 대여하는 시장

금융기관은 고객을 상대로 예금을 받고 대출을 하는 과정에서 수시로 자금이 남기도 하고 부족하기도 하는데, 이러한 자금 과부족을 콜 시장에서 금융기관 간 자금거래를 통하여 조절한다. 콜 금리를 통해 장단기 시장금리, 예금 및 대출 금리, 궁극적으로는 실물경제 활동에 파급되기 때문에 콜 시장은 통화정책 수행에 있어서도 매우 중요한 위치를 차지한다.

142

양적완화
QE : Quantitative Easing

2021 | 농협은행

중앙은행이 통화를 시중에 직접 공급해 경기를 부양하는 통화정책

기준금리가 제로(0)에 근접하여 기준금리 인하만으로는 경기부양이 한계에 봉착했을 경우 주로 시행하며, 시중에 있는 채권이나 증권을 직접 사들이기 때문에 기준금리 조절을 통해 간접적으로 유동성을 조절하는 기존 방식과는 차이가 있다. 양적완화를 시행하게 되면 통화량 자체가 증가하기 때문에 기축통화의 유동성이 상승하고 이에 따라 부동산 경기회복, 실업률 하락, 소비지출 증가 등 경제회복의 효과가 있다. 즉, 자국의 통화가치를 하락시켜 수출경쟁력을 높이는 것이 주목적이라고 할 수 있다. 하지만 양적완화로 인해 통화의 가치하락이 발생하면 전 세계적으로 인플레이션이 유발될 수 있으며 달러 약세로 인한 세계적인 환율전쟁의 위험도 안고 있다.

상식PLUS 테이퍼링(Tapering)
양적완화정책을 점진적으로 축소하는 것을 말한다.

> ☑ 시험에서는 이렇게 물어본다!
> 양적완화(QE)의 주된 목적은?

143

리디노미네이션
Redenomination

화폐 단위를 하향 조정하는 것

화폐의 가치 변동 없이 모든 은행권 및 지폐의 액면을 동일한 비율의 낮은 숫자로 조정하거나, 이와 함께 새로운 통화단위로 화폐의 호칭을 변경하는 것이다. 예를 들면 1,000원을 1원으로 하는 것으로 6,000원짜리 커피가 6원이 되고 1억짜리 자동차가 10만 원이 되는 것으로, 물가나 임금, 채권채무 등 경제수량 간의 관계에는 변화가 없다. 우리나라에서는 1953년의 제1차 통화조치에 따라 100원(圓)이 1환(圜)으로, 1962년의 제2차 통화조치에 따라 10환(圜)이 1원(圓)으로 변경된 사례가 있다.

2020 | 농협은행

선물가격이 현물 가격보다 높은 상태

선물가격이 현물 가격보다 높거나 만기일이 멀수록 선물가격이 높아지는 현상이다. 일반적으로 선물거래 가격에는 만기까지 소요되는 현물의 보유비용이 포함되기 때문에 선물가격이 현물 가격에 비해 높다.

> ☑ 시험에서는 이렇게 물어본다!
> 콘탱고(Contango) 상태에서 나타나는 시장의 특징은?

2022 | 농협은행

각국의 통화가치 적정성을 맥도날드 빅맥 햄버거 현지 통화가격을 달러로 환산한 지수

전 세계에 점포를 둔 맥도날드의 빅맥 가격으로 각국 통화의 구매력과 환율 수준을 비교·평가하여 버거노믹스(버거 경제학)라고 이름 붙인 빅맥지수는 매년 발표되었다. 환율은 두 나라에서 동일한 상품과 서비스의 가격이 비슷해질 때까지 움직인다는 이론을 근거로 적정 환율을 산출하는 데 활용된다. 일반적으로 빅맥지수가 낮을수록 달러화에 비해 해당 통화가 상대적으로 저평가되는 것으로 해석된다. 그러나 나라마다 임금 등의 차이를 무시하거나, 단순히 비교역재인 버거를 일물일가의 법칙으로 설명하려는 등은 한계로 지적되고 있다.

> ☑ 시험에서는 이렇게 물어본다!
> 빅맥지수로 알 수 있는 것은 무엇인지 말해보시오.

2020 · 2013 | 농협은행

중앙은행이 장기채권을 매입하고 단기채권을 매도하여 경제를 활성화시키려는 통화정책

채권매매를 통해 장기금리를 끌어내리고 단기금리는 올림으로써 통화량을 조절하는 통화정책인 공개시장 운영의 일종이다. 미국이 2008년 글로벌 금융위기를 극복하는 과정에서 이 정책을 활용하면서 널리 알려졌다. 오퍼레이션 트위스트는 장기 채권을 매입하는 동시에 단기 채권을 팔기 때문에 연방준비제도의 보유채권의 구성만 변화시키면서 유동성 확보가 가능하다. 오퍼레이션 트위스트를 시행하면, 중앙은행이 장기 국채를 매입해 장기 금리가 하락하게 되고, 이는 기업의 투자를 촉진시키고 가계는 주택 매입에 적극성으로 내수가 활성화 되는 효과가 발생한다. 단기 국채 매도는 동시에 이루어지는 장기 국채 매입으로 인한 증가 통화량에 대해 억제 효과를 가지게 된다.

> ☑ 시험에서는 이렇게 물어본다!
> 오퍼레이션 트위스트(Operation Twist) 시행 시 나타나는 효과는?

147

재정팽창지수
Fiscal Impulse Indicator

경기변동에서 재정이 어떤 영향을 미치는지 분석하기 위한 지표

국제통화기금(IMF)이 1970년대 중반에 개발하여 현재 미국과 독일 등에서 정책판단자료로 활용하고 있다. 정부의 재량적 재정운용에 따라 발생하는 재정수지의 변동분이 국민총생산(GNP)에서 차지하는 비중이 얼마나 되는가의 계산으로, 재정팽창지수가 플러스이면 팽창재정, 마이너스이면 긴축재정, 0이면 재정이 경기에 중립적임을 나타낸다.

선물거래
先物去來

2022 | 농협계열사 2022 · 2021 | 농협은행

장래 일정 시점에 미리 정한 가격으로 매매하는 행위

현재 시점에서 약정하는 거래로, 미래의 가치를 사고파는 것이다. 선물의 가치가 현물시장에서 운용되는 기초자산(채권, 외환, 주식 등)의 가격 변동에 의해 파생적으로 결정되는 파생 상품 거래의 일종이다. 미리 정한 가격으로 매매를 약속한 것이기 때문에 가격 변동 위험의 회피가 가능하다는 것이 특징이다. 위험회피를 목적으로 출발하였으나, 고도의 첨단금융기법을 이용하고 위험을 능동적으로 받아들임으로써 오히려 고수익 · 고위험 투자 상품으로 발전했다. 우리나라도 1996년 5월 주가지수 선물시장을 개설한 데 이어 1999년 4월 23일 선물거래소가 부산에서 개장되었다.

> ☑ 시험에서는 이렇게 물어본다!
> 선물거래의 주요 특징은?

149

빅 배스
Big Bath

부실자산을 한 회계연도에 모두 반영하여 위험요인을 제거하는 회계 기법

통상적으로 경영진 교체 시기 또는 마지막 분기에 많이 이루어진다. 낚시 용어가 아닌 회계와 관련한 용어로써 손실 등 부실 요소를 전임자에게 전가하고 실적향상과 같은 긍정적인 요소를 현재 경영자에게 돌리는 것을 말한다.

데드 크로스 현상
Dead Cross

주가의 단기 이동 평균선이 장기 이동 평균선 아래로 하향하는 현상

일반적으로 데드 크로스는 주식시장의 약세를 시사한다. 주식시장이 상승추세를 보일 경우 이동 평균선(일정 기간 동안의 주가를 산술 평균한 값인 주가 이동평균을 차례로 연결한 선)들은 장기 이동 평균선 위에 위치하는(골든 크로스) 반면에, 데드 크로스는 장기 이동 평균선을 하향 돌파하게 된다. 하지만 데드 크로스가 발생하는 시점을 전후하여 일시적인 상승세가 나타나는 경우도 있다.

사이드 카
Side Car

2022 · 2019 | 농협은행

선물시장이 급변할 경우 현물시장에 대한 영향을 최소화하여 시장 안정을 꾀하기 위해 도입한 프로그램 매매호가 관리제도

경찰의 오토바이인 사이드 카가 길을 안내하듯이 과속하는 가격이 교통사고를 내지 않도록 유도한다는 의미에서 붙여진 이름이다. 주가가 급격하게 오르거나 떨어질 때 일시적으로 프로그램 매매를 중단시킴으로써 시장을 진정시키고자 하는 데 그 목적이 있다. 사이드 카가 발동되면 주식시장의 프로그램 매매호가의 효력이 5분 동안 정지되는데, 이는 선물시장 급등락 시 취하는 비상조치라고 할 수 있다. 우리나라에서는 주가지수 선물시장을 개설하면서 도입됐으며, 선물가격이 전일 종가 대비 5%(코스닥은 6%) 이상 상승 또는 하락한 상태가 1분간 지속되면 주식시장 프로그램 매매호가의 효력이 5분간 정지된다. 그러나 사이드 카는 발생 5분이 지나면 자동적으로 해제되며 1일 1회 주식시장 매매거래종료 40분 전(오후 2시 20분) 까지만 발동된다.

> **상식PLUS⁺ 백워데이션(Backwardation)**
> 일시적으로 공급물량이 부족해지거나 수요와 공급이 불균형 상태일 때는 현물 가격이 선물가격보다 높아지는 현상이 발생하는 것이다.

☑ 시험에서는 이렇게 물어본다!
사이드 카에 대해 약술하시오.

생활 물가지수
CPI for living necessaries

소비자물가 조사대상 품목 중 기본생활필수품을 선정하여 가격변동을 측정하는 지표

체감물가를 설명하기 위해 구입 빈도가 높고 지출 비중이 높아 일반소비자들이 가격 변동을 민감하게 느끼는 품목을 기본생활필수품으로 선정한다. 기본생활필수품에는 쌀, 라면, 빵, 두부와 같은 식품, 티셔츠, 상수도료, 공동주택관리비, 보험서비스료 등 식품 이외의 품목도 포함된다. 국가데이터처에서 월마다 통계를 내며 소비자물가지수의 보조지표로 사용된다.

> **상식PLUS⁺ 소비자 물가지수(CPI : Consumer Price Index)**
> 일반적인 가구가 구입하는 각종 상품과 서비스의 가격변동을 측정하는 지표이다. 기본생활필수품을 대상으로 하는 생활 물가지수와는 차이가 있다. 측정은 일부 대표품목으로 이루어지며 대표품목은 쌀처럼 하나의 품목일 수도 있지만, 의류 및 신발과 같이 여러 품목을 포괄하는 경우도 존재한다. 대표품목의 선정 기준은 다음과 같다.
> ㉠ 전국 가구의 월평균 소비지출액이 일정비율 이상일 것
> ㉡ 동종 품목군의 가격을 대표할 수 있을 것
> ㉢ 시장에서 계속적으로 가격조사가 가능한 품목일 것

기업 공개
IPO : Initial Public Offering

기업의 주식 및 경영내용을 공개하는 행위

비상장 기업이 유가증권시장이나 코스닥에 상장하기 위해 자사의 주식과 경영 내용을 공개하는 것이다. 기업 공개는 주식회사 체제를 갖추는 것으로 상장을 목적으로 하며 50인 이상의 여러 사람들을 대상으로 주식을 파는 행위이다. 대주주 개인이나 가족들이 가지고 있던 주식을 법정 절차와 방법에 따라 균일한 조건으로 일반인들에게 매출, 모집 후 증권거래소에 상장시키면서 회사 재산상태와 영업활동의 결과 및 주요 계약 등을 이해관계자에게 공시한다. 따라서 기업 공개는 기업의 주식 및 경영내용을 공개함과 동시에 상장법인이 된다. 원칙적으로는 기업 공개와 상장은 같은 개념이 아니지만 기업의 공개를 원활하게 하기 위한 수단으로 상장을 사용한 것이다.

154 ■■□

죄악세
罪惡稅

주류, 담배, 도박 등 사회에 부정적인 영향을 끼치는 것들로 소비를 억제할 필요가 있는 품목에 과세하는 세금

죄악세의 목적은 담배, 주류 등이 소비되면서 발생하는 여러 문제들(담배 소비로 인한 간접흡연, 주류 소비로 인한 음주운전, 음주폭력 등)을 처리하는 과정에서 사회적 비용을 줄이고, 국민의 복지와 건강을 증진시키기 위함이다. 죄악세의 대표적인 항목은 담배, 주류로 소비자 지불 금액 중 세금이 60 ~ 70% 차지한다. 특히, 담배는 교육세, 소비세, 국민건강증진기금, 부가가치세, 폐기물 부담금 여러 가지 부담금을 포함한다. 죄악세는 모든 국민이 적용되며, 소득 여부에 관계없이 일괄적으로 부과된다. 정부는 이렇게 발생되는 수입을 특수 사업 또는 정부예산을 보충하게 된다.

155 ■□□

스튜어드십 코드
Stewardship Code

주요 기관투자자들의 의결권 행사를 적극적으로 유도하기 위한 자율 지침

기관들도 고객 재산을 선량하게 관리해야 할 의무가 있다는 필요성에 의해 생겨난 용어이다. 주요 기관투자자가 주식을 보유하는 데에 그치는 것이 아니라 투자 기업의 의사결정에 적극 참여해 주주와 기업의 이익을 추구한다. 지속가능한 성장과 투명한 경영을 이끌어 내는 것이 목적이다.

상식PLUS⁺ 스튜어드십 코드의 7원칙
㉠ 수탁자 책임정책 제정 및 공개
㉡ 이해상충 방지정책 제정 및 공개
㉢ 투자 대상회사 주기적 점검
㉣ 수탁자 책임 활동을 위한 내부지침
㉤ 의결권 정책 및 행사 내역 공개
㉥ 수탁자 책임 활동 주기적 보고
㉦ 역량 및 전문성 확보

물가안정과 경제 성장을 둘러싼 입장

베트남 전쟁 당시 처음 사용되었던 용어이다. 정치적인 의미로는 평화적이고 온건한 입장을 평화를 상징하는 비둘기에 빗대어 비둘기파, 강경한 세력을 매섭게 공격하는 매에 빗대어 매파라고 하는데, 금융 용어에서는 다른 성격을 띤다.

① 매파 : 물가안정을 위해 긴축 정책과 금리인상을 주장하는 세력을 의미한다. 경기 과열을 막고 인플레이션을 억제하자는 입장이다. 인플레이션은 통화량 확대와 꾸준한 물가상승 그리고 화폐가치의 하락을 의미하기 때문에 긴축 정책을 통해 금리를 올려 시중의 통화량을 줄이고 지출보다 저축의 비중이 높여 화폐의 가치를 올리자는 것이다.

② 비둘기파 : 경제 성장을 위해 양적완화와 금리인하를 주장하는 세력을 의미한다. 경제 성장을 위하여 적절한 인플레이션이 필요하다는 입장이다. 금리를 인하하면 대출 및 투자와 소비가 증가하여 시장경제가 활성화되기 때문에 경제활동을 촉진하기 위해 적절한 인플레이션이 필요하다고 주장하는 것이다. 다만 물가가 지속적으로 상승할 경우 물가 불안정을 초래하므로 적절한 인플레이션이 중요하다.

③ 올빼미파 : 매파와 비둘기파 사이의 중립파를 말한다.

상식PLUS 매파와 비둘기파 비교

구분	내용
매파(Hawkish)	• 진보성향 • 물가안정(인플레이션 억제) • 긴축 정책과 금리인상 주장 → 경제 성장 둔화 및 가계부채 야기
비둘기파(Dovish)	• 보수성향 • 경제 성장 • 양적완화와 금리인하 주장 → 심각한 인플레이션 및 파산 야기

부채의 확대에 기대어 경기호황이 이어지다 호황이 끝나면서 금융위기가 도래하는 시점

경기호황이 끝난 후, 은행 채무자의 부채 상환 능력이 악화되어 채무자가 결국 건전한 자산마저 팔게 되는 금융위기 시점이다. 금융시장이 호황기에 있으면 투자자들은 고위험 상품에 투자하고 이에 금융시장은 탄력을 받아 규모가 확대된다. 그러나 투자자들이 원하는 만큼의 수익을 얻지 못하면 부채 상환에 대한 불안이 커지면서 금융시장은 위축되고 금융위기가 도래하게 된다.

158

무상증자
無償增資

2023 · 2021 | 농협은행

주식대금을 받지 않고 기존의 주식을 보유한 주주에게 지급하는 것

새로 발행한 주식을 주주들에게 무상으로 지급하는 방식으로 자본의 구성과 발행 주식수만 변경하는 형식적인 증자이다. 발행 주식수가 늘어나고 그만큼 자본금이 늘어나지만 자산이 증가하는 것은 아니다.

> **상식PLUS** 유상증자
> 새로 발행한 주식을 주주들에게 판매하여 자본금을 조달하는 방법이다.

> ☑ 시험에서는 이렇게 물어본다!
> 무상증자와 유상증자의 차이는?

레몬마켓
Lemon Market

질적인 측면에서 문제가 있는 저급의 재화나 서비스가 거래되는 시장

레몬은 미국 속어로 불량품을 의미하여 경제 분야에서는 쓸모없는 재화나 서비스가 거래되는 시장을 레몬마켓이라 부른다. 또한 구매자와 판매자 간 거래대상 제품에 대한 정보가 비대칭적으로 주어진 상황에서 거래가 이루어지면서 우량품은 자취를 감추고 불량품만 남아도는 시장을 말한다. 이는 불량품이 넘치게 되면서 결과적으로 소비자도 외면하게 되는 시장이 된다.

매스클루시버티
Massclusivity

자신만을 위한 차별화된 상품이나 서비스를 원하는 현상

매스티지(Masstige)란 비교적 가격이 저렴하고 대량 생산이 가능한 고급 제품, 즉 브랜드 이미지를 갖추며 가치에 합리적인 가격으로 유통되는 것을 말한다. 매스티지가 확산되면서 대중화된 제품에 싫증을 느낀 일부 소비자들은 차별화되고 자신을 위한 특별한 제품이나 서비스를 원하게 되는데 이러한 형상을 매스클루시버티라고 한다. VVIP 대상으로 일대일 고객 상담을 통하여 주문제작하는 방식으로 극소수의 구매층을 공략한다. 고가이지만 자신만의 니즈를 반영한 개성 있는 생산제품으로 주목받고 있다. 이는 패션에만 국한되는 것이 아니라 다른 산업으로까지 확대되고 있다. 고객이 원하는 가치를 중점으로 전자제품, 여행상품 등 다양한 산업 분야에서도 활용되고 있다.

긱 이코노미
Gig Economy

기업들이 계약직 혹은 임시직으로 사람을 고용하는 경제형태

1920년대 미국 재즈 공연장에서 필요에 따라 연주자를 단기 섭외하던 방식을 의미하는 'Gig'에서 유래하여, 필요할 때마다 임시직을 섭외하여 일을 맡기는 경제형태를 말한다. 노동자 입장에서는 어딘가에 고용돼 있지 않고 필요할 때 일시적으로 일을 하는 임시직 경제를 의미한다. 모바일 시대에 접어들면서 이런 형태의 임시직이 급증하고 있다.

> **관련기사** 긱 이코노미' 시대 … '특수고용직' 재조명
>
> 평생직장의 개념이 희미해지고 유연한 근무 형태를 선호하는 '긱 이코노미(Gig Economy)' 트렌드가 확산됨에 따라 보험설계사, 방문점검판매원, 학습지 교사 등 주변에서 흔히 볼 수 있는 특수고용직이 우리 사회에 꼭 필요한 일자리의 한 축으로 재조명받고 있다. 특수고용직은 최근 라이프스타일 변화와 산업 세분화에 발맞춰 경직된 노동 시장을 보완하는 한편, 개인에게는 다양한 선택권을 제공하는 '유의미한 일자리 모델'로 자리 잡고 있다.

코요테 모멘트
Coyote Moment

두렵고 피하고 싶었던 상황에 처해 있다는 것을 갑자기 깨닫게 되는 순간

증권시장에서는 증시의 갑작스러운 붕괴를 일컫는데, 2008년 세계 금융위기가 초래한 부동산 거품 붕괴 등을 일컫는다.

갭 투자
Gap 投資

시세차익을 목적으로 주택 매매가격과 전세금 간의 차액이 적은 집을 전세를 끼고 매입하는 투자 방식

갭(Gap)은 주택의 매매가와 전세보증금과의 차이를 말하는 것으로 매매가격과 전세가격의 차이가 작은 주택을 전세를 끼고 매입한 뒤 시세차익을 노리는 투자를 말한다. 다시 말해 매매가격에서 보증금을 뺀 만큼의 금액만 있으면 주택을 살 수 있는 것이다. 예를 들어 아파트 가격이 5억 원인데 전세보증금이 4억 5,000만 원이라면 5,000만 원을 투자하여 집을 사는 것이다. 아파트 가격과 전세보증금이 상승하면 투자금액 대비 수익이 크지만 아파트 가격이 하락하면 크게 손실을 볼 수도 있기 때문에 위험이 매우 큰 투자 방법이다.

워킹푸어
Working Poor

2020 | 농협계열사

열심히 일해도 가난에서 벗어나지 못하는 계층

1990년대 중반 미국에서 등장했으며 2000년대 중반 이후 세계적으로 널리 쓰이고 있다. 이들은 월급이 나오는 일자리가 있어 얼핏 보기엔 중산층 같지만, 고용도 불안하고 저축도 없어 언제라도 극빈층으로 추락할 수 있는 위험에 노출돼 있다.

> ☑ 시험에서는 이렇게 물어본다!
> 워킹푸어가 의미하는 것은?

폰지 사기
Ponzi Scheme

2020 | 농협계열사

금융 다단계 수법

아무런 사업도 하지 않으면서 신규 투자자의 돈으로 기존 투자자에게 원금과 이자를 갚아나가는 금융 다단계 사기 수법이다. 초기 투자자에게 지급되는 수익이 새로운 투자자들의 자금으로 충당되는 사기 방식인 폰지사기의 구조는 시간이 지나면서 자금의 지속적인 유입이 필수적이기 때문에, 새로운 투자자가 충분히 유입되지 않으면 전체 시스템이 붕괴된다. 즉, 신규 투자자들이 더 이상 자금을 투입하지 않으면, 기존 투자자들에게 약속된 수익을 지급할 수 없어 시스템이 결국 파산하게 된다. 폰지 사기를 예방하기 위해서는 투자자 보호 제도 강화와 엄격한 규제 등이 요구된다.

관련기사 "발전소 · 미술품에 투자해 큰돈 버세요" … SNS 투자사기 '주의보'

23일 인터넷피해구제협회에 따르면 SNS에서 고수익을 미끼로 투자자를 현혹한 뒤 단체 채팅방으로 유입시키는 방식의 사기 피해 사례가 최근 여러 건 접수됐다고 한다. 전형적인 '폰지 사기'다. 실제 사업 수익 없이 신규 투자자의 자금으로 기존 투자자에게 수익을 지급해 신뢰를 쌓은 뒤 투자 규모가 커지는 단계에서 출금을 중단하는 방식이다. 초기에는 소액 출금이 가능해 정상적인 투자처럼 보이지만 고액 자금이 유입되면 태도가 달라진다. 출금을 막고 연락을 끊거나 각종 세금 · 수수료 명목으로 추가 입금을 요구하기도 한다.

☑ 시험에서는 이렇게 물어본다!
폰지 사기의 주요 문제점 중 하나인 자금의 지속적인 유입의존 구조에 대한 대책은?

166

로렌츠 곡선
Lorenz Curve

2024 · 2022 | 농협은행

소득분포의 불평등도(不平等度)를 측정하는 방법

미국의 경제학자 로렌츠가 소득분포의 상태를 나타내기 위하여 작성한 도표로, 소득이 사회계층에 어떤 비율로 분배되는가를 알아볼 수 있다. 가로축에 저소득인구로부터 소득인구를 누적하여 그 백분율을 표시한 결과 45°선의 균등분포선과는 다른 소득불평등곡선이 나타났다.

☑ 시험에서는 이렇게 물어본다!
1. 로렌츠 곡선과 5분위분배율의 공통점을 말해보시오.
2. 소득불균형이 미치는 부정적 영향과 이를 해결하기 위한 금융권의 기여 방안을 말해보시오.

2020 | 지역농협

167 ■■□
앵커링 효과
Anchoring Effect

처음에 인상 깊었던 것이 기준이 되어 향후 판단에 왜곡된 영향을 미치는 현상

배가 '닻(Anchor)'을 내리면 연결한 밧줄 범위 내에서만 움직일 수 있듯이 각인된 기억이 기준이 되어 향후 내리는 결정에 편파적이고 왜곡된 영향을 미치는 현상을 말한다. 예를 들어, 소비자가 가격을 결정할 때 처음 제시된 가격이 높은 경우, 이후 할인된 가격도 상대적으로 저렴하다고 느끼는 현상이 나타날 수 있다. 특히 소비자나 투자자는 초기 정보나 가격에 영향을 받아 비합리적인 선택을 하게 되며, 이는 기업이 마케팅 전략으로 자주 활용하는 기법이기도 하다. '정박 효과'라고도 하며 비즈니스, 쇼핑, 주식, 등 매우 광범위하다.

> ☑ 시험에서는 이렇게 물어본다!
> 앵커링 효과가 소비자에게 미치는 영향은?

2020 | 지역농협

168 ■■■
파생결합증권
DLS :
Derivatives
Linked Securities

유가증권과 파생금융이 결합된 새로운 증권으로 파생 상품을 기초자산으로 정해진 조건이 충족되면 약정한 수익률을 지급하는 상품

기초자산으로는 장내 또는 장외파생 상품, 환율, 원유, 광물, 원유 등의 일반상품, 이자율, 신용 등 확장된 것으로 기초자산의 가격 움직임에 따라 수익률이 결정되는 상품이며, 옵션의 종류 및 투자 기간 등에 따라 매우 다양한 구조를 만들 수 있어 시장상황 혹은 투자자의 투자성향에 따라 탄력적인 상품구성이 가능하다는 특징을 지닌다.

> ☑ 시험에서는 이렇게 물어본다!
> 파생결합증권의 특징은?

2020 | 지역농협

169 ■■□
어닝 서프라이즈
Earning Surprise

영업 실적이 예상보다 높은 경우에 주가가 큰 폭으로 상승하는 현상

기업이 예상보다 더 좋은 실적을 발표했을 때 발생하는 현상이다. 예상치를 초과하는 수익을 기록할 때를 의미하는데, 어닝서프라이즈가 발생하면 기업의 주가는 상승한다. 이는 투자자들이 기업의 실적이 예상보다 뛰어났다는 긍정적인 신호를 받아들여, 기업에 대한 신뢰도가 높아지고 주식 수요가 증가하기 때문이다.

170

어닝 쇼크
Earning Shock

2020 | 지역농협

기업이 시장에서 예상했던 것보다 저조한 실적을 발표하여 주가에 영향을 미치는 현상

주식시장에서 어닝(Earning)은 기업의 실적을 뜻하며, 분기 또는 반기별로 기업들이 집중적으로 그동안의 영업 실적을 발표하는 시기를 어닝 시즌(Earning Season)이라 한다. 영업실적은 해당 기업의 주가와 직결되기 때문에 투자자들은 이에 민감할 수밖에 없는데, 어닝 쇼크란 이처럼 어닝 시즌에 기업이 발표한 영업 실적이 시장의 예상치보다 훨씬 저조하여 주가에 충격을 준다는 의미에서 붙여진 용어이다. 영업 실적이 시장의 예상치보다 저조한 경우에는 주가 하락으로 이어지는 경우가 일반적이며, 영업 실적이 좋더라도 예상했던 것보다 저조하면 주가가 하락하기도 한다. 이는 투자자들이 향후 기업의 수익성에 대해 비관적인 전망을 가지게 되기 때문이며, 특히 예상보다 실적이 나쁘면 시장의 신뢰도가 떨어지고 주가가 크게 영향을 받게 된다.

> ☑ 시험에서는 이렇게 물어본다!
> 어닝 쇼크가 발생할 경우 주식시장에 미치는 영향은?

171

투자심리선
Psychological Line

2020 | 지역농협

일정 기간 동안 투자 심리의 변화를 파악하여 주식시장의 상태를 진단하는 기준이 되는 수치

최근 12일 동안에 나타난 전일 대비 상승일수를 누계하고 이를 12로 나누어 백분율로 나타내는데, 이 수치가 75% 이상이면 과열 상태로 보고 25% 이하이면 침체 상태로 본다. 투자심리선은 단기적으로 심리가 과열한 상태인지 아니면 침체상태인지를 판단하여 과열상태일 때는 매수보다는 매도의 전략을 취하고 침체상태일 때는 매도보다 매수의 전략을 취하여 장세 대응을 객관적으로 하려는 데 있다.

> ☑ 시험에서는 이렇게 물어본다!
> 투자심리선이 투자결정에 미치는 영향은?

기업어음
CP : Commercial Paper

2021 | 농협은행

기업이 자금조달을 위해 발행하는 융통어음

자금조달을 위해 기업이 발행하는 융통어음으로, 기업어음을 발행하면 은행, 종금사, 증권사 등이 선이자를 뗀 후 매입하거나 중개수수료를 받고, 개인 또는 기관 투자자에게 매출한다. 보통 무보증 거래나 중개금융기관이 지급보증하기도 한다. CP를 발행하려면 신용평가기관으로부터 B급 이상의 신용등급을 얻어야 한다. 그러나 시장에서는 A급 이상의 우량기업어음만 거래되며 발행기일은 1일부터 365일까지 있지만 보통 30일, 90일, 180일 등인 경우가 많다.

> ☑ 시험에서는 이렇게 물어본다!
> 기업어음의 주요특징은?

진성어음
Commercial Bill

2020 | 농협계열사

기업 간 상거래를 하고 대금결제를 위해 발행되는 어음

진성어음을 받은 납품업체는 약정된 기일에 현금을 받을 수 있으나 자금 순환을 위해 할인을 받아 현금화하는 것이 보통이다. 진성어음은 발행자가 특정 금액을 기한 내에 지급하겠다는 약속을 담은 유가증권인 만큼 발행자의 신용을 바탕으로 하며, 법적으로 발행자가 기한 내에 약속된 금액을 지급해야 하는 의무가 발생한다. 진성어음은 법적 효력이 강력하며, 만약 발행자가 이를 이행하지 않을 경우, 법적 절차를 통해 채권자가 지급을 요구할 수 있다.

> ☑ 시험에서는 이렇게 물어본다!
> 진성어음의 법적효력은?

174

전자어음
Electronic Bill

2020 | 농협계열사

전자문서 형태로 작성되어 전자어음을 발행하고자 하는 자가 전자어음 관리기관에 등록한 약속어음

전자유가증권으로서 기존 실물어음과 같이 이용되며 발행, 배서, 권리행사 및 소멸 등을 온라인에서 전자적인 방법으로 처리할 수 있다. 전자어음은 2004년 제정된(2005년 시행) 전자어음의 발행 및 유통에 관한 법률에 근거하여 만들어진 전자지급 결제수단으로 이용자는 어음의 분실·도난뿐만 아니라 어음 보관·관리 및 유통·교환비용을 절감할 수 있게 되었다. 또한 기업입장에서도 실물어음을 이용함에 따른 발행·유통·관리비용 및 인력을 절감할 수 있으며, 전자상거래에 적합한 지급 결제수단의 확보, 기업회계의 투명성 제고 등의 도입 효과가 있다.

> ☑ 시험에서는 이렇게 물어본다!
> 전자어음의 장점은?

175

어음관리계좌
CMA :
Cash Management
Account

증권회사가 고객의 예탁금을 MMF, RP, 기업어음 등의 금융자산에 투자하여 그 수익을 고객에게 돌려주는 계좌 형태의 금융 상품

은행의 보통예금처럼 입출금이 자유롭고 증권사가 책임지고 운영하므로 안정성이 높다.

당좌예금
當座預金

수표나 어음을 발행하여 자유롭게 찾을 수 있는 예금

예금주가 예금 잔액 범위 내 혹은 당좌대출 한도 내에서 수표나 어음을 발행하여 언제든 자유롭게 찾을 수 있는 예금이다. 은행의 요구불예금의 하나로 발행된 수표는 현금과 같은 기능을 가진다. 그러나 당좌예금은 은행의 자금조달로서의 기여도가 미미하여 이에 대한 이자를 지급하지 않는다.

포트폴리오 투자
Portfolio Investment

소액의 주식, 채권 및 기타 다른 유가증권 등을 여러 종류에 분할해 투자하는 방법

국제자본의 이동형태는 크게 직접투자와 포트폴리오 투자로 구분할 수 있다. 기업의 경영권을 획득할 목적으로 투자하는 것이 직접투자인데 반해, 경영참여에는 관심이 없이 투자 수익획득을 위하여 각종 유가증권 등에 투자하는 것을 포트폴리오 투자라고 한다. 투자 대상자산의 수익성에 직접적으로 영향을 미치는 투자 대상국통화의 환율, 금리, 세율 등의 추이뿐만 아니라 투자자의 수익 − 위험(Riskreturn)에 대한 선호도에 따른 포트폴리오 조정으로 크게 좌우된다.

178

퍼스트 펭귄
The First Penguin

불확실성을 감수하고 용감하게 도전하는 선구자

먹이 사냥을 위해 바다로 뛰어드는 것이 두렵지만, 펭귄 한 마리가 먼저 용기를 내어 뛰어들면 나머지 펭귄들도 이를 따른다는 데에서 유래하였다. 이는 불확실하고 위험한 상황에서 용감하게 먼저 도전함으로써 다른 이들에게도 참여의 동기를 유발하는 선구자를 의미한다.

블라인드 펀드
Blind Fund

투자 대상을 정하지 않고 투자자금을 모집한 후 투자처를 물색해 투자하는 펀드

일반적으로 펀드상품들은 대부분 투자 대상이 정해져 있어서 펀드상품 설명서를 보면 주식의 투자비중이 얼마이고, 어떤 종목을 주로 투자하는지에 대한 자세한 설명이 나와 있다. 반면에, 블라인드 펀드는 투자자에게 미리 일정한 규모의 투자금을 모았다가 우량물건이 나오면 투자해서 수익을 올리는 방식으로, 투자자금의 기본적인 운용계획은 짜여 있지만, 구체적으로 어떤 상품에 투자하는지는 고객은 물론 운용사도 사전에 알 수 없다.

180

섹터펀드
Sector Fund

2020 | 지역농협

특정 유망업종에 집중해서 투자하는 펀드

투자 대상은 자동차 · 반도체 · 건강(바이오) · 은행 · 정보통신(IT) · 부동산 등이 있다. 섹터펀드는 특정 업종에 집중하는 대신 리스크를 피하기 위해 투자 대상을 전 세계로 넓히는 것으로, 예를 들어, 향후 국제적으로 반도체 주가가 오를 전망이라고 할 때 국내 및 해외의 여러 반도체 회사에 투자를 하여 주가가 올랐을 때 고수익을 얻게 된다. 섹터펀드는 업종의 경기와 아주 밀접한 관계가 있으므로 그만큼 변동성이 크기 때문에 늘 경기전망에 관심을 기울어야 하며, 한 업종에 몰아서 하는 집중투자이기 때문에 분산투자를 했을 때보다 높은 수익을 기대할 수 있지만 리스크도 크다.

☑ 시험에서는 이렇게 물어본다!
섹터펀드의 장점은?

2020 | 농협중앙회

181 ■■■■
옐로우칩
Yellow Chips

블루칩에 비해 한 단계 낮은 주식

블루칩보다는 시가총액이 적지만 안정성과 성장이 기대되는 우량종목들이다. 성장성은 있지만 리스크와 변동성도 크다. 따라서 장기적으로 고수익을 추구하는 투자자들에게 매력적일 수 있고, 잠재력이 높은 기업에 투자하는 전략이다.

> **상식PLUS⁺ 주식 관련 용어**
> ㉠ 레드칩(Red Chip) : 중국 정부와 국영기업이 최대주주로 참여해 홍콩에 설립한 기업들 가운데 우량기업들의 주식을 말한다.
> ㉡ 블루칩(Blue Chip) : 카지노에서 쓰이는 흰색, 빨간색, 파란색 세 종류의 칩 가운데 가장 가치가 높은 것이 블루칩인 것에서 유래된 표현이다. 오랫동안 안정적인 이익 창출과 배당지급을 실행해온 기업의 주식을 말한다.

☑ 시험에서는 이렇게 물어본다!
옐로우칩의 특징은?

182 ■■■■
좀비 기업
Zombie Company

회생할 가능성이 없음에도 정부의 지원으로 간신히 파산을 면하고 있는 부실기업

정부의 지원 정책에 편승하여 간신히 연명하고 있는 기업을 말한다. 정작 지원받아야 할 기업은 그만큼 지원자금이 줄어들어 경제 전반에 걸쳐 악영향을 미치게 된다.

183 ■■■■
유니콘 기업
Unicorn 企業

기업 가치가 10억 달러 이상인 스타트 기업

설립한 지 10년 이하면서 10억 달러 이상의 기업 가치를 가진 스타트 기업을 상상 속 동물 유니콘에 비유한 말이다. 상장하기도 전에 기업 가치가 10억 달러 이상이 된다는 것은 유니콘처럼 상상 속에서나 존재할 수 있다는 의미로 쓰였다.

184 ■■■■
데카콘 기업
Decacorn 企業

기업의 가치가 100억 달러 이상인 신생 벤처기업

기업 가치 10억 달러 이상인 기업을 의미하는 유니콘(Unicorn)이란 단어의 유니(Uni)가 1을 뜻하는 데서 착안하여 10을 뜻하는 접두사인 데카(Deca)와 유니콘의 콘(Corn)을 결합하여 만든 용어다. 창업회사가 성장하여 유니콘 기업을 넘어 데카콘 기업이 되면 크게 성공한 것으로 본다.

185 ■■■

허니문 랠리
Honeymoon Rally

새롭게 출범하는 정부에 대한 기대감으로 생기는 주가 상승 흐름

새로운 정부가 출범하게 되면 정책의 불확실성이 해소되고 국민들이 거는 기대가 커지면서 정부에 대해 협조적인 자세를 취함으로써 사회가 안정되는 경향이 있다. 허니문 랠리는 새 정부 출범을 전후하여 국민들이 새 정부에 거는 기대감으로 인해 일시적 또는 얼마 간 주가가 지속적으로 상승하는 현상을 말한다. 신혼여행의 즐거운 단꿈을 증시에 비유해 붙여진 명칭이다.

186 ■■

카르텔
Cartel

같은 업종에 종사하는 기업끼리 서로 독립적이면서 제조나 판매, 가격 등의 부분에서 협정을 맺는 행위

담합이라고도 한다. 기업의 입장에서는 무리하게 경쟁하지 않고도 이윤을 추구할 수 있고, 경쟁자의 침투도 함께 막아낼 수 있다. 이러한 기업들의 카르텔을 사적 카르텔이라고 하며, 정부가 특정 산업보호나 산업구조 합리화 등을 위해 가격이나 산출량 등을 대놓고 규제하는 경우를 공공 카르텔이라 한다. 또한 국가 간의 카르텔도 있는데, 석유수출국기구(OPEC)나 설탕, 커피 등 국제적인 상품거래와 관련한 카르텔도 있다.

187 ■■■■

콜금리
Call Rate

2024 | 농협은행

금융기관끼리 남거나 모자라는 자금을 서로 주고받을 때 적용되는 금리

금융기관들도 예금을 받고 기업에 대출을 해 주는 등 영업활동을 하다 보면 자금이 남을 수도 있고 급하게 필요한 경우도 생기게 된다. 콜금리는 1일물(Overnight) 금리를 말하며 금융기관 단기 자금의 수요와 공급에 의하여 결정된다. 이러한 금융기관 상호 간에 과부족 자금을 거래하는 시장이 바로 콜시장이다. 돈을 빌려 주는 것을 콜론, 빌려가는 것을 콜머니라고 하며, 콜시장은 금융시장 전체의 자금흐름을 비교적 민감하게 반영하는 곳이기 때문에 이곳에서 결정되는 금리를 통상 단기 실세금리지표로 활용하고 있다. 한국은행이 한국자금중개회사, 서울외국환중개회사, KIDB채권중개회사로부터 콜머니와 콜론에 대해 기관별로 거래액과 금리를 통보받아 거래액을 가중평균하여 산출한 금리를 공시한다.

> ☑ 시험에서는 이렇게 물어본다!
> 콜금리가 상승할 때 발생할 가능성이 높은 상황은?

스놉 효과
Snob Effect

특정 상품에 대한 소비가 증가하면 오히려 수요가 줄어드는 현상

어떤 상품에 대한 소비가 증가하면 희소성이 떨어져 그 상품의 수요가 줄어드는 현상을 말한다. 마치 까마귀 떼 속에서 혼자 떨어져 있는 백로의 모습과 같다고 하여 스놉 효과라는 이름을 붙였다. 대체로 미술품이나 고급가구, 한정판 상품에서 이러한 효과를 볼 수 있다.

예대마진
預貸 Margin

2021 | 농협은행
대출 금리와 예금금리의 차이로 금융기관의 수입이 되는 부분

예대마진이 크다는 것은 예금의 대가로 지불한 이자에 비해 대출을 해주고 받은 이자가 더 많다는 의미가 된다. 그렇기 때문에 예대마진이 커지면 금융기관의 수입이 늘어나게 되고, 보통 대출 금리가 오르면 예금금리가 오른다.

> ☑ 시험에서는 이렇게 물어본다!
> 예대마진이 증가하는 경우, 은행의 수익성 변화는?

이마트 지수
E – Mart Index

이마트가 자체 개발한 생활물가지수

대형소매유통업체인 이마트가 판매하는 476개 상품군의 판매량 증감 수준을 분기별로 지수화한 것이다. 지수가 100 이상이면 지난해 같은 기간보다 소비가 늘었고 100 미만이면 소비가 줄었다는 뜻이다.

잠재적 실업
潛在的失業

표면상으로는 실업이 아니지만 원하는 직업에 종사하지 못해 조건이 낮은 다른 직종에 종사하는 상태

실업은 크게 본인의 의사가 반영되었는지 여부에 따라 자발적 실업과 비자발적 실업으로 나누는데, 자발적 실업은 일할 의사는 있지만 조건 등이 맞지 않아 스스로 실업을 선택한 경우로 마찰적 실업이라고도 한다. 자발적 실업은 실업자로 볼 수 없기 때문에 실업률에 반영되지 않는다. 비자발적 실업은 외부요인으로 생기는 실업으로, 불경기로 인한 노동 수요의 감소로 생기는 경기적 실업, 겨울에 경기가 가라앉는 건설 분야처럼 계절적 요인에 의해 생기는 계절적 실업, 특정 산업분야의 노동에 대한 수요부족으로 생기는 구조적 실업이 있다.

이슬람 금융
Islamic Banking

2020 | 지역농협

이슬람 율법을 준수하는 금융행위

이슬람 금융은 수익 극대화보다는 이슬람 교리인 코란의 가르침을 따르는 데 중점을 두고 있다. 이자로 인한 착취나 투기는 금지하지만 공정한 이익이나 경제적인 추가 가치를 만들어 내는 것은 금지 사항이 아니다. 그러나 정당한 거래 방식이라 하더라도 도박이나 술, 마약거래, 돼지고기 등과 연관된 산업에는 투자를 금지하고 있다. 즉, 이자대신 이익 공유 계약을 활용한다. 불확실한 거래 및 계약, 비윤리적 산업 투자를 금지한다. 따라서 이슬람 금융은 투자자에게 이자 대신 실물자산을 매매하거나 이용해서 얻는 이윤을 배당하는 형식으로 이익을 지급한다. 이러한 거래는 상인이 자신의 물건을 빌려주거나 판매해 얻는 정당한 이익으로 인정하기 때문이다.

> **상식PLUS**⁺ 이슬람 금융 상품
>
> 수쿠크(채권), 타카풀(보험), 무다라바(신탁금융), 무샤라카(출자금융), 무라바하(소비자금융), 이스티스나(생산자금융), 이자라(리스금융) 등

> ☑ 시험에서는 이렇게 물어본다!
> 이슬람 금융의 주요 원칙은?

리스트럭처링
Restructuring

사업 재구축

발전가능성이 있는 방향으로 사업구조를 바꾸거나 비교우위가 있는 사업에 투자재원을 집중적으로 투입하는 경영전략이다. 사양사업에서 고부가가치의 유망사업으로 조직구조를 전환하므로 불경기 극복에 효과적이다. 또한 채산성이 낮은 사업은 과감히 철수 · 매각하여 광범위해진 사업영역을 축소시키므로, 재무상태도 호전시킬 수 있다.

근원물가지수
Core Inflation

2018 | 우리은행

경제 상황에 따라 물가변동이 심한 품목을 제외한 나머지 물가지수

계절의 영향이나 외부적 요인에 영향을 받아 물가변동이 심한 품목을 제외하고 산출한 물가지수를 말한다. 근원물가지수는 물가에 미치는 단기적 충격이나 불규칙 요인이 제외되어 기조적인 물가상승의 흐름을 읽을 수 있는 반면에, 국민들이 실제로 느끼는 체감물가와 괴리가 크다는 한계를 가지고 있다.

2020 | 농협계열사

물건을 사고 보니 마음에 들지 않거나 필요도 없는 물건일 때 구매를 취소하는 것을 법적으로 보장해 주는 제도(청약철회권)

머리를 식히고 냉정하게 생각해 보라는 의미이다. 그러나 모든 상품에 대하여 해당되는 것이 아니고, 방문판매 · 다단계 판매 · 전화권유판매 · 전자상거래 · 생명보험 등이 대상이며, 청약철회기간이 정해져 있다. 청약철회기간은 방문판매일 경우는 14일 이내, 할부거래나 전자상거래는 7일 이내로 반드시 내용증명을 발송하여 청약철회권을 행사해야 하며, 내용증명은 우체국에 접수되는 순간부터 청약철회권의 효력이 발생하고, 물건을 구입한지 10일이 지났거나 물건의 훼손상태가 심하거나 사용해서 물건의 가치가 현저히 떨어질 우려가 있을 경우와 상품가격이 5만 원 이하인 경우는 청약철회권을 행사할 수 없다.

> ☑ 시험에서는 이렇게 물어본다!
> 쿨링오프 기간의 주요 목적은?

2019 | 지역농협

경제변동 중에서 주기는 일정하지 않지만, 자본주의 사회의 경제활동의 상승(확장)과정과 하강(수축) 과정을 되풀이 하는 변동을 경기파동

경기파동은 콘드라티예프 파동, 주글라 파동, 키친 파동 등 세 가지로 나뉜다. 이 중 50 ~ 60년을 주기로 하는 장기경기변동을 콘드라티예프 파동이라 한다. 콘드라티예프 파동은 기술혁신이나 신자원의 개발 등에 의하여 일어난다. 슘페터가 18세기 말 산업혁명, 1840년대 철도의 등장, 1890년대 자동차와 전기의 발명 등의 기술혁신과 이에 따른 대규모 투자에 따라 지금까지 적어도 세 차례 있어 왔다고 주장했고, 1940년대부터를 반도체, 컴퓨터, 생명공학, 신소재, 텔레커뮤니케이션 등의 신기술의 등장과 이에 따른 대규모 투자에 의하여 주도되고 있는 제4파동기로 보고 있다.

> ☑ 시험에서는 이렇게 물어본다!
> 콘드라티예프파동 이론에 따른 경제주기는?

197 ■□□□
레버리지
효과
Leverage Effect

타인으로부터 빌린 자본을 지렛대 삼아 자기자본 이익률을 높이는 방식

예를 들어 10억 원의 자기자본으로 1억 원의 순익을 올렸다고 할 때, 투자자본 전부를 자기자본으로 충당했다면 자기자본이익률은 10%가 되고, 자기자본 5억 원에 타인자본 5억 원을 끌어들여 1억 원의 순익을 올렸다면 자기자본이익률은 20%가 된다. 따라서 차입금 등의 금리비용보다 높은 수익률이 예상될 때는 타인자본을 적극적으로 끌어들여 투자하는 것이 유리하다. 그러나 과도한 차입금을 사용하는 경우, 금리상승은 부담을 증가시켜 도산위험 및 도산의 기대비용이 높아질 수 있다.

198 ■■■□
레버리지
매수
Leveraged Buyout

인수기업이 기업인수에 필요한 자금을 모두 보유하지 않고도 바이아웃(인수 후 매각)을 시도할 수 있는 M&A 방법

매수자금의 대부분을 매수할 기업의 자산을 담보로 하여 조달하는 것으로 적은 자기자본으로 큰 기업을 인수할 수 있어 지렛대라는 표현을 쓴다. 먼저 투자자가 인수대금의 10% 정도를 출자해 일종의 페이퍼 컴퍼니인 특수목적법인(SPC)을 설립한다. 이 법인은 인수대상기업의 부동산 자산을 담보로 금융회사로부터 인수대금의 50% 정도를 대출받는다. 이어 나머지 40% 자금은 후순위채권 등 정크본드를 발행해 전체 인수대금을 조달하는 것이 통상적 방법이다.

199 ■■■□
MOR
Market Opportunity Rate

2020 | 농협중앙회

어떤 금융기관이 대출 금리를 정할 때 기준이 되는 금리

은행은 정기예금, 양도성예금(CD), 은행채 등을 통해 자금을 조달하게 되는데, 이때 평균조달원가를 감안하여 내부 기준금리를 결정한다. 이후 영업점 수익성 등을 고려해 일정 스프레드를 붙인 고시금리를 발표하고, 이를 대출 금리로 활용한다. 대형 금융기관일수록 신용도가 좋아 조달금리가 낮아지므로 MOR은 금융기관마다 다르다. 예를 들어, MOR이 높으면 금융기관이 자금을 조달하기 어려운 상태를 의미하고 낮으면 자금이 풍부하다는 의미이다.

> ☑ 시험에서는 이렇게 물어본다!
> MOR의 역할은?

보편관세
普遍關稅

모든 수입품에 공통적으로 적용되는 관세

관세는 외국 물품을 수입하거나 수출할 때 부과하는 세금으로 차별관세, 보편관세, 상호관세로 구분할 수 있다. 이때 품목이나 국가에 따른 구분 없이 모든 수입품에 똑같이 부과하는 관세를 보편관세라고 한다. 차별관세는 보편관세와 반대로 품목이나 국가에 따라 다르게 관세를 부과하는 것이며, 상호관세는 특정 국가가 불평등한 관세를 부과했을 때 그와 비슷하게 관세를 적용하는 것이다.

> ☑ 시험에서는 이렇게 물어본다!
> MMF가 적합한 투자자의 성향은?

뮤추얼 펀드
Mutual Fund

유가증권 투자를 위해 설립된 회사

투자자들의 자금을 모아 하나의 페이퍼 컴퍼니를 설립하여 주식이나 채권, 파생상품 등에 투자한 후 그 운용 수익을 투자자들에게 배당의 형태로 돌려주는 펀드이다. 투자자는 운용회사가 어느 주식을 사거나 어디에 투자하는지 알 수 있고, 투자에 대한 투자자의 의견을 제시할 수도 있다. 그리고 뮤추얼 펀드는 하나의 독립된 회사로 운영되어 법률상 독립된 회사이기 때문에 기존 수익증권에 비해 주주의 운영 및 참여가 자유롭고 개방적인 특징이 있어 투명성도 높은 것으로 평가되고 있다. 뮤추얼 펀드는 언제든지 입출금이 가능한 개방형과 입출금이 불가능한 폐쇄형 두 가지가 있으며, 국내에는 폐쇄형만 허용되고 있다. 폐쇄형 뮤추얼 펀드는 주주이기 때문에 만기 이전에 돈을 회수할 수 없는 대신에 거래소나 코스닥 시장에 단일종목으로 거래되고 있어 여기서 회수하면 된다. 또한 투자 방법의 내용에 따라 보통주 펀드, 균형펀드, 수익펀드, 채권 및 우선주 펀드 등이 있으며, 보통주 펀드의 규모가 가장 크다. 안정적인 자산증식을 원하는 대다수 소액투자자들이 포트폴리오 수단으로 활용한다. 펀드 전문가가 운용해 주는 간접투자라는 점이 특징이며 운용 실적대로 배당이 이루어진다. 투자손익에 대한 책임도 투자자들이 진다. 투자 대상은 주식과 채권, 기업어음(CP), 국공채 등 유가증권이 주를 이룬다.

액체사회
Liquid Society

2020 | 지역농협
업종 간에 경계가 사라진 사회

두 업종이 마치 액체처럼 한 곳에 용해되어 있는 시장에서 경쟁하는 형태이다. 동종업계만 경쟁자로 지정하는 것이 아니라 전혀 다른 분야의 업종과도 경쟁하는 것을 의미한다.

산업의 경계가 모호해지는 현상

빠르게 변화하는 소비 패턴과 기술의 발달로 인해 산업의 경계가 모호해지는 현상을 말한다. 금융회사 대신 핀테크를 이용하여 해외로 송금 하는 것, 온라인 지급 결제 서비스가 온라인 가맹점을 내는 것 등이 이에 해당된다.

은행의 예금 지급 불능 상태를 우려하여 고객들이 대규모로 예금을 인출하는 사태

경제상황 악화로 금융시장에 위기감이 조성되면서 이를 우려한 금융기관의 고객들이 대규모로 예금을 인출하는 상황을 말한다. 뱅크런으로 인한 은행 위기를 막기 위해 예금보험공사는 예금자보호법을 시행하고 있다.

상식PLUS[+] **본드런(Bond Run)**

뱅크런에서 유래한 것으로 펀드 투자자들이 투자한 자금을 회수하려는 펀드런과 투자자들이 앞다투어 채권을 팔려고 하는 행위이다.

관련기사 **실리콘밸리은행(SVB) 파산**

실리콘밸리은행(SVB)을 비롯하여 미국의 몇몇의 지역은행이 연쇄적으로 파산을 하였다. 이러한 은행의 파산에는 기술의 발전으로 뱅크런이 급속도로 진행되면서 빠르게 파산이 다가왔다. 모바일뱅킹으로 빠르게 인출이 가능해지면서 대규모 인출 사태가 벌어졌고 급속도로 돈이 빠져나가게 되었다.

2018 | 농협계열사
생산요소 기능을 조절하여 효율적으로 생산하는 효과

한 기업이 여러 재화나 서비스를 생산할 때 발생하는 총 비용이 별도의 기업으로 하나씩 생산했을 때 발생하는 총비용보다 적어지는 경우를 말한다.

☑ 시험에서는 이렇게 물어본다!
범위의 경제(Economies of Scope)가 발생하는 경우는?

볼커룰
Volcker Rule

미국 금융기관의 위험투자를 제한하기 위하여 만든 규제방안

금융개혁법안인 도드 – 프랭크 월 스트리트 개혁 및 소비자 보호법(Dodd – Frank Wall Street Reform and Consumer Protection Act)의 619조항으로 대형 금융기관이 자기자본으로 투자하는 자기자본거래를 막고 펀드를 설립·투자하면서 위험한 자산에 투자하는 것을 막는 규제책이다. 금융시스템의 부실이 반복되는 것을 막고 상업은행과 투자은행을 분리하는 것이 목적이다.

☑ 시험에서는 이렇게 물어본다!
볼커룰이 제정된 주요 배경은?

참여 장벽
Barriers to Entry

잠재적 경쟁을 방어·억제하기 위한 요인

특정산업에 진입하여 사업을 전개하고자 하는 기업에게 불리하게 작용하는 모든 장애 요인들이 포함된다. 특허 제도나 인허가 제도는 강력한 참여 장벽이 되고, 원료 독점이나 기술 비밀, 유통 경로의 지배도 참여 장벽으로 이용된다. 경제적, 법적, 기술적 또는 시장적 요인에 의해 발생할 수 있는데, 대규모 자본이 요구되는 산업, 특허나 독점적 기술에 의해 보호받는 시장, 정부의 규제가 강한 산업 등이 참여 장벽을 만들 수 있다. 참여 장벽은 기존 기업들이 시장에서 경쟁 우위를 유지하게 하며, 새로운 경쟁자가 쉽게 시장에 진입하지 못하게 한다. 반면, 참여 장벽이 낮을 경우, 경쟁이 심화되어 기존 기업들의 이익률이 감소할 수 있다. 한편 철수 장벽은 참여 장벽에 대응되는 개념으로 철수하려고 하는 경우에 그 진출 분야에서 쉽게 발을 빼지 못하도록 하는 주요 요인이다.

☑ 시험에서는 이렇게 물어본다!
참여 장벽이 기업과 산업에 미치는 영향은?

중앙은행
Central Bank

한 국가의 금융제도 중심 기관

국가의 화폐발행 및 금융시스템, 통화정책 수립 등을 담당하는 금융제도의 중추적 기관을 말한다. 흔히 은행의 은행 또는 정부의 은행이라고 불리며 한국의 중앙은행인 한국은행은 효율적인 통화신용정책의 수립 및 집행을 통해 물가안정과 금융안정을 도모하는 것을 목적으로 1950년 6월 12일 한국은행법에 의해 설립되었다.

209 스무딩 오퍼레이션
Smoothing Operation

2020 | 농협중앙회

급격한 변동이 생기는 것을 방지하기 위해 정부나 중앙은행이 직 · 간접적으로 개입하는 것

변동환율 제도를 채택하고 있는 나라에서의 환율은 시장의 수요와 공급에 따라 변동되지만, 시장에만 맡겨 두지는 않는다. 환율이 급격하게 오르내리면 수출입 및 국민에게도 피해를 입을 수 있으므로 환율을 원활하게 관리하는 것을 말한다. 스무딩 오퍼레이션의 대표적인 사례로, 한국은행의 외환시장 개입을 들 수 있다. 한국은행은 원화가 급격하게 변동할 때 외환시장에 개입하여 원화의 급격한 가치 변동을 완화시키는 작업을 수행할 수 있다. 이 과정에서 외환보유고를 활용해 원화를 매도하거나 매입함으로써 원화의 가치를 조정하고, 시장의 급격한 변동성을 낮추는 역할을 한다.

> ☑ 시험에서는 이렇게 물어본다!
> 스무딩 오퍼레이션의 사례를 말해보시오.

210 거주자 외화예금
居住者 外貨預金

2020 | 지역농협

국내 거주자가 외화를 환전하지 않고 외화 형태로 자기 계좌에 예치하는 것

국내 거주자가 외화를 그대로 자기 예금계좌에 예치하는 것을 말한다. 여기서 거주자란 내국인과 국내에 6개월 이상 거주한 외국인 및 국내에 진출해 있는 외국 기업 등을 말한다. 외화예금은 고객이 향후 해당 국가의 통화를 사용해야 할 경우를 대비해 미리 저축할 때 유용하다. 해당 국가 통화를 환율이 낮을 때 환전하여 저축하면 환율이 오를 때 이익을 얻을 수 있기 때문이다. 이처럼 외화예금이 재테크 수단으로 활용되기도 한다. 이 예금에 대한 금리는 국제금리에 1%를 가산한 범위 내에서 은행장이 자율적으로 결정한다. 이것은 외국환은행의 중요한 외화자금 조달원의 하나로 은행 간 환율에도 영향을 미친다.

> ☑ 시험에서는 이렇게 물어본다!
> 거주자 외화예금의 영향은?

211 위대한 개츠비 곡선
Great Gatsby Curve

소설 「위대한 개츠비」의 주인공 개츠비의 이름을 인용한 소득불평등 이론

경제적 불평등이 커질수록 사회적 계층 이동성이 낮다는 결과를 보여주는 그래프이다. 소설 「위대한 개츠비」의 주인공 이름을 인용하였다. 소득 불평등도가 큰 국가는 세대 간 소득 탄력성이 크게 나타나 사회적 계층 이동의 가능성이 낮으나, 소득 불평등 정도가 낮은 국가는 세대 간 소득 탄력성이 낮게 나타나 상대적으로 사회적 계층 이동이 수월하다.

212 ■■■

기회비용
Opportunity Cost

2022 | 농협은행

포기한 기회 중 가장 큰 가치를 가진 기회

어떤 한 가지를 선택할 때, 선택으로 인해 포기한 가장 큰 차선을 말한다. 즉, 어떤 행위를 하기 위해 포기해야 하는 다른 기회의 최대가치이다.

> ☑ 시험에서는 이렇게 물어본다!
> 기회비용을 고려한 의사결정의 중요성은?

---

213 ■■■

매몰비용
Sunk Cost

회수할 수 없는 비용

의사결정을 하고 난 이후 발생하는 비용 중 회수할 수 없는 비용을 일컫는다. 콩코드 오류라고도 하는데, 1962년 영국과 프랑스 양국은 공동으로 막대한 자금을 투입하여 초음속 여객기 콩코드 개발에 착수하였으나 기술적 한계와 수지타산이 맞지 않았고, 국가의 자존심 문제로 콩코드 운항을 개시했다가 결국 막대한 손실만 입고 운항을 중단한 사례이다.

---

214 ■■■

밴드왜건
효과
Band Wagon Effect

유행에 따르는 소비성향

악대를 앞에 두고 사람들을 몰고 다니는 차량인 밴드왜건에서 차용된 용어이다. 정치학에서는 소위 말하는 대세론으로 후보자가 일정 수준 이상의 지지율을 얻으면 그 후보를 따라가게 되는데 이를 밴드왜건 효과라고 하며, 경제학에서는 대중적으로 유행하는 상품을 따라서 소비하는 성향을 일컫는다.

---

215 ■■■

우발부채
偶發負債

2020 | 지역농협 2020 | 농협중앙회

현재 채무로 확정되지 않았으나 미래에 채무로 확정될 가능성이 있는 부채

가까운 장래에 채무로 확정될 가능성이 있는 잠재적 부채를 말한다. 회계기준에 따르면 과거 사건이나 거래 결과로 현재의무가 존재하고, 의무를 이행하기 위해 회사가 보유한 자원이 유출될 가능성이 높으며 의무 이행에 필요한 금액을 추정할 수 있을 때 충당부채로 인식하나 이 조건을 충족시키지 못하면 우발부채로 인식한다.

> ☑ 시험에서는 이렇게 물어본다!
> 우발부채가 재무제표에 미치는 영향은?

탄력세율
Flexible Tax Rate

2021 | 농협은행

정부가 법률로 정한 기본세율을 탄력적으로 변경하여 운영하는 세율

조세의 경기조절기능을 수행하기 위한 목적에서 마련된 제도이다. 조세법률주의에서 세율은 조세의 종목을 정한 세법과 같이 입법사항으로 국회의 의결을 거쳐 결정 또는 변경하는 것이 원칙이지만, 오늘날과 같이 국내외 경제여건이 수시로 변하고 국민 경제에 미치는 영향이 빠르고 크게 작용하는 때에 신속하고 신축성 있게 대처해 나가야 국내 산업을 보호하고 국민 경제를 안정시키며 국제수지의 악화를 막을 수 있다. 이처럼 국민 경제의 효율적 운용을 위하여 경기조절, 가격안정, 당해 물품의 수급에 필요한 경우에는 법정세율의 30% 범위 안에서 대통령령으로 이를 조정할 수 있도록 되어 있는 바, 대통령령에 규정된 세율을 탄력세율로 부르고 있다. 따라서 국민 경제를 위한 대처방안 가운데 하나로서 입법과정을 거치지 않고 행정부의 권한으로 세율을 조정하는 방안이 각국의 경제정책 수단으로 흔히 사용되고 있다.

> **상식PLUS**⁺ 탄력세율의 목적
> 지방세에서 탄력세율은 경기조절기능 수행보다는 지역 간 선호나 특성차이를 반영함으로써 자원배분의 효율성을 제고한다.

☑ 시험에서는 이렇게 물어본다!
탄력세율의 주 목적은?

정부실패
Government Failure

정부의 개입이 의도와 다른 결과가 발생한 때

시장실패가 일어나면 정부의 개입이 필요한 경우가 있는데, 정부 역시 시장에 대한 불완전 정보와 능력의 한계 등으로 의도와 다른 결과를 유발한 때에 정부실패라고 한다.

시장실패
市場失敗

2019 | 농협은행

시장이 효율적인 자원 분배를 제대로 하지 못하는 상태

시장에서 경쟁이 제대로 이루어지지 않고 외부 효과로 인해 자원배분이 비효율적일 때, 또한 정보의 비대칭으로 도덕적 해이가 발생하면, 시장이 자유롭게 기능함에도 시장실패가 나타날 수 있다.

☑ 시험에서는 이렇게 물어본다!
시장실패를 해결하기 위한 정부의 개입방법은?

가격차별
Price Discrimination

2020 | 농협은행

동일한 상품을 서로 다른 구매자들에게 다른 가격으로 판매하는 제도

독점기업이 생산하는 상품에 대한 소비자 계층 간의 수요탄력성이 다를 경우, 시장을 두 개 이상으로 분할하여 상이한 가격으로 판매하는 것을 말한다. 가격차별은 기업에게 더 많은 이윤을 가져다준다. 소득·인종·연령 등 개인적 특성이나 지리적 위치로 분할할 수 있으며 독점시장에서만 나타날 수 있다.

> **상식PLUS⁺ 가격차별 구분**
> ㉠ **1급 가격차별** : 소비자의 유보가격에 해당하는 가격으로 책정한다.
> ㉡ **2급 가격차별** : 소비자의 구입량에 따라 단위당 가격을 다르게 책정한다.
> ㉢ **3급 가격차별** : 소비자의 특징에 따라 시장을 두 개 이상으로 분할하여 상이한 가격을 측정하는 것으로 일반적인 가격차별을 의미한다.

> ☑ 시험에서는 이렇게 물어본다!
> 가격차별 기준과 예시를 약술하시오.

소비자잉여
Consumer Surplus

2023 | 농협계열사 2021 | 농협은행 2019 | 농협중앙회

어떤 상품에 대해 소비자가 지불하고자 하는 수요가격에서 실제 시장가격을 뺀 차액

소비자들이 어떤 재화나 서비스에 대해 지불하고자 하는 값과 실제로 그들이 지불한 값의 차이를 말한다. 즉 소비자가 지불할 용의가 있는 가격에서 실제 지불한 가격을 뺀 금액이며, 소비자가 상품을 구입함으로써 얻는 이익의 크기를 나타낸다. 가격이 오르면 소비자잉여는 감소한다.

> 소비자잉여 = 소비자 누리는 가치 – 소비자가 지불한 금액

> ☑ 시험에서는 이렇게 물어본다!
> 소비자잉여가 증가하는 상황은?

잉여현금흐름
Free cash flow

기업의 수익에서 세금, 영업비용, 투자금 등을 제외하고 남은 현금

현금의 유입·유출만을 계산하여 회사에 남아있는 현금을 설명한다. 기업이 사용할 수 있는 돈을 의미한다. 영업에서 벌어온 현금에서 자본적 지출을 제외하고 남아 있는 것을 의미한다.

> 잉여현금흐름 = 당기순이익 + 감가상각비 − 고정자산증가분 − 순운전자본증가분

쿠퍼 효과
Cooper Effect

2020 | 지역농협 2020 | 농협중앙회

금융정책 효과의 시기가 다르게 나타나는 현상

경기불황으로 경기부양을 위한 정책 효과는 점진적으로 나타나지만 경기호황 시 경기냉각을 위한 긴축 정책 효과는 빠르게 나타나는 현상을 말한다. 정책 후행성(Policy Lag) 또는 정책의 비대칭적 효과(Asymmetric Effects)라는 경제적 원리로 설명할 수 있다. 경기부양 정책의 효과는 일반적으로 시간이 지남에 따라 점진적으로 나타나는 데 비해, 긴축 정책은 상대적으로 신속하게 경기 냉각을 초래하는 경향이 있다. 이는 경기부양 정책은 예를 들어, 금리가 인하되면 소비자와 기업이 대출을 더 많이 하거나 투자를 증가시키는 데 시간이 필요하고, 그에 따라 경기 회복이 서서히 일어난다. 또한, 정부의 재정 지출 증가나 세금 인하도 수개월 또는 수년이 지나야 실제 효과가 나타나는 반면에 긴축 정책은 소비자와 기업의 즉각적인 반응을 유도하는데, 금리가 인상되면 대출이 줄어들고 소비가 위축되는 등 신속한 반응이 나타나며, 이로 인해 경기가 빠르게 냉각된다. 또한, 세금 인상이나 정부 지출 축소와 같은 조치도 즉각적으로 경기 둔화를 초래할 수 있다. 즉, 경기 부양 정책의 효과는 서서히 나타나고, 긴축 정책은 즉각적인 반응을 보여 경기 변동이 비대칭적으로 나타나는 것이다.

> ☑ 시험에서는 이렇게 물어본다!
> 쿠퍼 효과가 나타나는 이유는?

소득주도 성장
Income Led Growth

임금 주도 성장론을 바탕으로 한 이론

가계의 임금과 소득을 늘리면 소비도 늘어나 경제 성장이 이루어진다는 경제정책이다. 대기업의 성장에 따른 임금 인상 등의 낙수 효과보다 인위적으로 근로자의 소득을 높여 경제 성장을 유도하는 것이다.

낙수 효과
落水效果

2023 | 농협계열사

선도 부분의 성과가 후발 부문으로 유입되는 효과

윌 로저스가 미국 제31대 허버트 후버 대통령의 대공황 극복을 위한 경제정책을 비꼬던 말로, 고소득층의 소득 증대가 소비 및 투자 확대로 이어져 궁극적으로 저소득층의 소득도 증가하게 되는 효과를 가리키는 말이다. 정부가 투자 증대를 통해 대기업과 부유층의 부(富)를 늘려주면 경기가 부양되어 결국 중소기업과 저소득층에게 혜택이 돌아감은 물론, 경제발전과 국민복지가 향상된다는 이론이다.

> ☑ 시험에서는 이렇게 물어본다!
> 낙수 효과가 현실적으로 효과적이지 않다고 비판받는 이유는 무엇이라고 생각하는지 말해보시오.

금융소외자
金融疏外者

신용 등급이 낮아 정상적인 신용활동이 불가능한 사람들

담보가 없거나 신용 등급이 낮아 사실상의 대출이 어려워 제1 ~ 2금융권을 이용할 수 없는 저신용자를 일컫는다.

빈곤의 악순환
Vicious Circle of Poverty

2020 | 농협계열사

국민소득성장률이 낮은 상태가 되풀이되는 과정

후진국은 국민소득이 낮기 때문에 국내 저축이 미약하므로 높은 투자가 형성될 수 없다. 미국의 경제학자 넉시가 「저개발국의 자본 형성의 문제」에서 처음 사용한 용어이다.

> **관련기사** '가난의 대물림' 낳는 구조적 빈곤 … "근원적 해결책은 교육"
> 교육은 일반적인 지식 전달을 넘어 사회의 구조적인 문제를 이해하고 해결할 수 있는 역량을 발전시키는 과정이다. 유네스코 글로벌 교육 모니터링 보고서(GEM)에 따르면 모든 학생이 기초적인 읽기 능력을 갖춘 채 학교를 졸업할 경우 약 1억 7100만 명이 빈곤에서 벗어날 수 있으며, 세계 빈곤율도 약 12% 감소할 수 있는 것으로 나타났다. 빈곤국에서 실시되는 국제개발협력 사업 가운데서도 아동 · 청소년 교육 지원은 중요한 분야로 꼽히는 것도 이 때문이다.

> ☑ 시험에서는 이렇게 물어본다!
> 빈곤의 악순환을 극복하기 위한 방법으로 가장 효과적인 것을 말해보시오.

2024 · 2022 | 농협은행

소득분배가 균등하게 분배되는가를 나타내는 지수

소득분배의 불균형수치를 나타내며, 주로 빈부의 격차를 설명할 때 인용한다. 지니계수는 0 ~ 1사이의 숫자로 표시되는데, 분배가 완벽하게 균등할 때를 0, 분배가 완전히 불균등 할 때를 1로 표현한다. 숫자가 0에 가까울수록 소득분배가 잘 이루어진 것이고, 1에 가까울수록 소득 불균형이 심하다고 본다. 보통 0.4가 넘으면 소득분배의 불평등 정도가 심한 것으로 본다. 또한 지니계수는 근로소득이나 사업소득 등 소득분배상황과 부동산과 금융자산 등 자산분배상황도 알 수 있다.

> ☑ 시험에서는 이렇게 물어본다!
> 지니계수가 1에 가까울수록 나타나는 현상은?

2019 | 농협은행

총가계 지출액 중에서 식료품비가 차지하는 비율

일반적으로 식료품은 소득의 높고 낮음에 관계없이 반드시 얼마만큼 소비해야 하며 동시에 어느 수준 이상은 소비할 필요가 없는 재화이다. 그러므로 저소득 가계라도 반드시 일정한 금액의 식료품비 지출은 부담하여야 하며, 소득이 증가하더라도 식료품비는 크게 증가하지 않는다. 이러한 까닭에 식료품비가 가계의 총 지출액에서 차지하는 비율은 소득 수준이 높아짐에 따라 점차 감소하는 경향이 있다. 1857년 독일의 통계학자 엥겔이 가계지출을 조사하여 확인한 결과 이러한 경향을 확인하였으며, 그의 이름을 따서 '엥겔의 법칙', 식료품비가 가계지출액에서 차지하는 비중을 '엥겔지수'라고 부르게 되었다

> ☑ 시험에서는 이렇게 물어본다!
> 엥겔지수와 지니계수의 차이에 대해 약술하시오.

엔젤계수
Angel Coefficient

가계에서 지출하는 비용 중 아이들(유아에서 초등학생까지)을 위해 사용되는 돈이 차지하는 비중

엔젤계수에는 과외비와 학원비 같은 교육비, 장난감 구입비, 용돈, 의복비, 아이들을 위한 외식비 등이 포함된다. 우리나라의 경우 엔젤계수가 높은 편인데, 아무리 가정 형편이 어려워도 아이들을 위한 지출은 줄지 않고 있기 때문이다. 특히 교육비를 미래를 위한 투자로 인식하기 때문에 부모들은 불황이 심할수록 교육비를 늘리지 않으면 불안해하고, 아울러 불황일수록 교육경쟁은 더 치열해지면서 과외비와 학원비 같은 교육비가 증가한다. 한편 어린이를 대상으로 하는 사업을 엔젤 비즈니스라고 한다.

> **관련기사** 저소득층은 '엥겔계수', 고소득층은 '엔젤계수' …
>
> 소득이 낮을수록 식료품비 지출 비율이 높은 것을 엥겔의 법칙이라 하며, 소비지출에서 식료품비가 차지하는 비율을 엥겔계수라고 한다. 이는 재화의 특성이기도 한데, 농축수산물 등 식료품 물가가 급등하자 저소득층의 엥겔계수는 높아졌으며, 고소득층일수록 식료품비보다 교육비 지출 부담이 더 높은 것으로 나타났다.

리쇼어링
Reshoring

해외에 나가 있는 자국기업들을 각종 세제 혜택과 규제 완화 등으로 다시 불러들이는 정책

생산비와 인건비 절감 등을 이유로 생산시설을 해외로 옮긴 기업들이 보호무역주의의 확산과 기술적인 측면에서 스마트 팩토리(SmartFactory)의 확산으로 다시 자국으로 돌아오는 현상이다. 인쇼어링, 온쇼어링, 백쇼어링도 비슷하며 오프쇼어링과는 반대되는 개념이다.

조세피난처
Tax Haven

법인세, 개인소득세에 대한 원천과세가 전혀 없거나 과세 시에도 아주 저율의 세금이 적용되는 등 세제상의 특혜를 제공하는 국가나 지역

조세피난처는 세제상의 우대조치뿐 아니라 외국환관리법, 회사법 등의 규제가 완화되고 기업을 경영하는데 장애요인이 적고 모든 금융 거래의 익명성이 철저히 보장되어야 가능하다.

> **상식PLUS⁺** 조세피난처 유형
>
> ㉠ 택스 파라다이스(Tax Paradise) : 개인소득세·법인세 등 자본세를 전혀 부과하지 않는 나라로 바하마, 버뮤다군도, 케이맨 제도 등이 해당된다.
> ㉡ 택스 셸터(Tax Shelter) : 국외 원천소득에 대해 과세하지 않고 국내 원천소득에만 과세를 하는 곳으로 홍콩, 라이베리아, 파나마 코스타리카 등이 있다.
> ㉢ 택스 리조트(Tax Resort) : 특정한 형태의 기업이나 사업 활동에 세제상 우대조치를 부여하는 곳으로 룩셈부르크, 네덜란드, 스위스 등이 있다.

경제자유구역
Free Economic Zone

해외 투자자본과 기술을 적극적으로 유치하기 위하여 세제 감면이나 규제 완화 등 혜택을 부여한 특별 지역

외국인의 투자 유치를 촉진하고, 국가경쟁력 강화 및 지역 간 균형 발전을 위해 도입한 제도이다. 국제경영활동에 최적의 환경을 제공하기 위해 조성하는 특별경제구역으로 열악한 기업 환경, 기존제도의 한계, 동북아시아의 위상변화 등에 따라 우리나라의 지정학적 위치를 최대한 활용하여 동북아의 물류중심으로 육성하고, 첨단산업 및 지식기반의 고부가가치 산업을 신 성장 동력으로 활용하는데 의의가 있다. 2003년에 인천을 시작으로 부산·진해, 광양만권, 경기, 대구·경북, 충북, 강원, 광주, 울산 등 조성되고 운영하고 있다.

주식 상장
株式上場

요건에 충족한 기업이 발행한 주권을 증권시장에서 거래할 수 있도록 부여하는 자격

한국거래소(KRX)에서 심사하며 이는 어디까지나 증권시장에서 자유롭게 거래할 수 있도록 허용하는 것일 뿐, 가치를 보증받는 것은 아니다.

> **상식PLUS** 상장의 종류
> ㉠ **신규상장(新規上場)** : 기업이 발행한 주권을 처음 증권시장에 상장시키는 것을 말한다.
> ㉡ **신주상장(新股上市)** : 증자, 합병, 전환사채 혹은 신주인수권부사채를 소유한 자의 권리 행사 등으로 새롭게 발행한 주권을 상장시키는 것을 말한다.
> ㉢ **재상장(再上場)** : 상장법인의 분할 또는 분할합병에 의하여 설립된 법이나, 상장법 인간의 합병에 의하여 설립된 법인 또는 상장이 폐지된 후 5년이 경과되지 않은 법인이 발행한 주권을 상장시키는 것을 말한다.
> ㉣ **변경상장(變更上場)** : 주권의 기재내용이 변경(상호, 종류, 액면금액 등)되거나 새 주권을 교체 및 발행하여 상장시키는 것을 말한다.

장외주식
場外株式

현금 보유가 많아 공모를 통한 상장이 필요하지 않은 경우나 상장요건에 미달하거나 상장 준비 중인 경우의 주식

유가증권이나 코스닥 시장에 상장되지 않은 회사의 주식을 말한다. 장외주식은 미래의 성장 잠재력을 가지거나 가치가 제대로 반영되지 않은 종목들이 많기 때문에 의외의 고수익을 창출할 수도 있지만 주식종목의 정보를 구하기가 쉽지 않다는 단점이 있다.

> **상식PLUS** 기업성장집합투자기구(BDC)
>
> 성장 가능성이 유망한 벤처기업에 자금을 공급하는 시스템이다. 금융위원회에서는 「자본시장과 금융투자업에 관한 법률」을 개정하면서 BDC를 도입하였다. 비상장 기업을 중심으로 투자하는 집합투자기구 형태이다. 집합투자증권을 발행하고 거래소에 의무적으로 상장된다. 이때 투자대상 기업에 BDC 자산의 일정비율을 투자하는 것으로 다수에게 자금을 모으는 공모펀드 규모의 경제와 사모펀드의 운용전략이 결합된 것이다.

주가연동예금
ELD :
Equity Linked Deposit

수익이 주가지수의 변동에 연계해서 결정되는 은행 판매 예금

고객의 투자자금은 정기예금에 넣고, 창출되는 이자만을 파생상품에 투자하여 수익을 낸다. 투자 대상 파생상품은 제한 없이 다양하고 중도 해지가 가능하지만 원금에 손실을 입을 수 있다. 증권사의 주가연계증권(ELS)에 비해 안정성이 높으며, 원금은 예금자보호법에 따라 보장되고 지급이자는 주가지수나 주식가격에 연동하여 결정된다. 투자방식은 투자액의 대부분을 정기예금에 넣고, 여기서 나오는 이자를 주가지수 옵션 등 파생상품으로 운용하여 발생한 수익을 고객에게 지급하는 방식으로 이루어진다. 주가연동예금(ELD)은 원금이 보장되며, 주가지수가 높아질수록 고수익을 얻을 수 있다. 또한 생계형·세금우대형으로 가입하면 세금절감의 효과도 얻을 수 있으나 중도에 해지할 경우에는 수수료를 물어야 하기 때문에 경우에 따라 원금이 손실될 수도 있다. 또 주가의 변동에 따라 수익률의 상한과 하한을 둔다는 점도 유의하여야 한다.

주가연계증권
ELS :
Equity Linked Securties

2022 · 2021 | 농협은행

개별 주식의 가격이나 주가지수와 연계하여 수익률을 결정하는 파생 상품

금융기관과 금융기관, 금융기관과 일반기업 간의 맞춤 거래를 기본으로 하는 '장외파생 상품'이다. 거래의 결제 이행을 보증해주는 거래소가 없기 때문에 일정한 자격을 갖춘 투자매매업자만이 발행이 가능하다. 즉, 영업용 순자본비율이 300% 이상이며, 장외파생 상품 전문 인력을 확보하고, 금융위원회가 정하는 '위험관리 및 내부통제 등에 관한 기준'을 충족하는 투자매매업자가 발행할 수 있다.

> ☑ 시험에서는 이렇게 물어본다!
> 주가연계증권(ELS)의 수익 구조는?

237 ■■■

주가연계펀드

ELF :
Equity Linked Fund

2020 | 농협은행

투자신탁회사가 주가지수연동증권(ELS)상품을 펀드에 편입하거나, 자체적으로 원금보존추구형 펀드를 구성해 판매하는 형태의 상품

대부분의 펀드자산은 국공채나 우량회사채 등의 안전자산에 투자하여 만기 때에 원금을 확보하며, 나머지 잔여자산은 증권회사에서 발행한 권리증서에 편입해 펀드 수익률이 주가에 연동되도록 설계한다. 따라서 ELF는 펀드의 수익률이 주가나 주가지수 움직임에 의해 결정되는 구조화된 수익구조를 갖는다. ELF의 형태는 베리어형, 디지털형, 조기상환형 등 수익구조에 따라 다양한 종류가 있을 수 있다. 그 중 원금보장형과 조기상환형이 대표적 형태로 원금보장형은 원금은 보장하되 주가가 상승 혹은 하락 시 상승 혹은 하락률의 일정비율을 이자로 지급하는 것이다. 주가지수 및 개별 주식에 연동되어 수익이 지급되는 장외파생 상품으로는 ELF 외에 ELD과 ELS이 있다.

> ☑ 시험에서는 이렇게 물어본다!
> 주가연계펀드(ELF)가 다른 전통적인 펀드와 구별되는 점은 무엇인지 말해보시오.

238 ■■■

백도어 리스팅

Backdoor Listing

2019 | 농협계열사

장외기업이 상장 기업과의 합병을 통해 상장심사나 공모주 청약 등의 절차를 밟지 않고, 바로 장내로 진입하는 것

상장 때까지 걸리는 시간과 비용을 절감하기 위해 이미 상장된 회사를 이용하는 일종의 우회등록이다. 장외기업들은 현금으로 지분 인수 · 주식 맞교환(스와핑)을 이용해서 상장(등록) 기업과 합병을 통해 상장요건이 되지 않는 기업이 우회하여 상장하는 것이다.

> ☑ 시험에서는 이렇게 물어본다!
> 백도어 리스팅을 활용하는 이유는?

239 ■■■

수퍼 개미

Super Catfish

2020 | 지역농협

자산 규모가 큰 개인투자자

우리나라에 수퍼 개미란 용어가 등장한 것은 1990년대 중반으로, 당시는 주로 선물이나 옵션 등 변동성이 큰 상품을 매매하여 큰돈을 번 개인들을 지칭하는 용어로 사용되었으며, 이들은 사회에 대한 파급효과보다는 개인적인 차원에서 투자 수익을 극대화하는 게 목표였다. 그러나 2000년대 들어 수퍼 개미는 새롭게 진화하면서 자신의 실체를 좀 더 분명히 드러낸다. 상당수가 단순투자를 넘어 경영참여를 선언하며 주주행동주의를 적극 실천하고 자본시장의 주역으로 부상하고 있다

> ☑ 시험에서는 이렇게 물어본다!
> 수퍼 개미의 특징은?

애널리스트
Analyst

기업과 관련된 조사와 분석을 담당하는 사람

기업의 현재 가치를 정확히 측정할 뿐만 아니라 미래 가치에도 주목한다. 경기흐름이라는 거시적인 틀 속에서 기업의 재무 및 손익구조 등을 분석해 기업의 적정 주가를 산출하고, 그 결과가 주식시장에 연결되며, 해당 기업의 주가가 기업의 내재가치보다 낮아 저평가되면 매수를, 반대일 경우에는 매도의견을 낸다. 또한 이들의 한마디에 주가가 출렁이기도 한다.

출자전환
Debt equitySwap

채권 금융기관이 부실기업에 빌려준 돈을 주식으로 전환하는 방식

출자전환의 장점은 우선 차입금이 자본금으로 전환됨으로서 기업의 재무비율이 개선되고, 지급이자 부담이 줄어들어 흑자전환을 할 수 있다는 것이다. 반면 차입금의 출자전환으로 대주주가 채권자로 교체될 수 있어 회사의 지배권이 바뀌고, 모든 경영사항에 대하여 채권자의 동의를 얻어야 하기 때문에 절차가 번거로우며, 중요한 투자에 대하여 적극적이지 못한다는 단점을 지닌다.

액면분할
額面分割

하나의 주식을 분할하는 것

주식수를 늘려 유동성을 높이고 단가를 낮추기 위한 방법으로 하나의 주식을 여러 주식으로 분할하는 것을 말한다. 한편 액면병합은 액면가를 높이는 것으로 낮아진 주가를 끌어올리기 위해 사용된다. 주식수가 줄어든다는 측면에서는 감자와 비슷하지만 자본금에 변화가 없으며 주주들의 지분 가치에도 변함이 없다는 점이 다르다.

돈맥경화
—脈硬化

돈이 시중에 돌지 않는 상태

자금이 시중에서 순환하지 못하는 상태를 동맥경화에 빗대어 표현한 것으로 경제불황이나 여러 가지 요인으로 투자와 소비가 감소하고 자금 순환 속도가 떨어지는 경우에 사용한다.

주식회사가 자본금을 줄이는 것

각종 잉여금과 자기자본을 포함한 자산에서 부채요인을 빼서 순수자산가치를 산정한 뒤 그만큼만 자본으로 인정하는 것을 말한다. 감자는 기존 주주들에게 큰 손해를 초래할 수 있는 사안이기 때문에 주주총회의 특별결의를 거쳐야만 시행할 수 있다.

상식PLUS⁺ 감자 종류

구분	내용
유상 감자	• 기업에서 자본금의 감소로 발생한 환급 또는 소멸된 주식의 대가를 주주에게 지급하는 것을 말한다. • 회사규모에 비해 자본금이 지나치게 많다고 판단될 경우 자본금 규모를 적정화하여 기업의 가치를 높이고 주가를 높이기 위해 사용한다.
무상 감자	기업에서 감자를 할 때 주주들이 아무런 보상도 받지 못하고 정해진 감자 비율만큼 주식 수를 잃게 되는 것을 말한다.

금융소비자 보호의 실효성을 높이고 국민경제 발전에 이바지함을 목적으로 하는 법

금융소비자의 권익 증진과 금융상품판매업 및 금융상품자문업의 건전한 시장질서 구축을 위하여 금융상품판매업자 및 금융상품자문업자의 영업에 관한 준수사항과 금융소비자 권익 보호를 위한 금융소비자정책 및 금융분쟁조정절차 등에 관한 사항을 규정함으로써 금융소비자를 보호하기 위한 법에 해당한다. 금융회사에서는 금융상품을 판매할 때, 적합성ㆍ적정성 원칙 및 설명의무, 불공정영업행위 금지, 부당권유행위 금지, 광고 관련 준수사항 등을 준수하여야 한다. 금융회사가 법으로 정한 판매원칙을 위반한 경우 소비자는 계약해지를 요구할 수 있다. 또한 금융소비자는 상품을 가입하고 정해진 기간 안에 계약을 철회가 가능하다. 또한 금융거래 분쟁은 금감원에서 분쟁조정을 신청할 수 있다.

장기간에 걸친 시장 강세

황소가 뿔을 하늘을 향해 찌르는 모습처럼, 시장 시세의 강세나 강세가 예상되는 경우를 말한다. 최근 저점대비 20% 이상 상승했을 때를 의미하곤 한다. 강세시장을 예고하는 패턴으로는 장기하락 후의 상승 전환 등이 있다.

상식PLUS⁺ 베어마켓(Bear Market)

곰이 앞발을 아래로 내려치는 모습처럼, 주식시장이 하락하거나 하락이 예상되는 경우를 말한다. 거래가 부진한 약세 시장을 의미한다. 고점 대비 20% 이상 하락하는 경우를 의미한다. 주가가 하락하는 가운데 일시적으로 주가가 상승하는 현상은 베어마켓 랠리(Bear Market Rally)라고 하는데, 기간은 길지 않다.

SWIFT
Society for Worldwide
Interbank Financial
Telecommunication

2021 | 농협은행 2020 | 지역농협 2020 | 농협중앙회

안전한 금융 거래를 위한 유럽의 금융통신망

금융 거래 관련 메시지를 안전하고 효율적으로 주고받기 위하여 유럽 지역의 은행들이 설립한 금융통신망이다. 1973년에 설립되어 금융기관 간 자금이체, 신용장 개설 및 통지, 외환거래, 추심, 신디케이트 등에 관한 메시지 송수신에 주로 이용되며, 일부 국가의 중앙은행 거액결제 시스템 통신망으로도 활용되고 있다.

> ☑ 시험에서는 이렇게 물어본다!
> SWIFT의 역할은?

248 ■■■

디폴트
default

계약에서 정해진 원리금 변제나 지불 시기를 이행하지 못하고 원리금 상환이 불가능한 상태

국가가 전쟁, 혁명, 내란 등을 겪거나 민간기업이 경영부진과 도산 등으로 지불불능 상태가 되는 경우가 원인이다. 정해진 상환기간 안에 채무원리금을 상환하지 못해서 부도를 이르는 상황으로 채무불이행이라고도 한다.

249 ■■■

모라토리엄
Moratorium

한 국가가 경제 · 정치적인 이유로 외국에서 빌려온 차관에 대해 일시적으로 상환을 연기하는 것

모라토리엄은 상환할 의사가 있다는 점에서 지급거절과는 다르며, 외채를 유예받지만 국제적으로 신용이 하락하여 대외거래에 여러 가지 장애가 뒤따른다. 또한 환율이 급등하고 신용경색으로 물가가 급등하여 전반적으로 심각한 경제적 혼란을 겪게 된다. 모라토리엄을 선언하면 채권국은 채무국과 채무조정 작업을 하게 된다. 만기를 연장하거나, 여러 형태의 구조조정 작업을 통해 신뢰도를 높이고, 모라토리엄 선언 이전에 상환연기나 금리 재협상, 원리금을 추가 대출금으로 돌리는 재융자, 원금삭감 등의 방법을 협상하기도 한다.

250 ■■■

이머징 마켓
Emerging Market

2020 | 농협계열사

자본시장 부문에서 급성장하고 있는 국가들의 시장

금융시장과 자본시장에서 빠르게 성장하고 있는 국가들의 신흥시장으로, 특히 개발도상국 가운데 산업화가 빠르게 진행되고 있는 국가의 시장을 뜻한다.

> ☑ 시험에서는 이렇게 물어본다!
> 이머징 마켓에서 발생할 수 있는 투자리스크는?

윤리라운드

ER : Ethic Round

경제활동의 윤리적 환경과 조건을 각 나라마다 표준화하려는 국제적인 움직임

비윤리적 기업의 제품은 국제거래에서 규제하자는 윤리라운드(ER)가 우루과이라운드(UR) 이후 국제 경제 질서에 새롭게 등장하여, 21세기 들어 중요한 통상과제로 떠오르고 있다. 윤리라운드(ER)의 목표는 비윤리적인 방법으로 원가를 절감시켜 제조한 제품의 국제 간 거래는 불공정거래로 인식하고, 기업윤리강령의 윤리를 실천하는 기업의 제품만 국제거래가 되도록 하자는 것이다. 미래의 경제 환경에서는 경제운용의 구조적 효율성을 중시하는 풍토가 일반화되고, 토지 · 노동 · 자본 등과 함께 생산요소에서 윤리항목이 중요한 자리를 차지할 전망이다.

252 ■■□

최혜국 대우

MFN :
Most Favored
Nation Treatment

2020 | 농협계열사

관세 · 항해 등 양국 간 관계에서 지금까지 다른 나라에 부여한 대우 중 최고의 대우를 해주는 것

제3국에 부여하고 있는 조건보다 절대 불리하지 않은 대우를 해 주는 것이다. GATT는 최혜국 대우가 대표적인 일반원칙으로서 이에 대한 예외를 매우 엄격하게 규제하고 있다. 일단 두 나라 간 최혜국 대우를 적용하기로 하면 이중 한 나라가 제3국과 보다 유리한 무역협정을 맺어도 그 효력은 별도의 합의 없이도 상대 최혜국 대우 국가에도 적용된다.

> ☑ 시험에서는 이렇게 물어본다!
> 최혜국 대우를 체결한 국가 간 무역에서 발생할 수 있는 효과는?

253 ■■□

전환사채

CB : Convertible Bond

일정 기간이 지나면 채권 보유자의 청구가 있을 때 미리 결정된 조건대로 발행회사의 주식으로 전환 가능한 특약이 있는 사채

발행만기 기간과 전환가격 등을 표시하며, 주식으로 전환하지 않을 경우 별도로 정해놓은 이자율을 받을 수 있다. 전환사채를 발행하려면 정관을 통해 주식으로의 전환 조건과 전환으로 인해 발행할 수 있는 사항이나 전환을 청구할 수 있는 기간 등을 정해야 한다. 전환사채의 발행방식은 공모와 사모가 있는데, 공모는 인수단이 구성돼 주식을 인수한 후 투자자에게 판매하는 방식으로 거래소 상장, 신고서, 사업설명서 제출 등 법적장치를 수반해 발행되므로, 관련 사항이 투자자에게 신속히 전달된다. 사모는 특정소수의 기관을 대상으로 모집되어 일반투자자는 투자참여 및 발행정보공유에서 배제되므로 기존의 일반주주의 경우 사모전환사채가 주식으로 전환될 때는 통상적 신주인수권을 원칙적으로 봉쇄당한 채 증자에 따른 불이익을 떠안게 된다.

신주인수권부사채
BW :
Bond with Warrant

2021 | 농협은행

일정 기간이 지나면 미리 정해진 가격으로 주식을 청구할 수 있는 사채, 주식, 채권, 외환 등의 정해진 수량을 약정한 값에 매매할 수 있는 권리가 붙은 사채

대개는 고정된 이자를 받을 수 있는 채권과 주식인수권리를 따로 매매할 수 있다. 만기보장, 수익률, 인수권 행사자격 등 발행조건이 전환사채의 경우와 같으나 전환사채는 사채권자의 전환권행사에 의하여 사채권자의 지위를 상실하고 주주가 되며 신주인수의 대가로서 별도의 출자를 요하지 아니하나, 신주인수권부사채는 사채권자가 신주인수권을 행사하더라도 사채가 소멸하지 않고 신주인수의 대가로 별도의 출자를 요하므로 사채권자와 동시에 주주의 지위를 가진다. 다만, 신주인수권부사채의 상환에 갈음하여 그 가격으로 신주의 발행가액의 납입을 대신하는 대용납입을 할 수 있으므로, 이 경우에는 전환사채와 비슷하게 된다. 전환사채는 사채권과 전환권이 동일증권에 의하여 표창되나, 신주인수권부사채는 신주인수권을 행사하더라도 사채권에는 영향이 없기 때문에 사채권과 신주인수권을 반드시 동일증권에 의하여 표창할 필요가 없다.

> ☑ 시험에서는 이렇게 물어본다!
> BW투자자가 선택할 수 있는 것은?

인덱스 펀드
Index Fund

특정 주가 지표 변동과 비례하게 포트폴리오를 구성하여 펀드의 수익률을 이들 지표와 동일하게 실현하고자 하는 투자 펀드

인덱스 펀드의 목적은 주식시장의 장기적 성장 추세를 전제로 하여 주가지수의 변동에 따라 함께 움직이는 포트폴리오를 구성·운용하여 시장의 평균 수익률을 실현하는 데 있다. 또한 최소한의 비용과 인원으로 투자 위험을 최대한 줄이기 위해 가능한 한 적은 종목으로 주가지표 움직임에 근접한 포트폴리오를 구성하는 것이 이 펀드의 운용 핵심이다. 인덱스펀드의 장점으로는 매입하여 보유하는 것을 원칙으로 하여 일반펀드에 비해 거래 수수료나 비용이 적게 드는 반면, 시장이 침체될 경우에는 펀드 수익률도 동반 하락한다는 단점이 있다.

벌처 펀드
Vulture Fund

기업구조조정 펀드로 부실한 기업을 저가로 인수해 상황이 호전된 후 고가로 되팔아 수익을 내는 기금이나 회사

벌처(Vulture)란 동물의 시체를 파먹고 사는 대머리수리로, 냉혹하지만 생태계를 유지해 주는 순기능도 한다는 유래에서 벌처펀드라는 이름이 붙었다. 벌처펀드는 1980년대 미국의 금융위기 과정에서 본격적으로 출현했으며, 현재 미국·영국 등 선진국에서는 민간 주도로 기업의 구조조정을 할 만큼 보편화되어 있다. 우리나라는 1999년에 회생하기 힘든 업체의 구조조정 지연문제를 해결하기 위해 도입되었다.

엄브렐러 펀드
Umbrella Fund

2020 | 농협중앙회

하나의 펀드 아래 서로 다른 여러 개의 하위 펀드가 모여 구성된 상품

투자자금을 시장상황과 고객의 투자목적, 특성에 따라 주식형, 채권형 등으로 이동할 수 있는 펀드를 말하며 직접투자와 간접투자의 중간성격을 갖고 있다. 주식투자를 하다 증시가 조정을 받을 경우 MMF, 채권 등에 투자해 수익률을 높이는 선진국형 상품이다. 기존 하이일드 펀드보다 더 많은 공모주를 배정받을 수 있어 고수익이 기대되지만 부실채권을 모아 담보로 발행한 후순위채권에 주로 투자해 다소 위험도 있다.

> ☑ 시험에서는 이렇게 물어본다!
> 엄브렐러 펀드의 장점은?

상장지수펀드
ETF :
Exchange Traded Fund

2020 | 농협은행

주식처럼 거래가 가능하고, 특정 주가지수의 움직임에 따라 수익률이 결정되는 펀드

인덱스 펀드를 거래소에 상장시켜 투자자들이 주식처럼 편리하게 거래할 수 있도록 만든 상품이다. 투자자들이 개별 주식을 고르는 데 수고를 하지 않아도 되는 펀드투자의 장점과, 언제든지 시장에서 원하는 가격에 매매할 수 있는 주식투자의 장점을 모두 가지고 있는 상품으로 인덱스 펀드와 주식을 합쳐놓은 것과 같다. 최근에는 시장지수를 추종하는 ETF외에도 배당주나 거치주 등 다양한 스타일을 추종하는 ETF들이 상장되어 인기를 얻고 있다.

> ☑ 시험에서는 이렇게 물어본다!
> 상장지수펀드에 대해 약술하시오.

K자형 회복

고학력 · 고소득 노동자와 저학력 · 저소득 노동자의 양극화 현상

고학력 · 고소득 노동자는 경기침체에서 빠르게 회복하는 반면에 저학력 · 저소득 노동자는 회복이 어렵거나 오히려 소득이 감소하는 등의 양극화 현상을 일컫는다. 보통은 경기하락이 급격하게 나타났다가 회복되는 V자형, 일정 기간 동안은 침체되다가 회복되는 U자형으로 나타나나 팬데믹 이후 임금과 교육수준, 인종 등에 따른 새로운 형태의 경제회복이 나타나고 있다. 고소득층에서는 정보기술을 중심으로 교육과 노동에 타격이 거의 없는 반면, 저소득층에서는 사실상 불가능하여 빈부격차가 악화되고 있다.

260 ■■■
더블 딥
Double Dip

경기가 저점을 통과한 후 다시 침체에 빠지는 경우

일반적으로 2분기 연속 마이너스 성장을 벗어나 회복 기미를 보이다 다시 2분기 마이너스 성장을 기록하는 상황으로 경제 사이클 그래프로 그려보면 W자 모양으로 나타나 이중 하락, 이중 하강, 이중 침체 등으로 표현된다. 더블 딥이란 용어는 2001년 미국에서 처음 등장했는데, 경기침체는 기업투자 부진과 민간소비 약화가 요인이다. 경기침체기에는 기업들의 생산활동이 타격을 받아 기업 재고가 줄고, 다시 이를 채우기 위한 수요가 늘어나 생산 증가로 이어지지만 경기침체기 후반에는 그동안 늘어난 실업자가 누적되어 수요 감소로 이어지면서 전보다 더 심각한 경기침체를 가져온다.

261 ■■■
페이데이 론
Payday Loan

2020 | 지역농협 2020 | 농협중앙회

월급날 대출금을 갚기로 하고 돈을 빌리는 초고금리 소액 대출

미국은 신용위기 상황이 지속되면서 서민들이 모기지 이자상환을 위해 높은 금리임에도 급전을 마련하는 경우로 인해 가계파산이 늘어 경제에 부정적인 영향을 끼쳤다.

> ☑ 시험에서는 이렇게 물어본다!
> 페이데이 론의 위험성에 대해 말해보시오.

262 ■■■
퀀텀 점프
Quantum Jump

단기간에 비약적으로 성장하는 것

원자에 에너지를 가하면 전자의 회전 속도가 빨라지다가 임계점 이상의 에너지가 쌓이면 한 단계 더 높은 궤도로 뛰어오르게 되는 현상을 경제학에서 차용한 표현으로 단기간 성장을 이루는 것을 말한다. 기업이 사업구조나 사업방식 등의 혁신을 통해 단기간에 비약적으로 실적이 호전되는 경우에 퀀텀 점프라는 용어를 사용하고 있다.

263 ■■■
온렌딩 대출
On Lending

2020 | 지역농협 2020 | 농협중앙회

중소기업 정책자금 지원 대출

한국정책금융공사가 시중 은행에 중소기업 대출 자금을 빌려주면 민간 은행이 여신심사를 통하여 지원 대상 기업을 골라 대출해 주는 중소 · 중견기업 지원 전문 정책금융이다.

> ☑ 시험에서는 이렇게 물어본다!
> 온렌딩 대출의 특징은?

크라우드 펀딩
Crowd Funding

인터넷 등을 통해 대중에게 자금을 모으는 투자 방식

매체를 활용해 자금을 모으는 투자 방식으로 소셜 펀딩이라고도 불린다. 자금이 없는 예술가나 사회활동가 등이 자신의 창작 프로젝트나 사회공익프로젝트를 인터넷이나 SNS에 공개하고 익명의 다수에게 투자를 받는다. 기간 내에 목표액을 달성하지 못하면 후원금이 전달되지 않기 때문에 창작자나 후원자 모두 프로젝트의 홍보를 돕게 된다. 현재는 SNS 등을 활용해 영화 · 음악 등의 문화상품이나 IT분야에서 활발히 이용되고 있으며 아이디어 창업 등 응용 범위에 제한이 없다는 것이 장점으로 꼽히고 있다.

상식PLUS 크라우드 펀딩 형태

구분	내용
후원형	대중의 후원으로 목표 금액을 달성하면 프로젝트가 성공하는 방식으로, 공연과 예술 분야에서 많이 활용되고 있다.
기부형	보상이나 대가 없이 기부 목적으로 지원하는 방식이다.
대출형	개인과 개인 사이에서 이뤄지는 P2P 금융으로, 소액 대출을 통해 개인 혹은 개인사업자가 자금을 지원받고 만기에 원금과 이자를 다시 상환해 주는 방식이다.
증권형	이윤 창출을 목적으로 비상장 주식이나 채권에 투자하는 형태로, 투자자는 주식이나 채권 등의 증권으로 보상받는다.

☑ 시험에서는 이렇게 물어본다!
온라인 플랫폼을 이용하여 대중으로부터 자금을 조달하는 방식은?

금산분리
金産分離

금융자본과 산업자본 간에 소유하는 것을 금지하는 원칙

은행과 기업 간의 결합을 제한하는 것으로 기업들이 은행을 소유할 수 없도록 법으로 규정한 것이다. 산업자본이 금융자본을 지배하게 될 경우, 은행 돈을 보다 쉽게 쓸 수 있으므로 무분별한 투자와 사업 확장을 하기 쉬워진다. 이러한 경우 다른 기업들과의 자본 조달에 있어서 차별이 생길 수 있고 투자자금이 부실화된다면 은행에 돈을 예금한 예금주들은 큰 피해를 입게 될 수 있다. 한편에서는 산업자본의 금융참여 제한은 외국계자본의 국내 금융 산업지배 현상을 심화시키므로 금산분리를 완화하여 국내자본으로 은행을 방어해야 한다는 의견이 일기도 한다.

수탁회사
受託會社

2020 | 농협계열사

주식, 채권, 유가증권 등 실물을 보관하는 회사

통상 은행이 수탁회사가 되며, 투신사·투신운용사 등 돈 굴리기를 전문으로 하는 회사들은 자본시장과 금융투자업에 관한 법률에 따라 고객 돈으로 투자한 유가증권을 별도기관인 수탁회사에 맡겨야 한다. 수탁업무는 금전신탁과 재산신탁으로 나누는데, 금전수탁은 운용방법을 특별하게 정해 놓는지의 여부에 따라 특정금전신탁과 불특정금전신탁으로 구분한다.

> ☑ 시험에서는 이렇게 물어본다!
> 수탁회사 역할과 기능은?

뱅크론
Bank Loan

은행 간의 차관

은행이 차입국의 은행에 융자하여 그 금융기관이 자기책임하에 자국의 기업에 대해서 자금을 대부하는 방식으로 저개발국에 대한 민간경제협력의 하나이다. 보통의 차관은 정부나 기업이 개발도상국의 정부나 기업에 대해 자금을 대출하지만 뱅크론은 은행이 개발도상국의 은행에 대해 대출한다.

팩토링
Factoring

금융기관들이 기업으로부터 매출채권을 매입한 것을 바탕으로 자금을 빌려주는 제도

기업들이 상거래 대가로 현금 대신 받은 매출채권을 신속히 현금화, 기업 활동을 돕자는 취지로 1920년대 미국에서 처음 도입되었다. 기업이 상품 등을 매출하고 받은 외상매출채권이나 어음을 팩토링 회사(신용판매회사)가 사들여 채권을 관리하며 회수하고, 사들인 외상매출채권이 부도가 날 경우의 위험 부담은 팩토링 회사가 부담한다. 상품을 매출한 기업으로서는 외상판매 또는 신용판매를 하고도 현금판매와 같은 효과를 얻을 수 있고, 채권의 관리·회수에 필요한 인력과 비용을 덜 수 있는 이점이 있다. 한국에서는 1980년부터 팩토링 금융이 도입되어 빠른 성장을 보이고 있다.

거북선 펀드

노후화된 해양경찰청 경비함정을 교체하기 위해 정부 주도 아래 민간 자본을 유치하는 선박 펀드

정부의 주도 아래 민간자본이 참여한 관공선 전용 선박 펀드를 말한다. 개인 투자자는 당초 정해진 안정적인 수익을 얻을 수 있고, 일반 펀드보다 저율 과세 혜택을 받을 수 있다.

자금세탁
방지제도
Anti Money
Laundering System

불법자금 세탁을 적발하고 방지하기 위한 제도

불법으로 증식한 재산의 출처를 숨기고 위장하여 변환하는 행위를 적발·방지하여 투명하고 공정한 금융 거래 질서를 확립하기 위한 제도이다.

상식PLUS 자금세탁 방지제도 구성

구분	내용
의심거래보고제도 (STR : Suspicious Transaction Report)	금융 거래(카지노에서의 칩 교환 포함)와 관련하여 불법재산이라고 의심되는 합당한 근거가 있거나 금융 거래의 상대방이 자금세탁행위를 하고 있다고 의심되는 합당한 근거가 있는 경우 금융정보분석원장에게 보고하는 제도이다.
고액현금거래보고제도 (CTR : Currency Transaction Reporting System)	일정금액 이상의 현금거래를 FIU에 보고해야 하는 제도로, 1일 거래일 동안 1천만 원 이상의 현금을 입금하거나 출금할 경우 거래자의 신원, 거래일시, 금액 등을 자동 보고한다. 주관적으로 판단하여 보고하는 의심거래보고제도와는 구별되며, 우리나라는 2006년에 처음 도입하였다. ※ 도입 첫해인 2006년에는 5천만 원이 보고 기준이었으나 2008년부터는 3천만 원, 2010년부터는 2천만 원, 2019년부터는 1천만 원으로 재조정되었다.
고객확인제도 (CDD : Customer Due Diligence)	금융회사 등이 고객과 거래 시 고객의 신원을 확인·검증하고, 실제 소유자, 거래의 목적, 자금의 원천을 확인하도록 하는 등 고객에 대해 합당한 주의를 기울이도록 하는 제도이다. ※ 고객알기정책(KYC : Know Your Customer Policy)이라고도 한다.
강화된 고객확인 (EDD : Enhanced Due Diligence)	고객별·상품별 자금세탁 위험도를 분류하고 자금세탁위험이 큰 경우에는 더욱 엄격한 고객확인, 즉 금융 거래 목적 및 거래자금의 원천 등을 확인하도록 하는 제도로, 2008년부터 시행하였다.

관련기사 FIU, 자금세탁방지 제도 개편 … 의심 계좌 정지·트래블룰 확대

금융위원회 금융정보분석원(FIU)이 마약, 도박, 테러자금조달행위 등의 추가 범행을 막기 위해 '중대 민생침해 범죄 의심계좌 정지제도'를 도입한다. 마약, 도박, 테러자금조달행위 등 특정 중대 민생침해범죄에 대해 FIU가 수사기관 요청 등에 따라 계좌정지를 결정할 수 있는 근거를 마련한다. 트래블룰도 확대한다. 지금은 국내거래소간 발생하는 100만 원 이상의 가상자산 거래에 한해서만 송신거래소가 수신거래소에 송수신인의 정보를 제공할 의무가 있다. 앞으로는 트래블룰을 확대해 100만 원 미만이라도 수신거래소가 정보를 확보할 수 있도록 한다. 또 국내 거래소가 개인지갑 혹은 해외거래소와 거래할 때는 송수신이 동일할 경우 등 저위험 거래만 허용하는 등 거래의 투명성을 제고할 예정이다. 스테이블 코인 제도화에 대비해 스테이블 코인에 대한 자금세탁방지 체계도 구축한다.

금융실명제
金融實名制

금융기관과 거래할 때에 본인 실명으로 거래해야하는 제도

은행예금이나 증권투자 등 금융 거래를 할 때 실명으로만 하게 하는 제도로 1993년에 도입되었다. 가명 거래, 차명 거래, 무기명 거래 등을 제도적으로 금지한다.

확정급여형
DB : Defined Benefit

2022 | 농협은행

근로자가 퇴직할 때 받을 퇴직급여가 사전에 확정된 퇴직 연금제도

사용자가 매년 부담금을 금융회사에 적립하여 책임지고 운용하며, 운용 결과와 관계없이 근로자는 사전에 정해진 수준의 퇴직급여를 수령하는 확정급여형 연금이다. DB형은 회사의 책임으로 퇴직 적립금을 은행·보험사 등 외부 금융회사에 맡겨 운용한다. 수익이 나도 회사가 갖고, 손실이 나더라도 회사가 책임진다. 근로자가 퇴직할 때 받는 돈에는 차이가 없다.

> ☑ 시험에서는 이렇게 물어본다!
> DB형과 DC형의 차이는?

확정기여형
DC :
Defined Contribution

2022 | 농협은행

사용자가 납입할 부담금(매년 연간 임금총액의 1/12 이상)이 사전에 확정된 퇴직연금제도

기업의 부담금은 확정되어 있으나 근로자가 받는 퇴직급여는 확정되지 않고 운용수익에 따라 달라지게 된다는 점이 DB형과 다르다. DC형은 회사가 퇴직 적립금을 근로자 개인의 퇴직연금 계좌로 보내주고 근로자 자신이 금융회사 선택에서부터 편입 상품까지 직접 골라 운용한다. 근로자가 운용을 책임지기 때문에 퇴직 때 받는 돈이 차이가 날 수 있다. 각 회사는 노사 합의에 따라 DB형과 DC형을 선택할 수 있다. 회사별로 DB형이나 DC형 한쪽만 있는 경우도 있고, 근로자가 선택할 수 있도록 하는 회사도 있다.

개인형 퇴직연금
IRP :
Individual
Retirement Pension

근로자가 이직하거나 퇴직할 때 받은 퇴직급여를 향후 연금화할 수 있도록 하는 퇴직연금제도

퇴직한 근로자가 퇴직 시 수령한 퇴직급여를 운용하거나 재직 중인 근로자가 DB나 DC 이외에 자신의 비용 부담으로 추가로 적립하여 운용하다가 연금 또는 일시금으로 수령할 수 있는 계좌이다.

개인신용평가시스템
CSS : Credit Scoring System

개인대출평가시스템

개인의 신상, 직장, 자산, 신용, 금융기관 거래정보 등을 종합평가해 대출여부를 결정해 주는 자동전산시스템이다. 각각의 개인대출 신청은 CSS 결과에 따라 자동승인, 재심사대상, 승인거절 등으로 분류된다. 예금 또는 거래 실적이 많은지 보다는 돈을 제대로 갚을 수 있는 능력이 있는지의 여부를 이 지표로 확인할 수 있으며, 이는 고객의 신용도를 가늠하는 가장 큰 고려사항이다.

276 ■□□
더블 위칭 데이
Double Witching Day

2020 | 농협계열사

선물과 옵션의 만기일이 겹치는 날

두 마녀의 날이라고도 한다. 선물과 옵션의 만기일이 겹치는 날에는 어떤 변화가 생길지 아무도 예측할 수 없다는 의미이다.

> ☑ 시험에서는 이렇게 물어본다!
> 더블 위칭 데이(Double Witching Day)의 의미는?

277 ■■□
쿼드러플 위칭 데이
Quadruple Witching Day

네 가지 파생상품(주가지수 선물과 옵션, 개별 주식 선물과 옵션)의 만기일이 겹치는 날

3 · 6 · 9 · 12월 둘째 목요일에 발생한다. 네 마녀가 돌아다녀 혼란스러운 것처럼 이날은 주식시장의 변동 폭이 넓어지고 예측이 힘들다는 사실을 바탕으로 네 마녀의 날이라고도 부른다. 네 마녀의 날에는 파생상품 관련 숨어있던 현물 주식 매매가 정리매물로 시장에 쏟아져 나오면서 예상하기 힘든 주가 움직임이 발생한다. 이는 파생상품 거래에서 이익 실현을 위해 주식을 팔거나 사는 물량이 급격하게 늘어나거나 줄어드는 것으로 주가의 이상폭등, 이상폭락의 가능성을 보여준다. 따라서 주식투자가들은 이를 기회로 삼아 투자전략을 마련하기도 한다. 미국에서 처음 시작된 이 용어는 트리플 위칭 데이(주가지수선물, 주가지수옵션, 개별 주식옵션)라 불렸으나 개별 주식선물이 도입된 2002년 12월부터 '쿼드러플 위칭 데이'로 변경되었다. 우리나라도 2008년 4월까지는 트리플 위칭 데이였으나, 2008년 5월 개별 주식선물이 도입되어 2008년 6월 12일 첫 번째 쿼드러플 위칭 데이를 맞았다.

278 ■■■
신용부도스왑
Credit Default Swap

2020 | 농협계열사

신용부도가 발생할 시 위험을 다른 곳에 넘기기 위한 위험 헤지 파생 상품

채무불이행의 위험을 대비하기 위한 수단으로, 채권을 발행하거나 금융기관에서 대출을 받아 자금을 조달한 기업의 신용위험만을 분리해서 사고파는 신종 금융파생상품 거래를 말한다. 즉, 채무불이행 위험을 회피하려는 보장매입자가 이 위험을 대신 부담하는 보장매도자에게 수수료를 지불하고 실제로 부도가 발생하면 사전에 약속한 보상을 지급받는 계약이다.

> ☑ 시험에서는 이렇게 물어본다!
> 신용부도스왑(CDS)의 기능은?

신용경색
Credit Crunch

2020 | 농협계열사

금융기관에서 돈이 제대로 공급되지 않아 기업들이 어려움을 겪는 현상

금융시장에 공급된 자금의 절대량이 적거나 자금이 통로가 막혀 있을 때 발생하는데, 특히 돈의 통로가 막혀 발생하는 신용경색은 치유하기가 어렵다. 신용경색이 발생하면 기업들은 자금 부족으로 인해 정상적인 경영이 어려워지고 무역업체들도 수출입 활동에 큰 제약을 받게 된다. 신용경색이 나타나는 과정은 먼저 일부 은행의 도산이나 부실화로 인해 금융시스템 내의 대출가능 규모가 줄어들게 되고, 이들 은행과 거래하던 기업들이 차입이 어려워지면서 기업의 도산 확률이 높아지게 된다. 이렇게 되면 건전한 은행들도 높아진 기업의 신용위험과 유동성위험 등에 대비하여 대출규모를 축소하기 때문에 금융시스템 내의 유동성 부족으로 자금공급의 악순환이 발생하게 되는 것이다. 우리나라의 경우도 1998년 외환위기 시 극심한 신용경색으로 인해 많은 기업들이 도산한 경험이 있다.

> ☑ 시험에서는 이렇게 물어본다!
> 신용경색(Credit Crunch)의 주요 원인은?

팻핑거
Fat Finger

2020 | 지역농협 2020 | 농협중앙회

운영리스크 중 하나

주문자의 주식이나 채권 외환 등 금융상품 주문을 잘못 입력하여 발생하는 주문실수를 가리킨다. 금융시장이 짧은 시간에 큰 변동성을 보일 때 전문가들 사이에서는 팻핑거 현상이라는 주장이 나오고 있다.

> ☑ 시험에서는 이렇게 물어본다!
> 팻핑거(Fat Finger) 현상이 시장에 미치는 영향은?

캘린더 효과
Calendar Effect

2021 · 2020 | 농협은행

일정 시기에 증시가 등락하는 현상

주식시장에서 일정한 시기에 따라서 증시의 흐름이 일정하게 나타나는 현상이다. 1월 효과, 4월 효과, 서머랠리, 산타랠리가 대표적이다.

> ☑ 시험에서는 이렇게 물어본다!
> 캘린더 효과(Calendar Effect)의 특징은?

1월 효과
January Effect

2021 · 2019 | 농협은행

1월의 주가상승률이 상대적으로 높게 나타나는 현상

캘린더 효과의 하나로 1월의 주가상승률이 다른 달에 비해 상대적으로 높게 나타나는 현상을 말한다. 이러한 현상은 선진국보다 개발도상국에서 더욱 도드라지며 각종 정부 정책의 발표일이 1월이라는 것과 그해의 주식시장의 긍정적인 전망 등을 요인으로 꼽았다.

> ☑ 시험에서는 이렇게 물어본다!
> 1월효과(January Effect)의 특징은?

서머랠리
Summer Rally

2021 | 농협은행   2020 | 농협계열사

매년 7 · 8월에 본격적인 여름 휴가철을 앞두고 주식시장이 강세를 보이는 것

여름 휴가기간이 비교적 긴 선진국에서 흔히 발생하는 현상으로, 서머랠리라는 말은 펀드매니저들이 여름휴가를 가기 전인 7월에 가을 장세의 호황을 예상하고 주식을 미리 매수함으로써 주가가 단기적으로 오르는 것을 보고 만들어낸 것이다.

> ☑ 시험에서는 이렇게 물어본다!
> 서머랠리(Summer Rally)는 주식시장에서 어떤 현상을 의미하는지 말해보시오.

손절매
損切賣

가지고 있는 주식의 현재 시세가 매입가보다 낮고, 향후 가격상승의 희망이 전혀 보이지 않는 경우에 큰 손해를 방지하기 위해 일정액의 손해를 감수하는 매도

손해가 유발될 종목에 대해 적절한 시점에 손절매한다면 수익내는 것이 쉬워진다. 주식은 상승과 하락으로 대별되는데, 상승을 예견해 매입하지만 예상이 빗나가 하락하는 종목도 있을 수 있다. 따라서 하락이 예상된다면 실패를 인정하고, 빠르게 손절매하는 것이 현명하다.

엑시트
Exit

투자자의 입장에서 자금을 회수하는 방안

투자 후 출구전략을 뜻하며, 엑시트는 또 다른 창업을 모색할 수 있는 발판을 제공해 생태계를 선순환시키는 역할을 한다.

투매
投賣

2020 | 지역농협 2020 | 농협중앙회

주가의 하락이 예상될 때 이로 인한 손실을 최소화하기 위해 주식을 대량으로 매도하는 행위

주가의 급락현상을 부채질하며, 투매의 대상은 주식뿐만 아니라 펀드, 채권, 외환선물 등의 모든 시장에서 일어난다. 투매현상이 일어나는 이유는 무조건 던지는 것인데, 던지는 이유는 자신의 손실 폭을 현재의 시점에서 묶어두고 싶어 하는 심리가 작용하고, 또한 앞으로 더더욱 떨어진다는 비관적인 전망 때문이다. 실제로 대부분의 투매는 처음부터 대규모 매도가 쏟아지지 않는다. 시장상황이 좋지 않을 때, 그러한 조짐을 보고 자신의 주식, 채권, 펀드 등을 매도하게 되고, 어느 시점부턴가 매도가 몰리고, 이렇게 몰린 매도로 인하여 지수의 하락 폭을 키우게 된다. 그 낙폭 자체를 투매라고 한다.

> ☑ 시험에서는 이렇게 물어본다!
> 투매(Panic Selling)의 특징은?

스트레스 금리
Stress Rate

대출 한도를 산출할 때 적용되는 가산금리

향후 금리인상 위험을 반영한다. 변동금리 대출 시 대출 금리가 낮아도 스트레스금리가 적용되면 원리금 상환 부담이 높아지므로 대출 한도가 줄어들지만, 대출 시점의 금리가 인상되는 것은 아니다.

간주상속재산
看做相續財産

2020 | 농협계열사

본래의 상속재산은 아니지만 상속재산에 해당되는 재산

상속재산은 아니라 하더라도 상속이나 유증 또는 사인증여에 의하여 취득한 재산과 유사한 경제적 이익이 발생되는 경우에 실질적으로는 상속재산으로 보는 것이다. 의제상속재산이라고도 한다. 간주상속재산에는 피상속인의 사망으로 인해 지급받는 보험금 중 피상속인이 계약자이거나 보험료를 지불한 보험금, 신탁자가 피상속인 자산 또는 타인 여부와는 상관없이 피상속인이 신탁한 재산의 수익자로서 받게 되는 재산, 피상속인에게 지급될 퇴직금이 포함된다.

> ☑ 시험에서는 이렇게 물어본다!
> 간주상속재산(Deemed Inherited Property)에 포함되는 재산은?

289 ■▨▨▨

넛 크래커
Nut Cracker

한국 경제가 선진국과 개발도상국 양쪽에서 힘을 발휘하지 못하는 상황

본래 넛 크래커는 호두를 양쪽으로 눌러 껍질을 까는 도구를 의미하는데, 중국과 일본 사이에 끼여 힘을 발휘하지 못하는 우리나라의 경제 상황을 가리킬 때 자주 사용되는 표현이다. 우리 나라가 일본에 비해 제품의 품질과 기술력이 처지고, 중국에 비해 가격 경쟁력에서 밀리는 상황을 나타낼 때에도 쓰인다. 한편, 최근에는 신(新) 넛 크래커라는 용어도 생겨났는데, 이는 경쟁력을 회복한 일본 기업과 기술력 및 구매력을 갖춘 중국 기업 틈에서 한국 기업이 고전하고 있는 현상을 묘사하는 데 사용된다.

290 ■■▨▨

에코플레이션
Eco Flation

2020 | 지역농협　2020 | 농협중앙회

환경적 요인으로 발생하는 인플레이션

고온현상으로 인한 가뭄과 산불 등으로 기업의 생산비용이 높아지고 결국 소비재 가격 상승으로 이어진다는 것이다.

> ☑ 시험에서는 이렇게 물어본다!
> 에코플레이션(Ecoflation)의 영향은?

291 ■■▨▨

녹색가격제도
Green Pricing

2020 | 농협중앙회

신재생에너지를 이용하여 생산된 전력을 높은 가격에 구매하는 제도

태양광, 풍력, 지력 등의 신재생에너지를 사용해 생산된 전력을 소비자에게 일반전력보다 높은 가격인 녹색가격으로 판매하는 제도이다. 모든 소비자가 녹색가격을 지불하는 것은 아니고, 지불할 의사가 있는 소비자만이 신재생에너지의 환경친화성에 주목해서 이러한 높은 가격을 자발적으로 부담하고, 여기서 얻은 재원으로 신재생에너지 및 관련 설비개발에 투자한다.

> ☑ 시험에서는 이렇게 물어본다!
> 녹색가격제도의 주 목적은?

292 ■■■▨

톱니 효과
Ratchet Effect

생산이나 소비가 일정 수준에 도달하면 이전의 수준으로 감소하지 않는 현상

톱니 효과 혹은 래칫 효과라고도 한다. 생산이나 소비 수준이 일정 수준에 도달하고 나면 수준이 낮았던 이전으로 돌아가기 어려운 현상이다. 소비와 생산에는 추세를 역행할 수 없다는 의미이다. 소비시장에서는 경기하락을 억제하는 역할을 한다. 일정 수준에 도달한 소비는 그만큼 줄어들지 않기 때문에 소비 감소폭이 크지 않다.

BCG 매트릭스
BCG Matrix

2019 | 농협은행

기업의 경영전략 수립에 있어 하나의 기본적인 분석도구로 활용되는 사업 포트폴리오 분석기법

1970년대 초반에 개발된 BCG 매트릭스는 시장 성장률과 상대적 시장 점유율이란 기준을 활용한다. 두 축을 기준으로 네 개의 영역으로 나눠 사업의 상대적인 위치를 파악할 수 있도록 하고 해당 사업에 대한 추가 투자, 철수의 여부를 결정할 수 있도록 돕는다.

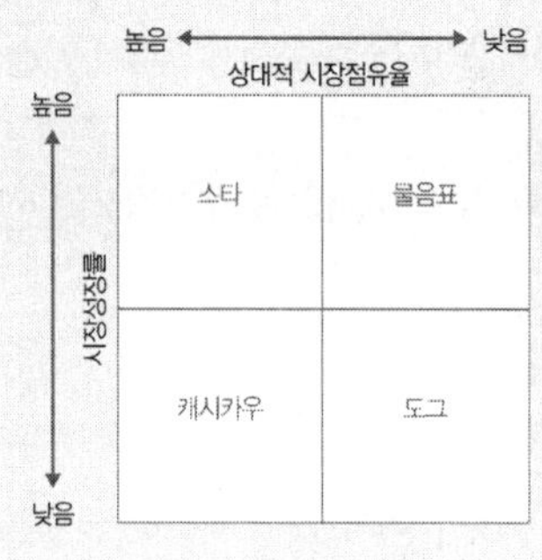

㉠ 스타(Stars) : 성공사업, 수익성과 성장성이 크므로 지속적인 투자가 필요하다.
㉡ 캐시카우(Cash Cows) : 수익창출원, 기존의 투자에 의해 수익이 계속적으로 실현되므로 자금의 원천사업이 된다.
㉢ 물음표(Question Marks) : 신규사업, 상대적으로 낮은 시장점유율과 높은 시장성장률을 가진 사업으로 기업의 행동에 따라서는 차후 스타사업이 되거나, 도그사업으로 전락할 수 있는 위치에 있다.
㉣ 도그(Dogs) : 사양사업, 성장성과 수익성이 없는 사업으로 철수해야 한다. 만약 기존의 투자에 매달리다가 기회를 잃으면 더 많은 대가를 치를 수도 있다.

☑ 시험에서는 이렇게 물어본다!
BCG매트릭스에서 '스타(Stars)' 사업에 해당하는 제품의 특성은?

포지션 관리
Position 管理

외국환은행이 외환시장에서 사들인 외화와 판 외화의 차액을 일정 범위에서 유지토록 하는 것

보유외화자금과 자국통화 사이의 균형을 유지하여 외국환은행에 대한 경영의 건전성을 확보하고, 외환시장의 안정과 국내 유동성 조절을 위한 제도이다. 외국환은행은 고객의 수요에 따라 외화를 사거나 파는데, 외화자금과 자국통화자금이 항상 균형을 유지하지는 않는다. 하루의 외화매매 결과, 외화를 판 금액보다 산 금액이 많은 상태는 매입초과(OB)포지션이며, 판 금액이 많은 것은 매각초과(OS)포지션이다. 또 외화매입과 매각이 같은 상태를 스퀘어 포지션이라고 하는데, 이러한 경우는 드물다. 외화보유 운용에 안정성이 떨어져 손해를 볼 수 있고, 환율도 불안전해질 수 있다. 이를 막기 위해 외국환은행의 외화매입이나 매각을 일정 범위 내로 제한하는 것이 포지션 관리이다.

프라임 레이트
Prime Rate

2020 · 2018 | 농협계열사

신용도가 좋은 고객에게 적용시키는 우대금리

금융기관이 신용도가 높고 좋은 고객에게 적용시키는 우대금리로, 금융기관이 대출 금리를 결정하는 기준이 되기 때문에 기준금리라고도 부른다. 높은 신용등급을 가진 기업은 프라임 레이트가 적용되지만, 신용 등급이 낮은 기업은 여기에 일정 금리가 가산된 이율을 적용 받기 때문에 프라임 레이트는 일반 대출 금리의 하한선이 되기도 한다. 기업과 금융시장의 사정에 따라 결정되기 때문에 경제 사정을 잘 반영하고 있으며, 중앙은행의 금융정책에 의해 변동되기도 한다. 이를 바탕으로 기업 대출, 신용 카드 대출, 주택 대출 등에서 금리가 책정되기 때문에 경제 전반의 신뢰도와 소비자 및 기업의 대출 수요에 영향을 미친다.

> ☑ 시험에서는 이렇게 물어본다!
> 프라임 레이트가 금융시장에 미치는 영향은?

지하경제
地下經濟

2020 | 농협계열사

정보가 파악되지 않아 사회가 공식적으로 계측하는 경제활동 추계에 포함되지 않는 경제활동

지하경제는 신고 되지 않은 재화나 용역의 합법적 생산, 불법적인 재화나 용역의 생산, 은폐된 현물소득 등 세 가지로 구분된다. OECD의 개념 규정에서는 강도 등 범죄에 의한 비생산적 불법 활동은 지하경제에 포함시키지 않지만, 대부분의 연구에서는 비생산적 불법 활동의 자료를 통해 지하경제의 규모를 추정하고 있다.

> ☑ 시험에서는 이렇게 물어본다!
> 지하경제에 포함되는 활동은?

자사주
Asset Stock

회사가 누구의 명의로든지 자기의 재산으로 회사가 발행한 주식을 취득해 보유하고 있는 주식

자사주를 취득하려면 상법상 배당가능이익이 있어야 한다. 상장법인의 자사주 취득방법은 장내 및 공개매수 등의 방법으로 가능하고 시장가격의 왜곡을 막기 위해서 기간이나 수량 및 가격이 제한되어 있다. 또한 직접매입이든 신탁계약을 통한 매입이든 모든 계약사항에 대한 이사회 결의 내용을 금융감독위원회에 보고서로 제출해야 하며, 취득 완료 이후에 자기주식취득 결과 보고서를 제출해야 한다.

우리사주제
우리社株制

2024 | 농협은행

직원으로 하여금 자기회사의 주식을 취득하게 하고, 이를 장기적으로 보유케 하는 제도

종업원지주제도라고 하기도 하며, 기업연금의 일종으로 운용되는 미국식 ESOP와 성과지급수단으로 활용되는 영국식 AESOP이 있다. 우리사주제는 근로자로 하여금 우리사주조합을 통해 자사주를 취득·보유하게 함으로써 근로자의 경제, 사회적 지위향상과 노사협력 증진을 도모함을 목적으로 한다. 우리사주제는 자본소유의분산, 부의 공평한 분배 등을 통해 경제 정의를 실현하고, 자본주의의 발전을 도모하는 한편 근로자의 자본참가를 통해 근로자의 재산형성, 기업생산성향상, 협력적 노사관계구축 등 근로자 복지와 기업 발전을 도모할 수 있는 제도라 할 수 있다.

> ☑ 시험에서는 이렇게 물어본다!
> 우리사주제(ESOP)의 주요 특징은?

스톡옵션
Stock Option

2021 | 농협은행

기업이 임직원에게 일정 기간이 지나면 자사 주식을 매입 또는 처분할 수 있도록 부여한 권한

근로자에게 일정 주식에 대한 매입 또는 처분권을 줌으로써 근로의식을 북돋우고 이를 통해 기업을 활성화하기 위한 제도이다. 스톡옵션은 장래에 사업이 성공했을 경우 주식을 액면가 또는 시세보다 낮게 살 수 있는 권리를 주는 것인데, 기업의 임직원은 자기주식을 현 시가나 액면가에 구입해 향후 주가변동에 따라 차익을 얻을 수 있다. 기업의 경우는 자금부족으로 많은 월급을 주지 못해 유능한 인력확보가 어렵지만 스톡옵션을 인센티브로 제공할 경우 유능한 인력을 장기간 확보할 수 있다. 특히 이 제도는 능력 중심이라는 점 때문에 자금과 조직력은 뒤떨어지지만 기술력이 앞선 첨단 벤처기업들의 경영전략으로 쓰인다.

> ☑ 시험에서는 이렇게 물어본다!
> 스톡옵션(stock option)의 특징은?

직역연금
Special Occupation
Retirement Pension

특정 직업 또는 자격요건에 의해 발생하는 연금

직역연금은 공무원연금, 군인연금, 사학연금 등 재해보상 및 퇴직금 노후 보장 성격을 가진 사회보장제도이다. 공무원연금과 사학연금은 10년 이상 가입해야 연금 수령 대상자가 되며, 보험료는 기준소득월액의 16%로 국가와 가입자가 반반씩 납입한다.

거품경제
(버블경제)
Bubble Economy

투기로 인해 경제규모가 실제 이상으로 과대평가된 경기 상태

자산의 내재가치가 변하지 않았는데도 시장가격이 급격하게 상승할 것이라는 기대로 인해 투기를 조장해 만들어진다. 내재가치는 자산으로부터 얻을 수 있는 미래의 기대수익을 현재 가치로 평가한 것을 말하는데, 시장가격이 이 내재가치를 지나치게 넘어섰을 때 거품이 생성된 것으로 볼 수 있다. 재화나 서비스의 가격은 안정되어 있는 반면 주가와 지가의 폭등과 같이 자산가격만 비정상적으로 급등하는 것이 특징이다. 사회 전반의 투기심리가 가세하여 주가와 지가가 큰 폭으로 상승되면 실물경제에는 큰 변동이 없음에도 경기가 팽창한 모습이 마치 거품이 부풀어 오른 모양과 같다고 하여 거품경제라고 한다. 최초의 거품경제는 17세기 네덜란드의 튤립 파동이며 가장 파장이 컸던 사례는 1980년대 일본의 거품경제이다. 당시 일본에서는 주가가 상승하면서 집값이 폭등하여 경제호황을 맞이했다고 생각했지만 주가와 지가가 하락하게 되면서 1990년 초부터 일본 경제는 큰 침체로 접어들었고, 잃어버린 10년이 도래하였다.

팬플레이션
Panflation

2020 | 농협계열사

사회 전반으로 인플레이션이 넘치는 현상

영국 주간 경제지가 2012년 「팬플레이션의 위험」이라는 기사에서 처음 사용한 용어로, 사회 전반에 거품현상이 만연해지면서 가치 기준이 떨어지는 현상, 즉 팬플레이션 현상이 심화되고 있다고 지적하였다. 팬플레이션 현상을 조절하지 못할 경우 심각한 사회문제를 야기할 것이라고 경고하였다. 주간 경제지는 직함 인플레이션을 사례로 들었는데, 직장에서의 직함을 남용하여 불합리한 임금인상을 야기하고 있다고 지적하였다.

> ☑ 시험에서는 이렇게 물어본다!
> 팬플레이션(Panflation)의 사례를 말해보시오.

젠트리피케이션
Gentrification

낙후된 도심이 활성화되면서 거주민이 밀려나는 현상

빈곤 계층이 이르는 정체 지역에 중산층 이상의 계층이 진입하여 낙후된 도심이 활성화 되면서 거주하고 있던 빈곤 계층을 몰아내는 현상이다. 해당 지역이 활성화 되고 관광객이 늘면서 부동산 가격 등 전반적인 자산가치가 상승하여 기존 거주자들을 몰아내는 것이다.

부동산 버블
Housing Bubble

수요의 급증, 투기의 성행에 따라 부동산 가격이 치솟는 현상

주로 제한적인 부동산 공급에 대한 부동산 수요 증가로 발생한다. 투기를 목적으로 한 사람들이 시장에 참여하면서 이러한 수요는 더욱 크게 증가하게 된다. 어느 시점이 되면 수요가 감소하거나 정체되고, 같은 시점에 공급은 증가하게 되면서 가격은 빠르게 하락하게 되는데 이 시점이 부동산 버블이 터지는 때가 된다. 이러한 부동산 버블은 일시적 현상이긴 하지만, 이로 인한 영향은 수년 동안 지속되기도 한다. IMF에 따르면 부동산 버블은 주식 버블보다는 발생 빈도가 적지만, 부동산 버블의 영향력이 주식 버블의 경우보다 두 배 정도 지속된다고 한다.

임팩트 론
Impact Loan

규제받지 않는 외화차입금

본래는 소비재 수입에 쓰이는 외환차관을 뜻하는 말이었으나 최근에는 차관의 조건, 즉 자금의 용도가 지정되어 있지 않은 차관을 의미한다. 외화를 국내에서의 설비투자나 노무조달에 이용함으로써 고용과 임금소득이 늘고 소비재에 대한 수요가 증가해 인플레이션의 충격(임팩트)작용을 초래한다는 뜻에서 생긴 용어이다.

네덜란드 병
Dutch Disease

경기호황을 누리던 국가가 자원수출로 인해 장기적으로는 경제가 침체되는 현상

천연자원에 의해 급성장을 이룩한 국가가 자원의 수출로 인해 일시적으로는 경제 호황을 누리지만 물가와 통화의 가치상승, 산업 경쟁력 등한시로 국내 제조업이 쇠퇴하여 결국 국민경제 또한 하락하는 현상을 뜻하는 말로 '자원의 저주'라고 불리기도 한다. 1950년대 북해에서 대규모의 천연가스 유전을 발견한 네덜란드가 당시에는 에너지가격 상승에 따라 막대한 수입을 올렸으나, 시간이 지나면서 통화가치와 물가가 상승하고, 임금상승이 유발되어 석유제품을 제외한 제조업의 경쟁력을 하락시켜 심각한 경제적 침체를 초래하였던 역사적 경험에서 유래한 용어이다.

차이니스 월
Chinese Wall

2019 | 농협은행
금융회사의 부서끼리 정보 교류를 차단하는 장치

금융회사의 부서 간 또는 계열사 간 정보 교류를 차단하는 장치나 제도를 말한다. 불필요한 정보 교류를 차단하지 않으면 고객의 이익보다 회사의 이익을 위하는 방향으로 자산을 운용할 가능성이 있기 때문이다.

> ☑ 시험에서는 이렇게 물어본다!
> 차이니스월(Chinese Wall) 목적은?

차관
借款

외화채권발행, 외국인 직접투자, 기술도입 등과 함께 외자를 조달하는 방법의 하나

외국정부 또는 국제경제협력기구, 외국금융기관으로부터 차입형태로 대외지급수단이나 자본재·원자재를 도입하는 것을 말한다. 차관은 국내 저축 기반이 취약할 경우 기간산업 건설과 사회간접자본 확충을 통한 경제개발을 수행하는 데 요구되는 막대한 투자재원을 확보하기 위해 외국으로부터 도입하는 것이다. 차관자금은 상환기간이 장기이고 금리가 낮은 편이어서 제2차 세계대전 이후 개발도상국의 성장을 위한 필요자본을 충당시켜 주는 유력한 방법 중 하나였다. 차관은 공공차관·상업차관·은행차관 등으로 구분하지만, 우리나라에서 차관은 대개 공공차관을 일컫는다. 공공차관은 정부가 직접 차주가 되어 도입하는 재정차관과 정부가 지급을 보증하고 지방자치단체 등 우리나라 법인이 차주가 되어 도입하는 보증차관으로 나눌 수 있으며, 차관도입을 하기 위해서는 미리 국회의 의결을 얻어야 한다.

체리피커
Cherry Picker

자신의 실속만 챙기려는 소비자

기업의 상품이나 서비스를 구매하지 않으면서 자신의 실속만 챙기려는 소비자를 말한다. 신포도 대신 체리만 골라먹는 사람이라는 뜻으로 신용카드 회사의 서비스 혜택만 누리고 카드는 사용하지 않는 고객을 가리키던 말이었다. 기업의 서비스 약점을 이용하여 상품이나 서비스를 잠시 구매했다가 바로 반품하는 등의 체리피커가 증가하고 있는 추세다. 이에 기업은 블랙리스트를 만들어 일반고객과 차별화를 두는 등의 대응을 하고 있다.

> **관련기사** 체리피커, 혜택만 받고 카드 해지
>
> 카드사에서 제공하는 치열한 이벤트 경쟁에서 혜택만 받고 곧바로 해지하는 체리피커가 늘어나고 있다. 인터넷에서 혜택을 공유하며 이득을 챙기는 MZ세대가 늘어나면서 단기적인 이벤트가 아닌 장기적으로 충성도를 높일 수 있는 전략이 필요해지고 있다

선도금리
Forward Rate

금리변동에 따라 리스크를 커버하는 방법

금리변동에 따른 리스크를 커버하기 위해 선물금리를 계약하는 것을 선도금리약정(FRA)이라고 한다. FRA의 거래당사자에는 금리가 상승하는 것에 대비하여 FRA를 이용하는 자인 선물금리매입자와 금리가 하락하는 것에 대비하여 FRA를 이용하는 자인 선물금리매도자가 있다.

선도계약
Forward Contract

2021 | 농협은행

장래의 일정한 시점에 상품을 미리 정한 가격으로 인수하기로 맺은 선도계약

매입자와 매도자 간의 합의에 의해 계약조건을 정할 수 있으며, 거래장소도 제한이 없어 장외거래라 할 수 있다. 또한 만기일에만 결제 가능하지만 최근에는 변형된 형태로 만기일 이전에 결제가 가능하도록 되어 있어 선도계약은 매일매일의 결제를 하는 선물계약과는 다르다. 선도계약은 매매당사자 간의 직접거래이므로 계약 당사자의 신용이 고려되어야 하며, 이에 대한 규제도 주로 시장의 자율적 규제에 맡겨지고 있다. 이 계약의 목적은 자산의 가격 변동에 대한 헤지를 위해 주로 이용되고 있으며, 투기를 위해 이용되기도 한다.

> ☑ 시험에서는 이렇게 물어본다!
> 선도계약 특징의 목적은?

세이의 법칙
Say's Law

공급이 수요를 창출한다는 법칙

프랑스 경제학자 장 바티스트 세이가 주장한 법칙으로 총수요와 총공급 간 인과관계를 의미한다. 소비자들의 소비를 촉진하는 일정한 양의 재화가 시장에 공급되고 그만큼의 수요가 존재한다는 주장이지만, 1930년 대공황 시기에는 이러한 법칙이 적용되지 못했다. 이에 케인스는 세이의 법칙과 반대로 총수요의 크기가 총공급을 결정한다는 이론을 제시하였다.

커플링(동조화)
Coupling

금융시장이 개방되면서 각국의 증시가 같은 방향으로 움직이는 경우

동조화 현상이라고도 한다. 예를 들면, 투자주체가 다양해진 미국의 펀드들이 미국에도 투자하고 한국에도 투자를 함으로써 돈을 거둬들이거나 지수에 영향을 주는 것이다. 동조화 현상은 1990년대 중반에 나타나 1990년대 말부터 심화되었으며, 주가수익률 뿐만 아니라 수익률의 변동성에 있어서도 동일하게 나타나고 있다. 동조화를 야기한 주체는 외국인 투자가였다.

배드뱅크
Bad Bank

금융기관의 부실자산이나 채권을 전문적으로 사들여 처리하는 기관

금융기관의 방만한 운영으로 부실자산·채권 발생 시 금융기관 단독 또는 정부기관 등과 공동으로 설립하는 자회사로 부실부분을 정리할 때까지만 한시적으로 운영된다. 재정경제부는 협약에 가입한 금융기관에 연체되어 있는 채무를 하나로 모아 최장 8년 내에 분할 상환할 수 있도록 만든 배드뱅크 프로그램을 도입, 다중 신용불량자를 구제하기 위한 신규대출을 실시하여 기존의 채무를 상환할 수 있도록 2004년 5월부터 운영했다.

섀도보팅
Shadow Voting

주주가 총회에 참석하지 않아도 투표한 것으로 간주하여 결의에 적용하는 제도

주주총회가 무산되지 않도록 하기 위해 참석하지 않은 주주들의 투표권도 행사할 수 있도록 하는 대리행사 제도이다. 불참한 주주들의 의사가 반영되는 위임투표와는 다르게 다른 주주들의 투표 비율을 적용한다. 그러나 경영진과 대주주가 악용하는 사례가 빈번하여 결국 폐지되었다.

316 ■■■

이노베이션
Innovation

경제에 새로운 방법이 도입되어 획기적인 새로운 국면이 나타나는 현상

슘페터의 경제발전론의 중심 개념으로, 기업가가 생산을 확대하기 위하여 노동·토지 등의 생산요소의 편성을 변화시키거나 새로운 생산요소를 도입하는 행위를 말한다. 기술혁신의 의미로 사용되기도 하나 혁신은 생산기술의 변화만이 아니라 신시장이나 신제품의 개발, 신자원의 획득, 생산조직의 개선 또는 신제도의 도입 등도 포함하는 보다 넓은 개념이다.

317 ■■■

은산분리
銀産分離

산업자본이 금융시장을 잠식하는 것을 제한하는 규정

금융자본과 산업자본을 분리하여 산업자본이 금융시장을 소유하지 못하도록 법적으로 제제 하는 제도이다. 쉽게 말하여 산업자본은 은행 지분 소유 한도를 4%만 가질 수 있으며 은행 지분 소유에 제한을 두는 것이다. 하지만 은산분리로 인해 인터넷전문은행 활성화에 한계가 있다는 지적에 따라 은행법 개정이 추진되었다.

318 ■■■

프라이빗 뱅킹
PB : Private Banking

은행이나 증권회사에서 주로 거액의 자산을 가진 고객을 대상으로 제공하는 금융서비스

대부분 장기예금으로 수익성이 높기 때문에 새롭게 주목받고 있는 자산관리방법이며 선진국에서 널리 통용되고 있는 제도다. 자산관리는 전담자인 프라이빗 뱅커가 거액예금자의 예금·주식·부동산 등을 1대 1로 종합관리하며, 때로는 투자 상담도 하는데, 대부분의 경우 이자율이 높고 수수료를 면제해 주는 혜택도 있다.

319 ■■■

신용창조
Credit Creation

은행이 예금을 바탕으로 반복적인 대출 업무를 통해 처음의 예금 액수보다 더 많은 예금통화를 만들어내는 것

은행이 본원적 예금을 일부 지급준비금만 남기고 대출에 운용하고, 대출된 금액은 시장을 돌면서 또 다른 사람의 계좌에 입금된다. 그 돈은 다시 예금으로 들어오게 되는데, 이 과정이 반복되면서 총 예금의 액수가 처음보다 증가하게 되는 것이다.

320 ■□□□

프로그램 매매
Program Trading

2020 | 농협계열사

전산 프로그램에 따라 이루어지는 주식거래 방식

주식을 대량 거래하는 기관투자자들이 일정한 전산 프로그램에 따라 주식을 거래하는 방식이다. 의사결정은 매매자가 하지만 나머지 과정들은 프로그램 시스템이 진행한다. 기관투자자들은 지수 영향력이 큰 주식을 대량으로 매매하므로 프로그램 매매는 종합주가지수에 큰 영향을 끼친다.

> ☑ 시험에서는 이렇게 물어본다!
> 프로그램 매매가 주로 사용되는 상황은?

321 ■■■□

A&D
Acquisition & Development

2020 | 농협계열사

직접 개발하기보다는 필요한 기술을 갖춘 기업을 인수하는 방식

인터넷 시대에 접어들면서 연구개발에 대한 인식이 많이 변화했다. 공들여 개발한 기술이 시장에 나오기도 전에 퇴물로 전락해 버리는 경우가 있는가 하면, 시장에 출시되었어도 빠른 기술발전으로 신제품 수명이 과거와는 비교할 수 없을 정도로 짧아졌다. 시장의 변화에 따라 기술개발도 시간에 민감하게 변화하고 있는데, 이 같은 상황을 반영해 나온 것이 A&D이다. 인터넷을 통한 해외 아웃소싱 통로가 넓어진 것도 A&D 환경을 성숙시키는 요인이라고 할 수 있다. 소프트웨어의 경우, 굳이 인력이 없더라도 인터넷을 통해 소스코드를 주고받는 일이 가능해졌으며, A&D는 기업인수를 통해서만이 아니라 국지적으로 얼마든지 이뤄질 수 있게 되었다.

> ☑ 시험에서는 이렇게 물어본다!
> A&D 전략의 주요 목적은?

322 ■■□□

CDS 프리미엄
Credit Default Swap Premium

부도 위험을 사고파는 신용파생 상품

CDS 프리미엄은 국제금융시장에서 금융 거래 시에 채무불이행의 위험을 보완하기 위하여 이용되고 있다. 일반적으로 CDS 프리미엄은 기초자산의 채무불이행 가능성이 높아질수록 이를 보완하기 위해 더 많은 비용을 지불해야 하는 것으로, 기초자산 발행주체의 신용도를 나타내는 지표로 해석할 수 있다. 그러므로 국제금융시장에서는 각국의 정부가 발행한 외화표시채권에 대한 CDS 프리미엄을 해당 국가의 신용등급이 반영된 지표로 활용하고 있다.

스펜데믹

2020 | 농협계열사

사회적 거리두기로 인한 과소비 현상

사회적 거리두기 등으로 여행이나 야외활동 관련 소비는 줄어든 반면 집안에서 생활하면서 배달음식, 인테리어 소품 등으로 나타나는 과소비 현상이다. 집안에서 느끼는 무료함을 소비로 해소하는 보복소비이다.

> ☑ 시험에서는 이렇게 물어본다!
> 스펜데믹(Spendemic)이 의미하는 경제적 현상은?

---

324 ■■■

디파이
DeFi :
Decentralized Finance

2020 | 농협계열사

탈중앙화 된 금융 시스템

정부나 기업이 중앙기관의 통제를 받지 않고 블록체인 금융기술로 다양한 금융 서비스를 제공할 수 있는 것이다. 오픈소스 소프트웨어와 네트워크로 통제 없이 투자자에게 투명성을 제공하여 건전한 서비스 환경을 제공하는 것이다. 스테이블 코인과 탈중앙화 거래소가 있다.

> ☑ 시험에서는 이렇게 물어본다!
> 디파이(DeFi)의 예시를 말해보시오.

---

325 ■■□

그림자 노동
Shadow Work

2018 | 농협계열사

대가 없는 노동

노동의 보수를 받지 못하는 무급 노동이다. 직접 주유하는 셀프 주유소나 보다 저렴하게 상품을 구입하기 위해 정보를 찾는 행위 등이 그림자 노동에 해당된다. 비용을 아낄 수 있지만 자신의 시간을 소비해야 한다는 단점이 있다. 최근 기술 발달로 무인화 시스템이 보급화 되면서 그림자 노동이 늘어가는 추세이다.

> ☑ 시험에서는 이렇게 물어본다!
> 그림자 노동의 예시를 말해보시오.

---

326 ■□□

더 큰 바보 이론
Greater Fool Theory

2021 | 농협은행

시장에 참여한 사람들이 비이성적인 기대와 믿음 때문에 생겨나는 현상

상품의 본질적인 가격이나 가치는 뒷전으로 생각한다. 즉, 비정상적으로 높은 가격의 자산임에도 특정 자산을 계속 사들이려는 투자자가 있을 경우 사용한다. 자신이 고가에 매입하여 '바보'라고 들을지라도 높은 가격에 매입할 '더 큰 바보'를 꿈꾸며 당연히 지불하는 것이다.

> ☑ 시험에서는 이렇게 물어본다!
> 더 큰 바보 이론(Greater Fool Theory)이 나타나는 이유는?

업사이클링
Upcycling

2020 | 지역농협   2020 | 농협중앙회

사용한 물품을 물품 본래 모습 그대로 다시 활용하는 일

업사이클링은 'Upgrade'와 'Recycling'의 합성어로, 디자인이나 활용도를 더하여 전혀 다른 제품으로 생산하는 것을 말한다. 버려지는 물건을 필요한 제품으로 재탄생시키며 착한 소비, 가치 있는 소비로 새로운 소비트렌드가 되었다. 업사이클링 문화가 확산되면서 서울시는 국내 최대의 업사이클타운을 조성하기도 하였다.

> ☑ 시험에서는 이렇게 물어본다!
> 업사이클링(Upcycling)과 재활용의 차이는?

레드라이닝
Redlining

2020 | 농협계열사

금융기관 및 보험회사가 특정 지역에 붉은 선을 긋고 그 지역에 금융서비스를 거부하는 행위

1930년대 미국에서 시작된 것으로 금융기관 및 보험회사가 특정 지역에 대한 대출이나 보험 등 금융서비스를 거부하는 행위이다. 지역 주민들의 신용도를 바탕으로 A(초록색), B(파란색), C(노란색), D(빨간색)로 나누어 지도에 표시했으며, 낙후된 도심이나 유색인종이 살고 있는 지역이 빨간색으로 표시했다. 해당 지역의 거주민들은 대출을 받지 못하거나 대출을 받더라도 높은 이자율을 부담해야 했다.

> ☑ 시험에서는 이렇게 물어본다!
> 레드라이닝으로 인해 금융시장에서 발생할 수 있는 문제는?

경기적 실업
景氣的失業

2025 | 농협은행

경기가 침체되면서 발생하는 실업

구조적 실업과 마찬가지로 비자발적 실업으로 분류되며, 경기가 불황일 때 기업의 인원 축소로 인해 실업하게 될 경우가 이에 해당한다. 전반적인 경제 상황의 악화로 인해 발생하는 실업이므로 개인적인 원인에서 발생하는 마찰적 실업과 차이가 있다.

> ☑ 시험에서는 이렇게 물어본다!
> 경기적 실업과 구조적 실업의 차이점은?

2025 | 농협은행

화폐의 실질적인 가치 변동을 인식하지 못하는 상태

화폐가치는 물가가 하락하면 올라가고 물가가 상승하면 하락하는데, 이러한 물가 변화가 화폐가치에 영향을 준다는 사실을 제대로 알지 못하는 것을 말한다. 물가가 상승한 비율과 똑같이 임금이 상승했을 때 단순히 임금이 올랐다고만 생각하는 경우가 이에 해당한다.

> ☑ 시험에서는 이렇게 물어본다!
> 화폐환상과 피셔 효과의 관계에 대한 설명으로 옳지 않은 것은?

331 ■■■
머니마켓펀드
MMF : Money Market Fund

2025 | 농협은행 2019 | 농협중앙회

높은 금리의 단기금융상품에 집중적으로 투자하는 금융상품

고객의 여유자금을 금리가 높고 비교적 신용위험이 적은 CP(기업어음), 국공채 등에 운용하여 수익을 배당하는 방식으로 이루어지는 펀드의 일종이다. 초단기 상품에 투자하고, 다음날 환매하더라도 수수료가 붙지 않는다. 고금리 상품에 자금을 운용하므로 비교적 높은 수익을 얻을 수 있으며 손실 위험이 낮다.

> ☑ 시험에서는 이렇게 물어본다!
> MMF와 CMA에 대한 설명으로 옳지 않은 것은?

332 ■■■
서학개미

주로 해외주식, 특히 미국주식에 투자하는 개인투자자

최근에 등장한 신조어로 서양, 특히 미국을 서학(西學)에 빗대고 소액을 모아 주식에 투자하는 개인투자자를 개미에 비유해 만들어진 단어이다. 2022년 이후 국내주식 시장의 부진으로 개인투자자들이 미국을 중심으로 해외투자를 확대하는 현상이 일어나면서 서학개미라는 용어가 등장했다.

상식PLUS⁺ 동학개미

서학개미와 대비되는 용어로 2020년 코로나 19로 인한 국내 증시의 급락 상황에서 등장했다. 하락세의 국내 주식을 개인투자자들이 대규모로 매수하면서 증시 방어 역할을 했는데, 이를 동학농민운동에 빗대어 표현하면서 동학개미라는 용어가 만들어졌다.

333 ■■□

보험
Insurance

우발적으로 발생하는 일정한 위험(사고)에서 생기는 경제적 타격이나 부담을 덜어주기 위하여 다수의 경제주체가 협동하여 합리적으로 산정된 금액을 조달하고 지급하는 경제적 제도

위험이나 사고에 대해서는 보험에 대한 계약서류에 명시되어 있으며, 보험에 관련된 회사(보험모집인, 단체, 법인)와 계약대상(계약자, 단체)이 문서에 기재된 내용으로 보험법과 기타 관련 법령을 따르게 된다. 계약 조건에 명시된 내용을 기반으로 하여 명시된 조건이 발생하면 "보험 상품과 관련된 보험법인과 국가"로부터 "보상금 수취인과 법정 상속인"에게 해당 조건에 맞는 보상을 지급한다.

334 ■■□

민영보험
Private Insurance

2020 | 농협중앙회 2020 | 지역농협
민영회사에서 판매하는 사보험

정부가 운영하는 공적 보험과 달리 민간 보험사가 운영하는 보험으로, 개인이나 기업이 보험료를 납부하고 특정한 사고나 질병, 손해가 발생했을 때 보상 받는다. 민영보험은 가입여부, 보험료, 보장 범위를 개인이 선택할 수 있다는 자율성과 다양한 상품이 있으며, 납부한 보험료를 기반으로 가입자에게 손해 보상을 제공하기 때문에 위험을 분산한다. 또한 공적 보험이 보장하지 않는 부분을 보완하는 역할을 한다.

> ☑ 시험에서는 이렇게 물어본다!
> 민영보험의 특징은?

상식PLUS 공적보험(Public Insurance)
법률로써 조직을 구성하고 국가가 보험자가 되어 국가기관을 통하여 직접 보험사업을 경영하는 국가보험과 국가가 직접 보험사업을 경영하지 않고 간접적으로 보험의 전반적인 조직과 제도를 법률·명령으로써 규정하고, 특정 기관에서 경영을 담당하는 국영보험의 두 가지 형태가 있다. 공영보험사업의 손익은 경영주체인 국가·지방공공단체 또는 공법인에 귀속되지만, 이 경우 손익의 귀속이 완전히 이루어질 때와 그렇지 않을 때가 있으므로 전자를 완전공영, 후자를 준공이라 한다. 사회보험인 국민연금보험, 국민건강보험, 산재보험, 고용보험과 공공기관에서 운영하는 무역보험, 예금보험, 우체국보험 등이 있다.

영리보험과 상호보험
Proprietory Insurance
& Mutual Insurance

2020 | 농협계열사

경영자에게 영리 목적 유무에 따라서 영리 보험과 상호보험으로 분류

영리 보험은 보험영업자가 영리를 목적으로 타인과 보험계약을 체결하는 경우로서 보험업자의 계산으로 하는 보험이므로 경영주체는 주식회사이다. 상호보험은 보험에 가입하고자 하는 사람이 모여서 상호회사라는 사단법인을 형성하고 상호적으로 보험을 하는 경우로 이것은 보험관계자의 공통계산으로 하는 보험이다.

> ☑ 시험에서는 이렇게 물어본다!
> 영리보험과 상호보험을 분류하는 기준은?

인(人)보험과 물(物)보험

보험의 목적이 사람인가 물건인가에 따른 분류

사람에 관하여 발생하는 사고에 대한 보험을 인보험, 물건 기타의 재산에 관하여 발생하는 사고에 대한 보험을 물보험이라 한다. 사람과 물건의 양쪽을 다 같이 보험의 목적물로 하는 보험도 있고, 또 희망이익(希望利益) 등을 목적으로 하는 보험도 있으므로 인보험 · 물보험(재산보험)의 분류는 모든 보험을 양분한 것이라고 할 수 없다.

손해보험과 정액보험
General Insurance
& Fixed Return Insurance

2020 | 농협계열사

보험금을 주는 방법에 따른 분류

보험사고가 발생한 때에 손해의 유무나 정도를 고려하지 아니하고 일정액의 보험금을 지급하는 보험을 정액보험이라 한다. 정액보험은 실제로 생긴 손해를 보상하는 것을 목적으로 하는 손해보험과 대립되는 보험이다. 생명보험과 같은 보험이 정액보험에 해당한다.

> ☑ 시험에서는 이렇게 물어본다!
> 손해보험과 정액보험을 분류하는 기준은?

육상보험 · 해상보험 · 항공보험
Land Insurance
& Marine Insurance
& Aviation Insurance

손해보험에 속하는 것이나, 보험사고가 발생하는 장소를 표준으로 하는 분류

해상보험 중에는 육지에 양륙한 하물(荷物)의 화재위험에 대하여도 보험하는 것도 있다. 항공보험은 공중에서의 각종의 위험에 대한 보험이지만, 비교적 근년에 발달한 것이므로 각국의 입법은 아직도 미비하다고 할 수 있다.

보험 목적의 수에 따른 분류

개별보험은 개개의 사람이나 물건을 보험의 목적으로 하는 보험이고, 집합보험은 다수의 물건을 보험의 목적으로 하는 보험을 말한다. 사람의 집단을 보험의 목적으로 하는 인보험을 단체보험이라 한다.

2021 · 2020 | 농협계열사

보험을 목적으로 하는 계약

대표적인 종류로는 손해보험, 인보험 등이 있다. 손해보험에는 해상보험·화재보험 등이 있고 인(人)보험에는 생명보험·상해보험 등이 있다. 유상·쌍무계약, 불요식 낙성계약, 사행계약, 최대 선의의 계약, 계속적 계약, 부합계약 등은 보험계약의 특성이다.

상식PLUS⁺ 보험계약의 권리

㉠ 청약 철회할 수 있는 권리 : 보험증권 수령 이후 15일 이내에 보험계약 철회가 가능하다. 청약일로 30일(65세 이상 보험계약자나 전화로 계약한 경우는 45일)을 초과한 경우에는 청약철회가 불가하다.

㉡ 보험계약 취소할 수 있는 권리 : 보험약관이나 보험계약자 보관용 청약서를 전달받지 못한 경우, 보험약관의 중요내용을 설명을 듣지 못한 경우, 청약서에 자필서명을 하지 않은 경우에 3개월 이내에 계약을 취소할 수 있다.

㉢ 보험계약의 무효 : 타인의 사망을 보험금 지급 사유로 하는 보험계약에서 피보험자의 서면 동의를 얻지 않은 경우, 만 15세 미만자·심신상실자·심신박약자의 사망을 보험금 지급사유(피보험자 지정)로 한 경우, 보험계약 체결 시 계약에서 정한 피보험자 나이가 미달 또는 초과되었을 경우에는 보험회사에서는 보험계약을 무효로 하여 납입한 보험료를 돌려준다.

㉣ 보험계약 전에 알릴 의무 및 위반 시 효과 : 보험설계사에게 질문사항을 구두로 알릴 경우 보험계약 전 알릴의무를 이행하지 않은 것이다. 통신수단으로 보험계약을 한 경우에는 보험회사 상담원의 질문이 질문사항을 대신하므로 사실대로 답변해야 한다.

㉤ 보험계약 후에 알릴 의무 및 위반 시 효과 : 피보험자가 직업이나 직무가 변경된 경우 보험회사에 알려야 한다. 위험이 감소한 경우 보험료가 감액되어 정산금액을 환급하며, 위험이 증가한 경우 보험료가 증액되고 정산금액의 추가납입을 할 수 있다.

☑ 시험에서는 이렇게 물어본다!
보험계약의 대표적인 종류는?

2021 · 2020 | 농협계열사

가입한 보험계약의 내용 · 조건을 미리 정해놓은 계약조항

보험계약자와 보험회사 사이에 권리와 의무를 규정하는 계약조항이다. 보험료 지급 및 지급제한 사항, 청약철회, 계약취소 · 무효, 계약 전 알릴의무 위반, 계약 후 알릴의무, 보험료 연체 · 해지, 효력회복, 해지환급금, 보험계약대출 등 보험 계약사항에서 중요한 사항을 설명하고 있다. 보험료 지급제한 사항에는 면책기간, 감액지급, 보장한도, 자기부담금 등 지급제한 조건이 있다. 중도에 해지하는 경우 보험회사는 해지환급금을 지급해야 한다. 해지환급금은 납입한 보험료에서 계약체결과 유지관리 등에 소요되는 경비와 경과기간 동안 사용된 보험료를 차감하여 지급해야 한다.

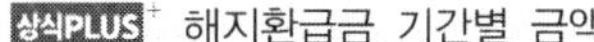 **상식PLUS**⁺ 해지환급금 기간별 금액

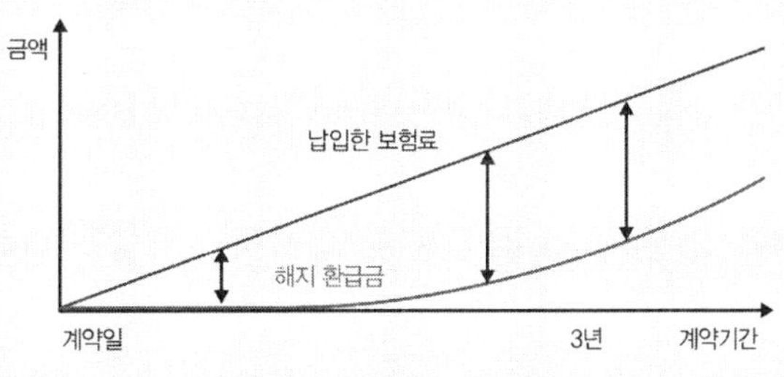

> ☑ 시험에서는 이렇게 물어본다!
> 보험약관이 갖는 법적효력에 대해 말해 보시오.

여러 보험자가 모여 위험에 공동책임을 지는 보험계약방식

공동보험자들이 자신이 부담할 책임비율 · 발생한 손해비율 한도 내에서 공동으로 책임을 지는 방식이다. 다수 보험자들과 함께하여 위험을 분산시킨다.

상식PLUS⁺ 재보험(Reinsurance)

보험 계약을 할 때 책임의 전부 · 일부를 다른 보험계약자에게 인수하는 방법으로 인수받는 보험자를 재보험자라 한다. 한 명이 부담하기 어려운 다액의 보험계약에서 위험을 분산시키기 위한 것이다.

무배당보험
無配當保險

2020 │ 농협계열사

계약자에게 배당을 하지 않는 보험 상품

보험료를 낮게 산정하여 보험료 운용과 관련한 배당을 지급하지 않는 상품이다. 상품을 가입할 때 명기되었던 금액만을 환급받을 수 있다. 예정사망률, 예정이율, 예정사업비율은 보험료 산정에 기초가 된다. 이 요건의 안전도를 축소시켜서 보험료를 저렴하게 책정하나 계약자에게 배당을 하지 않는 보험 상품이다.

> **상식PLUS** 유배당보험(有配當保險)
>
> 보험계약자에게 이익이나 잔여금을 배당해주는 보험 상품으로 주식이나 채권에 투자를 한 보험사에서 얻은 투자 이익을 배당하는 보험으로 보험금이 높게 책정되지만 배당금에 대한 기대이익이 있다.

> ☑ 시험에서는 이렇게 물어본다!
> 무배당 보험의 성격은?

변액보험
VL : Variable Lift Insurance

2022 · 2021 · 2020 │ 농협계열사

보험계약자가 납입한 보험료 중에 사업비와 위험보험료를 제외한 적립보험료를 주식이나 채권 등 금융 상품에 투자하여 그 투자 수익에 따라 보험금을 지급하는 실적배당형 보험 상품

변액보험은 보장기능 · 저축기능 · 뮤추얼펀드의 형식이 혼합된 구조로 적립금이 보증되지 않고, 특별계정에서 운용되어 연금의 지급이 시작될 때 계약자 적립금은 최저로 보증되며, 사망보험금과 적립금은 계약의 투자 성과에 따라 변동한다. 변액보험의 특징으로는 투자성과에 따라 원금 이상의 보험금이 발생할 수 있고, 고객의 투자 성향에 따라 자산 운용 형태를 설정할 수 있으며, 기존의 종신보험에 비해 상대적으로 보험료가 비싸다는 것이다. 또한 별도 자격을 갖춘 사람만 판매할 수 있으며, 예금자보호법의 보호를 받지 못한다.

> ☑ 시험에서는 이렇게 물어본다!
> 변액보험의 가장 큰 특징은?

변액유니버설보험

VUL :
Variable Universal
Lift Insurance

2020 | 농협은행 2020 | 지역농협 2020 | 농협중앙회

펀드운용 수익률에 따라 보험금이 변동되는 변액보험과 보험료 납입과 적립금인출이 자유로운 유니버설보험의 장점을 결합한 보험 상품

위험에 대비한 보장보험료와 투자에 대한 투자보험료를 함께 부담해야 하며, 투자에 대한 위험은 고객이 부담해야 한다. 보험료의 환급금으로 적립되는 부분을 주식, 증권, 채권 등 금융시장의 어느 부분에 투자할 것인지를 보험 가입자가 결정한다. 변액유니버설보험의 특징으로는 보험료를 계약자가 지정하는 펀드에 투자하여 실적배당을 해주는 변액기능과 보험료 납입과 출금을 자유롭게 할 수 있는 유니버설보험의 기능을 결합한 보험 상품으로 운용성과에 따라 고수익을 얻을 수 있는 투신상품에 은행 예금, 적금의 편리함을 합한 상품이며, 투자 상품이면서 보험 상품이기 때문에 기본적으로 보장이 적용된다. 또한 연금으로 전환이 가능하므로 노후연금으로도 활용할 수 있다.

> ☑ 시험에서는 이렇게 물어본다!
> VUL의 이점은?

유니버설보험

Universal Life Insurance

2020 | 농협중앙회

1970년대 말 미국에서 등장한 신종 보험으로 금융시장의 변동에 따라 신축성과 현실성을 최대한 반영하기 위해 고안된 생명보험 형태의 보험

대개 무배당보험 성격이 강하며 보험계약자의 보험수요변동에 따라 저축액, 보장액, 보험료 등을 필요에 따라 조절할 수 있다. 보험의 해약환급금은 가변적이며, 보험계약자는 대부분의 경우 최저이자율만 확정보장하고, 금융시장의 이자율변동을 감안한 실제 이자에 따라 조정하게 된다. 또한 저축성부분에 대해선 종래의 보험과 같이 해약환급금에 준하는 대출도 받을 수 있으며, 나아가서는 해약환급금에 대한 회수 선택권도 주어져 있다. 사망보험금의 변경은 전사를 원칙으로 하고 있으나, 사망 시 받게 될 주계약의 액면가를 높일 수도 있다. 이 보험에 가입한 보험계약자는 보험료변경과 보험료납부도 중단할 수 있으며, 보험료 미납 시 회사는 그 계약의 저축부분으로부터 보장부문과 사업비부분의 비용을 공제한다.

> ☑ 시험에서는 이렇게 물어본다!
> 유니버설 보험의 특징은?

2020 | 농협계열사

국책 금융기관에서 보장하는 보험

농협손해보험에는 가축재해보험, 농기계종합보험, 실손보상 소상공인 풍수해·지진재해 보험이 있다.

구분	내용
가축 재해보험	가축을 사육하다 생긴 불의의 사고로 인해 받은 피해를 보상한다. 정부에서 보험료 50%를 지원하여 적은 비용으로 거대 손실을 대비할 수 있는 농업인 사회안전보험으로, 안전한 축산물을 공급하기 위해 사망가축의 유통근절과 가축의 방역·위생을 철저히 하여 축산물을 공급하게 하는 공익적인 보험 상품이다.
농기계 종합보험	농기계 관련 사고로부터 사회안전망 확충을 위한 보험이다. 농업인의 경제적 손실을 보상하고 회복을 지원하기 위한 국가정책보험으로 정부에서 보험료의 50%(1억 원까지)를 지원한다.
실손보상 소상공인 풍수해·지진해 보험	풍수해로 주택, 온실(비닐하우스 포함), 상가, 공장 등의 재산피해로 인한 손해를 보상하기 위해 행정안전부에서 시행하는 정책보험이다. 정부와 지자체에서 보험료를 55% 지원한다.

> ☑ 시험에서는 이렇게 물어본다!
> 정책보험의 필요성을 말해보시오.

2020 | 농협계열사

중과실은 작은 주의를 기울이면 일어나지 않았을 결과임에도 부주의하여 발생한 일

교통사고에서는 12대 중과실이 있다. 신호위반, 중앙선 침범, 제한속도를 20km 초과한 속도위반, 고속도로 앞지르기·끼어들기 방법 위반, 철길건널목 통과방법 위반, 횡단보도 보행자 보호의무 위반, 무면허 운전, 음주운전, 보도침범, 승객 추락방지의무 위반, 어린이보호구역 안전운전의무 위반, 화물 낙하 고정조치 위반이 있다. 화물 낙하 필요조치 위반을 제외한 것을 11대 중과실이라 한다. 자동차 보험은 민사상 책임을 보장하고 운전자보험은 형사상책임, 행정상책임을 보장한다. 운전자보험은 12대 중과실 중에서 음주운전, 무면허운전을 제외하고 보상한다, 자동차보험은 의무적으로 가입하나 운전자보험은 선택적으로 가입한다.

> ☑ 시험에서는 이렇게 물어본다!
> 11대 중과실 해당 사례는?

예금보험

預金保險制度,
Deposit Insurance System

2020 | 지역농협

금융기관이 경영부실, 영업정지 등으로 예금을 지급할 능력이 없으면 예금보험기관에서 대신하여 예금을 지급하는 제도

금융기관이 파산하거나 경영부실 등의 이유로 예금자의 예금을 지급할 수 없을 때, 예금보험공사에서 예금자보호법을 제정하여 고객의 예금을 보호하는 제도이다. 예금보험은 동일한 종류의 위험을 가진 사람들이 평소에 기금을 적립하여 만약의 사고에 대비한다는 보험의 원리를 이용하는 제도이다. 예금자보호법에 의해 금융기관은 예금보험공사에 보험료(예금보험료)를 주고 예금보험기금을 적립한다. 금융기관의 예금지급능력이 없어지면 예금보험금을 지급하게 된다.

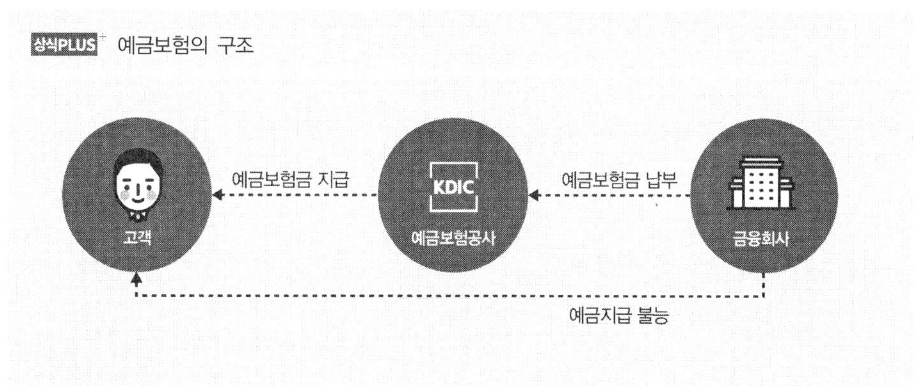

> ☑ 시험에서는 이렇게 물어본다!
> 예금보험제도의 목적은?

부담보

不擔保

2020 | 농협계열사

보험 가입 기간 동안 특정 질환에 대한 보장을 제외하는 것

표준미달체의 보험을 계약할 때 가입이 제한되는 조건을 가진 피보험자의 계약을 조건부로 가입승인하거나 보험사기가 우려되는 경우 일정 기간 이내 보상을 하지 않는 것이다. 예를 들어, 가입자가 과거 허리 디스크 치료를 받았던 경우, 보험사는 리스크 관리를 위해 일정 기간 동안 허리 관련 질환에 대한 보장을 제외할 수 있다.

> ☑ 시험에서는 이렇게 물어본다!
> 부담보가 적용되는 사례는?

책임준비금
責任準備金

보험회사가 계약자에 대한 보험금을 지급하기 위해 보험료의 일정액을 적립시키는 돈

보험사가 사내유보나 자산 운용준칙에 따라 사용할 수 있으며, 보험회사의 손익에 직접적인 영향을 주기 때문에 매 결산기마다 계약종류별로 책임준비금을 산출하도록 법률로 정하고 있다. 적립방법으로는 순보험료식과 해약환급금식(질메르식)이 있는데, 계약자의 안전 확보를 위해 매년 일정액을 적립토록 하는 순보험료식이 원칙이다. 그러나 현실적으로 계약 첫 해에는 보험증권 제작비, 수당, 검진수수료 등이 많이 지출되므로 계약 초기에 사업비를 앞당겨 쓰고 부족해진 금액은 계약 만기 시까지 점차적으로 채우게 하는 해약환급금식이 혼용되고 있다. 해약환급금식은 순보험료보다 적립금액이 적지만 중도해약자에게 돌아가는 환급금은 적립해 놓는 방식이다.

조합보험
Partnership Insurance

2021 · 2020 | 농협계열사 2024 · 2023 · 2022 | 농협은행 2022 | 농협중앙회

각종 조합에 의해 운영되는 비영리 보험

자본주의 경제에서 자주적 · 방위적 조직인 협동조합이 공동으로 위험을 분산하고 보장하는 보험이다. 현재 한국에서는 협동조합이 보험사 주체가 되는 것은 인정하지 않으나 조합원의 복리후생 · 공제와 관련된 농업협동조합법, 중소기업협동조합법 등은 인정되어 실시되고 있다. 조합원들이 출자하여 운영하고 발생한 이익은 조합원에게 배당하거나 보험료 인하 등으로 환원한다.

> ☑ 시험에서는 이렇게 물어본다!
> 조합보험의 운영 방식은?

미평가 보험
Unvalued Policy

2020 | 농협계열사

보험액이 협정되지 않은 보험

평가미제보험으로도 말한다. 보험계약 당사자에 의해서 보험가액이 약정되지 않은 보험이다. 미평가보험은 보험사고가 발생하면 초과 · 중복 보험여부를 확인하여 산정기준을 마련하여 보험가액을 결정해야 하기 때문에 보험약관에는 규정이 있다. 상법에서는 보험가액으로 규정하고 있다.

> ☑ 시험에서는 이렇게 물어본다!
> 미평가 보험 계약 시 주의사항은?

354 ■■■
미경과 보험
Unearned Premium

2020 | 농협계열사

수입보험료 가운데 아직 보험자의 책임이 있는 보험료 기간이 경과하지 않은 보험

연납 보험료를 납입일로 6개월 경과된 시점에는 받은 보험료의 50%는 남은 6개월 미경과기간에 대응하는 미경과보험료이다. 보험사에서 보험자가 향후 제공할 보장서비스에 대응하여 미리 수취한 금액으로 부채에 해당하기 때문에 재무건전성 평가에서 중요한 요소로 작용한다.

☑ 시험에서는 이렇게 물어본다!
미경과 보험이 재무 건전성 평가에 미치는 영향은?

355 ■■■■
방카슈랑스
Bancassurance

2021 | 농협은행   2016 · 2015 | 농협계열사

은행과 보험사가 상호 제휴하여 은행 창구에서 직접 보험 상품을 판매하는 영업 형태

프랑스어로 '은행(Bank)'과 '보험(Assurance)'의 합성어이다. 보험사는 별도의 영업조직 없이 은행의 점포망을 판매 채널로 확보해 영업하기 때문에 비용을 절약할 수 있다. 은행은 금융 상품 및 보험 상품을 한 곳에서 모두 판매함으로써 영업 이익을 높일 수 있는 점을 활용하여 점차 상품을 공동 개발·판매하는 종합적인 업무 제휴 형태 또는 은행들이 보험자 회사를 설립하여 자회사의 보험 상품을 은행 창구에서 판매하는 형태로 발전하고 있다.

☑ 시험에서는 이렇게 물어본다!
방카슈랑스의 장점을 말해보시오.

356 ■■■
포타슈랑스
Potasurance

2020 | 농협계열사

인터넷 포털 사이트와 보험회사가 연계해 보험 상품을 판매하는 영업형태

'포털(Potal)'과 '보험(Insurance)'의 합성어이다. 포털사이트가 보험회사의 온라인 대리점 역할을 하고, 포털회사 직원은 보험 상품을 판매하는 보험설계사의 일을 하게 된다. 이 방식의 장점으로는 보험설계사가 직접 고객을 찾지 않아도 되고, 온라인을 이용해 다양한 판매망을 갖출 수 있으며, 다양한 채널을 확보해 판매액을 늘릴 수 있고, 채널 사이의 경쟁을 통해 판매 시 지급되는 수수료를 낮출 수 있다. TV 홈쇼핑도 보험판매를 주요 채널로 등장시켰는데, 이를 홈슈랑스라고 한다.

☑ 시험에서는 이렇게 물어본다!
포타슈랑스가 금융시장에서 활용되는 이유를 말해보시오.

2020 | 농협계열사

대형마트나 편의점을 통해서 보험 상품을 판매하는 것

'마트(Mart)'와 '보험(Insurance)'의 합성어이다. 우리나라에서는 2004년 대형마트에서 보험 상품을 판매한 것이 효시이며, 그 밖에 편의점, 대형 슈퍼마켓 등에서도 상품을 판매하고 있다.

> ☑ 시험에서는 이렇게 물어본다!
> 마트슈랑스와 포타슈랑스의 차이를 말해보시오.

2020 | 농협계열사

보험사가 은행을 자회사로 두거나 은행상품을 판매하는 것

'어슈어파이낸스(Assurfinance)'라고도 한다. 어슈어뱅킹은 은행이 보험회사를 자회사로 두거나, 창구에서 보험 상품을 판매하는 것을 의미하는 방카슈랑스에 상대되는 개념으로, 간단하게 말하면 보험회사가 은행업을 겸하는 것이다. 보험회사가 은행의 업무 영역인 지급 결제 기능을 포함하고 있거나, 은행을 자회사로 두어 간접적으로 은행업을 겸하는 경우를 말한다.

> ☑ 시험에서는 이렇게 물어본다!
> 어슈어뱅킹과 방카슈랑스를 비교하여 약술하시오.

2020 | 농협계열사

검증되고 허용된 항목만 사용가능하도록 제한하는 제도

신약이 나왔을 때 국민건강보험공단이 치료의 가치, 사용량, 환자수를 예측하고, 제약사와 협상을 통해 보험적용여부와 상한가격을 정한다. 이 제도는 보험이 적용되는 의약품에 대한 정보를 소비자와 의사에게 제공하고, 요양기관에서 약품구입 및 재고관리의 부담을 줄이는 등의 관리대상 의약품의 수를 감소시켜 관리의 효율성을 높이고, 의약품을 이용하는 국민들도 질 좋은 의약품을 적정한 가격에 필요한 양만큼 소비함으로써 약값 부담을 낮출 수 있다. 위해하고 불법적인 요소를 예방하여 소비자보호와 안전성을 높일 수 있으나 산업 성장 속도가 느려질 수 있다.

> ☑ 시험에서는 이렇게 물어본다!
> 포지티브리스트시스템의 장·단점을 말해보시오.

360 ■■■
반려동물보험 (펫보험)
Pet Insurance

개나 고양이와 같은 반려동물의 치료비를 보장하는 보험

반려동물의 치료비, 수술비, 입원비뿐만 아니라 사망까지 보장받을 수 있는 보험 상품이 개발되어 판매되고 있다. 이는 반려동물을 기르는 가구가 늘어나면서 반려동물 산업 분야에 대한 집중도가 높아지는 사회적 상황에 따른 것이라고 볼 수 있다. 농협의 경우 2026년 5대 중점과제 중 하나로 펫보험의 경쟁력 강화 및 비대면 상품 출시를 제시하기도 하였다.

361 ■■□
여행자보험
Trable Insurance

여행 중에 발생할 수 있는 위험을 보장하는 보험

질병, 상해, 물품 손해, 사망 등을 보장하며, 여행하는 기간에만 가입하기 때문에 보험료가 저렴하다. 사고로 인해 후유장애가 발생한 경우에도 보험금이 지급된다. 여행 출발부터 복귀 시점까지 보장되는 소멸성 보험에 해당한다.

362 ■■■
책임보험
Liability Insurance

어떠한 사고의 발생으로 피보험자가 보험기간 중 제3자에게 손해배상책임을 진 경우 이를 보상하는 보험

피보험자가 직접적으로 입은 손해를 보상하는 것이 아닌, 제3자의 손해배상에 대한 책임을 지는 것으로 간접적인 손해를 배상한다. 따라서 일반적인 손해보험과는 차이가 존재한다. 책임보험은 보상 대상에 따라 재산손해배상책임보험, 신체장해배상책임보험 정도로 나눌 수 있으며, 자동차손해배상책임보험, 산업재해보상보험 등은 의무적으로 가입해야 하는 책임보험에 해당한다.

> **상식PLUS** 자동차손해배상책임보험
> 「자동차손해배싱 보징법」에 따라 자동차를 소유하고 있다면 의무직으로 가입해야 하는 보험이다. 교통사고로 인한 인적 · 물적 피해 배상을 목적으로 한다.

363 ■■□
산업재해보상보험
Industrial Accident Compensation Insurance

근로자의 업무와 관련하여 발생한 재해를 보상하는 보험

업무상의 사유로 근로자가 부상을 입거나, 질병에 걸리거나, 사망한 근로자에게 「산업재해보상보험법」에 따라 보상하는 사회보험이다. 대한민국 내의 사업장에 고용된 모든 내국인 및 외국인은 의무적으로 가입해야 하며, 근로자 본인의 과실에 상관없이 보험금이 지급된다.

종신보험
Ipermanent Insurance

보험기간이 계약체결 시에 정해지지 않고, 피보험자가 사망했을 때 보험금을 지급하는 보험

매년 책임준비금이 누적되고 해약환급금 역시 증가하므로 사망보장의 기능뿐만 아니라 저축 기능까지 지니고 있다. 따라서 노후 자금 마련, 피보험자 사후 유족들의 생활 보장이 가능하다.

중복보험
Double Insurance

동일한 피보험 이익에 대한 보험계약이 여러 개 존재하는 경우

보험사고, 보험기간, 피보험 이익이 동일한 보험계약이 복수로 존재하고 그 보험금의 합계가 보험가액을 초과하는 경우가 중복보험에 해당한다. 중복보험이 이루어졌을 경우 「상법」 제672조(중복보험) 조항에 의해 보험자는 각자 보험금액의 한도에서 연대책임을 지며, 각 보험자의 보상책임은 보험금액의 비율에 따른다. 단, 사기로 보험계약이 체결되었을 경우 계약은 무효가 된다.

보증보험
Guarantee Insurance

채무자가 채무를 이행하지 않았을 때 혹은 법령상 불이행으로 생긴 채권자의 손해를 보상하는 보험

이때 피보험자는 채권자가 되며, 보증보험의 종류에는 납세보증보험, 이행보증보험 등이 있다. 「상법」 제726조의6조(적용제외)에 따라 보증보험에서는 피보험자에게 책임이 있는 사유가 없다면 고지의무위반으로 인한 계약해지, 위험변경증가의 통지와 계약해지, 보험자의 면책사유, 보험계약자 등의 고의나 중과실로 인한 위험증가와 계약해지는 적용되지 않는다.

상해보험
Personal Accident Insurance

급격하고도 우연한 외래의 사고로 신체에 상해를 입었을 때 보험금을 지급하는 보험

인(人)보험 중 하나로 일상생활에서 입을 수 있는 모든 상해를 담보하는 것이 상해보험의 보통 약관이다. 특정 단체 내의 활동을 할 때 입는 상해 또는 여행 중의 상해를 담보하는 등의 내용을 특약으로 넣을 수 있다.

368 ■■■
고지의무
告知義務

보험계약 전 보험계약자가 보험자에게 중요한 사실을 알리는 의무

보험계약을 맺을 때 보험계약자는 보험자가 위험 정도를 측정하고, 보험료 결정을 할 수 있도록 중요한 사실을 알려야 한다. 만약 사실을 알리지 않거나 부실하게 고지하였을 경우, 보험자는 「상법」 제651조(고지의무위반으로 인한 계약해지)에 따라 그 사실을 안 날로부터 1개월 내, 계약 체결을 한 날로부터 3년 이내에 한해 계약을 해지할 수 있다.

369 ■■■
면책사유
免責事由

보험자의 보험금 지급의무가 면책되는 사유

보험사고가 발생했을 때 보험자는 보험계약에 따라 보험금을 지급해야 할 의무가 있으나, 특정한 사유가 있을 경우 면책될 수 있다. 「상법」 제659조(보험자의 면책사유)와 제660조(전쟁위험 등으로 인한 면책)에 따라 보험계약자 또는 피보험자, 보험수익자의 고의 또는 중대한 과실로 보험사고가 일어났을 경우, 전쟁과 같은 기타 변란으로 보험사고가 생겼을 경우 보험료 지급의무가 면책된다.

370 ■■■
소손해면책
(소손해면책률)
Franchise/Excess

손해가 발생하더라도 그 피해액이 일정 금액 또는 일정 비율에 이르지 않았을 때 보험자가 보상책임을 지지 않는 경우

소손해면책은 소손해면책률이라고도 하며, franchise와 excess로 구분된다. franchise는 손해가 일정한 면책률을 초과했을 때 전체 손해를 보상하고, 초과하지 않았을 경우에는 전혀 보상하지 않는다. excess는 손해가 정해진 면책률을 초과하면 초과한 만큼만 보상한다.

371 ■■■
협정보험가액
Insured value

보험계약 체결 시에 손해가 발생하기 전 계약당사자가 협의하여 임의로 결정한 보험가액

객관적으로 보험 가액을 결정할 수 없는 경우에 정하는 것으로, 화물판매가에 운임보험료가 포함된 가액(CIF)에 희망이익을 더해 110%로 협의하는 경우가 많다.

372 ■■■

기명피보험자
記名被保險者

보험 증권의 피보험자란에 이름이 기재된 사람

동차보험에서 기명피보험자는 보험적용의 기준이 되므로 중요하다. 예컨대 아버지가 보험에 가입하고 보험료를 납부하는 보험계약자이고 운전을 하는 사람은 아들일 때 아들이 기명피보험자가 된다.

373 ■■■

임의해지
任意解止

계약의 당사자가 임의로 보험계약을 해지하는 경우

보험사고가 발생하기 전이라면 보험계약자는 「상법」 제649조(사고발생 전의 임의해지)에 따라 계약의 일부 또는 전부를 해지할 수 있다. 또한 보험사고 발생 후 보험금을 지급받은 경우에도 보험금액이 감액되지 않는 보험이라면 사고 발생 후에도 계약을 해지할 수 있다. 보험사가 파산 선고를 받았을 때도 계약 해지가 가능하다.

374 ■■■

경과보험료
Earned Premium

보험계약 기간 중 이미 계약기간이 경과된 날짜 수에 해당하는 보험료

보험계약에서 보험회사의 사업연도 즉, 회계연도와 보험연도가 일치하지 않을 때 보험연도의 보험료 일부는 당해 사업연도에 해당되고, 나머지는 차기 사업연도에 해당하게 되는 것이다. 예컨대 2026년 1월 1일 ~ 12월 31일이 보험회사의 사업연도이고, 보험연도는 2026년 8월 1일 ~ 2027년 7월 31일일 때 사업연도에 속하는 보험료가 경과보험료가 되고 차기 사업연도에 해당하는 나머지가 미경과보험료가 된다.

375 ■■■

보험대위
Subrogation

보험사고의 발생으로 보험자가 보험금을 지급한 후 지급한 보험금의 한도 내에서 권리를 취득하는 것

「상법」 제681조(보험목적에 관한 보험대위)에 따라 보험 목적의 전부가 멸실되고, 보험금 전부를 지급한 보험자는 그 목적에 대한 피보험자의 권리를 취득한다. 또한 같은 법 제682조(제3자에 대한 보험대위) 제1항에 따라 제3자에 의해 손해가 발생했을 경우 보험자는 보험금을 지급하고, 해당 보험금의 한도 내에서 제3자에 대한 피보험자의 권리를 취득하게 된다. 즉 보험대위는 피보험자가 가지고 있던 피보험목적물의 구상권을 대신 가질 수 있게 되면서 피보험자의 이중이득을 방지한다.

보험위부
Abandonment

보험의 피보험자가 보험목적물의 소유권을 보험자에게 넘기고 보험금을 모두 받는 경우

주로 해상보험에서 사용되며, 예컨대 선박이 전손(全損) 상태 혹은 화물을 회수하는 것이 거의 불가능할 때 보험목적물의 소유권을 보험자에게 이전하고 보험금을 받아내는 것이다. 「상법」 제710조(보험위부의 원인)에 따라 보험위부가 가능하다.

보험개발원
保險開發院

보험소비자 보호 및 보험산업 발전을 목적으로 하는 보험 전문 서비스 기관

1989년 12월 1일에 설립된 기구로 보험요율 산출, 검증 및 제공, 보험 관련 정보의 수집과 제공 및 통계 작성, 보험에 대한 조사와 연수, 정부기관과 보험회사 등으로부터 위탁받은 업무 등을 수행한다.

보험의 목적
(보험의 대상)
Subject-Matter Insured

보험사고가 일어나게 되는 객체

「상법」에서는 보험의 목적이라고 지칭하며 화재보험에서는 건물과 가재상품, 선박보험에서는 선체를 적하보험에서는 화물을 가리킨다. 인보험에서는 쓰이지 않는 용어이다.

지연손해
Delay Damage

해상보험에서 지연으로 인해 화물에 손해가 발생한 때 보상하지 않는 경우

피보험자가 정당한 사유 없이 발항 지연, 항해 지연, 적재 및 양하 작업의 지연을 했을 때 화물에 손상이 생겨 상품성을 잃었을 경우 보험회사는 그 책임을 지지 않는다.

금융·경제·보험 예상문제

정답 문항수 | 풀이시간 분

1 채무자가 공사채나 은행 융자, 외채 등의 원리금 상환 만기일에 지불 채무를 이행할 수 없는 상태는?

① 디폴트
② 환형유치
③ 엠바고
④ 워크아웃
⑤ 법정관리

2 과세기준일(매년 6월 1일) 현재 국내에 소재한 재산세 과세대상인 주택 및 토지를 유형별로 구분하여 인별로 합산한 결과로 나온 공시가격 합계액이 각 유형별로 공제금액을 초과하는 경우 그 초과분에 대하여 과세되는 세금은?

① 종합소득세
② 부가가치세
③ 종합부동산세
④ 양도소득세
⑤ 상속세

3 호경기 때 소비재 수요 증가와 더불어 상품의 가격상승이 노동자의 화폐임금보다 급격히 상승하게 되어, 노동자의 임금이 상대적으로 저렴해지는 것과 관련성이 높은 효과는?

① 전시 효과
② 리카도 효과
③ 톱니 효과
④ 베블런 효과
⑤ 피구 효과

4 다음 〈보기〉 빈칸에 들어가는 용어는?

> **보기**
>
> (   )은/는 원래 프랑스에서 비롯된 제도이다. 독일은 제1차 세계대전 이후 엄청난 전쟁배상금 지급을 감당할 수 없어 (   )을/를 선언했고 미국도 대공황 기간 중인 1931년 후버 대통령이 전쟁채무의 배상에 대하여 1년의 지불유예를 한 적이 있는데 이를 후버 (   )라/이라 불렸다고 한다. 이외에도 페루, 브라질, 멕시코, 아르헨티나, 러시아 등도 (   )을/를 선언한 바가 있다.

① 모블로그
② 모라토리엄 신드롬
③ 서브프라임 모기지론
④ 모라토리엄
⑤ 디플레이션

빠른답CHECK 1.① 2.③ 3.② 4.④

5 다음 〈보기〉 빈칸 안에 들어가는 용어는?

> ─ 보기 ─
>
> 니콜라스 탈레브는 그의 책에서 ( )을/를 '과거의 경험으로 확인할 수 없는 기대 영역 바깥쪽의 관측 값으로, 극단적으로 예외적이고 알려지지 않아 발생가능성에 대한 예측이 거의 불가능하지만 일단 발생하면 엄청난 충격과 파장을 가져오고, 발생 후에야 적절한 설명을 시도하여 설명과 예견이 가능해지는 사건'이라고 정의했다. 이것의 예로 20세기 초에 미국에서 일어난 경제대공황이나 9·11 테러 등과 같은 사건을 들 수 있다.

① 블랙 스완 　② 그레이 스완
③ 어닝 쇼크 　④ 더블 딥
⑤ 유동성 함정

6 통신사업자가 대도시나 아파트 단지 등 고수익 − 저비용 지역에만 서비스를 제공하는 현상에 빗댄 것으로 기업이 이익을 창출할 것으로 보이는 시장에만 상품과 서비스를 제공하는 현상을 의미하는 것은?

① OSJD 　② 스마일 커브
③ 코드 키팅 　④ 크림 스키밍
⑤ 스놉 효과

7 환율이 상승함으로써 수입과 수출에 미치는 영향을 바르게 나타낸 것은?

① 수출촉진, 수입억제
② 수출억제, 수입억제
③ 수출촉진, 수입촉진
④ 수출억제, 수입촉진
⑤ 수출·수입에 변화가 없다.

8 지니계수(Gini Coefficient)를 증가시켜 소득분배를 불균등하게 하는 요인은?

① 금리인상
② 무료급식제도
③ 상속세
④ 의무교육제도
⑤ 양도소득세

9 영기준예산(Zero Base Budgeting)의 장점이라고 할 수 없는 것은?

① 재정운용의 탄력성
② 자원의 합리적 배분
③ 적절한 정보의 제시
④ 시간·노력의 절약
⑤ 계층 간 원활한 의사소통

10 다음 중 마찰적 실업을 줄이기 위한 방법 중 가장 효율적인 것은?

① 임시직을 정규직으로 전환한다.
② 임금상승을 생산성 증대 수준 이하로 억제한다.
③ 노동시장의 수급상황의 정보활동을 강화한다.
④ 근로자의 직업교육을 확대한다.
⑤ 일자리 정보를 제공한다.

빠른답CHECK 5.① 6.④ 7.① 8.① 9.④ 10.③

11 다음 중 주식과 사채(社債)의 차이점으로 적절하지 않은 것은?

① 주식은 채무가 아니나 사채는 회사 채무이다.

② 사채권자는 주주총회에서의 의결권이 없으며 경영에 참가할 수 없다.

③ 회사는 사채에 대해 일정 기간 동안의 이자를 지불하고 만기일에 시가(時價)를 상환한다.

④ 회사가 해산되었을 경우 사채가 완불되지 않으면 주주는 잔여재산분배를 받을 수 없다.

⑤ 사채는 원금과 이자를 상환받지만 주식은 이익 배당을 받을 수 있다.

12 다음 〈보기〉 빈칸 안에 들어가는 용어는?

> ─ 보기 ─
>
> (   )은/는 사회 공헌에 노력하는 기업들을 거래소에서 심사·선정한다. 투자자들에게는 장기적으로 지속가능한 기업을 쉽게 선별할 수 있도록 하고, 자산운용사들에게는 펀드의 포트폴리오 구성을 위한 추가적인 기준을 제시한다. 이미 세계 많은 나라에서는 (   )이/가 사용되고 있는데, 미국에서의 한 조사 결과에 따르면 1993년에서 2006년 까지 (   )의 수익률이 평균 시장지수(모건 스탠리 지수)의 수익률을 크게 앞질렀다고 한다.

① 엥겔지수

② 거래량지수

③ SRI지수

④ 가격지수

⑤ 슈바베 지수

13 고위험, 고수익의 채권전용펀드로 신용등급이 투자부적격한 BB+이하 채권을 편입해 운용하기 때문에 발행자의 채무불이행위험이 높은 펀드는?

① Mutual Fund

② Off Shore Fund

③ Spot Fund

④ Gray Fund

⑤ Private Placement Fund

14 통화지표는 통화의 총량을 가늠하는 척도이다. 보기 중 가장 범위가 넓은 통화지표는?

① M1   ② M2

③ Lf   ④ 현금통화

⑤ 결제성 예금

15 다음 〈보기〉에서 설명이 뜻하는 용어는?

> ─ 보기 ─
>
> 대규모의 자금이 필요한 석유, 탄광, 조선, 발전소, 고속도로 건설 등의 사업에 흔히 사용되는 방식으로 선진국에서는 보편화된 금융기법이다. 은행 등 금융기관이 사회간접자본 등 특정사업의 사업성과 장래의 현금흐름을 보고 자금을 지원한다.

① 프로젝트 파이낸싱

② 액면병합

③ 파생금융 상품

④ 온디맨드

⑤ 선도거래

16 다음 중 우리나라 GDP에 영향을 주지 않는 것은?

① 전기가스 비용
② 미국 텍사스에 위치한 국내 대기업의 제조공장
③ 외국 유명 대기업의 한국지사 제조공장
④ 국내 광공업 수입
⑤ 건강보험료

17 경제문제가 발생하는 가장 근본적인 원인은?

① 이윤극대화의 원칙
② 한계효용 체감의 법칙
③ 희소성의 원칙
④ 3면 등가의 원칙
⑤ 조세평등의 원칙

18 다음 중 소득이 떨어져도 소비 수준이 변하지 않는 현상은?

① 도플러 효과
② 잠재가격
③ 의존 효과
④ 관성 효과
⑤ 구축 효과

19 구매자에게 최하의 가능한 선에서 결정되었다는 인상을 주기 위해 제품가격을 10,000원이나 300,000원으로 하지 않고 9,990원이나 299,900원으로 하는 가격결정 방법은?

① Price Lining
② Odd Pricing
③ Prestige Pricing
④ Loss Leader
⑤ Unit Pricing

20 다음 소득불평등 지표에 대한 설명으로 옳지 않은 것은?

① 지니계수가 0이면 완전 불평등, 1이면 완전 평등을 의미한다.
② 로렌츠 곡선은 대각선에 가까울수록 소득분배가 평등하다는 의미이다.
③ 로렌츠 곡선은 불균등할수록 한쪽으로 굽은 곡선이 그려진다.
④ 10분위 분배율은 최하위 40%(1 ~ 4분위) 계층의 최상위 20%(9, 10분위)의 소득점유율로 나눈 지표이다.
⑤ 10분위 분배율은 2에 가까울수록 소득분배가 고르다는 것을 의미한다.

21 시장에서의 경쟁을 약화시킴으로써 높은 이윤을 확보하는 것이 주 목적인 기업형태와 거리가 먼 것은?

① 트러스트(Trust)
② 콤비나트(Combinat)
③ 신디케이트(Syndicate)
④ 카르텔(Cartel)
⑤ 조인트벤처(Joint Venture)

빠른답CHECK 16.② 17.③ 18.④ 19.② 20.① 21.②

22 다음 〈보기〉에서 설명하고 있는 용어는?

> 두 재화가 서로 비슷한 용도를 지녀 한 재화 대신 다른 재화를 소비하더라도 만족에 별 차이가 없는 관계를 말한다. 서로 경쟁적인 성격을 띠고 있어 경쟁재라고도 하며 소비자의 효용, 즉 만족감이 높은 쪽을 상급재, 낮은 쪽을 하급재라 한다. 두 재화 A, B가 있다고 했을 때, 만약 A재화의 가격이 상승(하락)하면 A재화의 수요는 감소(증가)하고 B재화의 수요는 증가(감소)한다.

① 대체재   ② 보완재
③ 독립재   ④ 정상재
⑤ 열등재

23 생산자 물가지수에 대한 설명으로 옳지 않은 것은?

① 한국은행에서 작성한다.
② 상품 및 서비스의 수급동향을 파악할 수 있다.
③ 상품 및 서비스의 경기동향을 판단할 수 있다.
④ 지수작성에 이용되는 가격은 1차 거래단계의 가격이다.
⑤ 가계가 소비하는 서비스의 가격수준 및 변동을 파악할 수 있다.

24 다음 중 레온티에프 역설(Leontief Paradox)이 반박한 이론은?

① 비교우위 이론   ② 헥셔–올린 정리
③ 구매력 평가설   ④ IS–LM 모델
⑤ 랜덤워크 가설

25 다음 〈보기〉에서 설명하고 있는 가격차별의 형태로 옳은 것은?

> • 재화의 구입량에 따라 가격을 다르게 설정하는 것을 말한다.
> • 1차 가격차별보다 현실적이며 현실에서 그 예를 찾기 쉽다.
> • 전화의 사용량에 따라 그 요금의 차이가 나는 것은 이것의 예이다.

① 1차 가격차별   ② 2차 가격차별
③ 3차 가격차별   ④ 4차 가격차별
⑤ 5차 가격차별

26 다음 〈보기〉에 포함되어 있지 않은 경제적 개념은 무엇인가?

> 송이는 최근 개봉한 영화를 영화관에서 볼지 아니면 2 ~ 3달 후 집에서 OTT로 볼지 고민하다가 영화관에서 보기로 결정했다. 영화관에 가기 전날 송이는 A 신문에서 "이동통신사들이 자사 카드 사용자에 대한 영화 관람료 할인제도를 폐지하자 관람객 수가 감소했다."는 기사를 읽게 되었다. 예전에 이동통신사의 관람료 할인제도를 이용하던 송이는 대신 조조할인을 받기 위해 일요일 아침 일찍 영화관에 갔다. 기다리면서 마시려고 산 커피는 일반 시중가격에 비하여 매우 비싸다고 느꼈으며 영화관은 외부 음식물 반입을 금지하고 있었다.

① 대체재   ② 외부 효과
③ 가격차별   ④ 진입장벽
⑤ 수요의 가격 탄력성

빠른답CHECK 22.①   23.⑤   24.②   25.②   26.②

27 甲사는 올해 휴대폰 A2026을 출시했다. 다음 지문 중에서 금년에 甲사의 A2026와 경쟁 관계에 있는 제품을 모두 고르면?

─ 보기 ─

㉠ 乙사에서 제작한 B 휴대폰
㉡ 잠재적인 시장 진입자가 생산할 휴대폰
㉢ 작년에 발매된 甲사의 A2026
㉣ 내년에 발매될 甲사의 A2027

① ㉠, ㉡
② ㉠, ㉢
③ ㉡, ㉢
④ ㉠, ㉡, ㉢
⑤ ㉠, ㉡, ㉢, ㉣

28 예금자보호법에 의해 보호되는 상품으로 옳은 것은?

① 은행의 주택청약종합저축
② 저축은행의 후순위채권
③ 보험회사의 개인보험계약
④ 보험회사의 보증보험계약
⑤ 은행의 양도성예금증서

29 다음 〈보기〉에서 ㉠과 ㉡에 들어갈 금리의 종류로 적절한 것은?

─ 보기 ─

지난 2023년 세계 금융시장의 기준 금리 역할을 했던 (㉠)가 완전히 중단되었다. 중단의 배경에는 호가 은행들의 담합으로 인한 신뢰 상실이 있었다. (㉠)의 중단에 따라 우리나라는 환매조건부채권(RP)금리와 (㉡) 등을 기초로 활용하는 KOFR(Korea Overnight Financing Repo Rate)금리를 새롭게 마련한 바 있다.

	㉠	㉡
①	우대금리	콜금리
②	CD금리	리보금리
③	우대금리	CD금리
④	리보금리	콜금리
⑤	리보금리	CD금리

빠른답CHECK 27.⑤ 28.③ 29.④

30 개인의 저축 증가가 국가적 저축 증가로 연결되지 않는 현상은?

① 승자의 저주
② 구축 효과
③ 절대우위론
④ 저축의 역설
⑤ 유동성의 함정

31 디플레이션의 영향을 순서대로 나열한 것은?

┌─ 보기 ─┐

㉠ 소비위축
㉡ 상품가격 하락
㉢ 채무자의 채무부담
㉣ 경기침체 가속
㉤ 생산 및 고용 감소

① ㉠ − ㉢ − ㉡ − ㉣ − ㉤
② ㉠ − ㉣ − ㉡ − ㉤ − ㉢
③ ㉠ − ㉡ − ㉤ − ㉣ − ㉢
④ ㉢ − ㉡ − ㉠ − ㉣ − ㉤
⑤ ㉢ − ㉤ − ㉣ − ㉠ − ㉡

32 다음 중 (   ) 안에 해당하는 사람으로 옳은 것을 모두 고르면?

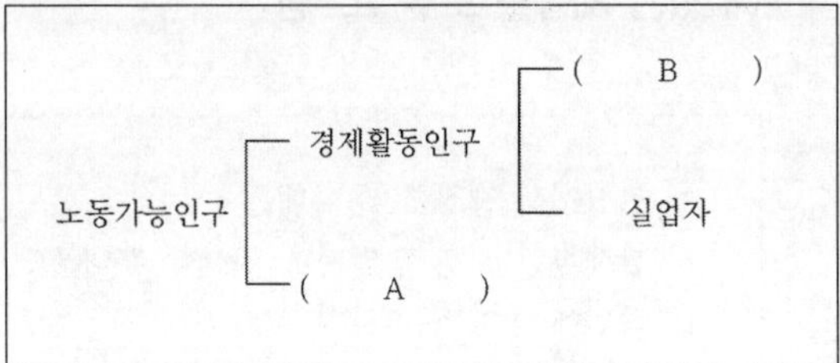

┌─ 보기 ─┐

㉠ 실직 뒤에 구직 노력을 포기한 甲
㉡ 교통사고를 당해 휴직을 하고 있는 乙
㉢ 가족이 경영하는 가게에서 무보수로 일하는 丙
㉣ 일거리가 적어 일주일에 하루만 일하는 이웃 丁

	A	B
①	㉠	㉡, ㉢, ㉣
②	㉠, ㉢	㉡, ㉣
③	㉡, ㉢	㉠, ㉣
④	㉡, ㉣	㉠, ㉢
⑤	㉠, ㉡, ㉢	㉣

33 다음 〈보기〉에서 '72의 법칙'을 생활경제 속에 가장 잘 활용한 사람은?

甲 : 지금 가진 돈을 장기예금에 넣으면 복리가 될 테고, 그 돈이 두 배가 될 때 원금을 빼면 좋을 텐데……. 만약 그렇다면 복리로 계산할 때 언제 두 배 수익이 되는 걸까?

乙 : 올해 내 나이가 벌써 43세이니 10년 전과 비교해서 주식투자의 비중은 얼마의 차이가 나는 걸까?

丙 : 갑자기 한 번에 저축을 너무 늘리려 하면 힘들 테니 수입의 5% 정도만 우선 저축하면서 지금부터라도 조금씩 저축을 시작해야겠네.

丁 : 주식이 폭락해서 −50%의 수익률을 얻었는데 이를 회복하려면 얼마의 수익률을 내야 하는 걸까?

戊 : 연봉도 올랐는데 총 소득이 올랐을 테니 동년배와 비교해서 내가 부자가 될 가능성은 얼마나 될까?

① 甲
② 乙
③ 丙
④ 丁
⑤ 戊

34 다음 〈보기〉에서 총공급곡선을 오른쪽으로 이동시키는 요인들을 모두 고르면?

㉠ 실질임금 상승
㉡ 원자재 가격 하락
㉢ 신기술 개발
㉣ 정부지출 증가

① ㉠, ㉡
② ㉡, ㉢
③ ㉢, ㉣
④ ㉠, ㉢, ㉣
⑤ ㉡, ㉢, ㉣

35 화폐의 발달 순서로 옳은 것은?

① 상품화폐 – 지폐 – 신용화폐 – 금속화폐 – 전자화폐
② 상품화폐 – 금속화폐 – 지폐 – 신용화폐 – 전자화폐
③ 상품화폐 – 금속화폐 – 신용화폐 – 지폐 – 전자화폐
④ 금속화폐 – 지폐 – 상품화폐 – 신용화폐 – 전자화폐
⑤ 금속화폐 – 상품화폐 – 지폐 – 신용화폐 – 전자화폐

36 가구의 소득 흐름은 물론 금융 및 실물 자산까지 종합적으로 고려하여 가계부채의 부실위험을 평가하는 지표로, 가계의 채무상환능력을 소득 측면에서 평가하는 원리금상환비율(DSR : Debt Service Ratio)과 자산 측면에서 평가하는 부채/자산비율(DTA : Debt To Asset Ratio)을 결합하여 산출한 지수를 무엇이라고 하는가?

① 가계신용통계지수
② 가계수지
③ 가계순저축률
④ 가계부실위험지수
⑤ 가계처분가능소득지수

37 다음 〈보기〉 빈칸 안에 들어갈 말로 가장 적절한 것은?

보기

(　　)을/를 시행하게 되면 환율 변동에 따른 충격을 완화하고 거시경제정책의 자율성을 어느 정도 확보할 수 있다는 장점이 있다. 하지만 특정 수준의 환율을 지속적으로 유지하기 위해서는 정부나 중앙은행이 재정정책과 통화정책을 실시하는 데 있어 국제수지 균형을 먼저 고려해야 하는 제약이 따르고 불가피하게 자본이동을 제한해야 한다.

① 고통지수
② 자유변동환율제도
③ 고정환율제도
④ 고정자본소모
⑤ 고정이하여신비율

38 1인 가구가 늘어나면서 나타나는 현상으로, 혼자 밥을 먹거나 혼자 쇼핑을 하거나 여행을 다니는 등 혼자서 소비생활을 즐기는 소비 트렌드를 뜻하는 말은?

① 일점호화소비
② 일물일가의 법칙
③ 일코노미
④ 일대일로
⑤ 일비

39 복지지표로서 한계성을 갖는 GNI를 보완하기 위해 미국의 노드하우스와 토빈이 제안한 새로운 지표로 옳은 것은?

① 소비자동향지표
② 경제후생지표
③ 경제활동지표
④ 고용보조지표
⑤ 일일경제지표

40 하나의 물건을 갖게 되면 그것에 어울리는 다른 물건들을 계속해서 구매하게 되는 현상은?

① 디드로 효과
② 채찍 효과
③ 캘린더 효과
④ 쿠퍼 효과
⑤ 톱니 효과

빠른답CHECK 36.④ 37.③ 38.③ 39.② 40.①

41 다음 중 리카도의 비교우위론에 대한 설명으로 옳지 않은 것은?

① 다른 생산자에 비해 같은 상품을 더 적은 생산요소로 생산할 수 있는 능력을 말한다.

② 비교우위론에서 비교우위는 곧 기회비용의 상대적 크기를 나타낸다.

③ 비교우위론은 노동만이 유일한 생산요소이고 노동은 균질적으로 가정하고 있다.

④ 비교우위론은 생산함수를 규모의 불변함수이고 1차 동차함수로 가정하고 있다.

⑤ 비교우위론에서 무역은 비교생산비의 차이에서 발생한다고 보고 있다.

42 화폐의 증감여부를 바르게 연결한 것은?

> ─── 보기 ───
>
> ㉠ 금융위기로 은행의 안전성이 의심되면서 예금주들의 현금인출이 증가하였다.
> ㉡ 개인이 명절을 준비하기 위해서 현금보유를 늘린다.
> ㉢ 한국은행이 자금난을 겪고 있는 지방은행들로부터 국채를 매입하였다.
> ㉣ 은행이 건전성을 강화하기 위해 국제결제은행 기준의 자기자본비율을 높이고 있다.

	㉠	㉡	㉢	㉣
①	감소	증가	감소	증가
②	감소	감소	증가	감소
③	증가	감소	증가	감소
④	증가	감소	감소	증가
⑤	증가	증가	감소	감소

43 최고가격제에 대한 설명으로 옳은 것을 모두 고르면?

> ─── 보기 ───
>
> ㉠ 암시장이 출현한다.
> ㉡ 초과공급이 발생한다.
> ㉢ 수요량이 증가한다.
> ㉣ 제품의 질이 저하된다.
> ㉤ 공급량이 증가한다.

① ㉠, ㉡, ㉢　　　② ㉠, ㉢, ㉣

② ㉡, ㉢, ㉣　　　③ ㉡, ㉣, ㉤

④ ㉢, ㉣, ㉤

44 〈보기〉에서 설명하는 경제학의 개념으로 옳은 것은?

> ─── 보기 ───
>
> 무더위에 놀이공원 인형 탈 아르바이트를 하던 A는 지나가는 행인이 마시고 있는 아이스 커피가 너무나 마시고 싶었다. 하지만 화장실도 편히 갈 수 없는 상황이라 아르바이트가 끝나기만을 기다렸고, 퇴근 후 A는 가장 큰 사이즈의 아이스 커피를 주문했다. 다 마실 수 있을 것 같았지만 반 정도 마시자 갈증은 사라지고 배가 너무 불러서 남은 커피는 결국 버렸다.

① 기회비용

② 형평성

③ 한계효용 체감의 법칙

④ 규모에 대한 수확체감의 법칙

⑤ 삼면 등가의 법칙

45 치열한 경쟁 끝에 승리를 얻었지만 승리를 얻기 위해 과도한 비용과 희생으로 오히려 커다란 후유증을 겪는 상황을 뜻하는 말은?

① 시장실패
② 깨진 유리창의 법칙
③ 죄수의 딜레마
④ 트롤리 딜레마
⑤ 승자의 저주

47 다음 중 구매력평가설에 관한 설명으로 옳지 않은 것은?

① 환율이 양국 통화의 구매력에 의하여 결정된다는 이론이다.
② 균형환율수준 혹은 변화율은 각국의 물가수준을 반영하여야 한다는 이론이다.
③ 절대적 구매력평가설은 일물일가의 법칙을 국제시장에 적용한 이론이다.
④ 무역거래에 있어서 관세부과나 운송비로 인해 일물일가의 법칙이 현실적으로 성립하기 쉽다.
⑤ 무역이 자유롭고 운송비용이 저렴하다는 점을 가정한다.

46 다음 중 내생적 성장모형에서 국가 간 1인당 GNP 성장률 격차에 영향을 미치는 요인은?

보기

㉠ 교육수준의 차이
㉡ 자본축적의 차이
㉢ 기술수준의 차이
---

① ㉠
② ㉠, ㉡
③ ㉠, ㉢
④ ㉡, ㉢
⑤ ㉠, ㉡, ㉢

48 다음 중 매파의 설명으로 옳은 것을 모두 고른 것은?

보기

㉠ 진보성향
㉡ 인플레이션 억제
㉢ 양적완화 주장
㉣ 금리인하 주장
㉤ 긴축 정책 주장
---

① ㉠, ㉡
② ㉢, ㉣
③ ㉡, ㉣, ㉤
④ ㉠, ㉡, ㉤
⑤ ㉠, ㉢, ㉣

빠른답CHECK 45.⑤ 46.② 47.④ 48.④

49 다음 중 실업률이 높아지는 경우를 모두 고른 것은?

> **보기**
>
> ㉠ 정부가 실업보험 급여액을 인상하였다.
> ㉡ 산업구조에 커다란 변화가 초래되었다.
> ㉢ 최저임금이 인하되었다.
> ㉣ 경기가 불황에 접어들었다.
> ㉤ 정보통신 산업의 발전에 힘입어 구인 현황에 대한 정보가 쉽게 알려질 수 있게 되었다.

① ㉠, ㉡, ㉣
② ㉠, ㉢, ㉣
③ ㉠, ㉣, ㉤
④ ㉡, ㉢, ㉣
⑤ ㉠, ㉡, ㉢, ㉣

50 다음 중 차등의결권 제도에 대한 설명으로 옳지 않은 것은?

① 경영권을 가지고 있는 대주주의 주식에 대해 보통주보다 적은 의결권을 주는 제도이다.
② 최대 주주가 보유한 지분율보다 더 많은 의결권을 가지는 제도로, 경영권 방어 수단 중 하나이다.
③ 무능한 경영자를 교체하기 어렵고 소수의 지분으로 전 회사를 장악해 경영진의 이익만 좇을 수 있다.
④ 소수 대주주의 의사가 다수 의사인 것처럼 왜곡될 가능성이 있다.
⑤ 경영권 승계에서 대주주의 지배권 강화 수단으로 악용될 수 있다.

51 다음 〈보기〉 빈칸에 들어가는 용어는?

> **보기**
>
> 물가가 지속적으로 상승하는 경제현상으로 총수요의 증가와 생산비 상승이 주요 원인이다. (　)로/으로 명목임금은 올라도 실질임금은 낮아져 임금소득자에게는 불리한 소득의 재분배가 이루어지며, 채무자에게는 유리하고 채권자에게는 불리한 부의 재분배 현상도 발생한다. (　)은/는 이렇게 생산과정을 통하지 않고 사회구성원 사이에 소득과 부를 재분배하고, 경제적 효율성을 낮춰 경제 성장에 악영향을 미친다.

① 인플레이션
② 디플레이션
③ 본원통화
④ 통화창조
⑤ 통화승수

52 다음 중 금리의 기능을 모두 고르면?

> **보기**
>
> ㉠ 자금배분
> ㉡ 경기전망
> ㉢ 경기조절
> ㉣ 물가조정

① ㉠, ㉡
② ㉡, ㉢
③ ㉠, ㉢, ㉣
④ ㉡, ㉢, ㉣
⑤ ㉠, ㉡, ㉢, ㉣

53 소득분배의 불균등도를 측정하는 방법이 아닌 것은?

① 로렌츠 곡선
② 엥겔법칙
③ 지니계수
④ 지브라 법칙
⑤ 10분위 분배율

54 경제가 완전고용수준에 미달하고 모든 물가가 신축적으로 변동할 때 피구 효과로 인해 나타날 수 있는 현상은?

① 물가하락은 자산보유자의 실질적인 부의 증가를 가져오기 때문에 소비가 증가한다.
② 생산원가의 하락은 투자 수익의 증대를 가져와 투자지출이 증대된다.
③ 화폐의 유통속도는 물가가 하락하는 비율만큼 떨어진다.
④ 물가하락은 사람들이 앞으로 더욱 더 큰 물가하락을 예상하여 총소비 지출을 감소시킨다.
⑤ 물가가 신축적이라 하더라도 극심한 불황 하에서 유동성 함정이 존재한다면 완전고용은 이룰 수 없다.

55 래퍼곡선에 대한 설명으로 옳지 않은 것은?

① 일정 수준으로 세율을 낮추면 세수를 증가시킬 수 있다.
② 세율과 조세수입 간의 관계를 나타낸다.
③ 공급을 중시하는 경제학을 근간으로 한다.
④ 소득분포도의 불평등도를 측정하는 지표이다.
⑤ 세율이 일정수준을 넘으면 세수가 줄어든다.

56 국내 주식시장에 외국인의 주식 투자확대로 달러 유입이 늘어날 경우 초래될 수 있는 경제현상은?

① 원/달러 환율하락과 수출 감소
② 원/달러 환율하락과 수출 증가
③ 원/달러 환율상승과 수출 감소
④ 원/달러 환율상승과 수출 증가
⑤ 변화가 없다.

57 보험대위에 관한 설명으로 옳지 않은 것은?

① 보험자가 피보험자의 권리를 취득한다.

② 보험자는 보험금액의 전부를 지급하면 피보험자의 권리를 얻을 수 있다.

③ 피보험자가 보험목적물의 소유권을 보험자에게 이전하고 보험금을 받는다.

④ 보험자가 취득하는 권리는 지급한 보험금액의 한도 내에서 행사한다.

⑤ 보험계약자나 피보험자의 권리가 그와 생계를 같이하는 가족에 대한 것인 경우, 고의가 아니라면 보험자는 권리를 취득하지 못한다.

58 화재보험에 관한 설명으로 옳지 않은 것은?

① 보험자는 화재로 인한 손해의 감소에 필요한 조치로 인하여 생긴 손해를 보상할 책임이 있다.

② 연소 작용에 의하지 아니한 열의 작용으로 인한 손해는 보험자의 보상 책임이 없다.

③ 화재로 인한 손해는 상당인과관계가 있어야 한다.

④ 화재 진화를 위해 살포한 물로 보험목적이 훼손된 손해는 보상하지 않는다.

⑤ 동산을 보험의 목적으로 한 때에는 화재보험증권에 그 존치한 장소의 상태와 용도를 기재한다.

59 다음 내용을 읽고 (　　) 안에 들어갈 말로 옳은 것을 고르면?

보기

(　　)은/는 생명보험이나 손해보험의 어느 한 종류로 분류하기가 어렵다. 왜냐하면 질병보장 상품의 경우 사람을 보험대상으로 하기 때문에 생명보험처럼 보이지만, 질병으로 인한 소득상실분의 보장, 각종 질병치료비의 실손보상 등으로 인해 손해보험으로 볼 수 있기 때문이다. 보험업법에서는 (　　)을/를 생명보험과 손해보험이 아닌 독립적인 보험으로 구분하고 있다

---

① 제3보험

② 언더라이팅 보험

③ 화재보험

④ 적화보험

⑤ 국민연금

60 보험자의 보험금 지급 면책사유로 적절한 것은?

① 전쟁 기타의 변란으로 보험사고가 생겼을 경우

② 위임을 받지 않고 타인을 위한 보험계약을 체결했을 경우

③ 피보험자가 중요한 사항을 고지하지 않거나 부실하게 고지했을 경우

④ 보험계약자가 보험료의 전부 또는 제1회의 보험료를 지급하지 않았을 경우

⑤ 피보험자가 사고발생의 위험이 현저하게 증가하였음을 통지하지 않았을 경우

빠른답CHECK 57.③　58.④　59.①　60.①

PART

04

정답 및 해설

2025년도 하반기 기출복원문제	1	③	2	⑤	3	②	4	⑤	5	②	6	③	7	①	8	④	9	⑤	10	②
	11	②	12	②	13	③	14	②	15	⑤	16	④	17	⑤	18	①	19	⑤	20	⑤
	21	①	22	③	23	④	24	④	25	⑤	26	②	27	⑤	28	③	29	⑤	30	①

1　① 국민에게 사랑받는 농협 : 지역사회와 국가경제 발전에 공헌하여 온 국민에게 신뢰받고 사랑받는 농협을 구현
　② 농업인을 위한 농협 : 농업인의 행복과 발전을 위해 노력하고, 농업인의 경제적·사회적·문화적 지위 향상을 추구
　④ 지역 농축협과 함께하는 농협 : 협동조합의 원칙과 정신에 의거 협동과 상생으로 지역 농축협이 중심에 서는 농협을 구현
　⑤ 경쟁력 있는 글로벌 농협 : 미래 지속가능한 성장을 위하여 국내를 벗어나 세계 속에서도 경쟁력을 갖춘 농협으로 도약

2　⑤ 협동조합은 자발적으로 결성하여 공동으로 소유하고 민주적으로 운영되어야 한다.

> **상식PLUS⁺** 기본원칙〈협동조합 기본법 제6조〉
> ㉠ 협동조합 등 및 협동조합연합회 등은 그 업무 수행 시 조합원등을 위하여 최대한 봉사하여야 한다.
> ㉡ 협동조합 등 및 협동조합연합회 등은 자발적으로 결성하여 공동으로 소유하고 민주적으로 운영되어야 한다.
> ㉢ 협동조합 등 및 협동조합연합회 등은 투기를 목적으로 하는 행위와 일부 조합원등의 이익만을 목적으로 하는 업무와 사업을 하여서는 아니 된다.
>
> **상식PLUS⁺** 협동조합 등 및 협동조합연합회 등은 조합원등의 권익 증진을 위하여 교육·훈련 및 정보 제공 등의 활동을 적극적으로 수행하여야 한다〈협동조합 기본법 제7조(협동조합 등의 책무)〉.

3　① 새농협 운동 : 1988년부터 1992년까지 농가 소득의 증대, 농촌 복지 문화 증진, 농정활동 강화와 농민 권익 보장 등을 목표로 추진된 운동이다.
　③ 새농민 운동 : 1965년부터 1978년까지 추진된 운동으로 생산기반 조성을 위한 토지 정비, 협동조직의 고도 이용, 생활 개선 및 복지 향상 운동이다.
　④ 신토불이(身土不二) 운동 : 1989년부터 1994년까지 이어진 운동으로 쌀 수입 개방에 반대하고 우리 농산물을 애용하자는 취지로 추진되었다.
　⑤ 깨끗하고 아름다운 농촌마을 가꾸기 : 아름다운 농촌 경관 유지와 발전을 통해 농업·농촌의 공익적 가치를 확산시키기 위해 추진된 운동으로 2018년부터 2023년까지 이어졌다. 2018 ~ 2021년까지 마을 가꾸기 경진대회를 개최했고 2021 ~ 2023년까지 농촌공간 정비사업을 추진했다.

4　⑤ 핀란드는 세계에서 협동조합이 가장 발달한 나라로 농민들은 평균 4개 협동조합기업의 조합원이다. 이러한 핀란드의 첫 번째 협동조합은 1899년에 설립되었다.

5　② 농협중앙회는 1963년에 ICA에 가입했고, 1972년에 정회원으로 승격되었다.

6 ③ 농업미래사업이 아닌 '농업경제사업'이다.

상식PLUS 농협이 하는 일

㉠ 교육지원 부문 : 교육지원사업

㉡ 경제 부문
- 농업경제사업
- 축산경제사업

㉢ 금융 부문
- 상호금융사업
- 농협금융지주

7 ① HTTPS는 기본 포트 443번을 사용하며, 암호화된 데이터를 전송한다. 이는 데이터 전송 과정에서 보안성이 낮았던 HTTP를 보완한 것이다.

상식PLUS HTTP와 HTTPS

HTTP	HTTPS
• 기본 포트 80번을 사용한다.	• 기본 포트 433번을 사용한다.
• 사이트에 입력된 데이터가 암호화되지 않은 일반 텍스트로 전송된다.	• 사이트에 입력된 데이터가 암호화되어 전송된다.
• 보안성이 낮아 서버 간 전달되는 데이터의 도청이나 조작과 같은 공격에 취약하다.	• 기존의 HTTP의 보안성을 높인 것으로 일반적인 웹사이트들은 HTTPS를 사용한다.

8 ④ 표본화는 양자화보다 먼저 일어나고, 시간의 연속적인 신호를 인식할 수 있는 데이터로 변환하는 과정이다. 이 과정이 완벽하게 끝났다고 하더라도 그 진폭의 값은 여전히 연속적인 실수이기 때문에 양자화 과정이 필수적이다.

9 ⑤ =IF(E3 > 75, "합격","불합격")은 75점이 넘으면 합격으로 나오고, 넘지 못하면 불합격으로 나오는 수식이다.
① 평균값을 구하는 수식이다.
② 데이터가 원하는 조건에 부합하는지 조건의 개수를 세어 주는 수식이다.
③ 소수점을 삭제하기 위한 수식이다.
④ 주어진 조건에 의해 지정된 셀의 합을 구하는 수식이다.

10 ② 클라우드 컴퓨팅은 필요할 때 필요한 만큼 확장할 수 있는 유연성을 가지고 있다.

11 ② 복호화 : 암호화된 데이터를 읽을 수 있는 평문으로 되돌리는 것으로 암호화의 역과정이다.
① 표본화 : 시간의 연속적인 함수로 표현된 모든 신호의 값을 사용하는 대신 이산적인 값을 취하는 과정이다.
③ 양자화 : 표본화된 신호의 진폭 영역에서 진폭값을 이산적인 값으로 변환시키는 과정이다.
④ 부호화 : 데이터를 다른 형식으로 표현하는 과정으로, 특정한 부호들의 나열로 그 형태를 바꾸는 것이다.
⑤ 코덱 : 음성이나 영상 신호를 디지털 신호로 변환시키는 코더와 그 반대로 변환시키는 디코더의 기능을 모두 지닌 기술을 뜻한다.

12 ② 딥러닝 : 컴퓨터가 스스로 학습하여 배우는 머신러닝의 한 분야로 인공신경망을 기반으로 수많은 데이터를 분류하고 관계를 파악하여 스스로 학습한다.
① VR(가상현실) : 가상의 세계에서 실제와 비슷한 체험을 하는 기술이다.
③ 메타버스 : 가상현실과 인터넷이 결합된 공간으로 가상현실보다 더 진화한 개념이다. 현실과 가깝게 구현하여 가상과 현실이 연동되는 상호운영성 등이 특징이다.
④ 딥페이크 : 인공지능 기술을 사용하여 영상을 제작하는 기술로 딥러닝과 'Fake(속이다)'가 합쳐진 합성어이다.
⑤ 빅데이터 : 디지털에서 생성되는 대규모의 데이터를 의미한다.

13 ©② 스마트팜에 대한 설명이다. 스마트팜은 온·습도 조절, CO_2 수준을 관리할 수 있는 기술 등이 있다. 또한 일사량, 생육환경, 온도 및 습도, CO_2 수준 등의 정보 수집이 가능하며 자동·원격으로 환경관리가 가능하다.
　　ⓐ 냉·난방기 구동, 창문 개폐, 사료 공급 등을 원격 또는 자동으로 관리할 수 있다.
　　ⓑ 배양육을 만들어 내는 기술은 푸드테크와 관련된 설명이다.
　　ⓒ O_2가 아닌 CO_2의 수준을 유지·관리한다.

14 ② 레지스터는 중앙처리장치(CPU) 안에 있으면서 기능하는 임시기억장치이다.

15 ⑤ 자신이 개설한 계좌에 대한 정보를 통합 조회할 수 있는 것은 마이데이터 서비스의 대표적인 예시이다.
　　① 개인의 데이터 열람 및 사용을 위해서는 동의를 받아야 한다.
　　② 국가가 아닌 개인이 자신의 정보를 모아 열람하고 관리하는 것이다.
　　③ 개인이 자유롭게 자신의 정보를 기업에게 전송할 수 있고, 이를 바탕으로 서비를 제공받을 수 있는 것이다.
　　④ 마이데이터의 제도적 기반은 '신용정보법'의 개인신용정보 전송요구권이다.

16 ① 웜 : 다른 프로그램에 영향을 주지 않지만 특정 컴퓨터 속에 숨어 있다가 네트워크를 통해 연결된 다른 컴퓨터에 침투하여 컴퓨터 시스템을 파괴한다.
　　② 파밍 : 사용자들이 가짜 사이트를 진짜 사이트로 오인하게 하여 접속을 유도한 뒤 개인정보를 훔치는 범죄이다.
　　③ 드로퍼 : 사용자가 인지하지 못하는 순간에 바이러스 또는 트로이 목마 시스템을 컴퓨터에 설치하는 프로그램이다.
　　⑤ 트로이 목마 : 겉보기에는 해가 없을 것처럼 보이지만 실제로는 악성코드가 들어 있어 프로그램을 실행시켰을 때 악성코드가 실행되는 방식이다.

17 ⑤ 하드웨어에 해당한다.
　　①②③④ 소프트웨어에 해당한다.

18 ① 교섭, 계약 체결, 법적 절차 등의 비용이 과도하게 큰 경우에는 자원이 비효율적으로 할당되거나 교섭 자체가 성립하지 않는다.
　　②③④⑤ 외부 효고가 없는 경우, 재산권이 명확히 정의된 경우, 교섭이 자유롭게 이루어지는 경우, 거래 비용이 없거나 매우 낮은 경우에는 코즈의 정리가 성립된다.

19 ⑤ 중앙은행 대출제도나 지급준비제도는 제도 변경 시에 상당한 행정적 절차가 뒤따라야 한다.

상식PLUS⁺ 중앙은행의 통화정책

ⓐ **공개시장운영** : 중앙은행이 공개시장(채권시장 또는 단기금융시장)에서 금융기관을 상대로 국공채와 같은 유가증권의 매매를 통해 금융기관의 유동성 규모를 변화시켜 본원통화량이나 초단기시장금리를 조절한다.
　• 신속한 시행이 가능하다.
　• 중앙은행의 주도 하에 능동적으로 유동성 조절이 가능하다.
　• 섬세한 유동성 조절이 가능하다.
　• 중앙은행이 시장참가자와 지속적인 피드백을 주고받으며 빠르게 정보를 공유함으로써 정책판단의 정확도를 높일 수 있다.
ⓑ **중앙은행 여수신제도** : 금융기관을 상대로 대출, 예금을 통해 자금 수급을 조절하는 정책이다.
　• 중앙은행 대출제도는 금융기간에 유동성을 공급한다.
　• 중앙은행 대출제도는 일시적인 결제부족자금을 일중당좌대출제도와 같은 방법으로 지원함으로써 지급결제의 원활화에 기여한다.
　• 단기시장금리의 변동성이 너무 커지지 않게 제어한다.
ⓒ **지급준비제도** : 금융기관이 예금과 같은 채무의 일정 비율에 해당하는 금액을 중앙은행에 예치하게 하는 제도이다.
　• 단기시장금리의 변동성 확대를 방지한다.
　• 공개시장운영과 중앙은행 여수신제도에 비해 강제력을 갖고 있다.
　• 외부에서 생겨난 요인으로 본원통화 팽창압력이 클 경우 잉여유동성 흡수수단 역할을 한다.

20 ⑤ 수입물가의 상승은 경상수지 적자 요인으로 작용하며, 금융자산보다 실물자산을 보유한 사람이 인플레이션 상황에서 유리하
다. 인플레이션에 따른 시장이자율의 상승은 변동금리 대출이자율에 전가되므로 변동금리로 대출한 사람에게 불리하다.

21 ① 구조적 실업은 경제 구조가 변화하면서 발생하기 때문에 불가피하게 발생하며, 마찰적 실업, 경기적 실업과 달리 장기적인 실
업에 해당한다.

22 ③ 우체국 예금은 금융기관이 아니다. 따라서 예금자보호법에 따른 예금자보호 대상이 아니지만, 우체국 예금ㆍ보험에 관한 법
률에 따라 예금을 보호한다.

23 ④ GDP는 최종 생산물을 대상으로 한다. 따라서 丙사가 생산한 인형 50개에 대한 금액인 1,200만 원이 GDP에 포함된다.

24 ④ 「연금저축계좌설정약관」 제3조 제4항에 따라 가입자가 새로운 계좌 설정 시 다른 연금계좌의 전액을 이체 받은 경우에는 다
른 연금계좌의 가입기간을 적용할 수 있다.

25 ⑤ CMA에 대한 설명이다. CMA는 '종합자산관리계좌'로 MMF와 비슷한 형태로 자금을 운용하나, '펀드'인 MMF와 달리 '계좌'이다.

26 ② 단기의 총공급곡선이 좌측으로 이동하므로 물가수준은 상승하고 실질 GDP는 감소한다.

27 ⑤ 핀테크(Fintech)는 금융(Financial)과 기술(Technology)의 합성어로, 금융과 IT 기술의 결합으로 등장한 산업 및 서비스 분
야이다. 일반 클라우스 서비스는 기술을 활용한 금융서비스와는 관련이 없다.

28 ① 옵션은 매수자에게 권리를 부여하며, 의무는 없다.
② 증거금과 마진 조정은 선물 거래에 해당한다.
④ 선물 거래에서는 프리미엄이 발생하지 않는다. 프리미엄은 옵션에서 매수자가 매도자에게 지불하는 금액이다.
⑤ 선물 계약을 체결한 양측은 기초 자산을 약정한 가격에 거래할 의무가 있으므로, 권리가 아닌 의무를 부여한다.

29 ⑤ 甲은 물가가 하락하면 화폐가치가 올라가고 물가가 상승하면 화폐가치가 내려간다는 사실을 제대로 하지 못하고 있다. 따라서
甲은 화폐환상 상태에 놓여 있다고 볼 수 있다.
① 피셔 효과에 따라 계산해 보면, 8%(명목금리) − 6%(기대인플레이션율) = 2%이다. 따라서 실질금리는 2%이다.
② 피셔 효과는 화폐환상이 없는 경우를 전제로 한다.
③ 실질임금상승률을 구하기 위해서는 일반적으로 임금상승률 − 실제물가상승률 공식을 적용해야 하나, 제시된 것은 기대인플레
이션율이기 때문에 실질임금상승률을 구할 수 없다.
④ 명목금리의 상승이 실질금리에 영향을 줄 수는 있으나, 기대인플레이션율에 따라 달라질 수도 있으므로 항상 상승하지는 않는다.

30 ① A&D(Acquisition and Development) : 새로 개발한 기술이 출시되기도 전에 시장이 바뀌어 필요 없어지는 경우가 존재한다.
이에 직접 기술을 개발하기보다 기술을 가진 기업을 인수함으로써 자사 제품에 기술을 적용하는 것이다.
② M&A(Merger and Acquisition) : 두 개 이상의 회사가 계약을 통해 청산절차를 거치지 않고 하나로 합병하는 것을 의미한다.
③ P2P(Person to Person) : 사람과 사람 간, 컴퓨터와 컴퓨터 간 직접 연결되는 형태를 말한다. 주로 금융에서 사용되며, 이
경우 온라인에서 금융회사의 중개 없이 투자자와 차입자 사이의 자금 중개가 이루어지는 것이 대표적이다.
④ R&D(Research and Development) : 연구 개발이라는 뜻으로, 보통 연구를 통해 새로운 상품을 개발하는 기업의 활동을 가리
킨다.
⑤ MOR(Market Opportunity Rate) : 어떤 금융기관이 대출 금리를 정할 때 기준이 되는 금리로 정기예금, 양도성예금, 은행채
등으로 조달하는 자금의 평균 조달원가를 감안하여 결정된다.

1	⑤	2	⑤	3	②	4	④	5	⑤	6	⑤	7	④	8	①	9	④	10	②
11	④	12	③	13	④	14	③	15	④	16	②	17	②	18	①	19	①	20	②
21	④	22	⑤	23	②	24	④	25	④	26	③	27	⑤	28	⑤	29	①	30	③

2024년도 상반기 기출복원문제

1 ⑤ 농협의 인재상에는 행복의 파트너, 정직과 도덕성을 갖춘 인재, 진취적 도전가, 최고의 전문가, 시너지 창출가가 있다.

2 ⑤ 「미래 경영」과 「조직문화 혁신」을 통해 새로운 농협으로 도약

3 ② 2009년 2월 1일 산지유통혁신 112운동을 전개하였다.

4 ① 조합원은 정관으로 정하는 바에 따라 1좌 이상을 출자하여야 한다〈협동조합 기본법 제22조(출자 및 책임) 제1항〉.
② 조합원 1인의 출자좌수는 총 출자좌수의 100분의 30을 넘어서는 아니 된다〈협동조합 기본법 제22조(출자 및 책임) 제2항〉.
③ 조합원이 납입한 출자금은 질권의 목적이 될 수 없다〈협동조합 기본법 제22조(출자 및 책임) 제3항〉.
⑤ 조합원의 책임은 납입한 출자액을 한도로 한다〈협동조합 기본법 제22조(출자 및 책임) 제5항〉.

5 ⑤ 협동조합 등 및 협동조합연합회 등은 투기를 목적으로 하는 행위와 일부 조합원 등의 이익만을 목적으로 하는 업무와 사업을 하여서는 아니 된다〈협동조합 기본법 제6조(기본원칙) 제3항〉.

6 ⑤ 우루과이 라운드는 주로 농산물, 서비스, 지적 재산권 등의 무역 자유화를 중심으로 협상을 했다. 환경 보호 규제 강화는 우루과이 라운드의 주요 목표가 아니다.

7 ④ 도덕적 해이를 예방하기 위해서는 책임감과 윤리 의식을 강화하고, 성과에 따라 차등 보상을 제공하는 것이 효과적이다. 모든 직원에게 동일한 보상을 제공하면 개별 성과와 책임감이 줄어들어 도덕적 해이가 발생할 가능성이 높다.

8 ① 경제활동인구는 취업자와 구직 활동을 하고 있는 실업자를 포함한다. 정년퇴직 후 연금을 받으며 생활하는 사람은 경제활동에 참여하지 않는 것으로 경제활동인구에 해당하지 않는다.

9 ④ 정치적 불안정이나 경제 전반의 변화는 체계적 위험의 예이다. 비체계적 위험은 특정 기업이나 산업에만 영향을 미친다.

10 ② 보통주는 우선주와 달리 배당금 지급이 우선권이 없다. 우선주는 배당금 지급 시 보통주보다 우선적으로 배당을 받을 권리가 있다. 보통주는 의결권이 있고, 배당금이 회사의 이익에 따라 변동되며, 청산 시 잔여 자산 배분에서 후순위를 갖는다.

11 ④ 이표채(Coupon Bond)는 정해진 기간마다 이자를 지급하는 채권이다. 만기까지 여러 번 이자를 지급한다. 이자를 한 번만 지급하고 만기 시 원금과 함께 상환하는 채권은 할인채에 해당한다.

12 ③ J커브는 환율 상승(자국 통화 가치 하락) 후 무역수지가 초기에는 악화되다가 시간이 지나면서 개선된다. 무역수지는 환율 변동에 즉각 반응하여 개선되는 것이 아니라, 시간이 걸리면서 수출 증가와 수입 감소의 영향을 받아 점차 개선된다.

13 ④ 립진스키 정리는 두 상품을 생산하는 개방 경제에서 한 요소가 증가할 때, 해당 요소를 많이 사용하는 상품의 생산량은 증가하고 다른 상품의 생산량은 감소하는 현상이다. 노동이 증가할 경우, 노동을 많이 사용하는 상품의 생산량은 증가하는 반면, 다른 상품의 생산량은 줄어든다.

14 ③ CDS는 채무 불이행에 대비하기 위한 파생상품이지만 신용 위험을 회피하는 유일한 방법은 아니다.

15 ④ 먼델-플레밍 모델은 개방 경제에서의 거시 경제 정책을 분석하는 모델로 자본 이동이 자유로운 상황을 가정한다. 고정 환율 제도하에서는 통화정책이 비효과적이지만, 재정정책은 자본 이동을 유도해 실질 경제에 영향을 준다. 유동환율제도에서는 통화정책이 효과적이며, 재정정책은 자본 이동에 의해 상쇄되는 경향이 있다.

16 ② 콜옵션은 자산을 매수할 수 있는 권리를 제공하는 옵션이다. 자산을 매도할 수 있는 권리는 풋옵션의 특징에 해당한다. 콜옵션 보유자는 기초 자산을 사는 선택권을 갖지만 매도할 권리는 없다.

17 ② 독점 기업은 상품이나 서비스의 가격을 자유롭게 결정할 수 있다. 소비자는 독점자가 제공하는 가격을 수용하거나, 소비를 포기하는 선택만 할 수 있다.

18 ① 공공재는 비배제성과 비경합성의 특성을 지닌다. 많은 사람들이 동시에 사용해도 추가 비용 없이 누구나 이용할 수 있는 재화이다. 공원은 일반적으로 무료로 개방되며, 이용자 수가 늘어나더라도 다른 사람이 이용할 수 있는 가능성이 줄어들지 않으므로 공공재에 해당한다. 반면, 영화관, 공영 주차장, 유료 도로, 콘서트 티켓은 사용자가 비용을 지불해야 하거나, 인원이 증가함에 따라 이용에 제한이 생길 수 있다.

19 ① HTML은 웹 페이지의 구조와 콘텐츠를 정의하는 언어이다. 스타일링과 레이아웃 제어 기능은 없다. 웹 페이지의 스타일링과 레이아웃은 CSS에 의해 정의된다.

20 ② PNG는 손실 압축이 아닌 무손실 압축 방식을 사용한다. 이미지 품질을 손상시키지 않고 압축하여 저장할 수 있다. PNG는 투명한 배경을 지원하는 대표적인 파일 형식이다.

21 ④ 지니계수는 소득의 분포를 나타내는 수치일 뿐, 평균 소득을 알려 주는 지표는 아니다. 따라서 지니계수가 동일하다고 같은 수준의 소득을 가지고 있다고 볼 수는 없다.

22 ⑤ 지도학습은 데이터와 레이블을 제공하여 학습시키는 방법이다.
① 예측 성능이 높다.
② 정답이 주어지기 때문에 문제 해결 방식이 명확하다.
③ 데이터 레이블링에 많은 시간과 비용이 소요된다.
④ 레이블된 데이터가 부족하면 성능 저하가 발생한다.

23 ② 헥셔-올린 정리에 의한 전통적 무역이론의 예상을 벗어난 정반대의 결과라는 점에서 역설이다.

24 ④ 록업(Lock-up)은 인수대상 회사가 우호적인 제3사에게 회사의 주식이나 자산을 직대직 인수합병을 시도하는 회사보다 유리하거나 최소한 같은 가격에 우선적으로 매수하게 하거나 매수할 수 있는 권리를 부여하는 방법으로 사후적 방어행위이다.
①②③⑤ 예방적 방어행위에 해당한다.

25 ④ 데이터 처리 속도가 빨라져 신속한 판단을 내려야 하는 상황에서 유리하다. 중앙으로 데이터를 전송하는 과정이 생략되기 때문에 데이터를 전송하고 저장하는 비용 역시 절감할 수 있다.

> **상식PLUS** 에지 컴퓨팅
> 중앙의 클라우드 서버가 아닌, 정보가 생성되는 단말기 혹은 근처 서버에서 데이터를 처리하는 기술이다.

26 트랜잭션의 4가지 성질
㉠ 원자성(Atomicity) : 전부 수행되거나 수행되지 않아야 한다.
㉡ 일관성(Consistency) : 수행 전이나 수행 후 항상 일관된 상태를 유지한다.
㉢ 고립성(Isolation) : 수행 중에 다른 트랜잭션이 끼어들어 변경 중인 데이터 값을 훼손하는 일이 없어야 한다.
㉣ 지속성(Durability) : 성공적으로 완료한 데이터는 영구히 저장한다.

27 5V

  ⓐ **용량**(Volume) : 데이터의 양이 매우 방대하다.

  ⓑ **속도**(Velocity) : 테이터가 생성되고 수집되는 속도가 매우 빠르다.

  ⓒ **다양성**(Variety) : 텍스트, 이미지, 비디오, 로그 파일 등 그 형태와 소스가 다양하다.

  ⓓ **정확성**(Veracity) : 데이터의 정확성을 보장하는 것이 중요하다.

  ⓔ **가치**(Value) : 데이터 자체보다는 그 데이터에서 얻을 수 있는 유용한 정보나 지식의 가치가 요구된다.

28 ⓑ 생활협동조합에 대한 설명이다. 사회적협동조합은 정부 지원만으로 사회복지를 수행하는 데 한계를 느낀 비영리 단체들이 시장에서 경제활동을 병행하는 협동조합으로 사회적기업에 해당한다.

29 ② 이름 정의

  ③ 창 닫기

  ④ 이전 크기 창 사이즈

  ⑤ 다음 통합문서로

30 ③ 차등의결권은 적대적 M&A로부터 경영권을 방어하는 수단으로 이용된다.

# 농업·농촌 예상문제

1	①	2	③	3	⑤	4	④	5	⑤	6	①	7	④	8	⑤	9	②	10	②
11	④	12	②	13	⑤	14	①	15	②	16	④	17	②	18	①	19	①	20	④
21	③	22	③	23	⑤	24	②	25	④	26	③	27	⑤	28	②	29	④	30	④
31	①	32	③	33	①	34	④	35	⑤	36	④	37	⑤	38	②	39	①	40	③
41	④	42	⑤	43	③	44	④	45	③	46	⑤	47	①	48	①	49	⑤	50	⑤

1 ② **암종병** : 상처침입균으로 엽흔에 침입하여 표면에 불규칙한 혹이나 궤양이 발생한다.
　③ **더뎅이병** : 비나 곤충에 의해 과실이나 식물의 줄기 또는 잎 등에 둥근 모양으로 병반이 생기는 것을 말한다.
　④ **흰가루병** : 곰팡이 질병의 하나로 식물의 잎과 줄기에 흰가루 형태의 반점이 생긴다.
　⑤ **모자이크병** : 식물 병해 중 하나로 주로 잎에 나타나는데, 모자이크 모양으로 얼룩이 생겨 결국 전체가 시드는 병이다.

2 ③ '새마을운동 → 신토불이운동 → 농도불이운동 → 농촌사랑운동 → 식사랑농사랑운동 → 또 하나의 마을 만들기' 순서로 진행되었다.

3 ⑤ 식물체에서 줄기세포의 신장생장 및 여러 가지 생리작용을 촉진하는 호르몬인 옥신의 작용이다.

4 ④ 엽근채소 종류로 배추, 무, 양배추, 당근 등이 있으며 대파는 양념채소이다.

5 ① **고정직불금** : 생산량과 가격의 변동과 관계없이 논농업 종사자에게 지급하는 보조금이다.
　② **이중곡가제** : 정부가 주곡을 고가에 사들여 저가로 파는 제도로 1960년대에 시행되었다가 1980년대에 폐지하였다.
　③ **농민공익수당** : 농업인을 위한 정책이라는 점에서 공익직불금과 동일하지만 농민공익수당은 지자체에서 지급하는 지원금이다.
　④ **추곡수매제도** : 곡가 안정과 수급조절을 위해 일정량의 쌀을 정부가 사들이는 제도로 2005년에 폐지되었다.

6 ② **슬로푸드** : 천천히 조리하여 먹는 식문화 중 하나이다.
　③ **할랄푸드** : 이슬람 율법에 따라 무슬림이 먹을 수 있는 음식을 말한다.
　④ **메디푸드** : 소비자 개인의 필요와 니즈를 충족할 수 있도록 개발된 맞춤형 특수 식품 중 하나로 건강관리 목적을 가진 식품이다.
　⑤ **로커보어** : 지역을 의미하는 Local과 음식을 의미하는 Vore의 합성어로 로컬푸드를 즐기는 사람을 일컫는다.

7 ④ PLS 제도를 시행하기 전에는 기준이 설정되지 않은 농약은 당해의 농산물 국제 기준인 CODEX 기준, 유사농산물 최저기준, 해당 농약의 최저기준을 적용했다. PLS 제도를 시행하고 나서는 일률 기준을 적용하여 0.01ppm 이상 검출되면 부적합 판정을 받는다.

상식PLUS 잔류 허용기준(MRL : Maximum Residue Limits)
사람이 일생 동안 섭취해도 건강에 문제가 없는 허용량을 의미한다. 최대 무작용량(NOEL)은 일정량의 농약을 실험동물에 장기간 지속적으로 섭취시킬 경우 어떤 피해증상도 일어나지 않는 최대의 섭취량을 말하며 평가 기준이 된다.

8 ⑤ 「농수산물 품질관리법 시행규칙」 제7조에 따라, 표준규격품을 출하하는 자가 표준규격품 임을 표시하기 위해서 해당 물품의 포장 겉면에 "표준규격품"이라는 문구와 품목·산지·품종·생산연도(곡류만 해당)·등급·무게·생산자 정보를 기입한다.

9 ② 팜 스테이(Farm Stay) : 농장을 의미하는 'Farm'과 머문다는 의미의 'Stay'의 합성어로 농가를 찾아 숙식하며 농사나 생활, 문화 체험 및 관광, 마을 축제 등을 즐길 수 있는 농촌체험 관광 상품이다.
① 플랜테이션(Plantation) : 열대·아열대기후지역에서 대규모로 단일 경작하는 농업방식을 말한다.
③ 팜 파티플래너(Farm Party Planner) : 농산물을 활용하는 행사를 기획하고 연출하는 직업을 말한다.
④ 애그플레이션(Agflation) : 곡물 가격이 상승하면서 물가가 덩달아 상승하는 현상을 말한다.
⑤ 에어로 팜(Aero Farm) : 스마트 팜에서 진화된 시스템을 말한다.

10 지역 대표 특산물

지역		특산물
특별시/광역시	부산 기장군	미나리
	대구 동구	사과
경기도	경기 여주군	밤고구마
	경기 이천시	쌀
	경기 가평군	청정 느타리버섯
강원도	강원 횡성군	한우
	강원 정선군	황기
	강원 속초시	오징어
충청도	충남 홍성군	배추, 감
	충남 태안군	태양초 고춧가루
전라도	전남 여수시	갓김치
	전남 나주시	배
	전남 해남군	햇고구마
경상도	경북 안동시	마
	경북 상주시	곶감
	경북 고령군	딸기
제주	제주 제주시	브로콜리, 갈치
	제주 서귀포시	한라봉

11 ④ 「농수산물품질관리법」 제6조 제3항에 따르면 우수관리인증이 취소된 후 1년이 지나지 아니한 자, 벌금 이상의 형이 확정된 후 1년이 지나지 아니한 자는 우수관리인증을 신청할 수 없다.

12 ② 푸드체인(Food Chain)은 농산물이 생산되고 유통·판매·소비되는 과정의 이력 정보를 표준화해서 통합 관리하는 시스템이다. 누구나 원산지 추적이나 위치 및 상태, 유통기한 등의 정보를 몇 초 이내로 확인할 수 있다. 이는 블록체인 기술을 유통 시스템에 적용한 것으로 적은 비용으로 시스템을 관리 할 수 있다. 또한 거래에 참여하는 모든 사람이 같은 내용의 데이터를 보관하고 있으며 변동 상황이 발생할 경우 동시에 업데이트되기 때문에 조작이 불가능하다는 것이 특징이다.

13 ① **피해보전직불** : FTA 이행으로 수입량이 급격히 증가하여 일정 기준 이하로 가격이 하락한 품목의 생산자에게 가격 하락분의 일부를 보전하는 것이다.

② **농지은행사업** : 영농규모 적정화, 농지의 효율적 이용, 농업구조개선, 농지시장안정 및 농업인의 소득안정을 위해 농지와 관련된 다양한 정책사업을 추진하여 농업·농촌의 경제·사회적 발전 도모를 위해 시행하는 것이다.

③ **스마트농업** : 스마트팜 혁신밸리를 중심으로 창업보육센터, 실증단지 등 인프라 집적화를 하는 정책이다.

④ **농식품 모태펀드** : 민·관 합작투자 형태의 새로운 정책금융을 확대하여 농식품 산업에 대한 투자를 촉진하고, 농식품경영체의 건전한 성장기반 조성을 위한 펀드이다.

14 ② **양곡관리제도** : 양곡 관리를 통해 수급조정 및 적정가격을 유지하기 위한 제도이다.

③ **우수농산물관리제도** : 우수 농산물에 대해 체계적으로 관리하고 안정성을 인증하는 제도이다.

④ **위해요소중점관리제도** : 식품의 원료나 제조, 가공 및 유통 과정에서 위해 물질이 혼입·오염되는 것을 사전에 방지하기 위한 식품관리 제도이다.

⑤ **축산물 등급제도** : 축산물의 품질을 기준에 따라 구분하고 차별화하는 제도이다.

상식PLUS⁺ 농산물이력추적제

먹을거리 안전에 대한 국민들의 관심이 높아짐에 따라 각종 농산물로부터 국민의 안전을 보호 할 목적으로 도입하였다. 농산물을 생산하는 데 사용한 종자와 재배방법, 원산지, 농약 사용량, 유통 과정 등이 제품의 바코드에 기록되기 때문에 소비자들도 농산물의 생산에서 유통에 이르기까지 모든 이력을 쉽게 알 수 있다. 농산물 이력에 관한 정보는 별도의 정보 시스템을 통해 인터넷으로 소비자에게 무료로 제공된다.

15 ② 〈보기〉의 내용은 패리티가격에 대한 설명이다. 패리티 가격은 농민, 즉 생산자를 보호하려는 데 그 목적이 있다.

16 ④ 농어촌 지역의 단기적 인력 부족 문제를 해결하기 위해 일정 기간 외국인을 고용할 수 있도록 하는 제도이다.

17 ② 농지연금제도는 만 65세 이상 고령 농업인이 소유한 농지를 담보로 노후생활 안정자금을 매월 연금형식으로 지급받는 제도로, 농지자산을 유동화하여 노후생활자금이 부족한 고령농업인의 노후 생활안정 지원하여 농촌사회의 사회 안정망 확충 및 유지를 목적으로 한다.

18 ① ㈎는 '농촌 관광', ㈏는 '푸드플랜'에 대한 내용이다. 농촌 관광의 일환으로 농협에서는 '팜스테이 마을'을 선정하여 운영하고 있다. 이를 활성화하기 위하여 먹거리 운영에 지역주민이 참여하도록 하고 있다. 먹거리 제공 운영 인력의 전문성을 강화하기 위해 교육을 지원하고, 먹거리 제조에 참여하는 지역 주민들에 대해서도 전문가 강의 등 정기적인 교육을 실시할 방침이다.

19 ㉢ 지난 대회에서 수상한 품종은 출품대상에서 제외되지만 장관상 수상품종은 수상일로부터 3년 이내의 품종은 출품할 수 있다.

㉣ 최근 15년 국내에서 육성된 모든 작물 품종으로 품종보호등록 또는 국가품종목록에 등재된 품종이 출품할 수 있다.

상식PLUS⁺ 대한민국 우수 품종상 대회

국내 우수 품종을 선발·시상하는 대회로, 육종가의 신품종 육성 의욕 고취 및 수출 활성화에 기여하고자 국립종자원이 주도하는 사업이다.

20 ① **소해면상뇌증** : 제2종 가축전염병에 해당하며, 소의 중추신경계 손상으로 폐사하는 질병이다.

② **부저병** : 제3종 가축전염병에 해당하며, 꿀벌유청에 병원균으로 유충벌이 썩는 질병이다.

③ **브루셀라병** : 제2종 가축전염병이며 인축공통전염병이다. 소, 산양, 돼지의 생식기관에 염증이 발생하는 것이다.

⑤ **광견병** : 제2종 가축전염병에 해당하며 광견병 바이러스를 보유한 동물에게 물리면서 발생하는 급성 뇌척수염에 해당한다.

21 ③ 자신의 주소지 외의 지방자치단체에 기부할 수 있다.

22 ① 세이프가드 : 수입물품으로 국내 업체가 피해를 보는 경우 수입품을 규제하는 무역장벽 중에 하나이다.
② 최소시장접근 : MMA(Minimum Market Access)로 일정 기간 동안에만 최소한으로 수입이 금지한 상품을 최소한으로 시장개
방을 하는 것이다.
④ 국제농업협력사업(ODA) : 개도국에 우리 농업분야 성공경험을 전수하고, 농촌 개발 및 빈곤 퇴치를 지원하는 사업이다.
⑤ 반덤핑관세 : 지나치게 낮은 가격으로 수출된 상품으로 수입국이 피해를 보는 경우 수입국에서 부과하는 관세를 의미한다.

23 ① 2012년에 논의를 시작하여 2015년에 시범사업으로 도입되었으며 2025년부터 본사업으로 전환되었다.
② 태풍 등 자연재해에 따른 수확량 감소를 보장하는 농작물 재해보험과 달리, 수확량 감소뿐만 아니라 시장가격 하락에 따른 손
해까지 보장한다.
③ 2026년 기준 추가된 5개 보장 품목은 사과, 배, 노지대파, 시설대파, 시설수박이다.
④ 보장 수준은 가입 시에 보험가입금액의 60 · 70 · 80 · 85% 중 농가가 선택한다.

24 ①③⑤ 농업진흥구역은 농지조성 사업 또는 농업 기반정비 사업이 시행되었거나 시행 중인 지역으로, 농지가 집단화되어 있는
지역이다. 원칙적으로 농업 생산을 유지하고 보호하기 위한 목적이 있기 때문에 비농업적 시설을 자유롭게 건설할 수 없다.
④ 농업활동을 장려한다.

25 ④ 한식에 비가 오면(봄비가 충분하면) 개불알에 이밥(쌀밥)이 붙을 정도로 쌀이 충분하다는 말로 풍년이 든다는 뜻이다.
① 8월 상 · 중순 때는 은어가 산란을 위해 강을 거슬러 올라오는 시기로 벼의 출수 개화기에 해당하므로 물을 충분히 관수하여
벼꽃이 떠내려 갈 정도로 충분한 물이 있어야 등숙이 양호하여 풍년이 든다는 의미이다.
② 보리농사에서 깜부기병이 발생하면 피해가 크게 나타나는데 보리깜부기 병균은 고온(55°)에서 사멸되므로 한여름 뙤약볕에 함
석위에 말리면 고온으로 종자소독 효과가 있다.
③ 북부지역의 뻐꾸기 우는 소리는 6월 중순부터이므로 이때에 참깨를 파종하면 파종시기가 늦어서 생육기간이 단축되어 수량이
크게 감소된다.
⑤ 들깨는 내한성이 강하기 때문에 여름에 가뭄이 심해도 생육에 크게 지장이 없이 자란다.

26 ③ 이앙법(移秧法)은 못자리에서 키운 모를 본답(本畓)으로 옮겨 심는 재배방법으로 고려시대 말부터 시행되었으나 임진왜란 이후
전국적으로 보급되었다.

27 ① 강원도의 정선 · 평창 · 홍천 · 횡성군 등지에서 주로 이루어진다.
② 여름철 비교적 선선하고 강우량이 많으며 일조시간도 짧은 산간 기후를 이용한다.
③④ 표고 400m로부터 1,000m 정도의 높은 지대에서 채소 · 감자 · 화훼류 등을 재배하거나 가축을 사육한다.

28 ② 유기농업(Organic Farming) : 화학비료나 유기합성 농약 등의 합성화학 물질을 일체 사용하지 않거나 아주 소량만을 사용하고
동물분뇨나 짚 등을 이용하여 만든 퇴비, 녹비, 천적곤충 등을 활용하는 농업이다.
① 유축농업 : 작물 재배와 가축 사육을 결합한 농업이다.
③ 관개농업 : 인공적으로 물을 공급하는 농업이다.
④ 도시농업 : 도시 소규모 농지에서 행하는 농업이다.
⑤ 근교농업 : 대도시 근교에서 행하는 농업이다.

29 ① 아플라톡신 : 오염된 밀, 호두, 옥수수 등의 음식을 섭취하거나 피부를 통과하여 감염된다.
　② 배추 검은썩음병 : 배추의 잎 가장자리가 황색으로 변하며 엽맥이 점차 흑색으로 변한다. 병이 든 잎을 보관하면 10년 이상 잎에서 생존이 가능하다.
　③ 사과나무고접병 : 사과나무에 바이러스가 감염되어 발생하며, 나무가 쇠약해져 갈변현상과 목질천공 현상이 나타난다.
　⑤ 마이코플라스마 : 원시세포 1속으로 대추나무 빗자루병, 복숭아 오갈병 등의 병원에 해당한다.

30 ④ 치유농업(治癒農業)은 농업과 농촌자원 혹은 관련된 활동 및 산출물을 활용하여 심리 · 사회 · 인지 · 신체적 건강을 도모하는 사업 및 활동을 의미한다. 치유농업의 범위는 식물뿐만 아니라 가축 기르기, 산림과 농촌문화자원을 이용하는 경우까지 모두 포함하며 보다 건강하고 행복한 삶을 추구하는 사람들과 의료 · 사회적으로 치료가 필요한 사람들을 치유하는 것을 목적으로 한다.

31 ① 정부가 생산 · 공급하고 있는 종자인 정부보급종은 벼, 콩, 팥, 보리, 밀, 호밀 작물이다.

32 ① GHI : 독일 세계기아원조(Welthungerhilfe)와 미국 세계식량연구소(IFPRI)가 협력하여 2006년부터 전 세계 기아 현황을 파악 · 발표하는 세계 기아지수를 말한다.
　② WFP : 기아 인구가 없는 제로 헝거(Zero Hunger) 달성을 목표로 하는 유엔 세계식량계획을 말한다.
　④ ODA : 국제농업협력사업은 개발도상국을 위한 우리나라 농업기술 개발 · 보급 협력 사업이다.
　⑤ GAFSP : 세계농업식량안보기금은 빈곤 국가 농업생산성 제고를 위해 만들어진 국제기금이다.

33 ① 거점취락(據點聚落)은 중심마을이라고도 한다. 마을 규모가 작은 농촌지역은 규모 및 집적의 경제효과를 거둘 수 없으므로, 중심성을 갖는 거점마을에 투자와 개발을 집중시켜 투자효과를 높이고 배후마을과의 접근도를 개선하여 중심마을에 대한 서비스 이용편의를 제공하고자 한다.

34 ④ 정밀농업(Precision Agriculture) : 4차 산업의 핵심 기술을 통해 전통적인 투입자원인 노동력 및 투입재를 최소화하면서 생산량을 최대화하는 농업 방식이다. 즉, ICT 기술을 통해 정보화 · 기계화된 농업 분야를 의미한다. 정밀농업을 통해 적절한 수확량과 품질을 유지하면서 환경적으로 안전한 생산체계를 만들 수 있으며 정보화 및 기계화가 가능할 것으로 전망된다.
　① 계약재배(Contract Cultivation) : 생산물을 일정한 조건으로 인수하는 계약을 맺고 행하는 재배방식이다. 주로 담배 재배, 식품회사나 소비자 단체 등과 제휴하여 행해지고 있다.
　② 겸업농가(Part Time Farm Household) : 농업에 종사하면서 농업 외의 다른 직업을 겸하는 것으로 농업을 주업으로 하는 경우에는 제1종 겸업농가라고 하며 농업 외의 다른 직업이 주업이 되면 제2종 겸업농가로 구별한다.
　③ 녹색혁명(Green Revolution) : 20세기 후반 개발도상국의 식량증산을 이루어낸 농업정책으로 품종개량, 화학비료, 수자원 공급시설 개발 등의 새로운 기술을 적용하여 농업생산량일 일궈낸 과정 및 결과를 의미한다.
　⑤ 생력농업(Labor Saving Technique of Agriculture) : 작업 공동화 혹은 기계화를 추진하여 투입 노동력 및 투입 시간을 줄이고자 하는 경영방법이다.

35 ① 관정(管井) : 우물통이나 파이프를 지하에 연직방향으로 설치하여 지하수를 이용하기 위한 시설을 말한다.
　② 양수장(揚水場) : 하천수나 호수 등 수면이 관개지역보다 낮아 자연 관개를 할 수 없는 경우에 양수기를 설치하여 물을 퍼올려 농업용수로 사용하기 위해 설치하는 용수공급 시설을 말한다.
　③ 취입보(取入洑) : 하천에서 필요한 농촌용수를 용수로로 도입할 목적으로 설치하는 시설을 말한다.
　④ 배수장(排水場) : 일정지역에 우천이나 홍수 시 고인 물을 지역 밖으로 배제하기 위한 시설을 말한다

36 ④ 처서(處暑)는 24절기 중 14번째에 해당하는 절기로 입추(立秋)와 백로(白露) 사이에 들며, 태양이 황경 150도에 달한 시각으로 양력 8월 23일경이다.

37 ⑤ 지베렐린의 작용이다.

38 ② MA저장(Modified Atmosphere Storage)은 별도의 시설 없이 가스투과성을 지닌 폴리에틸렌이나 폴리프로필렌필름 등 적절한 포장재를 이용하여 CA저장의 효과를 얻는 방법으로 단감 저장을 할 때 실용화되어 있다.

39 ② **농어촌 빈집정비 사업** : 인구감소로 인해 방치되어 있는 빈집을 재사용할 수 있도록 정비하는 사업을 말한다.
　③ **스마트 팜 혁신밸리 조성사업** : 청년농을 육성하고 기술혁신을 추구하는 목적의 혁신밸리 조성사업이다.
　④ **농지집단화** : 각 농가가 소유하고 있는 분산 농지를 한 곳으로 모아 농지를 집단ㆍ규모화하는 것을 말한다.
　⑤ **수리시설개보수** : 농업용 수리시설로서 노후화가 되거나 기능이 약화된 시설을 개량 또는 보수하여 재해위험을 방지하고 기능을 회복시키거나 개선하는 사업으로 시설의 유지관리를 위한 사업이다.

40 ③ 바이러스는 열에 약해 75℃ 이상에서 5분간 가열하면 사멸한다.

41 ④ 출자배당이 있는 경우 출자액에 따라서 제한된 금액을 배당받을 수 있다.

상식PLUS⁺ **협동조합의 7원칙**

자발적이고 개방적인 조합원제도, 조합원의 민주적 통제, 조합원의 경제적 참여, 자율과 독립, 교육ㆍ훈련 및 정보제공, 협동조합 간의 협동, 지역사회에 대한 기여

42 ① **N-Hub** : 농업 빅데이터 플랫폼으로, 농업에 필요한 데이터를 한 곳에서 볼 수 있다.
　② **NH SEED** : 애그테크 및 농식품 분야로 취ㆍ창업을 희망하는 만 34세 이하 청년을 대상으로 하여 애그테크 및 농식품 분야의 청년 창업가를 발굴ㆍ육성하고 아이디어 사업성 검증 및 시장 출시를 지원하는 사업이다.
　③ **NH ROOKIE** : 애그테크 및 농식품 분야에 관심이 있고 취ㆍ창업을 희망하는 만 34세 이하 청년을 대상으로 실무 중심의 프로젝트 수행 경험을 지원하는 사업이다.
　④ **NH 오늘농사** : 병해충 예방법, 농촌 용어 등의 영농정보, 다양한 교육서비스, 조합원이 사용할 수 있는 커뮤니티 등을 제공하는 농협의 농업인을 위한 애플리케이션이다.

43 ③ 2세대 스마트팜은 통신기술, 빅데이터ㆍAI를 핵심 기술로 하며, 대표적인 예로 데이터 기반 생육관리 소프트웨어가 있다. 3세대 스마트팜은 통신기술, 빅데이터ㆍAI, 로봇을 핵심 기술로 하며 대표적인 예로 지능형 로봇농장이 있다.

44 ④ 귀농ㆍ귀촌 인구 중 대부분이 귀촌 인구이며, 귀농인구는 4.2%에 불과하다. 농업노동력 감소는 여전히 문제되고 있는 현실이다.

45 ③ 공익형 직불제도는 실제 농사짓는 사람만 신청 가능하며, 실제 관리하는 농지에 대해서 신청 가능하다. 또, 직불금 지급 제한 대상으로 '농업 외의 종합소득액이 3,700만 원 이상인 자', '논ㆍ밭 농업에 이용하는 농지면적이 1,000㎡(0.1ha) 미만인 자'등을 규정하고 있다.

46 ⑤ 6차 산업은 농촌의 인구 감소와 고령화, 수입 농산물 개방으로 인한 국내 농산물 경쟁력 약화 등의 문제로 새롭게 등장하였으며 국내 공식 명칭은 농촌 융ㆍ복합 산업이다. 현재 농림축산식품부에서 6차 산업 사업자를 대상으로 성장 가능성을 고려하여 심사를 거친 뒤 사업자 인증서를 수여하고 있다.

47 ① **라이브 커머스** : 인터넷, 애플리케이션 등 다양한 플랫폼을 통한 실시간 스트리밍으로 상품을 판매하는 온라인 채널을 말한다.
　② **랜선 농촌관광** : 컴퓨터나 스마트폰 등 랜선으로 직접 농가를 방문한 것처럼 농촌체험을 제공하는 것을 말한다. 시청자들과 실시간 질의응답을 하며 소통을 통해 여러 체험을 선보이고 있다.
　③ **푸드테크** : 식품산업과 ICT를 접목한 기술로, 식품의 생산성을 높이고 비용을 절감한다.
　④ **사회적 농업** : 사회적으로 소외된 장애인이나 독거노인, 다문화 가정 등 취약계층에게 일자리를 제동하는 단체이다.
　⑤ **농대 실습장 지원 사업** : 재정여건 악화로 농업관련 시설 지원이 열악했던 농업계대학에 실습장을 구축하는 사업이다.

48 ① 산지촌은 산간지역에 이루어진 마을로 교통이 불편한 편이다.

49 ① 대규모 상업 농업의 형태로 시장 판매를 목적으로 한다.

② 특정 단일 작물을 대규모로 재배하여 수출을 목적으로 한다.

③ 주로 열대 및 아열대 지역에서 발달했다.

④ 현대 플랜테이션 농업은 기계화가 도입되고 있으며 생산성을 높이기 위한 기술 발전이 이루어지고 있다.

상식PLUS 플랜테이션 농업 발달 지역

㉠ 브라질 : 커피, 사탕수수, 콩 등

㉡ 인도네시아 : 팜유, 고무, 커피 등

㉢ 케냐 : 차(茶), 커피 등

㉣ 필리핀 : 바나나, 코코넛, 사탕수수 등

50 ⑤ 농업협동조합은 ICA에 1963년 1월 20일에 준회원 자격으로 가입하였다.

1	④	2	①	3	③	4	①	5	④	6	①	7	①	8	②	9	②	10	②
11	④	12	③	13	②	14	②	15	②	16	④	17	①	18	④	19	③	20	③
21	①	22	①	23	④	24	②	25	④	26	②	27	②	28	②	29	②	30	②
31	③	32	①	33	②	34	④	35	③	36	④	37	④	38	②	39	④	40	①
41	⑤	42	③	43	④	44	②	45	③	46	④	47	③	48	②	49	③	50	①
51	②	52	①	53	④	54	⑤	55	④	56	③	57	②	58	②	59	⑤	60	①

1 ④ 컴퓨터 시스템은 크게 하드웨어와 소프트웨어로 구성된다. 컴퓨터 정보시스템은 하드웨어, 소프트웨어와 사람, 데이터의 4가지를 구성요소로 한다.

2 ② 인터프리터(Interpreter) : 대화형 프로그램에 많이 사용하며 프로그램의 실행속도가 느리다.

③ 코볼(COBOL : Common Business Oriented Language) : 상업자료 처리문제를 풀기 위한 도구로 설계되었다.

④ LISP(List Processing) : 함수 및 함수 적용이라는 수학적 개념을 기본으로 한다.

⑤ 트랜잭션(Transaction) : 정보교환이나 데이터베이스 갱신 등 일련의 작업 연속처리단위이다.

3 ③ 디코더(Decoder) : 코드화된 2진 정보를 다른 코드형식으로 변환하는 해독회로이다.

4 ② 펌웨어(Firmware) : 하드웨어와 소프트웨어의 중간에 해당하는 프로그램이다.

③ 제어장치(Control Unit) : 인출, 간접, 실행, 인터럽트 단계를 반복한다.

④ 기억장치(Storage Device) : 컴퓨터의 정보를 보관하는 데 필수적인 장치이다.

⑤ 연상장치(Associative Processor) : 주기억장치에 기억된 데이터를 제어장치에서 지시하는 명령에 따라 연산하는 장치이다.

5 ④ 프로그램 검증이 용이해야 한다.

상식PLUS⁺ 프로그래밍 언어의 설계원칙

㉠ 프로그래밍 언어의 개념이 분명하고 단순하며 신택스가 분명해야 한다.

㉡ 효율적이어야 한다.

㉢ 자연스럽게 응용할 수 있어야 한다.

㉣ 프로그램 검증이 용이하다.

㉤ 적절한 프로그램 작성환경이 갖추어져 있어야 한다.

㉥ 프로그램이 호환성이 있어야 한다.

6 ② Smalltalk : Simmula와 LISP의 영향을 받은 Smalltalk는 객체지향 언어 중 가장 객체지향 전형에 충실하고, 수와 문자 등의 상수를 포함한 거의 모든 언어 실체가 객체이므로 순수객체지향 언어라고 말할 수 있다.

③ Eiffel : 파스칼형 신택스이지만 앞선 언어에 기초하여 만들어진 것은 아니며 파스칼형 객체지향 언어 중 가장 일관성 있게 설계된 언어이다.

④ C언어 : 시스템 프로그램 작성용으로 개발되었다.

⑤ Java : Netscape사에서 개발한 일종의 웹 페이지용 프로그래밍 언어이다. Sun사의 Java언어를 웹 페이지의 필요성에 맞게 단순화하여, 사용하기 편리한 프로그래밍 언어이다.

7 ② 큐(Queue) : 한쪽 끝에서 삭제가 일어나고 한쪽 끝에서 삽입이 되는 선입선출 알고리즘을 가지는 선형 리스트를 말한다.
　③ 데크(Deck, Double Ended Queue) : 리스트의 양쪽 끝에서 삽입과 삭제가 이루어진다.
　④ 트리(Tree) : 비선형 구조로서 기억장소 할당, 정렬, 검색에 응용된다.
　⑤ 카운터(Counter) : 입력펄스에 따라 레지스터의 상태가 미리 정해진 순서대로 변화하는 레지스터이다.

8 ② LISP는 함수기반 언어이다.

9 ② 데이터 중복의 문제점에는 일관성 문제, 보안성 문제, 경제성 문제, 무결성 문제가 있다.

10 ① Prolog : 인공지능 분야에서 사용하는 논리형 고급 프로그래밍 언어이다.
　③ Java : Netscape사에서 개발한 일종의 웹 페이지용 프로그래밍 언어이다. Sun사의 Java언어를 웹 페이지의 필요성에 맞게 단순화하여, 사용하기 편리한 프로그래밍 언어이다.
　④ C언어 : UNIX 오퍼레이팅 시스템의 기술에 사용할 것을 목적으로 설계한 언어로 컴퓨터의 구조에 밀착한 기초기술이 가능한 것과 간결한 표기가 될 수 있는 것 등을 특징으로 하는 언어이다.
　⑤ APL : 수학원리에 기반을 둔 언어이다. 함수프로그래밍 방식의 언어(배열)이다.

11 ④ DBMS를 구성할 시 일관성, 경제성, 보안성, 종속성, 중복성을 고려해야 한다.

12 ③ 속성(Attribute)에 대한 설명이다. 관계는 어떤 의미를 나타내는 정보의 대상이므로 개체와 같이 데이터베이스에 표현해야 한다.

13 ② 운영체제는 '일괄처리 시스템 – 실시간처리 시스템 – 다중프로그래밍 시스템 – 다중처리 시스템 – 시분할처리 시스템 – 분산처리 시스템'의 발달과정을 거친다.

14 ① 1초당 100만 개 단위의 명령어 연산이란 뜻으로 컴퓨터의 연산속도를 나타내는 단위이다.
　③ 1초당 처리하는 문자의 수이다.
　④ 1분당 처리하는 페이지 수이다.
　⑤ 1초당 1백만비트를 전송하는 속도이다.

15 ② RARP는 호스트의 물리주소를 이용하여 논리 주소인 IP주소를 얻어 오기 위해 사용되는 프로토콜이다.

16 ④ DNS(Domain Name System) : 계층적 이름 구조를 갖는 분산형 데이터베이스로 구성된다. https://www.goseowon.com일 경우 뒷부분 com의 주소, goseowon의 주소, www의 주소 순서로 해석한다.
　① 라우터(Router) : 둘 혹은 그 이상의 네트워크를 연결해 한 통신망에서 다른 통신망으로 통신할 수 있도록 도와주는 장치이다.
　② 모블로그(Moblog) : 휴대전화를 이용하여 컴퓨터상의 블로그에 글·사진 등의 콘텐츠를 올릴 수 있는 서비스이다.
　③ CGI(Common Gateway Interface) : 웹 서버가 외부프로그램과 데이터를 주고받을 수 있도록 정의한 표준안이다.
　⑤ FTP(File Transfer Protocol) : 인터넷상에서 한 컴퓨터에서 다른 컴퓨터로 파일전송을 지원하는 통신규약이다.

17 ② 프로토콜(Protocol) : 네트워크에서 어떠한 형식으로 데이터를 주고받을 것인가에 대해서 약속된 규약이다.
　③ 라우터(Router) : 대규모 네트워크에 사용되는 초지능형 브리지이다.
　④ 플러그 인(Plug In) : 웹브라우저 도움 프로그램으로 넷스케이프 네비게이터 Helper Application은 다른 응용프로그램을 새로 실행시켜야 한다는 단점을 가지고 있어 이를 보완하기 위해 만든 것이다.
　⑤ 파이프라인(Pipe Line) : 하나의 프로세서를 서로 다른 기능을 가진 여러 개의 서브 프로세서로 나누어 각 프로세서가 동시에 서로 다른 데이터를 처리하도록 하는 기법이다.

18 ① 컴파일러(Compiler) : 고급언어로 쓰인 프로그램은 그와 의미적으로 동등하여 컴퓨터에서 즉시 실행될 수 있는 형태의 목적 프로그램으로 바꾸어 주는 번역 프로그램이다.
② 인터프리터(Interpreter) : 고급언어로 작성된 원시코드 명령문들을 한 줄씩 읽어들여서 실행하는 프로그램이다.
③ 서비스 프로그램(Service Program) : 사용자들이 필요할 때 편리하게 이용할 수 있도록 한 프로그램이다.
⑤ LAN(Local Area Network) : 근거리 네트워크망이다.

19 ③ 병렬전송은 버스 내의 선의 개수가 레지스터를 구성하는 플립플롭의 개수와 일치한다. 플립플롭에는 RS, JK, D, T 플립플롭이 있다.

20 ① EDSAC(Electronic Delay Storage Automatic Computer) : 프로그램을 내장한 최초의 컴퓨터이다.
② PCS(Personal Communication Services) : 디지털 휴대폰이다.
④ IBM 701 : IBM이 최초로 상업적 판매를 위해 개발한 컴퓨터이다.
⑤ UNIVAC - 1 : 유니시스사의 세계 최초의 상업용 컴퓨터이다.

21 ① UL은 순서가 없다.

상식PLUS⁺ HTML 용어
㉠ UL : 순서가 없는 목록의 시작과 종료를 알려주는 태그이다.
㉡ OL : 순서가 있는 목록의 시작과 종료를 알려주는 태그이다.

22 ① 정보통신망 형태의 종류에는 성형(스타형), 망형(메쉬형), 링형(루프형), 버스형, 트리형이 있다.

23 ④ 종합 서비스 디지털망(ISDN : Integrated Service Digital Network)은 전화망에서 모뎀 없이 데이터 전송이 가능하게 변화시킨 것으로 하나의 전화회선을 통해 음성, 데이터, 화상 등의 정보를 동시에 주고받을 수 있는 미래의 종합 서비스 디지털망이다.

상식PLUS⁺ ISDN 사용자 서비스
㉠ 베어러서비스(Bearer Service) : 가입자 간의 정보의 전달기능을 제공한다.
㉡ 텔레서비스(Tele Service) : 상위계층(OSI 계층 4, 5, 6, 7)의 기능을 포함하는 모든 계층의 표준화된 서비스를 제공한다.
㉢ 부가서비스(Supplementary Service) : 음성, 영상 등의 기본 서비스에 추가된 새로운 서비스를 제공한다.

24 ① WAN(Wide Area Network) : 이해관계가 깊은 연구소, 다국적 기업, 상호 유대가 깊은 동호기관을 LAN으로 상호 연결시킨 망이다.
③ MAN(Metropolitan Area Network) : LAN의 서비스영역 협소와 WAN의 능률저하 및 일정 지역에 대한 비경제성을 극소화한 망이다.
④ VAN(Value Added Network) : 회선을 직접 보유하거나 통신사업자의 회선을 임차 또는 이용하여 단순한 전송기능 이상의 정보의 축적이나 가공, 변환 등의 부가가치를 부여한 음성, 데이터 정보를 제공해 주는 매우 광범위하고 복합적인 서비스의 집합이다.
⑤ ISDN(Integrated Services Digital Network) : 전화망에서 모뎀 없이 데이터 전송이 가능하게 변화시킨 것으로 하나의 전화회선을 통해 음성, 데이터, 영상 등의 정보를 동시에 주고받을 수 있는 미래의 종합 서비스 디지털망이다.

25 ④ 정보산업이 아닌 정보사회에 대한 설명이다. 정보사회는 컴퓨터와 정보통신이 결합하여 정보의 수집 · 가공 · 유통능력이 획기적으로 증대되면서, 정보의 가치가 산업사회에서의 물질이나 에너지 못지않게 중요시되는 사회이다. 정보산업은 정보의 생산 · 가공 · 축적 · 유통 · 판매 등 활동을 위한 산업과 그에 필요한 여러 장치를 제조하는 산업이다.

26 BETWEEN은 " ~ 부터 ~ 까지"라는 의미로 AND와 함께 사용한다.

UPDATE [table name]

SET [col1＝new_data1], [col2＝new_data2], …

WHERE [target_col]＝[value]: BETWEEN value1 AND value2:

상식PLUS⁺ 데이터 조작어(DML : Data Manipulation Language)

㉠ 데이터 검색 : SELECT[col1], [col2], … FROM [table name] [option1] [option2], …:

㉡ 데이터 수정 : UPDATE[table name] SET [col1 = new_data1], [col2＝new_data2], …
  WHERE [target_col]＝[value]:

㉢ 데이터 삭제 : DELETE FROM[table name] WHERE [target_col]＝[value]:

㉣ 데이터 삽입 : INSERT INTO[table name] ([col1], [col2], …) VALUES ([data1], [data2], …):

27 ① 버스(Bus)

  ㉠ 번지버스(Address Bus) : 중앙처리장치와 기억장치 사이에서 기억장치의 번지를 공급하는 신호선이다.

  ㉡ 데이터버스(Data Bus) : 데이터를 전송하는 신호선이다.

③ 스풀링(Spooling)

  ㉠ 입출력 효율을 높이기 위해 내용을 디스크 등에 모았다가 처리하는 방식이다.

  ㉡ 디스크 일부를 매우 큰 버퍼처럼 사용하며 위치는 보조기억장치이다.

④ DMA(Direct Memory Access)

  ㉠ 주변 장치가 직접 메모리 버스를 관리하여 CPU를 거치지 않고 메모리 간에 입·출력 데이터를 전송하여 전송 속도를 향
    상시킨 방식이다.

  ㉡ DMA제어기가 CPU에 데이터 채널 요청을 하면 다음 사이클을 DMA인터페이스가 사용할 수 있게 하는 방식의 사이클 스틸
    (Cycle Steal)을 이용한 안정적이며 효율적인 기능이다.

⑤ 벡터 처리기(Vector Processor) : 벡터 처리기는 다중 파이프라인 기능장치의 특성을 이용하여 벡터나 스칼라 등의 산술연산 및
  논리연산을 고속으로 수행한다.

28 대칭형 암호방식(Symmetric Cryptography)

  ㉠ 대칭키 암호방식(Symmetric Key Cryptography) 또는 비밀키 암호방식(Secret Key Cryptography)

  ㉡ 암호화 키(Encryption Key)와 복호화 키(Decryption Key)는 동일

상식PLUS⁺ 암호방식(Asymmetric Cryptography)

㉠ 공개키 암초방식(Public Kcy Cryptography)이다.

㉡ 암호화 키와 복호화 키는 동일하지 않다.

㉢ 암호화 키와 복호화 키는 반드시 키짝(Key Pair)을 이룬다. 즉 공개키 암호방식에서 두 개의 키 즉 공개키(Public Key)와 개
  인키(Private Key)를 사용한다.
  • 개인키는 외부로 유출되면 안 됨
  • 공개키는 누구나 보관하고 사용가능

㉣ 공개키 암호방식에서 사용하는 두 개의 키 중 어느 하나의 키로 암호화하면, 반드시 나머지 다른 하나의 키만으로 복호화가 가능
  하다.

㉤ 공개키 암호화 → 개인키 복호화
  개인키 암호화 → 공개키 복호화

29 ・(a＞＞2) 오른쪽으로 2비트 시프트

・int a ＝ 101 : $101 \times \dfrac{1}{2^2} = 101 \times \dfrac{1}{4} = 25$

・((a＞＞2)＜＜3) → (a＞＞2)의 결과를 ＜＜3 왼쪽으로 3비트씩 시프트

  $25 \times 2^3 = 25 \times 8 = 200$

・System.out.println((a＞＞2)＜＜3): → 200 출력

상식PLUS⁺ 시프트 연산자

비트를 몇 칸씩 옆으로 이동하는 연산
㉠ ＜＜ : 이진법의 왼쪽 시프트 연산자로 왼쪽 피연산자를 오른쪽 피연산자의 비트 숫자만큼 왼쪽으로 이동한다.
㉡ ＞＞ : 이진법의 오른쪽 시프트 연산자로 왼쪽 피연산자를 오른쪽 피연산자의 비트 숫자만큼 오른쪽으로 이동한다.

30 〈stdio.h〉, main( ) 시작
int i, sum＝0 : 선언, 둘 다 정수형태이며 sum의 값은 초기치 0이 있다.
for i＝1: → for문(반복)
i〈＝10: → 조건
i+＝2 → 증가치
continue: → 1이 떨어져 나가면 블록 끝으로 이동했다가 다시 For문으로 이동하는 것이다.
% → 나머지 연산자
&& → AND 연산자(양쪽 모두 참일 경우 결과 값이 참)
㉠ 실행순서 초기치 → 조건판단하며 만족하면 → 실행 → 증가 순으로 끝나면 다시 처음인 초기치로 가서 판단하면서 반복한다.
㉡ i=1, i%2 && i%3 → 값이 참이면 continue:를 실행시켜서 빠져나가고 거짓이면 sum 값에 누적시킨다.
㉢ sum + = i: → sum＝sum+i
㉣ i=1, i%2 → 1 나누기 2를 하면 몫은 0이 되고 나머지는 1이 된다.
㉤ i%3 → 1 나누기 3을 하면 몫은 0이 되고 나머지는 1이 된다.
㉥ i%2 && i%3 → 1과 1의 AND는 결과가 참이기 때문에 그대로 빠져나간다.
㉦ 증가 → i+＝2 → i=i+2며 i 값이 1이 들어가서 2를 더하니 값은 3이 된다.
㉧ i=3로 판단, i%2 && i%3 → 3%2 && 3%3 이 되어 3 나누기 2는 몫이 1이고 나머지는 1이 되며 3 나누기 3은 몫이 1이
되고 나머지는 0이 되므로 결과는 거짓이 되어 sum에 i를 누적시킨다. sum=0, i=3으로 sum 값은 3이 된다.
㉨ 다시 반복하여 i+＝2 → 3+2=5가 된다.
㉩ i=5로 판단, i%2 && i%3 → 5%2 && 5%3이 되어 5 나누기 2를 하면 몫은 2, 나머지는 1이 되고 5 나누기 3을 하면 몫은
1, 나머지는 2가 된다. 0을 제외한 모든 숫자는 참으로 판단하기 때문에 그대로 빠져 나간다.
㉪ 다시 반복하여 2가 증가하여 i=7로 판단, i%2 && i%3 → 7%2 && 7%3이 되어 7 나누기 2를 하면 몫은 3, 나머지는 1, 7
나누기 3은 몫은 2, 나머지는 1이 되어 참이 되어 그대로 빠져 나간다.
㉫ 다시 반복하여 2가 증가하여 i=9로 판단, i%2 && i%3 → 9%2 && 9%3이 되어 9 나누기 2는 몫은 4, 나머지는 1이 되
고 9 나누기 3은 몫은 3, 나머지는 0으로 거짓이 되어 sum에 i 값을 누적시킨다. 현재 sum 값은 3이며 i값 9가 들어와 12
가 된다. sum=sum+i → 12=3+9
㉬ 다시 반복하여 2가 증가하여 i=11로 판단, 조건을 판단하니 만족하지 않아 그대로 빠져 나온다.
㉭ printf(“%d \ n”, sum): ＞ 정수형태로 줄바꿈하여 sum을 출력하는데 현재 sum에 기억된 입력값은 12이므로 결과는 12가
된다.

31 ③ 퍼셉트론(Perceptron) : 프랑크 로젠블라트가 1957년에 고안한 알고리즘으로 인간의 신경 조직을 수학적으로 모델링하여 컴퓨터가 인간처럼 기억, 학습, 판단할 수 있도록 구현한 인공 신경망 기술이다.

① 빠른 정렬(Quick Sort) : 주어진 입력 리스트를 피봇(Pivot) 또는 제어키(Control Key)이라 불리는 특정 키 값보다 작은 값을 가지는 레코드들의 리스트와 큰 값을 가지는 레코드들의 리스트로 분리한 다음, 두 개의 서브 리스트들을 재귀적으로 각각 재배열하는 과정을 수행하는 방식이다.

② 맵리듀스(MapReduce) : 대용량 데이터 처리를 분산 병렬 컴퓨팅에서 처리하기 위한 소프트웨어 프레임워크이다.

④ 디지털 포렌식(Digital Forensics) : 법정 제출용 디지털 증거를 수집하여 분석하는 기술이다.

⑤ 하둡(Hadoop) : 대량의 자료처리가 가능한 오픈 자바 소프트웨어 프레임워크로 빅데이터를 처리하는 분산파일 시스템이다.

32 ① 암호키와 암호를 해독하는 복호키 중 암호화 키를 외부에 공개하여, 상대방은 공개된 암호화 키를 이용해 정보를 보내고, 자신은 자신만이 가진 복호화 키를 이용하여 수신된 정보를 해독할 수 있도록 한 정보 암호화 방식이다. 대표적인 공개키 암호 방식에는 RSA 알고리즘이 있다. 문제에서는 공개키 암호 방식을 전자서명에 적용한다고 하였는데 일반적으로 전자서명의 인증 과정은 RSA 알고리즘과는 반대 원리이며 비공개키 알고리즘과 공개키 알고리즘의 조합을 사용한다. 전자서명은 자신을 다수의 타인에게 증명하는 기능이므로, 암호화 과정에서 자신만 아는 비밀키(전자서명)를 사용한다. 암호화한 전자서명은 다수의 타인이 확인하므로 해독 과정에서는 공개키를 사용한다. 전자서명 과정에서 복잡하게 두 단계로 암호화하는 이유는 다음과 같다. 먼저 RSA 알고리즘을 사용해 암호화하는 과정은 전송 과정에서의 보안 문제를 해결하기 위함이다. 그런데 이렇게 전송 보안 문제를 해결하면 전자서명의 기본 목적인 인증 문제를 해결해야 하므로 비공개키인 전자서명을 사용해 암호화하는 과정도 필요하다.

33 ② 파이선(Python)은 1991년 프로그래머인 귀도 반 로섬이 발표한 고급 프로그래밍 언어이다. 플랫폼이 독립적이며 인터프리터식, 객체지향적, 동적 타이핑(Dynamically Typed) 대화형 언어이다.

34 ④ 게이트웨이(Gateway)는 전송 ~ 응용계층까지의 영역에서 망을 연결한다. 두 노드가 서로 통신하려면 동일한 프로토콜(통신규약)에서 행해져야 하는데 게이트웨이는 서로의 프로토콜을 적절히 변환시켜 통신을 가능하게 한다.

35 ③ 코드는 사용자가 편리하게 다룰 수 있어야 하며 컴퓨터 처리가 용이하여야 한다. 또 코드가 단순명료해야 하고 일관성이 있어야 한다.

36 ④ 마이데이터 산업이 도입되기 전에 사용한 데이터 수집방식이다.

② 인증 · 암호화 · 무결성을 위한 표준 프로토콜을 안전하게 통신하기 위해 TLS 기반의 상호인증을 사용한다.

③ 개인신용정보 전송 및 수신 시 마이데이터 사업자와 정보제공자는 안정성과 신뢰성이 보장될 수 있도록 표준 AIP 규격을 준수해야 한다.

⑤ JWS(JSON Web Signature)는 토큰을 생성하기 위한 JSON 기반의 공개 표준이다.

37 ④ 금융회사의 앱(App)상 인증서 등 접근매체 발급 · 갱신, 금융서비스 로그인과 같은 절차에서부터, 금융거래 지시 · 무결성을 위한 표준 프로토콜을 안전하게 통신하기 위해 TLS 기반의 상호인증을 사용한다.

38 ② 은행에서 신용평가를 받지 않아도 된다.

상식PLUS⁺ P2P(Peer to Peer)

인터넷에서 개인과 개인이 직접 파일을 공유하는 것을 말한다. 모든 참여자가 공급자인 동시에 수요자가 되는 형태이며, 이용자의 저장장치를 공유시켜 주기만 하면 되기 때문에 중앙에서 별도의 저장 및 관리가 필요하지 않다.

39 ④ WAN에 대한 특징이다. LAN은 빌딩 또는 캠퍼스 범위 안에서 사용이 가능하다.

40 ① NFC 기술이 무선 데이터 공유가 가능하지만 근거리에 한하여 가능하다. 중거리에 있는 무선 데이터 공유는 불가능하다.
②③④⑤ 근거리에 있는 경우라면 접촉을 하지 않고 카드결제가 가능하며, 핸드폰 화면을 TV에서 미러링 기능을 통해 볼 수 있다. 또한 케이블을 연결하지 않고 프린터를 연결할 수 있다. 또한 태그에 저장된 개인정보를 통해 교통카드 기능으로 활용이 가능하다.

41 ① IPO(Initial Public Offering) : 기업이 주식을 최초로 외부 투자자에게 공개 매도하는 것을 의미한다.
② FDS(Fraud Detection System) : 이상금융거래를 탐지하는 시스템으로 수집된 패턴을 통해 이상 결제를 잡아내는 시스템이다.
③ POW(Proof of Work) : 가상자산을 채굴하는 방식 중에 하나이다. 참여자가 나눠가진 블록에 암호를 채굴하면 가상자산으로 보상을 하는 방식을 의미한다.
④ 증권형토큰공개(Security Token Offering) : 회사 자산을 주식처럼 가상화폐로 발행하여 소유자가 배당, 이자, 지분 등을 주식처럼 취득이 가능하도록 설계한 것이다.

42 ③ 온라인에서 개인정보보호와 관련된 규제 및 감독의 주체는 개인정보보호위원회이다.

43 ① 5G(5th Generation Mobile Telecommunication) : 5세대 이동통신으로 최대속도가 20Gbps인 이동통신기술이다.
② 데이터 마이닝(Data Mining) : 다양한 데이터 가운데 유용한 정보를 추출하여 선택에 이용하는 과정이다.
③ OLAP(Online Analytical Processing) : 사용자가 대용량 데이터를 편리하게 추출·분석하도록 도와주는 비즈니스 인텔리전스(Business Intelligence) 기술이다.
⑤ 머신러닝(Machine Learning) : 인공지능의 한 분야로 컴퓨터를 통해 인간의 능력을 실현하기 위한 기술이다. 컴퓨터가 다양한 데이터를 통해 패턴을 찾아내는 방법이다.

44 ② 어뷰징(Abusing) : '오용, 남용, 폐해'라는 의미로 클릭수를 조작하는 것이다. 검색으로 클릭수를 늘려 중복적으로 내용을 보여주어 인기 탭에 콘텐츠를 올리기 위한 행위이다. 언론사에서 동일한 제목의 기사를 끊임없이 보내어 의도적으로 클릭수를 늘리는 것이다.
① 파밍(Pharming) : 인터넷 사기수법 중에 하나이다. 웹사이트를 금융기관이나 공공기관 사이트의 도메인을 탈취하여 사용자가 속게 만드는 것이다.
③ 바이럴마케팅(Viral Marketing) : 마케팅기법 중에 하나로 소비자가 직접 기업이나 상품을 홍보하는 형태의 입소문 마케팅을 하는 것을 말한다.
④ 그레셤의 법칙(Gresham's Law) : 악화(惡貨)는 양화(良貨)를 구축한다는 의미로 소재가 좋지 않은 화폐라 좋은 화폐를 몰아낸다는 의미이다.
⑤ 스파이웨어(Spyware) : 팝업 광고나 특정 웹 사이트로 유도하여 컴퓨터에서 중요 정보를 빼가는 프로그램을 의미한다.

45 ① 화이트 해커 : 인터넷 시스템과 개인 컴퓨터 시스템을 파괴하는 블랙 해커와 대비되는 개념이다. 보안 시스템의 취약점을 발견하고 관리자에게 제보하여 블랙 해커의 공격을 해방하기도 한다.
② 엘리트 해커 : 화이트 해커 중 설계를 분석하고 취약점을 찾아내 공격 시나리오를 짤 수 있는 최고 수준의 인력을 말한다.
④ 해커톤 : 마라톤처럼 일정한 시간과 장소에서 프로그램을 해킹하거나 개발하는 행사를 말한다.
⑤ 컴파일러 : 고급 언어로 쓰인 프로그램을 즉시 실행될 수 있는 형태의 프로그램으로 바꾸어 주는 번역 프로그램을 말한다.

46 ④ 모바일 플랫폼 기업이 자국에 납부하는 디지털 매출 세금과 별개의 세금이다.

상식PLUS⁺ 디지털세

구분	내용
대상	• 글로벌 매출 200억 유로(한화 약 27조 원)·이익률 10% 이상의 다국적 기업 • 규제되는 금융업이나 채굴업 제외
부과 방식	통상이익(매출의 10%)을 초과하는 이익 중 25%의 과세권을 국가별 매출 비중에 따라 배분

47 ③ 빅데이터가 다양한 가치를 만들어 내기 시작하면서 사람들은 빅데이터를 '원유'에 비유하기 시작했다. 기름이 없으면 기기가 돌아가지 않듯, 빅데이터 없이 정보시대를 보낼 수 없다는 의미에서다. 미국의 시장조사기관 가트너는 "데이터는 미래 경쟁력을 좌우하는 21세기 원유"라며 "기업들은 다가오는 데이터 경제시대를 이해하고 이에 대비해야 한다."라고 강조했다. 21세기 기업에게 가장 중요한 자산은 '데이터'이며 이를 관리하고 여기서 가치를 이끌어 내지 못하면 경쟁에서 살아남을 수 없다는 뜻이다. 빅데이터는 '빅(Big)+데이터(Data)'식의 단순 합성어가 아니다. 빅데이터를 '어마어마하게 많은 데이터'라는 식으로 받아들이면 본질적인 의미와 가치를 놓치게 된다. 기존의 기업 환경에서 사용되는 '정형화된 데이터'는 물론 메타정보와 센서 데이터, 공정 제어 데이터 등 미처 활용하지 못하고 있는 '반정형화된 데이터', 여기에 사진, 이미지처럼 지금까지 기업에서 활용하기 어려웠던 멀티미디어 데이터인 '비정형 데이터'를 모두 포함하는 것이 빅데이터이다.

48 ② 애자일(Agile)은 문서작업 및 설계에 집중하던 개발 방식에서 벗어나 좀 더 프로그래밍에 집중하는 개발방법론이다. 애자일(Agile)이란 단어는 '날렵한', '민첩한'이란 뜻을 가진 형용사이다. 애자일 개발방식은 정해진 계획만 따르기보다 개발 주기 혹은 소프트웨어 개발 환경에 따라 유연하게 대처하는 방식을 의미한다.

49 ③ 시장의 수요와 공급에 따라 교환가치가 달라지는 것은 민간 발행 암호화폐의 특징이다. 중앙은행 디지털화폐는 액면가가 고정되어 있으며 법정화폐 단위로서 법정통화와 일대일로 교환이 보장된다.

50 ① 블록체인(Block Chain)은 블록에 데이터를 담아 체인 형태로 연결하여 동시에 수많은 컴퓨터에 복제하여 저장하는 분산형 저장기술을 말하며, 공공 거래 장부라고도 불린다. 참여자들은 원장을 공유함으로써 모든 정보에 접근이 가능하며, 합의 과정을 통해 신뢰성이 보장된다.

51 ② 블록체인 기술을 활용한 사례이다. 정보가 거래 참여자들에게 분산 · 저장되어 위 · 변조가 어려우므로 신뢰성이 높다는 장점을 이용한 것이라 할 수 있다.

52 ① VDI(Virtual Desktop Infrastructure) : 데스크톱 가상화를 의미한다. 실제 존재하지 않는 컴퓨터가 가상공간 안에 존재하면서 사용자가 자유롭게 컴퓨터를 사용하고 접근할 수 있는 기술이다.
② VM(Virtual Machine) : 애플리케이션을 실행하는 모바일 운영체제를 의미한다.
③ VPN : 침입을 탐지하는 보안 시스템 중에 하나이다.
④ PaaS : 소프트웨어 개발할 때 사용되는 플랫폼이다.
⑤ JDBC : 자바 프로그램에서 SQL을 실행하기 위한 응용프로그램을 의미한다.

53 ④ 이중지불(Double Spending)은 만일 악의를 가진 사람이 동시에 각각 다른 유저에게 암호화폐(비트코인, 이더리움 등)를 사용할 경우 이를 '이중지불'이라 한다. 이중지불의 문제를 해결하는 것이 암호화폐의 핵심 기능이라 할 수 있다. 비트코인 채굴과 블록체인은 이중지불을 방지하는 데 그 목적이 있으며, 이로써 네트워크가 어떤 비트코인 거래들이 유효한 것인지를 확인하고 합의할 수 있다.

54 ⑤ 제로 UI(Zero UI)는 기존의 그래픽 유저 인터페이스(GUI)로 인식되던 개념에서 벗어난 것으로, 햅틱 피드백, 상황 인식, 제스처, 음성 인식 등 자연스러운 상호작용을 사용하는 새로운 디바이스 사용방식을 말한다.

55 ④ DAO는 특정한 목표를 성취하기 위해 모인 사람들이 협업대상을 찾아 투자금을 모으는 펀딩 방식으로 상향식 투자이다.

56 ① V2V(Vehicle to Vehicle) : 차량과 차량 간의 통신
② V2I(Vehicle to Infrastructure) : 차량과 인프라 간의 통신
⑤ V2N(Vehicle to Nomadic Device) : 차량과 모바일 기기 간의 통신
④ V2P(Vehicle to Pedestrian) : 차량과 보행자 간의 통신

57 ① 인공 신경망(Artificial Neural Network) : 인간의 신경처리 과정을 모방하여 만든 알고리즘을 말한다.

③ 가상현실(Virtual Reality) : 컴퓨터에서 만들어진 가상현실을 말한다.

④ 생성적 대립 신경망(Generative Adversarial Network) : 딥러닝 알고리즘으로 진짜와 똑같은 가짜를 생성하여 이를 판별하여 학습하고 진짜와 같은 가짜를 만드는 기술이다.

⑤ 뇌 – 컴퓨터 인터페이스(Brain – Computer Interface) : 뇌 – 컴퓨터 인터페이스로 뇌파를 이용하여 컴퓨터에서 해석할 수 있는 인터페이스를 말한다.

58 ② 분산 식별자(Decentralized Identifiers)는 블록체인 기술로 구축한 전자신분증으로 개인정보를 암호화한 뒤 블록 단위로 구성한 뒤에 개인 전자기기에 저장하는 것이 특징이다.

59 ⑤ 4G에서는 음성서비스에만 별도의 QoS를 제공하였지만 5G에서는 네트워크 슬라이싱을 통해 다수의 가상 네트워크로 분리하여 맞춤형 서비스를 제공한다.

① Massive MIMO는 다수의 사람들이 안테나 배열을 활용한 무선 자원을 동시에 사용하는 기술이다.

② 주파수 대역폭이 크고 더 많은 데이터를 사용하여 **빠른** 전송속도를 제공한다.

③ 초고주파의 물리적 특성의 한계를 극복하기 위해 5G표준기술로 사용한다. 빔포밍 기술은 다량의 안테나의 신호를 특정방향으로 집중 · 조절이 가능한 기술이다.

④ 3GPP(3rd Generation Partnership Project)는 이동통신 표준화 기술협력기구로 2018년 6월 5G망 통신표준규격 SA를 발표했다.

60 ② Argos : 아르고스는 국회도서관이 보유한 입법, 정치 등의 다양한 데이터를 유합 분석하는 시스템이다.

③ Random Stow : 랜덤스토는 물류 소프트웨어가 알고리즘을 통해 제품별로 배치 및 설계하여 한정된 공간을 최대한 활용하도록 하는 시스템이다.

④ Cross Ply : 크로스 플레이는 다양한 기기에서 똑같은 게임을 즐길 수 있는 시스템으로, 모바일 게임을 PC에서도 구동하는 시스템이다.

⑤ RPA : 로보틱 처리 자동화로, 로봇 소프트웨어를 통해 반복업무를 자동화하여 처리하는 기술이다.

금융·경제·보험 예상문제

1	①	2	③	3	②	4	④	5	①	6	④	7	①	8	①	9	④	10	③
11	③	12	③	13	④	14	③	15	①	16	②	17	①	18	④	19	②	20	①
21	②	22	①	23	⑤	24	②	25	②	26	②	27	⑤	28	③	29	④	30	④
31	③	32	①	33	①	34	②	35	②	36	④	37	①	38	③	39	②	40	①
41	①	42	②	43	②	44	③	45	⑤	46	②	47	④	48	④	49	①	50	①
51	①	52	③	53	②	54	①	55	④	56	①	57	③	58	④	59	①	60	①

1 ① 디폴트(Default) : 채무자가 민간 기업인 경우에는 경영 부진이나 도산이 원인이 될 수 있으며, 채무자가 국가인 경우에는 전쟁, 내란, 외화 준비의 고갈에 의한 지급 불능 등이 원인이 된다.
② 환형유치(換刑留置) : 벌금이나 과료를 내지 못하는 범죄자에게 교도소에서 노역으로 대신하도록 하는 제도이다.
③ 엠바고(Embargo) : 일정 시점까지 한시적으로 보도를 중지하는 것을 말한다.
④ 워크아웃(Workout) : 기업의 재무구조 개선 작업을 말한다.
⑤ 법정관리(法定管理) : 파산위기의 기업이 회생가능성이 보이면 기업의 활동과 관련된 전반적인 것을 대신 관리해주는 제도이다.

2 ① 종합소득세 : 이자·배당·사업(부동산임대)·근로·연금·기타소득 등의 종합소득에 부과하는 세금이다.
② 부가가치세 : 상품(재화)의 거래나 서비스(용역)의 제공과정에서 얻어지는 부가가치(이윤)에 대하여 과세하는 세금이다.
④ 양도소득세 : 개인이 토지, 건물 등 부동산이나 주식 등과 파생상품의 양도 또는 분양권과 같은 부동산에 관한 권리를 양도함으로 인하여 발생하는 이익(소득)을 과세대상으로 하여 부과하는 세금이다.
⑤ 상속세 : 사망으로 그 재산이 가족이나 친족 등에게 무상으로 이전되는 경우에 당해 상속재산에 대하여 부과하는 세금이다.

3 ② 리카도 효과(Ricardo Effect) : 호경기에 소비재 수요증가와 더불어 상품의 가격상승이 노동자의 화폐임금보다 급격히 상승하게 되면서 노동자의 임금이 상대적으로 저렴해지는 경우 기업은 기계를 대신 사용하려는 경향이 발생한다.
① 전시 효과(Demonstration Effect) : 미디어 등 사회의 소비 영향을 받아 타인의 소비를 모방하려는 성향을 말한다.
③ 톱니 효과(Ratchet Effect) : 생산 또는 수준이 일정 수준에 도달하면 이전의 소비 성향으로 돌아가기 힘든 현상을 말한다.
④ 베블런 효과(Veblen Effect) : 가격상승에도 과시욕이나 허영심 등으로 수요가 줄지 않는 현상을 말한다.
⑤ 피구 효과(Pigou Effect) : 물가하락에 따른 자산의 실질가치 상승이 소비를 증가시키는 현상을 말한다.

4 ④ 모라토리엄(Moratorium) : 대외 채무에 대한 지불유예(支拂猶豫)를 말한다. 신용의 붕괴로 인하여 채무의 추심이 강행되면 기업의 도산이 격증하여 수습할 수 없게 될 우려가 있으므로, 일시적으로 안정을 도모하기 위한 응급조치로 발동된다.
① 모블로그(Moblog) : 모바일과 블로그를 합친 신조어로 때와 장소에 구애받지 않고 블로그를 관리할 수 있어 인기를 끌고 있다.
② 모라토리엄 신드롬(Moratorium Syndrome) : 1960년대에 들어 지적, 육체적, 성적인 면에서 한 사람의 몫을 할 수 있으면서도 사회인으로서의 책임과 의무를 짊어지지 않는 것을 의미한다.
③ 서브프라임 모기지론(Subprime Mortgage Loan) : 신용등급이 낮은 저소득층을 대상으로 주택자금을 빌려주는 미국의 주택담보대출 상품이다.
⑤ 디플레이션(Deflation) : 물가가 하락하고 경제활동이 침체되는 현상을 말한다.

5　① 블랙 스완(Black Swan) : 극단적 예외사항이라 발생 가능성이 없어 보이지만 발생하면 엄청난 충격과 파급효과를 가져오는 것을 말한다.

　　② 그레이 스완(Gray Swan) : 이미 알고 있는 사항이지만 대처 방법이 모호하여 위험 요인이 계속 존재하는 상태를 말한다.

　　③ 어닝 쇼크(Earning Shock) : 기업이 예상보다 저조한 실적을 발표하여 주가에 영향을 미치는 현상을 말한다.

　　④ 더블 딥(Double Dip) : 경기침체 후 잠시 회복기를 보이다가 다시 침체에 빠지는 이중침체 현상을 말한다.

　　⑤ 유동성 함정(Liquidity Trap) : 시장에 현금이 흘러 넘쳐 구하기 쉬우나 기업의 생산 및 투자와 가계의 소비가 늘지 않아 경기가 나아지지 않고 마치 함정에 빠진 것처럼 보이는 상태를 말한다.

6　④ 크림 스키밍(Cream Skimming) : 원유에서 맛있는 크림만을 골라 먹는데서 유래한 단어로 기업이 이익을 창출할 것으로 보이는 시장에만 상품과 서비스를 제공하는 현상을 뜻한다. 1997년 세계무역기구(WTO) 통신협상 타결 뒤 1998년 한국 통신시장이 개방하면 자본과 기술력을 갖춘 다국적 통신사가 국내 통신사업을 장악한다는 우려와 함께 '크림 스키밍'이 사용되었다.

　　① OSJD(Organization for the Cooperation of Railways) : 1956년 사회주의 국가 및 동유럽 국가를 중심으로 구성된 국제철도협력기구로 철도 교통 신호, 표준 기술, 통행료, 운행 방식 등에서 통일된 규약을 마련한다.

　　② 스마일 커브(Smile Curve) : 제품의 연구개발 단계부터 생산 및 마케팅에 이르기까지의 부가가치를 곡선으로 나타낸 것이다.

　　③ 코드커팅(Cord Cutting) : 유로 방송 시청자가 가입을 해지하고 새로운 플랫폼으로 이동하는 것을 말한다.

　　⑤ 스놉 효과(Snob Effect) : 특정 상품에 대한 소비가 증가하면 오히려 수요가 줄어드는 현상을 말한다.

7　① 환율이 상승하면 수출이 증가하고, 수입은 줄어들게 된다. 환율이 하락할 시 물가 안정 및 외채 부담 감소 등의 긍정적인 효과가 있는 반면에 수출과 해외 투자가 줄어들고 핫머니 유입 등 부정적인 효과를 가져 올 수 있다.

8　②③④⑤ 소득을 평등하게 만드는 요인이다.

　　상식PLUS⁺ 지니계수(Gini's Coefficient)

　　계층 간 소득분포의 불균형과 빈부격차를 보여주는 수치이다. 0에서 1까지의 값을 가지는 것으로 이 값이 클수록 소득분배가 불균등하다.

9　④ 영기준예산제도(Zero Base Budgeting System)는 모든 예산 항목에 대해 전년도 예산에 기초하지 않고 '0'을 기준으로 재검토하여 예산을 편성하는 방법이다. 장점으로는 '사업의 전면적인 재평가와 자원배분의 합리화', '국가재정과 예산 운영의 신축성, 강력성 제고', '하의상달과 관리자의 참여 촉진', '국민의 조세부담 완화와 감축관리를 통한 자원난 극복'이 있다.

10　③ 마찰적 실업(Frictional Unemployment)은 노동자가 자신에게 더 나은 조건의 직장을 찾기 위해 갖는 일시적 실업상태를 말한다. 마찰적 실업은 노동시장에 대한 정보부족 내지는 노동의 이동성 부족이 원인이므로 취업에 대한 정보를 적절한 시기에, 효율적으로 제공하는 것이 중요하다.

11　③ 사채는 일정 기간 내에 일정 금액으로 상환된다.

　　상식PLUS⁺ 주식

　　주식회사가 발행한 출자증권이다. 사채(社債)는 주식회사가 일반 대중에게 자금을 모집하기 위해 발행하는 채권을 말한다.

12　③ SRI지수(Socially Responsible Investment Index) : 사회책임투자 또는 지속가능책임투자의 준말로 사회적이거나 환경적인 책임을 다하고 있는 기업들을 묶어서 만든 주가지수이다.

　　① 엥겔지수(Engel Coefficient) : 경제학에서 총지출에서 식료품비 지출이 차지하는 비율을 계산한 값을 엥겔지수(엥겔계수)라고 한다. 엥겔지수가 저소득 가계에서 높고 고소득 가계에서 낮다는 통계적 법칙을 엥겔의 법칙이라고 한다.

　　② 거래량지수(去來量指數) : 재화(財貨)의 거래량을 일정한 단계에서 종합적으로 파악하여 경제활동 규모의 변동을 측정하기 위한 종합지수를 말한다.

　　④ 가격지수(價格指數) : 어느 일정한 시기를 기준으로 하여 개별상품의 시기에 따른 가격변동을 지수로 나타낸 수치이다.

　　⑤ 슈바베지수(Schwabe Index) : 가계 소득 대비 주거비용이 차지하는 비율을 나타낸다. 고소득층일수록 슈바베지수는 낮다.

13 ④ Gray Fund(하이일드펀드, 그레이펀드) : 수익률은 매우 높지만 신용도가 낮아 정크본드라고 불리는 고수익·고위험 채권을 편입하는 펀드를 말한다. 채권의 신용등급이 투자 부적격(BB+ 이하)인 채권을 주로 편입해 운용하는 펀드이므로 발행자의 채무불이행위험이 정상채권보다 상당히 높다.

① Mutual Fund(뮤추얼펀드) : 투자자들이 맡긴 돈을 굴려 수익을 돌려주는 간접 투자상품으로 각각의 펀드가 하나의 독립된 회사로 만들어지고 투자자는 여기에 출자하는 방식이어서 회사형으로 분류된다.

② Off Shore Fund(역외펀드) : 외국의 자산운용 회사가 국내에서 자금을 모아 외국에 투자하는 펀드로, 해외에서 만들어 운용하므로 국내법의 적용을 받지 않는다.

③ Spot Fund(스폿펀드) : 투자신탁들이 일정한 수익률을 올려주겠다고 고객들에게 약속한 후 목표수익률을 달성하면 만기 이전이라도 환매수수료 없이 투자자에게 원금과 이자를 돌려주는 초단기 상품이다.

⑤ Private Placement Fund(사모펀드) : 특정 소수에게 투자기회를 주는 펀드로 고액자산가를 대상으로 모집한다.

14 ③ Lf(금융기관유동성) : 전체 금융기관의 자금상황을 나타내는 지표로, 과거 M3라 하였으나 Lf로 변경하였다.

① M1 : 민간부문이 보유하는 현금과 예금은행 요구불예금의 합계를 일컫는다.

② M2 : M1보다 넓은 의미의 통화지표로 현금, 요구불예금뿐만 아니라 저축성예금과 거주자 외화예금까지 포함한다.

④ 현금통화 : 지급수단으로 사용되는 기본적인 통화를 일컫는다.

⑤ 결제성 예금 : 예금 취급 기관의 요구불예금, 저축 예금, 단기 금융 펀드 등의 예금을 총칭하여 일컫는다.

15 ① 프로젝트 파이낸싱 : 은행은 부동산 담보나 지급보증이 있어야 대출이 가능하지만 프로젝트 파이낸싱은 담보 없이 미래의 대규모 투자사업의 수익성을 보고 거액을 대출해 준다.

② 액면병합 : 액면분할의 상대적 개념으로 액면가가 적은 주식을 합쳐 액면가를 높이는 것을 말한다.

③ 파생금융상품 : 외환·예금·채권·주식 등과 같은 기초자산으로부터 파생된 금융상품이다.

④ 온디맨드 : 모바일 기술 및 IT 인프라를 통해 소비자의 수요에 즉각적으로 서비스나 제품을 제공하는 것이다.

⑤ 선도거래 : 매매 당사자 간 합의에 따라 이루어지는 거래를 말한다.

16 ② 국내에서 이뤄지는 활동을 통한 비용만 GDP에 영향을 준다. 우리나리에 위치하는 농림어업, 제조업, 광공업, 전기가스 수도업, 건설업, 서비스업, 세금 등은 GDP에 영향을 준다.

17 ③ 희소성의 원칙 : 자원은 한정되어 있으나 더 많이 생산하고 더 많이 소비하려는 인간의 욕망은 자원의 희소성으로 인하여 제한되므로, 경제활동은 항상 선택의 문제에 직면하게 되다.

① 이윤극대화의 원칙 : 기업이 수입과 비용의 차액인 이윤을 극대화하는 행동원리를 말한다.

② 한계효용의 체감의 법칙 : 재화나 서비스 소비량이 증가할수록 재화와 서비스의 한계효용이 감소하는 현상을 말한다.

④ 3면 등가의 원칙 : 국민소득을 측정할 때 생산국민소득과 분배국민소득, 지출국민소득의 세 가지 값이 동일하다는 원칙을 말한다.

⑤ 조세평등의 원칙 : 조세의 부담이 수직적으로나 수평적으로나 공평하게 국민들 사이에 배분되도록 세법을 제정해야 한다는 원칙을 말한다.

18 ④ 관성 효과(Ratchet Effect) : 소득이 높았을 때 굳어진 소비 성향은 소득이 낮아져도 변하지 않는 현상으로 톱니 효과라고도 한다. 관성 효과가 작용하면 소득이 감소하여 경기가 후퇴할 때 소비 성향이 일시에 상승한다.

① 가격 효과(Price Effect) : 재화의 가격변화가 수요(소비)량에 미치는 현상을 말한다.

② 잠재가격(Shadow Price) : 상품의 기회비용을 반영한 가격을 말한다.

③ 의존 효과(Dependence Effect) : 소비자의 수요가 소비자 자신의 욕망에 의존하는 것이 아니라 광고 등에 의존하여 이루어지는 현상을 말한다.

⑤ 구축 효과(Crowdout Effect) : 정부가 경기부양을 위하여 재정지출을 늘려도 그만큼 민간소비가 줄어들어 경기에는 아무런 효과를 불러오지 못하는 현상을 말한다.

19 ② Odd Pricing : 단수가격전략을 의미하며 소비자의 심리를 고려한 가격 결정 방법 중 하나이다.

① Price Lining : 가격라인을 결정하는 방법이다.

③ Prestige Pricing : 가격 결정 시 해당 제품의 주 소비자 층이 지불할 수 있는 가장 높은 가격을 설정하는 전략을 말한다.

④ Loss Leader : 원가보다 싸게 팔거나 일반 판매가보다 싼 가격으로 판매하는 상품을 말한다.

⑤ Unit Pricing : 표준단위당 가격을 표시하는 정책을 말한다.

20 ① 지니계수(Gini's Coefficient)는 이탈리아의 통계학자 지니의 법칙에 따라 나온 계수로, 소득분배의 불평등을 나타내는 수치이다. 분포의 불균형을 의미하며 소득이 어느 정도 균등하게 분배되어 있는가를 나타내는데, 0이면 완전 평등한 상태이고 1이면 완전 불평등한 상태를 의미한다.

21 ② 콤비나트(Combinat) : 생산 공정이 연속되는 다수의 공장을 유기적으로 결합시킴으로써 원자재의 확보, 원가의 절감, 부산물이나 폐기물의 효율적 이용 등의 합리화를 꾀하는 기업결합체이다.

① 트러스트(Trust) : 몇몇의 기업이 시장독점을 위해 공동지배 하에 결합하여 통일체를 형성하는 기업의 형태로, 이들 기업은 법률상·경제상의 독립성이 없는 점에서 카르텔과 다르다.

③ 신디케이트(Syndicate) : 가장 강력한 카르텔 형태로서, 시장통제를 목적으로 가맹기업들이 협정에 의하여 공동판매 기관을 설치하고 기업의 생산물을 일괄 공동판매 하여 그 수익을 공동분배 하는 카르텔을 말한다.

④ 카르텔(Cartel) : 동종사업에 종사하는 기업 간에 서로의 독립을 인정하면서 제조·판매·가격 등을 협정하여 무모한 경쟁을 없애고, 비가맹자의 침투를 막아 시장을 독점함으로써 이윤을 증대시키는 기업의 결합형태이다.

⑤ 조인트벤처(Joint Venture) : 2인 이상의 업자 간에 단일특정의 일을 행하게 하는 출자계약 또는 공동계약을 말한다.

22 ② 보완재(Complement Goods) : 한 재화씩 따로 소비하는 것보다 두 재화를 함께 소비하는 것이 더 큰 만족을 주는 재화의 관계를 말한다.

③ 독립재(Independent Goods) : 한 재화의 가격이 다른 재화의 수요에 아무런 영향을 주지 않는 재화의 관계를 말한다.

④ 정상재(Normal Goods) : 우등재 또는 상급재라고도 하며 소득이 증가(감소)하면 수요가 증가(감소)하여 수요곡선 자체가 우상향(좌상향)으로 이동한다

⑤ 열등재(Inferior Goods) : 소득이 증가(감소)하면 수요가 감소(증가)하며, 수요곡선 자체가 좌하향(우상향)으로 이동한다.

23 ⑤ 가계가 소비하는 서비스의 가격수준 및 변동 파악은 소비자 물가지수의 목적이다.

상식PLUS⁺ 생산자 물가지수(PPI : Producer Price Index)

국내시장의 제1차 거래단계에서 기업 상호 간에 거래되는 상품과 서비스의 평균적인 가격변동을 측정하기 위하여 작성되는 물가지수이다.

24 ② 레온티에프 역설(Leontief Paradox)은 미국의 무역 데이터를 분석한 결과, 자본이 풍부한 미국이 노동집약적인 제품을 더 많이 수출하고, 자본집약적인 제품을 수입한다는 점을 발견한 것이다. 이는 자본이 풍부한 국가는 자본집약적 재화를 수출하고 노동집약적 재화를 수입한다는 헥셔–올린 이론을 반박하는 사례로 자주 언급된다.

25 ② 2차 가격차별 형태이다.

상식PLUS⁺ 가격차별의 형태

㉠ 1차 가격차별
- 동일한 상품일지라도 소비자 개개인이 얻는 효용은 모두 다르다. 따라서 각각의 소비자는 상품에 대한 가격지불의사 또한 다르다. 1차 가격차별은 이러한 개별 소비자의 지불의사에 가격을 부과하는 것으로 상품을 지불할 수 있는 금액을 모두 부과하므로 소비자 편익은 남지 않으며 모두 기업이윤으로 귀속되는 가격정책이다.
- 기업이 개별 소비자가 얻는 효용을 완전하게 알고 있을 때에 가능하므로 현실에서 예를 찾아보기 힘들다.

㉡ 2차 가격차별
- 재화의 구입량에 따라 가격을 다르게 설정하는 것을 말한다.
- 2차 가격차별은 1차 가격차별보다 현실적이며 현실에서 그 예를 찾기 쉽다.
- 전화의 사용량에 따라 그 요금의 차이가 나는 것은 2차 가격차별의 예이다.

㉢ 3차 가격차별
- 소비자의 특징에 따라 시장을 분할하여 각 시장마다 서로 다른 가격을 설정한다.
- 극장에서 심야시간대와 일반시간대의 입장료가 다른 것을 말한다.
- 각 시장마다 소비자들의 수요에 대한 가격탄력성이 다르므로 이윤극대화를 달성하기 위해서는 수요의 가격탄력성이 작은 시장에 높은 가격, 수요의 가격탄력성이 큰 시장에 낮은 가격을 설정한다.

26 ① 극장 관람과 비디오 시청은 서로 '대체재'의 성격을 갖고 있다.
③⑤ 조조할인 제도는 극장이 동일한 영화에 대한 관람객의 특성(수요의 가격탄력성)에 따라 다른 가격을 책정하여 이윤을 높이는 가격차별 전략이다.
④ 외부 음식물 반입을 금지하면서 시중보다 높은 가격을 받고 있는 극장 내의 매점은 '진입장벽'을 통해 독점의 이익을 누리고 있다.

상식PLUS⁺ 외부 효과(External Effect)

경제활동과 관련하여 타인에게 의도치 않은 효과를 발생시키는 현상이다. 시장 가격과 별개로 다른 소비자에게 의도하지 않은 혜택이나 손해를 입히는 경우를 말한다. 이익을 주는 긍정적 외부 효과를 외부경제라고 하며 손해를 끼치는 부정적 외부 효과를 외부불경제라고 한다.

27 ⑤ 경쟁 관계에 있는 제품이란 소비자가 잠재적으로 대체하여 선택할 수 있는 재화이다. 소비자가 다른 회사의 휴대폰을 쓸 것인지, 과거의 제품을 그대로 사용할 것인지, 또는 새로운 제품의 발매를 기다릴지를 고려해야 한다.

28 ③ 예금자보호법은 뱅크런 사태를 막고자 예금보험공사가 해당 금융기관을 대신하여 예금자에게 원리금의 전부 또는 일부를 지급하는 제도이다. 은행의 예금은 보호되나 투자는 보호되지 않는다. 은행의 주택청약종합저축은 국민주택기금조성 재원으로 정부가 대신 관리하며, 은행의 후순위채권 및 양도성예금증서, 보험회사의 보증보험계약은 보호되지 않는다.

29 ㉠ 리보 금리(LIBOR) : 국제금융거래에서 기준이 되는 런던은행 간 금리를 말한다. 과거 국제금융에 커다란 역할을 하여 세계 각국의 금리결정에 주요 기준이 되었었다.
㉡ 콜금리(Call Rate) : 금융기관 간에 남거나 모자라는 자금을 30일 이내의 초단기로 빌려주고 받는 것을 '콜'이라 하며, 이때 은행·보험·증권업자 간에 이루어지는 초단기 대차(貸借)에 적용되는 금리이다.

상식PLUS⁺ KOFR금리

국내무위험지표금리(Risk-Free Reference Rate, RFR)로서 이론상의 무위험에 근접한 금융거래를 가능하게 한다. 한국예탁결제원에서 매 영업일 오전 11시까지 전 영업일 KOFR을 공시한다.

30 ④ **저축의 역설(Paradox of Thrift)**: 개인이 소비를 줄이고 저축을 늘리면 그 개인은 부유해질 수 있지만 모든 사람이 저축을 하게 되면 총수요가 감소해 사회 전체의 부는 감소하는 것을 말한다. 사회 전체의 수요·기업의 생산 활동을 위축시키며 국민 소득은 줄어들게 된다. 이때 저축은 악덕이고 소비는 미덕이라는 역설이 성립하게 된다.

① **승자의 저주(Winner's Curse)**: 치열한 경쟁 끝에 승리를 얻었지만 승리를 얻기 위해 과도한 비용과 희생으로 오히려 커다란 후유증을 겪는 상황이다.

② **구축 효과(Crowd Out Effect)**: 정부의 재정지출 확대가 기업의 투자 위축을 발생시키는 현상이다.

③ **절대우위론(Theory of Absolute Advantage)**: 다른 생산자에 비해 적은 비용으로 생산하는 것을 절대우위에 있다고 한다.

⑤ **유동성의 함정(Liquidity Trap)**: 시중에 화폐의 공급을 크게 늘려도 기업의 생산, 투자 및 가계 소비가 늘지 않아 경기가 나아지지 않는 현상이다.

31 ③ 디플레이션(Deflation)은 인플레이션의 반대 개념으로 물가가 지속적으로 하락하는 것을 말한다. 소비가 위축되면서 재화의 가격이 하락하고 화폐가치가 상승하게 된다. 기업도 생산과 고용을 줄여 실업률이 증가하고 이로 인해 경기침체가 가속되어 채무자는 부채 상환의 어려움을 느끼게 되면서 결국 악순환이 반복된다.

32 ㉠ 실직 뒤에 구직 노력을 포기하면 비경제활동인구에 속한다.

㉢ 가족이 경영하는 가게에서 무보수로 일하는 사람도 취업자에 속한다.

33 ① 72 법칙(The Rule of 72)은 일반적으로 복리의 마술을 잘 설명해주는 법칙으로 복리수익률로 원금의 두 배를 벌 수 있는 기간을 쉽게 계산할 수 있다. 원금이 두 배가 되는 시간은 이자율을 72로 나누면 알 수 있는데, 예를 들어 연 9%의 복리상품에 가입하였을 때 72 ÷ 9 = 8 즉, 원금의 두 배가 되는 데 8년이 걸림을 쉽게 계산할 수 있다. 한편 72 법칙은 다양하게 응용할 수 있으며 투자기간이 정해져 있는 경우 원금이 두 배가 되기 위해 얻어야 하는 수익은 72를 투자기간으로 나누어서 쉽게 구할 수 있다.

34 ㉠ 실질임금이 상승하면 생산비용이 증가하기 때문에 총공급곡선은 왼쪽으로 이동한다.

㉣ 정부지출증가는 총공급곡선이 아닌 총수요곡선을 이동시키는 요인이다.

상식PLUS⁺ 공급곡선의 이동

공급의 변화는 가격 이외의 요인이 변화하여 발생하는 공급량의 변화로 공급의 변화는 공급곡선 자체의 이동을 말한다. 생산요소의 가격이 올라간다면 공급자의 채산성은 낮아지게 된다. 따라서 공급자는 생산량을 감소시키므로 공급곡선은 좌측으로 이동을 하게 되고 반대로 생산요소의 가격이 하락한다면 공급곡선은 우측으로 이동한다. 기술의 발달은 상품의 생산비용을 낮아지게 하므로 공급이 증가하고 공급곡선은 우측으로 이동한다. 기업목표의 변화, 판매자 수, 미래에 대한 기대에 의해서도 공급곡선은 이동한다.

35 ② 화폐는 시대에 따라 여러 가지 재료와 모양으로 사용되어 왔으며, 시대의 흐름에 따라 '상품화폐 – 금속화폐 – 지폐 – 신용화폐 – 전자화폐'로 발전해 왔다.

상식PLUS⁺ 화폐의 종류

㉠ **상품화폐**: 실물화폐로도 불리며 원시사회에서 물물교환 시 발생하는 불편을 줄이기 위해 조개, 곡물, 무기, 소금 등 사람들이 면 누구나 수용 가능한 물품을 이용하였다.

㉡ **금속화폐**: 금·은으로 주조된 화폐로 상품화폐보다 휴대성과 보관이 용이하나 만들 수 있는 금과 은의 양이 부족하기 때문에 지폐가 출현하게 되었다.

㉢ **지폐**: 금속화폐의 단점인 휴대성과 마모성을 보완한 화폐이다. 지폐는 국가가 신용을 보장한다.

㉣ **신용화폐**: 은행에서 돈을 대신하여 쓸 수 있도록 발행한 수표, 어음, 예금화폐 등으로 은행화폐로도 불린다.

㉤ **전자화폐**: 정보통신사업의 발달로 등장한 것으로 기존의 현금의 성질을 전자적인 정보로 변형시킨 새로운 형태의 화폐이다.

36 ④ 가계부실위험지수(HDRI)은 가구의 DSR과 DTA가 각각 40%, 100%일 때 100의 값을 갖도록 설정되어 있으며, 동 지수가 100을 초과하는 가구를 '위험가구'로 분류한다. 위험가구는 소득 및 자산 측면에서 모두 취약한 '고위험가구', 자산 측면에서 취약한 '고DTA가구', 소득 측면에서 취약한 '고DSR가구'로 구분할 수 있다.

37 ③ 고정환율제도(Fixed Exchange Rate System)는 외환의 시세 변동을 반영하지 않고 환율을 일정 수준으로 유지하는 환율 제도를 의미한다. 이 제도는 경제의 기초여건이 악화되거나 대외 불균형이 지속되면 환투기공격에 쉽게 노출되는 단점이 있다.

38 ① 일점호화소비 : 특정 상품에 대해서만 호화로움을 추구하는 소비이다.
　② 일물일가의 법칙 : 시장에서 같은 종류의 상품은 하나의 가격만 성립한다는 이론이다.
　④ 일대일로 : 중앙아시아와 유럽을 잇는 육상 실크로드와 동남아시아와 유럽, 아프리카를 연결하는 해상 실크로드이다.
　⑤ 일비 : 영업활동을 수행하는 직원에게 지급되는 일종의 활동비이다.

39 ② 경제후생지표(Measure of Economic Welfare)는 국민총소득에 후생요소를 추가하면서 비후생요소를 제외함으로써 복지수준을 정확히 반영하려는 취지로 제안되었지만, 통계작성에 있어 후생 및 비후생요소의 수량화가 쉽지 않아 널리 사용되지는 못하고 있는 실정이다.

40 ② 채찍 효과(Bullwhip Effect) : 수요정보가 전달될 때마다 왜곡되는 현상이다.
　③ 캘린더 효과(Calendar Effect) : 일정 시기에 증시가 등락하는 현상이다.
　④ 쿠퍼 효과(Cooper Effect) : 금융정책 효과의 시기가 다르게 나타나는 현상이다.
　⑤ 톱니 효과(Ratchet Effect) : 생산이나 소비가 일정 수준에 도달하면 이전의 수준으로 감소하지 않는 현상이다.

41 ① 비교우위론(Theory of Comparative Advantage)은 영국의 경제학자 데이비드 리카도가 주장한 이론으로, 다른 나라에 비해 더 작은 기회비용으로 재화를 생산할 수 있는 능력을 뜻한다. 한 나라에서 어떤 재화를 생산하기 위해 포기하는 재화의 양이 다른 나라보다 적다면 비교우위가 있는 것이다. 비교우위는 경제적 능력이 서로 다른 국가 간에 무역이 이루어질 수 있게 해 주는 원리이다. 각 나라의 경제 여건의 차이는 비교우위를 결정하는 요인이 된다. 애덤 스미스의 절대우위론에 미루어 본다면 양국은 모두 재화를 특화하기 어렵다. 반면, 데이비드 리카도의 비교우위론에 따르면 한 나라가 상대적으로 어떤 재화를 다른 나라보다 더 유리하게 생산할 수 있을 때 비교우위를 가진다고 할 수 있으며, 각 나라가 자국에 비교우위가 있는 재화를 특화 생산하여 무역을 하면 서로 이득을 얻을 수 있다.

42 ㉠ 현금인출이 증가하면 화폐수요의 증가로 통화량이 감소한다.
　㉡ 개인의 현금보유가 늘어나면 현금예금비율이 증가하면 통화량이 감소한다.
　㉢ 국공채 매입으로 본원통화가 증가하면서 통화량이 증가한다.
　㉣ 자기자본비율 증가로 대출이 가능한 금액이 감소하게 되면서 통화량도 감소한다.

43 ② 최고가격제(Maximum Price System)는 물가안정과 소비자보호를 위하여 정부가 최고가격을 설정하고, 설정된 최고가격 이상을 받지 못하도록 하는 제도이다. 최고가격제의 사례로는 이자율 규제, 아파트 분양가 규제, 임대료 규제 등을 들 수 있다. 최고가격제를 실시하게 되면 가격이 낮아지므로 공급량은 감소하고 수요량은 증가하여 초과수요가 발생하게 된다. 그리고 초과수요가 발생하게 되면 암시장이 출현할 가능성이 있으며, 생산자들은 제품의 질을 떨어뜨릴 가능성이 높다.

44 ③ 한계효용 체감의 법칙(Law of Diminishing Marginal Utility)은 재화나 서비스의 소비에서 느끼는 주관적 만족도를 효용이라 하며, 한계효용은 재화나 서비스의 소비량이 한 단위 증가할 때 변화하는 총효용의 증가분을 말한다. 한계효용 체감의 법칙은 재화나 소비가 증가할수록 그 재화의 한계효용은 감소하는 것을 말하는데, 사용가치가 큰 물은 교환가치가 작고, 사용가치가 작은 다이아몬드는 교환가치가 크다는 역설적인 현상을 말한다. 한계효용학파는 가격은 총효용이 아닌 한계효용에서 결정되는 것으로 다이아몬드는 총효용이 매우 작지만 수량이 작아 높은 한계효용을 가지므로 높은 가격이 형성되고, 물은 총효용은 크지만 수량이 풍부해 낮은 한계효용을 갖기 때문에 낮은 가격이 형성된다.

45 ① 시장실패(Market Failure) : 시장이 효율적인 자원 분배를 제대로 하지 못하는 상태이다.

② 깨진 유리창의 법칙(Broken Window Theory) : 프랑스 경제학자 프레데릭 바스티아의 에세이 「보이는 것과 보이지 않는 것」에서 기회비용을 우회적으로 다룬 법칙이다.

③ 죄수의 딜레마(Prisoner's Dilemma) : 자신의 이익만을 고려하다가 다른 사람까지 불리한 결과를 유발하는 상황이다.

④ 트롤리 딜레마(Trolley Dilemma) : 다수를 위한 소수의 희생이 도덕적으로 허용되는 것인지에 관한 질문이다.

46 ② 내생적 성장이론(Endogenous Growth Theory)은 기술진보를 모형 내에 내생화시키려는 노력을 하고 있는데, 내생적 성장이론에 의하면 자본축적의 차이, 교육수준의 차이 및 정부의 조세정책 등이 국가 간의 경제성장률 격차를 발생시키는 원인으로 작용한다. 그리고 내생적 성장이론에 따르면 정부가 교육산업에 대하여 투자를 효율적으로 할 경우 인적자본 축적이 가능하고 인적자본축적이 이루어지면 경제성장이 가속화될 수 있다.

47 ④ 구매력평가설(Theory of Purchasing Power Parity)은 환율이 양국 통화의 구매력에 의하여 결정된다는 이론으로, 균형환율 수준 혹은 변영율은 각국의 물가수준을 반영하여야 한다고 주장한다. 절대적 구매력평가설은 일물일가의 법칙을 국제시장에 적용한 이론이다. 무역거래에 있어서 관세부과나 운송비로 인해 구매력평가설의 기본가정인 일물일가의 법칙이 현실적으로 성립하기 힘들다. 또한 비교역재가 존재하므로 교역재 간의 교환비율인 환율을 비교역재까지 포함하는 구매력평가로써 설명하는 데는 한계가 있으며, 무역이 자유롭고 운송비용이 저렴하다는 점을 가정한다.

48 ④ 매파는 물가안정(인플레이션 억제)을 위해 긴축정책과 금리인상을 주장하는 세력이다. 긴축정책을 통해 금리를 올려 시중의 통화량을 줄이고 지출보다 저축의 비중을 높여 화폐 가치를 올리자는 주장이다. 반면 비둘기파는 경제성장을 위해 양적완화와 금리인하를 주장하는 세력이다. 금리를 인하하면 대출 및 투자와 소비가 증가하여 시장경제가 활성화시켜야 한다는 주장이다.

49 ① 최저임금의 하락은 기업들이 신규고용을 확대하여 실업률이 낮아질 수 있으며 정보통신 산업의 발달로 구인 현황에 대한 정보가 쉽게 알려진다면 인력 수급 매칭이 쉬워져 실업률이 낮아진다.

50 ① 경영권을 가지고 있는 대주주의 주식에 대해 보통주보다 많은 의결권을 주는 제도이다.

51 인플레이션의 발생원인

㉠ 통화량의 과다증가로 화폐가치가 하락한다.

㉡ 과소비 등으로 생산물수요가 늘어나서 수요초과가 발생한다.

㉢ 임금, 이자율 등 요소가격과 에너지 비용 등의 상승으로 생산비용이 오른다.

52 금리의 기능

㉠ 자금배분기능

㉡ 경기조절기능

㉢ 물가조정기능

53 ② 엥겔의 법칙(Engel's Law)은 독일의 통계학자 엥겔이 1875년 근로자의 가계조사에서 발견한 법칙이다. 이 법칙은 저소득가정일수록 전체의 생계비에 대한 식료품비가 차지하는 비중이 높아지는 현상을 말한다. 그러므로 소득이 증가함에 따라 전체의 생계비 중에서 음식비가 차지하는 비중이 감소하는 현상으로 소득분배와는 무관하다.

54 ① 피구 효과(Pigou Effect)는 금융자산의 실질가치 증가가 실질 부의 증가로 연결되어 그 결과 소비지출이 증가하는 효과를 말한다. 따라서 물가가 완전 신축적인 경우에는 물가하락이 소비자들의 실질 부를 증가시켜 완전고용국민소득을 달성할 수 있게 되는데, 이를 피구 효과(실질잔고 효과)라고 한다. 이 피구 효과는 유동성 함정구간에서는 반드시 확대재정정책을 실시해야 한다는 케인즈의 주장에 대한 고전학파의 반론이다.

55 ④ 로렌츠 곡선에 대한 설명이다.

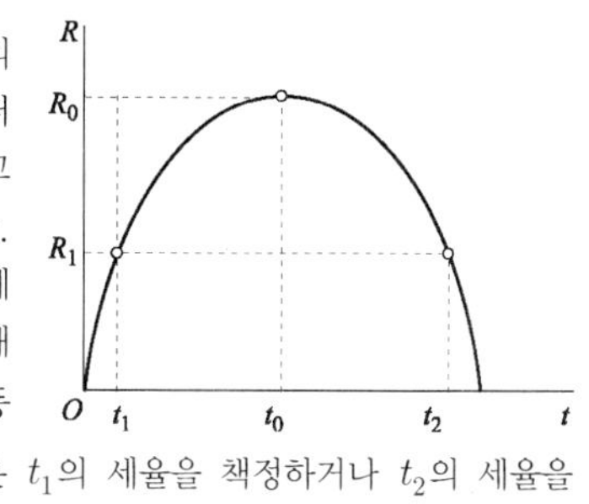

상식PLUS⁺ 래퍼곡선(Laffer Curve)

미국의 경제학자 래퍼가 주장한 세수와 세율 사이의 역설적 관계를 나타낸 곡선으로 그의 이름으로 명명되었다. 일반적으로는 세율이 높아질수록 세수가 늘어나는 게 보통인데, 래퍼 따르면 세율이 일정 수준(최적조세율)을 넘으면 반대로 세수가 줄어드는 현상이 나타난다고 한다. 세율이 지나치게 올라가면 근로의욕의 감소 등으로 세원 자체가 줄어들기 때문이다. 그러므로 이때는 세율을 낮춤으로써 세수를 증가시킬 수 있다는 것이다. 1980년대 미국 레이건 행정부의 조세 인하정책의 이론적 근거가 되었으며, 이로 인해 미국 정부의 거대한 재정 적자 증가를 초래하는 결과를 가져왔다. 위의 래퍼곡선에서 t_0의 세율을 제외하고는 동일한 세수를 거둘 수 있는 세율은 두 가지가 존재한다. 즉, R_1의 세수를 확보하는 방법은 t_1의 세율을 책정하거나 t_2의 세율을 설정하면 된다. 그러나 R_0의 조세수입을 가져오는 세율은 t_0 한 가지밖에 존재하지 않는다.

56 ① 달러가 유입되면 외환 공급이 증가하면서 원/달러 환율이 하락하게 된다. 원/달러 환율이 하락하면서 수출기업의 가격경쟁력이 떨어지면서 수출이 감소하게 된다.

57 ③ 보험위부에 대한 내용이다.

상식PLUS⁺ 보험대위와 보험위부

보험대위는 보험사고가 발생했을 때 보험자가 피보험자에게 보험금을 지불하고 보험목적물에 대한 구상권을 취득하는 것이다. 예컨대 교통사고로 인해 나온 수리비가 300만 원일 경우 보험자가 보험료 300만 원을 피보험자에게 지급한 뒤, 가해자에게 수리비 300만 원에 대한 보상을 청구하는 것이다. 보험위부는 보험목적물이 전손인 상태 등의 경우 피보험자가 소유권을 보험자에게 이전하고 보험금 전액을 지급받는 제도이다.

58 ④ 화재진압을 목적으로 방수한 결과 보험의 목적이 물에 젖거나 침수를 입는 경우, 문 · 창 · 칸막이 등이 파손, 오손되는 경우, 건물의 집단지역 등에서 화재의 연소 확대를 방지하거나 진압하기 위하여 보험의 목적인 건물이나 일부 구조물 등을 파괴 또는 도괴함으로 생긴 손해를 소방손해라 하는데 이는 화재보험에서 보상하는 손해에 해당한다.

59 ① 제3보험은 보험업법상 생명보험이나 손해보험이 아니라 독립적인 보험으로 분류되고 있으며 독립된 제3보험회사를 설립하여 운영하거나, 생명보험회사나 손해보험회사가 해당 보험업의 모든 보험종목에 대하여 허가를 받으면 제3보험업을 할 수 있다.

60 ① 보험자의 보험금 지급 면책사유로는 보험사고가 보험계약자 또는 피보험자나 보험수익자의 고의 또는 중대한 과실로 인하여 생긴 때, 보험사고가 전쟁 기타의 변란으로 인하여 생긴 때가 있다.
② 「상법」 제639조(타인을 위한 보험) 제1항에 따라 보험계약자는 위임을 받거나 위임을 받지 아니하고 특정 또는 불특정의 타인을 위하여 보험계약을 체결할 수 있으며, 이는 보험자의 면책사유에 해당하지 않는다.
③ 「상법」 제651조(고지의무위반으로 인한 계약해지)에 따라 보험계약당시에 보험계약자 또는 피보험자가 고의 또는 중대한 과실로 인하여 중요한 사항을 고지하지 아니하거나 부실의 고지를 한 때에는 보험자는 그 사실을 안 날로부터 1월내에, 계약을 체결한 날로부터 3년내에 한하여 계약을 해지할 수 있으며, 이는 보험계약 해지사유에 해당한다.
④ 「상법」 제650조(보험료의 지급과 지체의 효과)에 따라 보험계약자는 계약체결 후 지체 없이 보험료의 전부 또는 제1회 보험료를 지급하여야 하며, 보험계약자가 이를 지급하지 아니하는 경우에는 다른 약정이 없는 한 계약 성립 후 2월이 경과하면 그 계약은 해제된 것으로 보며, 이는 보험계약과 관련된 내용이다.
⑤ 「상법」 제652조(위험변경증가의 통지와 계약해지) 제1항에 따라 보험기간 중에 보험계약자 또는 피보험자가 사고발생의 위험이 현저하게 변경 또는 증가된 사실을 안 때에는 지체 없이 보험자에게 통지하여야 한다. 이를 해태한 때에는 보험자는 그 사실을 안 날로부터 1월내에 한하여 계약을 해지할 수 있으며, 이는 보험계약 해지에 대한 내용이다.

가볍게! 빠르게! 확인하는 용어사전 시리즈

시사용어사전 │ 경제용어사전 │ 부동산용어사전

시사용어사전

매일 접하는 각종 기사와 정보! 공기업/언론사/기업체/공무원 채용을 준비하는 수험생과
현대인이 꼭 알아야 할 최신 시사상식을 쏙쏙 뽑아 이해하기 쉽도록 영역별로 정리

경제용어사전

주요 경제용어는 거의 다 실었다! 금융권/공기업/언론사/기업체/공무원 채용을 준비하기 전에,
경제 공부를 시작하기 전에 읽어보면 경제가 쉬워지도록 사전식으로 구성

부동산용어사전

부동산에 대한 이해를 높이고 부동산의 개발과 활용, 투자 및 부동산 용어 학습에도
적극적으로 이용할 수 있는 교재, 공인중개사 출제용어도 수록

자격증

한번에 따기 위한 서원각 교재

한 권에 준비하기 시리즈 / 기출문제 정복하기 시리즈를 통해 자격증 준비하자!

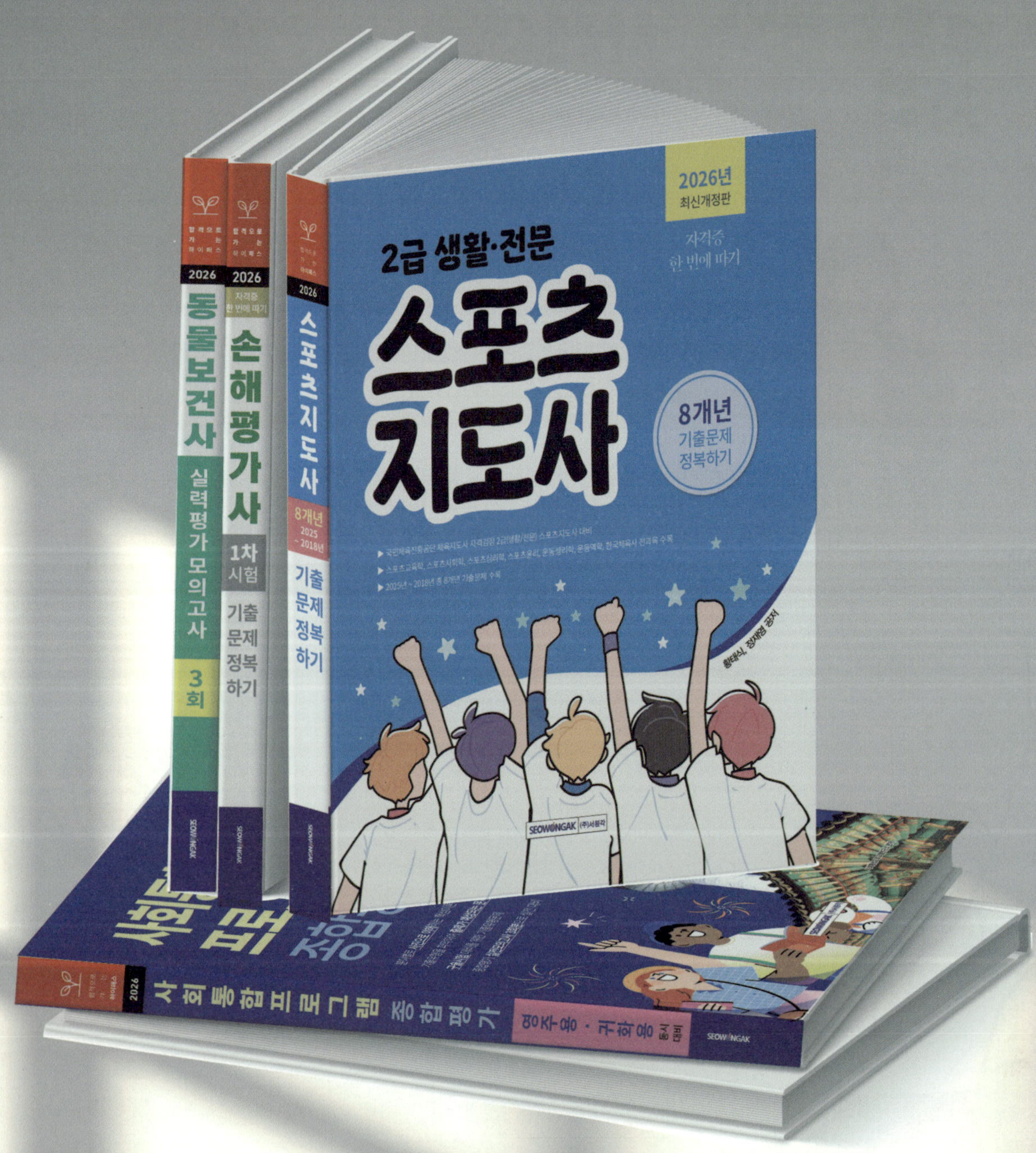